数理科学特集一覧

63年/7～19年/12 省略

2020年/1 量子異常の拡がり
/2 ネットワークから見る世界
/3 理論と計算の物理学
/4 結び目的思考法のすすめ
/5 微分方程式の《解》とは何か
/6 冷却原子で探る量子物理の最前線
/7 AI時代の数理
/8 ラマヌジャン
/9 統計的思考法のすすめ
/10 現代数学の捉え方［代数編］
/11 情報幾何学の探究
/12 トポロジー的思考法のすすめ

2021年/1 時空概念と物理学の発展
/2 保型形式を考える
/3 カイラリティとは何か
/4 非ユークリッド幾何学の数理
/5 力学から現代物理へ
/6 現代数学の眺め
/7 スピンと物理
/8 《計算》とは何か
/9 数理モデリングと生命科学
/10 線形代数の考え方
/11 統計物理が拓く数理科学の世界
/12 離散数学に親しむ

2022年/1 普遍的概念から拡がる物理の世界
/2 テンソルネットワークの進展
/3 ポテンシャルを探る
/4 マヨラナ粒子をめぐって
/5 微積分と線形代数
/6 集合・位相の考え方
/7 宇宙の謎と魅力
/8 複素解析の探究
/9 数学はいかにして解決するか
/10 電磁気学と現代物理
/11 作用素・演算子と数理科学
/12 量子多体系の物理と数理

2023年/1 理論物理に立ちはだかる「符号問題」
/2 極値問題を考える
/3 統計物理の視点で捉える確率論
/4 微積分から始まる解析学の厳密性
/5 数理で読み解く物理学の世界
/6 トポロジカルデータ解析の拡がり
/7 代数方程式から入る代数学の世界
/8 微分形式で書く・考える
/9 情報と数理科学
/10 素粒子物理と物性物理
/11 身近な幾何学の世界
/12 身近な現象の量子論

2024年/1 重力と量子力学
/2 曲線と曲面を考える
/3 《グレブナー基底》のすすめ
/4 データサイエンスと数理モデル
/5 トポロジカル物質の物理と数理
/6 様々な視点で捉えなおす〈時間〉の概念
/7 数理に現れる双対性
/8 不動点の世界
/9 位相的 K 理論をめぐって
/10 生成AIのしくみと数理
/11 拡がりゆく圏論
/12 使う数学，使える数学

2025年/1 量子力学の軌跡
/2 原子核・ハドロン物理学の探究

SGC ライブラリ-154

新版
情報幾何学の新展開

甘利 俊一 著

サイエンス社

新版への序

AI が実用化されるにつれ，情報の分野でもこれに対応した理論の基礎が求められるようになってきた．情報幾何はその一つの方法を提供するもので，ここに至って AI, 信号処理，画像工学，脳科学，さらに物理学と，多くの分野で注目を浴びるようになっている．本書の発刊および少し遅れた Springer からの英文の出版に留まらず，多くの情報幾何の解説書が見受けられる．また Springer 社から，統計数理研究所の江口真透教授を編集長とする国際学術誌「Information Geometry」が昨年から刊行され，研究者が世界的に増加している．

本書も刊行以来 5 年を経過し，その後の発展を少しでも取り入れたくなった．旧版での誤りを訂正するとともに，内容の一部を削除し，その代わり新しく深層学習と Wasserstein 距離にかかわる 2 章を書き下した．

深層学習はコンピュータの性能の向上と大規模データベースに助けられ，怒涛の如く発展している．まさに驚異である．しかしそれは 1950 年代に始まる Rosenblatt のパーセプトロンの構想の実現であり，その理論的な基礎は確率勾配降下学習法と普遍関数近似性能に頼っていた．もちろん，その他のいろいろな工夫，発明はあり，驚くほどの性能を有するが，しかしどちらかと言えば腕力に頼ったものであった．

しかるに近年，変化が現れ始めた．一つは，かって統計的機械学習の花形であった訓練誤差と汎化誤差の関係である．サンプル数 N に対してデータを説明するのに使うモデルのパラメータ数 P を増やせば，訓練誤差は単調に減少する．しかしあるところを過ぎると，訓練誤差は減るものの，汎化誤差はかえって増えてしまい，P の大きいモデルは使いものにならない．また，大規模の非線形モデルでは，極小解が多数あって，確率勾配降下法はそのどれか一つに捉われてしまうから，うまく行かない．これが従来の常識であった

深層学習はこの予想を覆して，やってみればうまく行くという成果を示した．それならばそれを示す理論的な根拠が必要である．近年，P が N 以上に十分大きいときの挙動に関する理論が出始めた．このとき極小解問題は生ぜず，P が十分に大きければ，訓練誤差は 0 に減ること，また，N を超えて P を大きくすれば，汎化誤差が再び減少に転じることなどである．

ランダムに結合した回路網を初期値として学習を開始したとき，P が十分に大きければ最適解はそのごく近くにあるという，驚くべき発見があった．これは neural tangent kernel という構想で発表され，世界に広まっている．ランダム回路は確率分布にも関係し，統計神経力学として私が研究してきたもので，情報幾何とも関係が深い．さらに，深層回路網の多様体の Fisher 情報計量も計算できる．自然勾配学習法がうまく実用化される．こんな思いで，書籍にするのはまだ早いこの話題をあえて取り上げて第 15 章で紹介した．これからの発展を見守りたい．

Wasserstein 輸送問題は，フランスの数学者 Monge に始まる 250 年もの歴史を持つ．二つの確率分布間の距離を，一つの分布を他の分布に輸送するコストで定義する．これは線形計画問題になり，ロシアの Kantorovich が整備して，ノーベル経済学賞を受賞した．ある空間上での分布の輸送には距離が関係するから，これは大変自然な分布間の距離である．

しかし，これは情報幾何の意味で不変ではない．分布のもととなる空間にどのような変換を施しても，分布間の距離は不変であることを情報幾何は要請するからである．しかし，画像などは2次元空間上の分布とみなせるから，画像間の距離は元の空間の距離構造に深く関係している．つまり，不変性の要請はここでは有害である．

Villaniらの活躍があって，Wasserstein距離が数学の世界で深く考究される一方，画像処理，AIなど，多くの応用の分野で大きな話題になっている．そこで問われるのが，情報幾何との関係である．

もちろん両者は別物で，それぞれに特徴がある．しかしその関係を探求することは急務であろう．本改訂版の第16章では，Wasserstein距離の問題を，情報幾何の手法を用いて明らかにする試みを考えた．これも建設途上の理論ではあるが，基礎，応用を含めてこの分野に新しい方向を示すものと自負している．

新たに付け加えた二つの章は，私が引退してから，自分の趣味として続けている研究の一端を紹介したものである．見苦しい点はご容赦願いたい．

2019年9月

甘利 俊一

序

情報幾何はその名のとおり，情報の豊かな構造を幾何学により表現する方法である．情報科学では，論理，代数，解析，確率など，多彩な方法が使われているが，幾何学は情報要素の相互の関係を明らかにするのに有用である．情報幾何は，確率分布を情報要素とみなし，統計的な推論の仕組みを明らかにする理論として登場したが，いまは機械学習，信号処理，神経回路網など，広い分野で注目され，大きな話題になってきた．

情報幾何は現代の微分幾何を用いて構築されたため，取り付きにくいきらいがあった．しかし，その内容は直感的に理解できるものである．そこで，微分幾何に無用に深入りすることなく，その本質を直接的に紹介するとともに，広い応用分野を眺望する解説が必要であると痛感するに至った．このため「数理科学」誌に 30 回にわたる連載を試み，それを整理して大幅に改訂したものが本書である．

情報幾何を数学としてみた場合，それは従来のリーマン空間に 3 次の対称テンソルを付け加え，双対接続という新しい概念を導入したものである．これは数学としても発展しつつあるし，関数空間での情報幾何などいまだに未解決の部分もある．しかし，本書では数学的な厳密性には一切こだわらず，直感的な理解で話を進めようと試みた．

本書は 4 部構成である．第 I 部は情報の空間（多様体）に 2 点間の分離の度合いを表すダイバージェンスを導入し，そこから得られる豊かな幾何構造を調べた．ダイバージェンスとは，2 点間の非対称な関数で，ここから双対構造が生み出される．第 II 部では，これを数学的に定式化するために，微分幾何が必要になる場合に備えて，微分幾何入門を試みた．これまでの微分幾何の教科書は数学者が数学者のために書いたものである．ここでは，使う人のために厳密性にこだわらず直感的な入門を旨としたが，読者はこの部分を読み流して構わない．

第 III 部は，統計的な推論にあたって情報幾何が基本的な役割を果たすことを明らかにし，多くの統計的な手法を導入した．第 IV 部は，種々の分野への応用である．ここでは，機械学習，画像処理，信号処理，神経情報，最適化など，いま“熱い”話題を扱っている．本書は，雑誌で連載したという性格もあって，各部分が比較的独立に読めるようになっている．わからない部分や興味のない部分は読み飛ばして先に進んで一向に差支えない．

情報幾何の建設は国内外の多くの研究者と共同で進めたものである．名前こそ挙げないが，この方々に深く感謝したい．また，「数理科学」誌連載と本書をまとめる過程で，大溝良平，伊崎修通両氏には多くの助言と協力をいただいた．忘れてならないのは，私の汚い手書き原稿を整理し，忍耐強く TEX 原稿に仕立ててくれた浪岡恵美さんである．彼女の献身がなければ，本書は完成しなかったであろう．

2014 年 6 月

甘利 俊一

目　次

第I部

多様体とダイバージェンス関数

多様体とは，各点がその周りに n 次元の広がりを持つ空間である．多様体の 2 点間の離れ具合を定義する関数としてダイバージェンスを導入しよう．これには距離と違って 2 点間の対称性を仮定しない．このような空間にどのような性質が現れるかを調べるのが第 I 部である．扱う多様体は，確率分布族のなす多様体，画像などの正測度のなす多様体，正定値行列のなす多様体，神経回路網のなす多様体などいろいろある．第 I 部では，アファイン接続などの微分幾何の高度な概念を用いず，直観的でわかりやすい説明を行う．

第 1 章のダイバージェンスの導入に続いて，第 2 章では凸関数から導かれる Bregman ダイバージェンスを導入し，空間が双対平坦という美しい構造を持つことを示す．第 3 章では確率分布族の空間にダイバージェンスを導入する基準として不変性を考える．第 4 章は，不変性を満たしかつ双対平坦である空間を調べる．第 5 章は，不変性にとらわれることなく双対平坦なダイバージェンスとしてどのようなものがあるかを調べる．

第1章

多様体とダイバージェンス関数

1.1　工学に現れる空間：多様体

1.1.1　多様体と座標系

空間とは，対象（点）の集まりである．各点が周りに n 次元的に拡がっているものを**多様体**（manifold）と言う．n 次元ユークリッド空間はもちろん多様体であり，1点の周りが n 次元的に広がっている．ユークリッド空間は，デカルト座標を導入すれば，各点は $\boldsymbol{\xi} = (\xi_1, \cdots, \xi_n)$ のように n 個の数字（実数）の組で表せる．これが座標系である．

n 次元多様体とは，平たく言えば，各点の周り（近傍）が n 次元的な広がりをもち，n 次元座標 $\boldsymbol{\xi}$ を用いて表せるような空間のことである．数学者はこんなあいまいな記述では満足しない．ハウスドルフ位相がどうのこうのと難しいことをいうがそれは無視して，とりあえず，各点の周りが n 次元的に広がっている空間と理解しよう*1)．

球面を考えればわかるように，各点が2次元的な広がりを持っていても，全体がつながって閉じていれば，これはユークリッド空間とトポロジーが違う．この場合，一つの座標系で全体を覆うことはできない．この場合はいくつかの近傍を考えて，その全体で多様体を覆えばよい．これらを**座標近傍**と呼び，この座標近傍に**座標系**を導入する．2つの座標近傍の両方に属する点は2つの座標系を持つことになる．

一つの座標近傍の中でも，座標系は一意に定まるわけではない．いま，$\boldsymbol{\xi}$ を座標系とし，これを微分可能で逆写像のある関数

$$\boldsymbol{\zeta} = \boldsymbol{\zeta}(\boldsymbol{\xi}), \qquad \zeta_i = \zeta_i\left(\xi_1, \cdots, \xi_n\right) \tag{1.1}$$

で変換してみる．すると，$\boldsymbol{\zeta}$ を用いて点を指定することもできるから，$\boldsymbol{\zeta}$ も座標系である．このとき，$\boldsymbol{\xi}$ から $\boldsymbol{\zeta}$ への座標変換のヤコビ行列

$$A = \frac{\partial \boldsymbol{\zeta}}{\partial \boldsymbol{\xi}}, \qquad A_{ij} = \left(\frac{\partial \zeta_i}{\partial \xi^j}\right) \tag{1.2}$$

は正則で，逆行列 A^{-1} が定義できる．

座標系は点を表す便宜的な表現であるから，座標系として何を用いようが実質の幾何学は同じでなければいけない．幾何構造は座標系として何を取ろうが不変である．このため，数学者の間では座標をできるだけ用いないで幾何学を記述しようという動きがあった．これは美意識をくすぐる面白い試みであり，ときに素晴らしくうまくいく．しかし，我々の工学の立場からすれば，どの座標を用いようと幾何学は不変なのだから，それならば問題に応じて一番便利な座標系を使えば良いと

*1)（微分）多様体 M とは次の条件を満たすハウスドルフ空間である．M 全体が座標近傍と呼ばれる開集合で被覆され，各座標近傍から n 次元ユークリッド空間への同相写像があり，これにより各座標近傍での座標系が写像先のユークリッド空間の座標から定まる．2つの相交わる座標近傍での座標の変換が可微分同相写像であるとき，これを微分多様体と呼ぶ．

いうことになる．

1.1.2 多様体の例

ユークリッド空間：おなじみの空間である．ここには，例えば正規直交座標系が入る．2 次元ユークリッド空間なら，各点は座標 $\boldsymbol{\xi} = (\xi_1, \xi_2)$ で表せる．座標系はこれ以外にもある．例えば，極座標系である．これだと，各点は，原点からのユークリッド距離 r と偏角 θ を用いて，(r, θ) で表せる（図 1.1）．

2 つの座標系は

$$r = \sqrt{\xi_1^2 + \xi_2^2}, \tag{1.3}$$

$$\theta = \tan^{-1}\left(\frac{\xi_2}{\xi_1}\right) \tag{1.4}$$

で相互に結ばれている*2)．境界が円であるような領域での熱伝導の方程式を考えた場合，極座標を用いると境界条件が簡単に書ける．このような時に，極座標系が用いられる．

球面：簡単のため，2 次元球面（3 次元球の表面）を考える．地球の表面を思い浮かべればよい．各点の周りは 2 次元的に広がっている．だから 2 次元多様体である．ただ，表面全体を一つの座標系で表すことはできない．最低 2 つの座標系を考える必要がある．例えば，北半球を覆う座標系（図 1.2）と南半球を覆う座標系を考え，それぞれが赤道を少しはみ出すように取る．そのつなぎ目の区域はどちらの座標系で表してもよい．この領域では，2 つの座標系の間で，滑らかな座標変換ができるようにする．球面は閉じていてコンパクトである．2 次元ユークリッド空間とは位相が違う．でも，

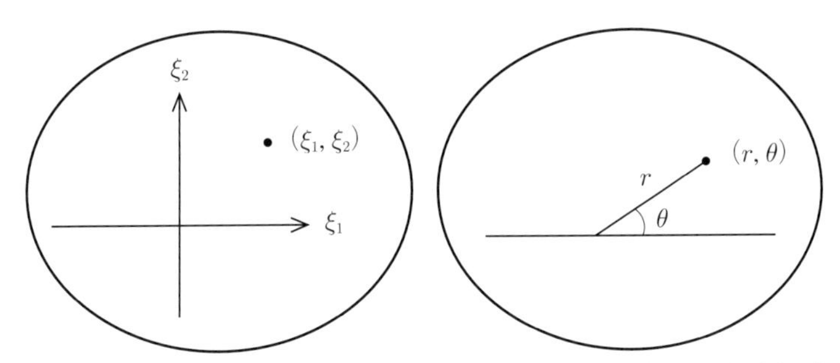

図 1.1　2 次元ユークリッド空間の座標系．左が正規直交座標系，右が極座標系である．

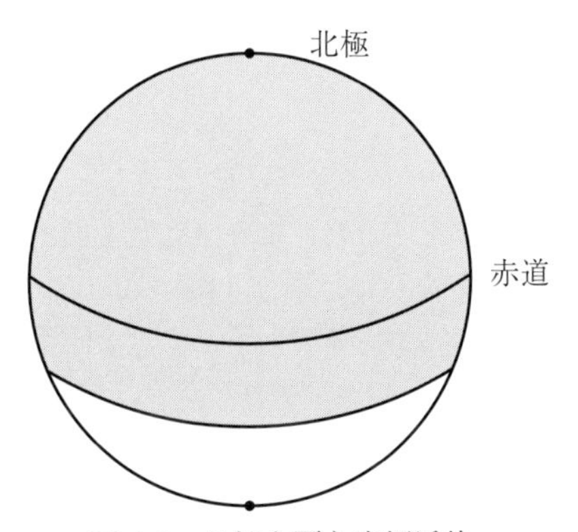

図 1.2　北極を覆う座標近傍．

*2)　実は極座標は原点 $r = 0$ で，特異である．ここでは，θ が何であっても $r = 0$ は同じ点を現してしまうから，座標変換 (1.3) のヤコビ行列も，原点では特異となることに注意．

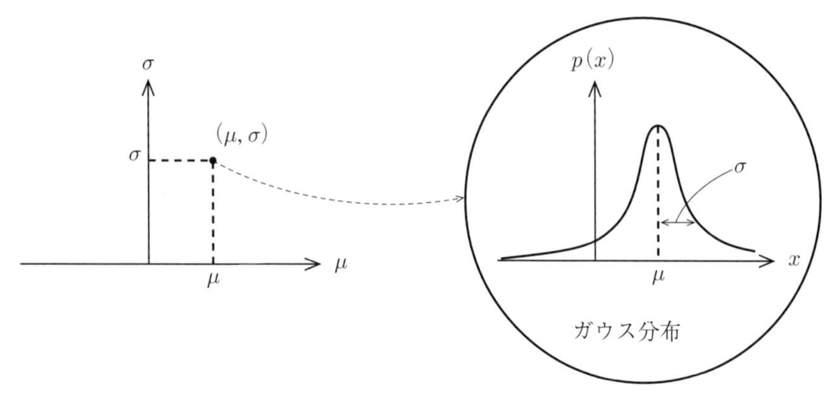

図 1.3　2 次元ガウス分布のつくる空間.

1 点，例えば南極をくり抜けば，ユークリッド空間と位相の意味では同じである.

確率分布族の空間：確率分布を一つの対象とした場合，その集まりは多様体になる．例をあげよう.

1 次元ガウス分布族

x を，平均 μ，分散 σ^2 のガウス分布（正規分布）に従う確率変数としよう．このとき，確率密度関数は

$$p\left(x;\mu,\sigma^2\right)=\frac{1}{\sqrt{2\pi}\sigma}\exp\left\{-\frac{(x-\mu)^2}{2\sigma^2}\right\} \tag{1.5}$$

のように書ける．ガウス分布は，平均と分散を与えれば一つ定まるから，その全体は座標系 (μ,σ) を持つ 2 次元多様体となる[1)]（図 1.3）．後で見るように，これ以外の座標系もあって，そちらのほうが便利なこともある.

離散分布族

確率変数 x は離散で，$\{0,1,\cdots,n\}$ の $n+1$ 個の値をとるとしよう．いま，

$$p_i=\mathrm{Prob}\{x=i\},\quad i=0,1,\cdots,n \tag{1.6}$$

とおけば，一つの確率分布は，ベクトル

$$\boldsymbol{p}=(p_0,p_1,\cdots,p_n) \tag{1.7}$$

で定まる．ただし

$$\sum_{i=0}^{n}p_i=1,\quad p_i>0 \tag{1.8}$$

の制約が入っている．確率分布の全体を S_n としよう．これを図で表示すれば，n 次元単体（シンプレックス）であって，例えば $n=2$ ならば，図 1.4 (a) のような正三角形，$n=3$ なら図 1.4 (b) のような正四面体となる．S_n は n 次元多様体である．これを**確率単体**と呼ぶ.

$n+1$ 個の p_i をすべて座標としてとると一つ余計だから，例えば

$$\boldsymbol{\xi}=(p_1,\cdots,p_n) \tag{1.9}$$

を座標系としてよい．いま，確率変数

$$\delta_i(x)=\begin{cases}1, & x=i,\\ 0, & x\neq i\end{cases} \tag{1.10}$$

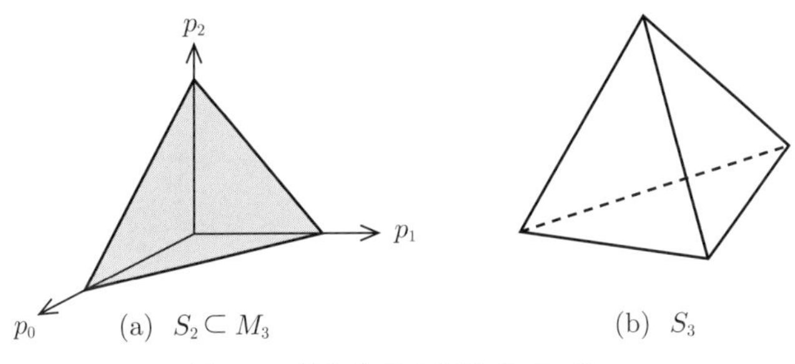

図 1.4 離散分布の空間 S_2 と S_3.

を導入すると，確率分布は，

$$p(x,\boldsymbol{\xi}) = \sum_{i=1}^{n} \xi_i \delta_i(x) + p_0 \delta_0(x) \tag{1.11}$$

のように式で書ける．ただし，

$$p_0 = 1 - \sum \xi_i \tag{1.12}$$

である．

一般の統計モデル：ここで，x を確率変数とし（これはベクトルであってよい），その確率密度関数が，n 次元パラメータ $\boldsymbol{\xi}$ で指定される $p(x,\boldsymbol{\xi})$ の全体，

$$S = \{p(x,\boldsymbol{\xi})\} \tag{1.13}$$

を考えよう．これは，$\boldsymbol{\xi}$ を座標系とする n 次元多様体と考えてよい（実は，そのためにはパラメータに無駄がないなど，若干の条件がいるが細かいことはとりあえず考えない*3)）．ガウス分布や離散分布の空間も，統計モデルの例である．

正測度空間：確率分布の空間から，束縛条件

$$\sum p_i = 1 \tag{1.14}$$

を取り去れば，p_i の和は 1 にはならない．これは，$n+1$ 個の要素に，それぞれ p_i の正の重みを付けたものの全体である．これは，ユークリッド空間の第一象限（座標値が正の部分）$\boldsymbol{R}_+^{n+1}$ に対応する $n+1$ 次元多様体である．これを M_{n+1} と書く．離散分布の空間 S_n はその部分空間で，束縛 (1.14) で定まる．図 1.4 (a) は M_3 の中に部分空間として S_2 がある．

画像の空間は正測度空間と見なせる．いま，x-y 平面上の画像を $s(x,y)$ と書く．画面を縦横共に n 個ずつに離散化して，画素 (i,j) 上の明度を $s(i,j)$ とすれば，これらは n^2 個の要素の上の正測度と見なせるから，M_{n^2} である．この他，音声のパワースペクトルなども離散化すれば正測度の多様体になる．また，分布のヒストグラムを正測度空間の要素と考えることもできる．

行列の空間：n 次元正定値行列を P としよう．これは対称行列である．だから，このような行列を集めた空間は，$n(n+1)/2$ 次元の空間になる．座標系として，行列の対角線を含めた右上部分を用いることができるが，各座標の値は自由ではなくて，行列の固有値がすべて正という不等式条件が付く．

縮退していない（行列式の値が 0 でない）$n \times n$ 行列の全体も n^2 次元の多様体をなす．この場

*3) 正則統計モデルとは，パラメータで指定される確率分布の集まりで，パラメータの領域がユークリッド空間の開集合と同相で，確率分布がパラメータで微分可能で，非特異な Fisher 情報行列が存在するものを指す．

合，行列の n^2 個の成分を座標と考えてよいが，当然行列式が 0 にならないという制約条件が入る．これは，n^2 次元の多様体である上に，行列の掛け算からなる群の構造が入り，群の演算が多様体上で連続である．このようなものをリー群と呼ぶ．行列の場合は一般線形行列群 $Gl(n)$ と言う．特に，直交行列の全体はその $n(n-1)/2$ 次元の部分多様体であって，これもリー群 $O(n)$ である．

神経回路網の空間：いろいろな対象を集めたものの多くが多様体になる．例えば，相互に結合した n 個のニューロンからなる回路網を考えよう．その構造は，ニューロン間の結合の重みで指定される．例えば，ニューロン i からニューロン j への結合の重みを w_{ji} とする．こうすると，（しきい値などはとりあえず無視して）一つの回路網は n^2 個の重み (w_{ji}) で指定されるから，これは n^2 次元の多様体と見なせる．しかし，そこに対称性などの構造を考えていくと，いろいろな束縛が加わったり，また縮退が起こったりして，多様体としていろいろと妙なこともあり得るので，注意を要する*4)．

1.2 多様体上のダイバージェンス関数

これまで多様体として，その位相的性質と座標系のみを議論してきた．ここでは，その計量的な性質として，**ダイバージェンス**と呼ぶ 2 点の関数を考えよう．ダイバージェンスに関しては，文献 5) に詳しい紹介がある．多様体 M に（局所）座標系が入っているものとし，その座標をベクトル $\boldsymbol{\xi}$ で表す．多様体の 2 点 P, Q に対して，次の条件を満たす関数 $D[P:Q]$ を P, Q の間のダイバージェンス（分離度）と言う[1]．いま，P, Q の局所座標を $\boldsymbol{\xi}_P, \boldsymbol{\xi}_Q$ として，ダイバージェンスを座標の関数として，$D[\boldsymbol{\xi}_P : \boldsymbol{\xi}_Q]$ のように書く．D は微分可能とする．

ダイバージェンスの定義：次の 3 条件を満たす 2 点関数 $D[P:Q]$ をダイバージェンスと呼ぶ．

1) $D[P:Q] \geq 0$.

2) $P = Q$ のとき，このときに限り，$D[P:Q] = 0$.

3) P 点と Q 点が近いとし，それぞれの座標を，$\boldsymbol{\xi}, \boldsymbol{\xi} + d\boldsymbol{\xi}$ とする．このとき，$D[\boldsymbol{\xi} : \boldsymbol{\xi} + d\boldsymbol{\xi}]$ をテイラー展開すると，

$$D[\boldsymbol{\xi} : \boldsymbol{\xi} + d\boldsymbol{\xi}] = \frac{1}{2} \sum g_{ij}(\boldsymbol{\xi}) d\xi_i d\xi_j \tag{1.15}$$

と 2 次の項が最初に出るが，行列

$$G(\boldsymbol{\xi}) = (g_{ij}(\boldsymbol{\xi})) \tag{1.16}$$

は正定値対称である．

4) P の r 近傍を，$N(P, r) = \{Q \mid D[P:Q] < r\}$ で定義する．このとき $N(P, r)$ は，r とともに単調に増大する．

ダイバージェンスは 2 点の分離の度合いを表すが，これは距離ではない．第一にダイバージェンスは対称でなくてもよい．つまり，一般には

$$D[P:Q] \neq D[Q:P] \tag{1.17}$$

だから，正式にはこれを P から Q へのダイバージェンスというように順序を付けて呼ばなければ

*4) 多層パーセプトロンなどの階層的神経回路モデルは，中間層のニューロンの巡回不変性から，異なるパラメータを持つパーセプトロンでも動作が同じになるものが存在する．この同値類で空間を割ると，そこに特異点が現れ，厳密な意味での多様体ではなくなる．学習におけるパーセプトロンの収束の遅さなどは，こうした位相的な構造に由来する[2,3]．出力に雑音を導入すればパーセプトロンは統計モデルと見なせるが，これは正則ではなく，特異統計モデルになる[4]．

いけない．さらに三角不等式も成立しない．(1.15) から解るように，ダイバージェンスは座標の二乗の次元をもっている．だから，これは距離の二乗のようなものである．ただし，非対称性に注意.

ここで，$d\boldsymbol{\xi}$ で表される微小な 2 点 $\boldsymbol{\xi}$ と $\boldsymbol{\xi}+d\boldsymbol{\xi}$ の間の距離 ds の二乗を

$$ds^2=\sum g_{ij}(\boldsymbol{\xi})d\xi_i d\xi_j \tag{1.18}$$

で定義することにしよう．すると，ダイバージェンスは微小な距離の二乗を，非対称に遠方にまで拡張したものとみなすことができる．微小線分 $d\boldsymbol{\xi}$ の長さが (1.18) のような 2 次形式で表される空間を**リーマン空間**と呼ぶ.

ダイバージェンスの例をいくつかあげる.

1) ユークリッド空間

距離の二乗がダイバージェンスを与える.

$$D[\boldsymbol{\xi}:\boldsymbol{\xi}']=\frac{1}{2}\sum\left(\xi_i-\xi_i'\right)^2. \tag{1.19}$$

これはたまたま対称である.

2) 確率分布族空間における Kullback–Leibler ダイバージェンス

2 つの確率分布 $p(x)$ と $q(x)$ のダイバージェンスを

$$D[p(x):q(x)]=\int p(x)\log\frac{p(x)}{q(x)}dx \tag{1.20}$$

と定義したものが, Kullback–Leibler ダイバージェンスである (以下 **KL ダイバージェンス**, $KL[p:q]$ と略記)．これは非対称である．離散分布のときは積分を和分にする．なお，これを拡張した α ダイバージェンス*5)は，α を実数のパラメータとして，

$$D_\alpha[p(x):q(x)]=\frac{4}{1-\alpha^2}\left\{1-\int p(x)^{\frac{1-\alpha}{2}}q(x)^{\frac{1+\alpha}{2}}dx\right\}. \tag{1.21}$$

3) 正定値行列

これにはいろいろなものが考えられる[5]．例えば,

$$D[P:Q]=\mathrm{tr}\left(PQ^{-1}\right)-\log\left|PQ^{-1}\right|-n, \tag{1.22}$$

$$D[P:Q]=\mathrm{tr}\left(P\log P-P\log Q-P+Q\right), \tag{1.23}$$

$$D[P:Q]=\frac{4}{1-\alpha^2}\mathrm{tr}\left(-P^{\frac{1-\alpha}{2}}Q^{\frac{1+\alpha}{2}}+\frac{1-\alpha}{2}P+\frac{1+\alpha}{2}Q\right) \tag{1.24}$$

などである．(1.22) 式は，統計などによく使われ，P,Q をそれぞれの分散行列とする平均 0 の多次元ガウス分布の間の KL ダイバージェンスとなっている．(1.23) 式は，量子情報理論に出てくる. (1.24) 式は α ダイバージェンスで (1.21) の拡張である.

4) 正測度空間

ここで，ユークリッド空間の第一象限，つまり $\xi_i>0$ の領域を考えよう．この空間において, (1.19) のユークリッド距離の二乗の他に,

$$D[\boldsymbol{\xi}:\boldsymbol{\xi}']=\sum\left\{-\log\left(\frac{\xi_i'}{\xi_i}\right)+\left(\frac{\xi_i'}{\xi_i}\right)-1\right\} \tag{1.25}$$

は，ダイバージェンスの資格を満たす．これは，線形計画法において，線形不等式条件を満たす領域のダイバージェンスに拡張できて，内点法で効果を発揮する.

---

*5) α が 1 または -1 に近づく極限で定義すると，1 ダイバージェンスは $KL[q:p]$，-1 ダイバージェンスは $KL[p:q]$ になる.

さらに，確率分布空間と同様に，α ダイバージェンスを定義できて，これは

$$D_\alpha[\boldsymbol{\xi}:\boldsymbol{\xi}'] = \frac{4}{1-\alpha^2}\sum\left\{\frac{1-\alpha}{2}\xi_i + \frac{1+\alpha}{2}\xi_i' - \xi_i^{\frac{1-\alpha}{2}}\xi_i'^{\frac{1+\alpha}{2}}\right\} \tag{1.26}$$

となる．

終わりの一言

ダイバージェンスは，2点を微小とすればリーマン距離を与える．しかし，その非対称性が重要で，ここからリーマン空間の構造に加えてさらに新しい構造が加わる．それが双対性であり，情報幾何の主題である．

ここで考えた多様体はすべて有限次元であった．もちろん，無限次元の多様体を考えることもできるが，実は面倒がある．空間の位相（トポロジー）の問題に起因する．有限次元では多様体に導入する位相はすべて同じであるから，トポロジーを気にしなくてよい．

無限次元の話として，例えば，実軸上の確率密度関数 $p(x)$ の全体を考える．ただし，$p(x) > 0$ としよう．こうすると，確率測度は実軸のルベック測度と互いに絶対連続である．この空間にダイバージェンスを導入し，無邪気に有限次元のつもりでやっていくと，数学的には困難に遭遇する．

実軸を $n+1$ 個の区間に分割し，区間の確率を考えれば，$p(x)$ から S_n に属する $\boldsymbol{p} = (p_i)$ が得られる．n を十分に大きく取れば，実質的にはこれで問題ない．でも，数学者は怒るだろう，離散化の仕方で n を無限大にしたときの極限が違い得るからである*6)．本書では，無限次元は無視するか，無邪気にやっても有用で実害はない議論を展開する．でも注意が必要である．数学者はオーリッツ空間などを用いて，双対幾何学を作ろうとしている[8,9]．

参考文献

1) 甘利俊一，長岡浩司，『情報幾何の方法』，岩波応用数学講座，1983.
2) S. Amari, H. Park and T. Ozeki, Singularities Affect Dynamics of Learning in Neuromanifolds, *Neural Computation*, **18**, 1007–1065, 2006.
3) H. Wei, J. Zhang, F. Cousseau, T. Ozeki and S. Amari, Dynamics of Learning Near Singularities in Layered Networks, *Neural Computation*, **20**, 813–843, 2008.
4) 福水健次，栗木哲，『特異モデルの統計学』，岩波書店，2004.
5) M. Basseville, Divergence measures for statistical data processing—An annotated bibliography. *Signal Processing*, **93**, 621–633, 2013.
6) I.S. Dillon and J.A. Tropp, Matrix nearness problems with Bregman divergences, *SIAM J. Matrix Anal. Appl.*, **29**, 1120–1146, 2007.
7) S.W. Ho and R.W. Yeung, On the discontinuity of the Shannon information measures, *IEEE Trans. Inf. Theory*, **55**, 5362–5374, 2009.
8) A. Cena and G. Pistone, Exponential statistical manifold, *Ann. Inst. Ststis. Math*, **59**, 27–56, 2007.
9) N.J. Newton, An infinite-dimensional statistical manifold modeled on Hilbert space, *Journal of Functional Analysis*, **263**, 1661–1681, 2012.

*6) こうした問題は，離散無限でも現れる．例えば，離散無限個の対象の上の確率分布 $\boldsymbol{p} = (p_1, p_2, \cdots)$ を考えよう．$\boldsymbol{p}$ は無限次元ベクトルである．ここに，例えば変分距離 $d(\boldsymbol{p}:\boldsymbol{q}) = \sum_{i=1}^{\infty}|p_i - q_i|$ などを導入する．さて，この空間上の関数としてエントロピー $H(\boldsymbol{p}) = -\sum_{i=1}^{\infty} p_i \log p_i$ を取り上げる．無限次元の場合はエントロピーは，何と $\boldsymbol{p}$ の連続関数にならない．したがって，相互情報量なども，確率分布空間の上で連続性を失う[7]．

第2章

凸関数の導くダイバージェンスと双対平坦構造

本章は工学問題によく出てくる凸関数を取り上げ，そこから2点間のダイバージェンスが自然に導かれることを示す．これがBregmanのダイバージェンスである．ここにはLegendre変換を介しての双対性がある．このダイバージェンスをもとに，リーマン計量を核とする双対平坦構造が導かれる．双対平坦空間はリーマン空間でありながら，拡張ピタゴラスの定理や射影定理などが成立する，美しい構造を持っているため，応用上も重要である．

2.1 凸関数とダイバージェンス

多様体 M 上に微分可能な凸関数 $\psi(\boldsymbol{\xi})$ が与えられたとしよう．凸関数はその2階微分（ヘッシアン）

$$H(\boldsymbol{\xi}) = \left(\frac{\partial^2}{\partial\xi_i\partial\xi_j}\psi(\boldsymbol{\xi})\right) \tag{2.1}$$

が正定値行列である．ここで，座標系として $\boldsymbol{\xi} = (\xi_1, \cdots, \xi_n)$ を固定して考える*1)．凸関数の例はいろいろある．例えば，

$$\psi(\boldsymbol{\xi}) = \frac{1}{2}\sum \xi_i^2 \tag{2.2}$$

は，ユークリッド空間の原点からの距離の二乗であり，ヘッシアンは単位行列である．確率変数を $\boldsymbol{x}$ とする指数型分布族

$$p(\boldsymbol{x}, \boldsymbol{\theta}) = \exp\left\{\sum \theta_i x_i - \psi(\boldsymbol{\theta})\right\} \tag{2.3}$$

は $\boldsymbol{\theta} = (\theta_1, \cdots, \theta_n)$ を座標系とする多様体であるが，規格化定数に対応する $\psi(\boldsymbol{\theta})$ は，

$$\psi(\boldsymbol{\theta}) = \log \int \exp\left\{\sum \theta_i x_i\right\} d\boldsymbol{x} \tag{2.4}$$

のように書ける．これが $\boldsymbol{\theta}$ の凸関数であることをあとで見る．この他，確率分布族の空間 M では，エントロピーは凹関数，したがってエントロピーの符号を変えた

$$\varphi(\boldsymbol{p}) = \sum p_i \log p_i \tag{2.5}$$

は $\boldsymbol{p}$ の凸関数である．

---

*1) 多様体上の関数 f が凸という概念は不変ではない．仮に座標系 $\boldsymbol{\xi}$ を用いて $f(\boldsymbol{\xi})$ が凸であったとしても，他の座標系 $\boldsymbol{\zeta}$ を用いてこの関数を表せば，$f\{\boldsymbol{\xi}(\boldsymbol{\zeta})\}$ は $\boldsymbol{\zeta}$ の関数として凸になるとは限らないからである．しかし，座標変換をアファイン変換に限れば，凸関数は他の座標系でも凸である．したがって，凸概念はアファイン変換の範囲で意味をなす概念である．

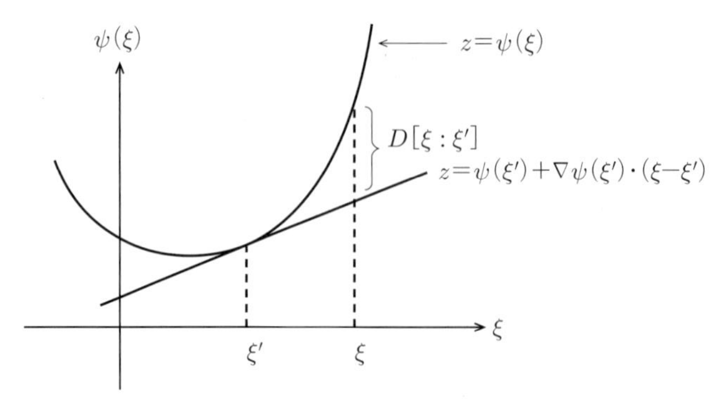

図 2.1　凸関数によるダイバージェンス.

$\boldsymbol{\xi}$ の凸関数 $z = \psi(\boldsymbol{\xi})$ をグラフに書いてみよう．1 点 $\boldsymbol{\xi}$ において，このグラフに接する超平面を描く．図 2.1 は 1 次元の場合であるが，多次元の場合も容易に類推できよう．関数が凸であればグラフは必ずこの接超平面より上にある．そこで，$\boldsymbol{\xi}$ 点でこれがどのくらい上にあるかを計る．$\boldsymbol{\xi}'$ 点で $z = \psi(\boldsymbol{\xi}')$ に接する接超平面の方程式は，z を縦軸として，

$$z = \psi(\boldsymbol{\xi}') + \nabla\psi(\boldsymbol{\xi}') \cdot (\boldsymbol{\xi} - \boldsymbol{\xi}') \tag{2.6}$$

である．ここで $\nabla\psi(\boldsymbol{\xi})$ は関数 ψ のグラディエントで，$\partial\psi/\partial\xi_i$ を成分とするベクトルである．だから，接平面の $\boldsymbol{\xi}$ 点での値は

$$z(\boldsymbol{\xi}) = \psi(\boldsymbol{\xi}') + \nabla\psi(\boldsymbol{\xi}') \cdot (\boldsymbol{\xi} - \boldsymbol{\xi}') \tag{2.7}$$

である．関数 $\psi(\boldsymbol{\xi})$ が $\boldsymbol{\xi}$ 点で接平面のどのくらい上にあるか，このずれは

$$D[\boldsymbol{\xi} : \boldsymbol{\xi}'] = \psi(\boldsymbol{\xi}) - \psi(\boldsymbol{\xi}') - \nabla\psi(\boldsymbol{\xi}') \cdot (\boldsymbol{\xi} - \boldsymbol{\xi}') \tag{2.8}$$

と書ける．これを凸関数 $\psi(\boldsymbol{\xi})$ から導かれる $\boldsymbol{\xi}$ から $\boldsymbol{\xi}'$ へのダイバージェンス（分離度）と呼ぼう *2)．(2.2) からはユークリッド距離の二乗

$$D[\boldsymbol{\xi} : \boldsymbol{\xi}'] = \frac{1}{2}\sum (\xi_i - \xi_i')^2 \tag{2.9}$$

が導かれる．

離散確率分布空間 S_n では，負のエントロピー

$$\varphi(\boldsymbol{p}) = \sum p_i \log p_i \tag{2.10}$$

が凸関数である．実は $\sum p_i = 1$ の束縛が入るのだが，それを無視して計算すると，

$$\frac{\partial}{\partial p_i}\varphi(\boldsymbol{p}) = \log p_i + 1. \tag{2.11}$$

これを用いると，

$$D[\boldsymbol{p} : \boldsymbol{q}] = \sum_{i=0}^{n} p_i \log \frac{p_i}{q_i} \tag{2.12}$$

が得られる．これは KL ダイバージェンスに他ならない．($\sum p_i = 1$ を考慮に入れて計算しても答

*2)　これは，昔 Bregman がソ連の会議で発表し[1]，最適化の手法に使ったので Bregman ダイバージェンスと呼ばれる．実は，情報幾何では空間の双対平坦性からこれが自動的に導ける．そこでは双対性を含めて，幾何学的性質が詳しく調べられることを後に見る．

は同じになる.)

2.2 Legendre 変換と双対性

凸関数 $\psi(\boldsymbol{\xi})$ が与えられたときに，その微分，つまりこの関数の接超平面の勾配（接超平面の法線ベクトル）は，(2.6) からわかるように

$$\boldsymbol{\xi}^* = \nabla\psi(\boldsymbol{\xi}) \tag{2.13}$$

である．図 2.1 からわかるように，接超平面の傾きは，点 $\boldsymbol{\xi}$ が変われば必ず変わり，同じものはない．言い換えれば，上式の $\boldsymbol{\xi}$ から $\boldsymbol{\xi}^*$ への変換は 1 対 1 で逆変換も存在する．したがって，$\boldsymbol{\xi}$ が多様体 M の座標系であるなら，$\boldsymbol{\xi}^*$ も座標系として使ってよい．これにより M に 2 つの座標系が得られる．

変換 (2.13) を **Legendre 変換**と言う．この変換は双対である．つまり，

$$\psi^*\left(\boldsymbol{\xi}^*\right) = \max_{\boldsymbol{\xi}}\left\{\boldsymbol{\xi}\cdot\boldsymbol{\xi}^* - \psi(\boldsymbol{\xi})\right\} \tag{2.14}$$

によって，新しい $\boldsymbol{\xi}^*$ の関数 ψ^* を定義しよう．いま，上式の最大値を達成する $\boldsymbol{\xi}$ を $\boldsymbol{\xi}(\boldsymbol{\xi}^*)$ と書けば，

$$\psi^*(\boldsymbol{\xi}^*) = \boldsymbol{\xi}\cdot\boldsymbol{\xi}^* - \psi(\boldsymbol{\xi}) \tag{2.15}$$

である．この $\boldsymbol{\xi}$ は最大値を達成するから (2.14) の右辺を $\boldsymbol{\xi}^*$ で微分すれば，$\boldsymbol{\xi}^* = \nabla\psi(\boldsymbol{\xi})$ を満たす．$\boldsymbol{\xi}^*$ と $\boldsymbol{\xi}$ とを結ぶ (2.15) を $\boldsymbol{\xi}^*$ で微分して $\boldsymbol{\xi} = \boldsymbol{\xi}(\boldsymbol{\xi}^*)$ に注意して計算すると，

$$\nabla\psi^*\left(\boldsymbol{\xi}^*\right) = \boldsymbol{\xi} \tag{2.16}$$

が得られるから，これが $\boldsymbol{\xi}^*$ から $\boldsymbol{\xi}$ への逆変換になっている．

次節で示すように，ψ^* は凸関数であるから，ψ^* と座標系 $\boldsymbol{\xi}^*$ とで，ダイバージェンスが作れる．これを**双対ダイバージェンス**と呼ぶが，

$$D^*\left[\boldsymbol{\xi}^* : \boldsymbol{\xi}'^*\right] = \psi^*\left(\boldsymbol{\xi}^*\right) - \psi^*\left(\boldsymbol{\xi}'^*\right) - \nabla\psi^*\left(\boldsymbol{\xi}'^*\right)\cdot\left(\boldsymbol{\xi}^* - \boldsymbol{\xi}'^*\right) \tag{2.17}$$

となる．計算してみると，この 2 つのダイバージェンスは，$\boldsymbol{\xi}$ と $\boldsymbol{\xi}^*$，$\boldsymbol{\xi}'$ と $\boldsymbol{\xi}'^*$ がそれぞれ対応する座標であるとき，

$$D^*\left[\boldsymbol{\xi}^* : \boldsymbol{\xi}'^*\right] = D[\boldsymbol{\xi}' : \boldsymbol{\xi}] \tag{2.18}$$

となっている．だから座標系によらず実質は一つのダイバージェンスで，ただ変数の順序を変えたものになっている．

座標系 $\boldsymbol{\xi}^*$ と凸関数 ψ^* から出発すればその双対として元の $\boldsymbol{\xi}$ と ψ が得られる．これがまさに "お互い様" の関係にある双対性である．ダイバージェンスの非対称性に関わるもやもやも双対性ということで解消する．ダイバージェンスの順序を変えたものは実は双対ダイバージェンスである．

ダイバージェンスは，2 つの座標系を用いると，次の形で双対的に書ける．

定理 2.1　$\psi(\boldsymbol{\theta})$ が凸となるようなアファイン座標 $\boldsymbol{\theta}$ を用い，2 点 P, Q のアファイン座標を $\boldsymbol{\theta}_P$，$\boldsymbol{\theta}_Q$，双対アファイン座標を $\boldsymbol{\theta}^*_P, \boldsymbol{\theta}^*_Q$ とすると，

$$D[P:Q] = \psi(\boldsymbol{\theta}_P) + \psi^*(\boldsymbol{\theta}^*_Q) - \boldsymbol{\theta}_P\cdot\boldsymbol{\theta}^*_Q. \tag{2.19}$$

証明は (2.14) を用い，$\boldsymbol{\theta}$ と $\boldsymbol{\theta}^*$ とが対応するとき $\psi(\boldsymbol{\theta}) + \psi^*(\boldsymbol{\theta}^*) - \boldsymbol{\theta}\cdot\boldsymbol{\theta}^* = 0$ が成立することからすぐにわかる．

2.3　ダイバージェンスとリーマン幾何：接空間

ダイバージェンス関数からは，微小な 2 点 $\boldsymbol{\xi}$ と $\boldsymbol{\xi}+d\boldsymbol{\xi}$ の間に二乗距離

$$ds^2 = 2D[\boldsymbol{\xi} : \boldsymbol{\xi} + d\boldsymbol{\xi}] = \sum g_{ij}(\boldsymbol{\xi}) d\xi_i d\xi_j \tag{2.20}$$

が導入される．空間の各点 $\boldsymbol{\xi}$ に，正定値行列 $G = (g_{ij}(\boldsymbol{\xi}))$ が定義され，微小線素 $d\boldsymbol{\xi}$ の長さの二乗が上式で与えられる空間をリーマン空間と呼ぶ．

ユークリッド空間では，正規直交座標をとれば，微小な線素 $d\boldsymbol{\xi}$ の距離の二乗はピタゴラスの定理によって

$$ds^2 = \sum d\xi_i^2 \tag{2.21}$$

と書ける（$d\xi_i$ はこの場合は微小でなくともよい）．これは，行列 G がどの場所 $\boldsymbol{\xi}$ でも単位行列 I に等しい場合である．空間がユークリッド的であるときでも，極座標 (r, θ) を用いれば微小な線素の長さの二乗は，

$$ds^2 = dr^2 + r^2 (d\theta)^2 \tag{2.22}$$

であるから，この場合行列 G は点に依存し，

$$G(r, \theta) = \begin{bmatrix} 1 & 0 \\ 0 & r^2 \end{bmatrix} \tag{2.23}$$

となる．しかし，これは座標系を変えることによって，単位行列にできる．

どのような座標系をとっても単位行列にできない空間は本質的にユークリッド的ではない．その判定法は，局所的には曲率を計算すればできる．これは第 II 部で述べる．

リーマン空間の**接空間**について，少し説明しておこう．空間は一般に“曲がって”いる．例えば，球面は曲がった 2 次元の空間である．でも，1 点 $\boldsymbol{\xi}$ のごく近くでは，これを平面で近似できる．地球は球面であるが，地上では平面のように見える．1 点の近傍で，これを線形空間（ベクトル空間）で近似したものを接空間と言う（図 2.2）．各点に別々の接空間があるから，$\boldsymbol{\xi}$ での接空間を $T_{\boldsymbol{\xi}}$ と書く．$\boldsymbol{\xi}$ 点から出る微小ベクトル $d\boldsymbol{\xi}$ は，ベクトル空間 $T_{\boldsymbol{\xi}}$ に属すると見てよい．ずれが微小でなくなれば，接空間と多様体とは離れてしまう．

ベクトル空間は基底ベクトルで張られる．いま，座標軸に沿った接線方向のベクトルを基底ベクトルとし，第 i 座標軸方向の基底ベクトルを $\boldsymbol{e}_i$ と書こう（図 2.3）．そうすれば，微小ベクトル $d\boldsymbol{\xi}$ は

$$d\boldsymbol{\xi} = \sum d\xi_i \boldsymbol{e}_i \tag{2.24}$$

のように基底の一次結合で書ける．

線形近似は M の微小な範囲でしかできないが，接空間自体は微小でなくてよい．接空間のベクトル $\boldsymbol{X}$ を

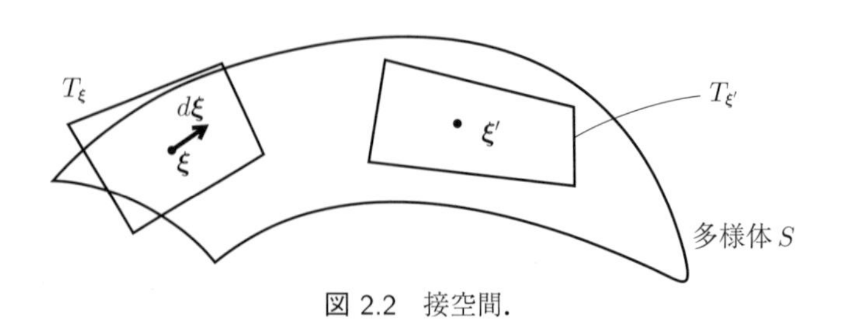

図 2.2　接空間.

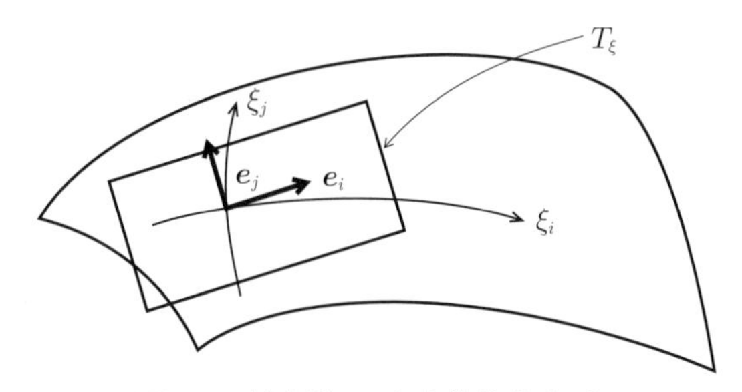

図 2.3　接空間 $T_{\boldsymbol{\xi}}$ と自然基底 $\{\boldsymbol{e}_i\}$.

$$\boldsymbol{X} = \sum X_i \boldsymbol{e}_i \tag{2.25}$$

と表したとき，X_i はその成分である．

ベクトルの長さは，ベクトル空間に内積が定義されれば定まる．線素 $d\boldsymbol{\xi}$ の長さ ds の二乗は，内積 $\langle \cdot, \cdot \rangle$ を用いて

$$ds^2 = \langle d\boldsymbol{\xi}, d\boldsymbol{\xi} \rangle = \left\langle \sum d\xi_i \boldsymbol{e}_i, \sum d\xi_j \boldsymbol{e}_j \right\rangle \tag{2.26}$$

と書ける．そこで 2 つの基底ベクトルの内積を

$$g_{ij}(\boldsymbol{\xi}) = \langle \boldsymbol{e}_i(\boldsymbol{\xi}), \boldsymbol{e}_j(\boldsymbol{\xi}) \rangle \tag{2.27}$$

とすれば，

$$ds^2 = \sum g_{ij} d\xi_i d\xi_j \tag{2.28}$$

となるから，話のつじつまが合う．基底ベクトル系 $\{\boldsymbol{e}_i\}$ を，座標系 $\boldsymbol{\xi}$ の座標軸 ξ_i に沿った**自然基底**と言う．

接空間のベクトル $\boldsymbol{X}$ の長さの二乗は

$$\|\boldsymbol{X}\|^2 = \langle \boldsymbol{X}, \boldsymbol{X} \rangle = \sum g_{ij} X_i X_j \tag{2.29}$$

である．2 つのベクトル，$\boldsymbol{X}$ と $\boldsymbol{Y}$ は，その内積が 0 のとき，すなわち

$$\langle \boldsymbol{X}, \boldsymbol{Y} \rangle = \sum g_{ij} X_i Y_j = 0 \tag{2.30}$$

のときに直交するという．

多様体上の曲線 $\boldsymbol{\xi}(t)$ を考えよう．t は曲線のパラメータで，t に従って，点 $\boldsymbol{\xi}$ が変化していく．このとき，曲線の接ベクトルは，

$$\dot{\boldsymbol{\xi}}(t) = \sum \frac{d\xi_i(t)}{dt} \boldsymbol{e}_i \tag{2.31}$$

と書ける（図 2.4）．この接ベクトルの長さの二乗は

$$\|\dot{\boldsymbol{\xi}}\|^2 = \sum g_{ij} \frac{d\xi_i}{dt} \frac{d\xi_j}{dt}. \tag{2.32}$$

2 つの曲線 $\boldsymbol{\xi}_1(t)$ と $\boldsymbol{\xi}_2(t)$ があって，$t = 0$ で交わっていたとする．すなわち

$$\boldsymbol{\xi}_1(0) = \boldsymbol{\xi}_2(0). \tag{2.33}$$

このとき，もし曲線の接ベクトルがこの点で直交していれば，すなわち

$$\left\langle \dot{\boldsymbol{\xi}}_1(0), \dot{\boldsymbol{\xi}}_2(0) \right\rangle = 0 \tag{2.34}$$

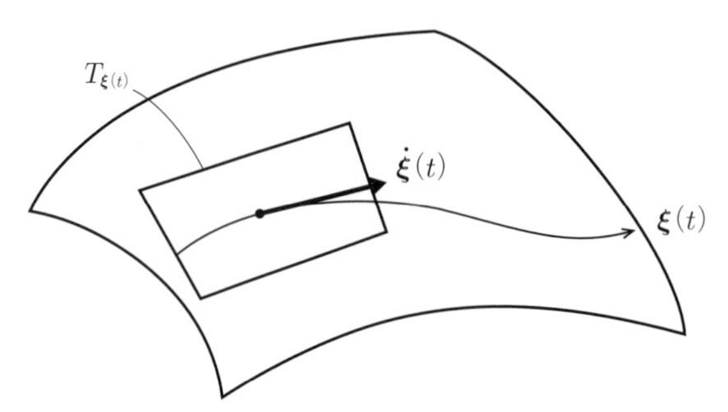

図 2.4　曲線 $\boldsymbol{\xi}(t)$ の接ベクトル $\dot{\boldsymbol{\xi}}(t)$.

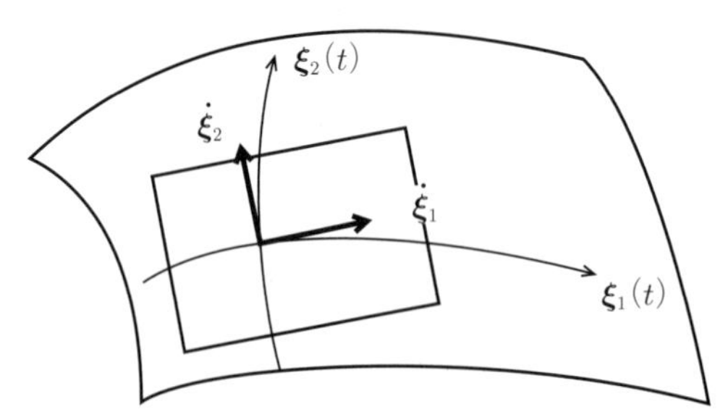

図 2.5　は直交する 2 曲線 $\boldsymbol{\xi}_1(t)$ と $\boldsymbol{\xi}_2(t)$.

ならば，2 つの曲線は**直交する**と言う（図 2.5）.

線素ベクトル $d\boldsymbol{\xi}$ の長さは，ダイバージェンスを用いて

$$ds^2 = 2D[\boldsymbol{\xi} : \boldsymbol{\xi} + d\boldsymbol{\xi}] \tag{2.35}$$

で与えられた．凸関数から導かれるダイバージェンスの場合，これをテイラー展開により計算して，

$$g_{ij}(\boldsymbol{\xi}) = \frac{\partial^2}{\partial \xi_i \partial \xi_j}\psi(\boldsymbol{\xi}) \tag{2.36}$$

であることが確かめられる．一方，双対ダイバージェンスと双対座標系を用いれば，同じ線素の長さは

$$ds^2 = \sum g^*_{ij}(\boldsymbol{\xi}^*) d\xi^*_i d\xi^*_j, \tag{2.37}$$

$$g^*_{ij} = \frac{\partial^2}{\partial \xi^*_i \partial \xi^*_j}\psi^*(\boldsymbol{\xi}^*) \tag{2.38}$$

である．

ところで，$\boldsymbol{\xi}$ と $\boldsymbol{\xi}^*$ との座標変換のヤコビ行列は

$$\frac{\partial \xi^*_i}{\partial \xi_j} = g_{ij}, \qquad \frac{\partial \xi_i}{\partial \xi^*_j} = g^*_{ij} \tag{2.39}$$

である．したがって両者は逆行列の関係

$$G^* = G^{-1} \tag{2.40}$$

で結ばれている．

2.4　凸関数と双対平坦多様体

2.4.1　凸関数とアファイン座標

アファイン空間は平坦な空間（曲がっていない空間）である．このとき平坦な座標系（**アファイン座標系**）$\boldsymbol{\theta} = (\theta_1, \cdots, \theta_n)$ が存在して，t をパラメータとするパラメータ表示で表した曲線 $\boldsymbol{\theta}(t)$,

$$\boldsymbol{\theta}(t) = \boldsymbol{a}t + \boldsymbol{b} \tag{2.41}$$

を真っすぐな線（平坦な線，**測地線**）と定義する．ここに，$\boldsymbol{a}, \boldsymbol{b}$ は定ベクトルである．これからはアファイン座標系を $\boldsymbol{\theta}$ で表し，その成分を上付きの添字で

$$\boldsymbol{\theta} = (\theta^1, \cdots, \theta^n) \tag{2.42}$$

のように表すことにする．これは便利な記法であることが次第にわかってくる．

測地線 (2.41) はどの場所でもその方向（正確には接線のベクトル）が $\boldsymbol{a}$ で同じである．つまり，方向を変えない．これはユークリッド空間の直線の持つ性質で，その一般化といえる．ユークリッド空間で成立する，2 点間を結ぶ長さが最小であるという直線の性質はここでは無視する．距離の最小性と方向不変性という，ユークリッド空間では一致する 2 つの性質が，凸関数が導く双対平坦なリーマン空間では分離する*3)．

一般の座標系を用いて平坦性を議論するには，アファイン接続が必要であり，そこから導かれるリーマン・クリストッフェル曲率が 0 になるような空間が平坦である．このとき，この空間にアファイン座標系が存在する．ここでは，いきなり次のように平坦性を定める．

座標系 $\boldsymbol{\theta}$ と凸関数 $\psi(\boldsymbol{\theta})$ が与えられたときに，この空間にアファイン座標系を $\boldsymbol{\theta}$ とする平坦性を導入する．A を $n \times n$ の非特異な行列，$\boldsymbol{c}$ を定数ベクトルとして，$\boldsymbol{\theta}$ から $\tilde{\boldsymbol{\theta}}$ への座標系のアファイン変換

$$\tilde{\boldsymbol{\theta}} = A\boldsymbol{\theta} + \boldsymbol{c} \tag{2.43}$$

を施してみよう．凸関数は，アファイン変換 (2.43) を施しても凸のままであるから，アファイン不変な概念である．(2.41) の測地線はこの座標でも同じ形に書ける．したがってアファイン座標系はアファイン変換の範囲で自由に選べる．n 本の座標曲線 $\theta^i, i = 1, \cdots, n,$ はみな測地線であるから，これは測地座標系といえる．座標曲線 θ^i の接ベクトルが $\boldsymbol{e}_i$ であった．しかし，接ベクトルの内積は (2.27) であるから，(2.36) からわかるように場所 $\boldsymbol{\theta}$ に依存する．これはユークリッド空間とは異なる*4)．

M の部分空間 S が，A を $m \times n$ 行列で $\boldsymbol{b}$ を m 次元ベクトルとする $\boldsymbol{\theta}$ の線形束縛

$$A\boldsymbol{\theta} + \boldsymbol{b} = 0, \tag{2.44}$$

で定義されるとき，これを平坦な部分空間という．平坦な部分空間の 2 点を結ぶ測地線は S に含まれる．

2.4.2　双対アファイン座標

凸関数を持つ空間 M は，双対座標 $\boldsymbol{\theta}^*$ と双対な凸関数 $\psi^*(\boldsymbol{\theta}^*)$ をもとに，双対平坦性が定義できる．このとき，$\boldsymbol{\theta}^*$ が M の**双対アファイン座標**である．**双対測地線**は双対座標を用いて

---

*3)　線形性（アファイン性）と計量とを分けて考え，後にこの 2 つが双対性で結ばれるところに双対微分幾何の極意がある．ユークリッド空間ではこの 2 つが一緒になるので，これは自己双対になっている．測地線とは字義どおりなら 2 点間の距離を定める線であるから，ここで定義する線 (2.41) は平坦線と呼んだほうが良いのかもしれない．

*4)　平坦性と計量とが分離していることがここからもわかる．

$$\boldsymbol{\theta}^*(t) = \boldsymbol{a}t + \boldsymbol{b} \tag{2.45}$$

のようにパラメータ表示で書ける．もちろん，双対測地線 (2.45) は，測地線 (2.41) とは違う．(2.45) を座標系 $\boldsymbol{\theta}$ で表せば，

$$\nabla\psi\{\boldsymbol{\theta}(t)\} = \boldsymbol{a}t + \boldsymbol{b} \tag{2.46}$$

となるので $\boldsymbol{\theta}(t)$ は t の 1 次式では書けない．だから双対測地線はもとの座標系の測地線ではなくて曲がっている．

部分空間 S^* が $\boldsymbol{\theta}^*$ の線形関係

$$A\boldsymbol{\theta}^* + \boldsymbol{b} = 0 \tag{2.47}$$

で定義されるとき，これを双対平坦な部分空間という．双対平坦な部分空間の 2 点を結ぶ双対測地線はこの中に含まれる．

2 つの座標系 $\boldsymbol{\theta}$ と $\boldsymbol{\theta}^*$ が双対であるということは，計量に関係している．いま，アファイン座標系 $\boldsymbol{\theta}$ を用いた自然基底（座標軸 θ^i 方向のベクトル）を $\boldsymbol{e}_i$ とし，双対座標系 $\boldsymbol{\theta}^*$ の自然基底を $\boldsymbol{e}^{*i}$ と書く．また，$\boldsymbol{\theta}^*$ の成分は下付きの添字で

$$\boldsymbol{\theta}^* = (\theta_1^*, \cdots, \theta_n^*) \tag{2.48}$$

のように表すことにする．基底 $\{\boldsymbol{e}_i\}$ も $\left\{\boldsymbol{e}^{*i}\right\}$ も一般には正規直交系ではない．ユークリッド空間を除けば，$\langle \boldsymbol{e}_i, \boldsymbol{e}_j \rangle = \delta_{ij}$ は成立しない．つまり基底ベクトルどうしは直交していない．ところが，基底ベクトル $\boldsymbol{e}_i$ と基底ベクトル $\boldsymbol{e}^{*j}$ はいつも直交している．

定理 2.2　2 つの双対基底系は双直交系である．すなわち，

$$\left\langle \boldsymbol{e}_i, \boldsymbol{e}_j^* \right\rangle = \delta_{ij}. \tag{2.49}$$

証明　まず，基底ベクトル $\boldsymbol{e}_i$ を，基底系 $\left\{\boldsymbol{e}_j^*\right\}$ を使って表してみる．このとき $\boldsymbol{\theta}$ の微小な変化 $d\boldsymbol{\theta}$ と対応する $\boldsymbol{\theta}^*$ の微小な変化 $d\boldsymbol{\theta}^*$ を考える．両者は同じものを別の座標系で表したものであり，それぞれの基底を使って

$$d\boldsymbol{\theta} = \sum d\theta^i \boldsymbol{e}_i = \sum d\theta_i^* \boldsymbol{e}^{*i} \tag{2.50}$$

と書ける．ところが，$\boldsymbol{\theta}^* = \nabla\psi(\boldsymbol{\theta})$ から

$$d\theta_i^* = \sum \partial_i \partial_j \psi d\theta^j = \sum g_{ij} d\theta^j, \tag{2.51}$$

これを用いれば

$$\boldsymbol{e}_i = \sum g_{ij} \boldsymbol{e}^{*j}, \tag{2.52}$$

$$\boldsymbol{e}^{*j} = \sum g^{*ji} \boldsymbol{e}_i \tag{2.53}$$

が成立する．ここで，内積を

$$\langle \boldsymbol{e}_i, \boldsymbol{e}_j \rangle = g_{ij}, \quad \left\langle \boldsymbol{e}^{*i}, \boldsymbol{e}^{*j} \right\rangle = g^{*ij} \tag{2.54}$$

のように表した．両者は互いに逆行列の関係にある．これは，2 つの基底系が計量の意味で相反的または双対的であることを示している．

2.5　拡張ピタゴラスの定理

凸関数をもとに，多様体にダイバージェンスと 2 種類の測地線を定義し，双対平坦な空間構造を

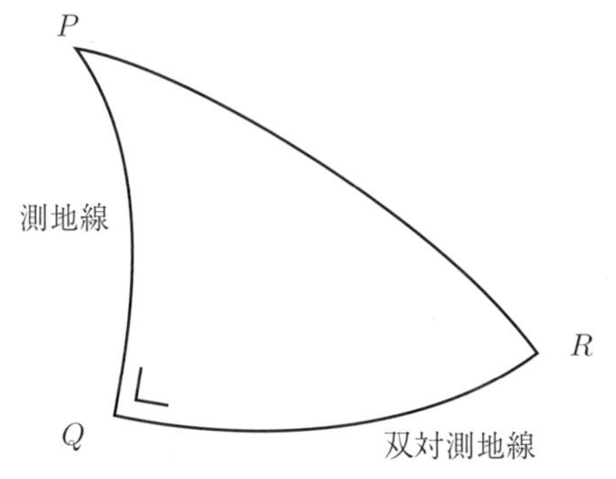

図 2.6　拡張ピタゴラスの定理.

導くことができた[2]．さらに，リーマン計量が定義されて，2 つの線の直交性も判定できる．これだけの材料が揃うと，ユークリッド空間において成立するピタゴラスの定理や双対射影定理がここでも成立することを示せる*5)．

3 点 P, Q, R を考える．P と Q を結ぶ測地線が，Q と R を結ぶ双対測地線と直交していたとしよう（図 2.6）．別に，P と R を結ぶ必要はないが，これを結べば，双対空間における直角三角形ができ上がる．

定理 2.3　双対平坦空間における直角三角形において，拡張ピタゴラスの定理が成立する[2]．すなわち，

$$D[P:R] = D[P:Q] + D[Q:R]. \tag{2.55}$$

証明　双対平坦空間において，ダイバージェンスは凸関数を用いて (2.19) のように書ける．これをもとに少しの演算を実行すると

$$D[P:Q] + D[Q:R] - D[P:R] = (\boldsymbol{\theta}_P - \boldsymbol{\theta}_Q) \cdot \left(\boldsymbol{\theta}^*_Q - \boldsymbol{\theta}^*_R\right) \tag{2.56}$$

が成立する．一方，P と Q を結ぶ測地線は，

$$\boldsymbol{\theta}(t) = (1-t)\boldsymbol{\theta}_P + t\boldsymbol{\theta}_Q \tag{2.57}$$

で，その接線方向は $\dot{\boldsymbol{\theta}}(t) = \boldsymbol{\theta}_Q - \boldsymbol{\theta}_P$ である．また，Q と R を結ぶ双対測地線は

$$\boldsymbol{\theta}^*(t) = (1-t)\boldsymbol{\theta}^*_Q + t\boldsymbol{\theta}^*_R \tag{2.58}$$

で，その接線方向は $\dot{\boldsymbol{\theta}}^*(t) = \boldsymbol{\theta}^*_R - \boldsymbol{\theta}^*_Q$ である．この 2 つが直交することから

$$(\boldsymbol{\theta}_P - \boldsymbol{\theta}_Q) \cdot \left(\boldsymbol{\theta}^*_Q - \boldsymbol{\theta}^*_R\right) = 0 \tag{2.59}$$

したがって，ピタゴラスの定理が成立する．

読者は，なぜはじめに P と Q を結ぶのに測地線が出てくるのか（双対測地線ではだめなのか），気になるかもしれない．もちろん，これを気にする必要はない．次の双対ピタゴラスの定理が成立する．

*5)　ピタゴラスの定理と呼ばれる三平方の定理は，実は古代バビロニアにおいて今から 4000 年ほど前には知られていたという．この証拠が粘土板に記された謎の数列とその解読によって明らかにされた[3]．これは古代ギリシャによる定理の証明をさかのぼること 1300 年である．

定理 2.4　P と Q を結ぶ双対測地線が Q と R を結ぶ測地線と直交するとき

$$D^*[P:R] = D^*[P:Q] + D^*[Q:R] \tag{2.60}$$

が成立する[2)]．

もちろん $D^*[P:R] = D[R:P]$ だから何のことはない，ダイバージェンスの変数の位置を入れ替えるだけで，すべては双対にできている．

これらを拡張ピタゴラスの定理と呼ぶ．これは，ピタゴラスの定理を含み，その拡張になっているからである．すなわち，凸関数が

$$\psi(\boldsymbol{\theta}) = \frac{1}{2}\sum \theta_i^2 \tag{2.61}$$

で与えられたとしよう．すると，ダイバージェンスはユークリッド距離の二乗であり，アファイン座標系 $\boldsymbol{\theta}$ と双対アファイン座標系 $\boldsymbol{\theta}^*$ は一致するから，双対測地線も測地線も同じで，ユークリッド空間の直線である．そして，上記の定理はまさしくピタゴラスの定理に他ならない．つまり，この定理はピタゴラスの定理を特別の場合として含んでいる．

2.6　拡張双対射影定理

ユークリッド空間において，一点 P とこれを通らない滑らかな曲面 S があったとしよう．点 P に一番近い点を曲面上に探したい．答えは，点 P を曲面に双対射影すればよい．双対射影した点を P_S とする．双対射影とは，P と P_S を結ぶ直線が，曲面と直交する点のことである．その証明にはピタゴラスの定理が使える．すなわち，P_S からほんの少し離れた曲面上の点を R とすると，ピタゴラスの定理によって，

$$D[P:R] = D\left[P:P_S\right] + D\left[P_S:R\right] \tag{2.62}$$

となる．だから，P に一番近い曲面上の点は，双対射影で得られる P_S である．

しかし，これは正確でない．上式は P_S が $D[P:R], R \in S$ のクリティカルポイントであることを示しているが，S の形によってこれは極大点や鞍点であったりする．S が平坦な部分空間ならこれでよい．

同じことが双対平坦空間でもいえる．双対平坦空間で，一点 P とそれを含まない曲面 S を考える（図 2.7）．S の点 P_S が，点 P と P_S を結ぶ双対測地線が曲面と直交するとき，P_S を P の S への**双対射影**という．P_S^* と P を結ぶ測地線が曲面と直交するとき，P_S^* を P の S への**射影**という．双対測地線が曲面と直交するとは，双対測地線の接線が曲面のすべての接ベクトルと直交することである．

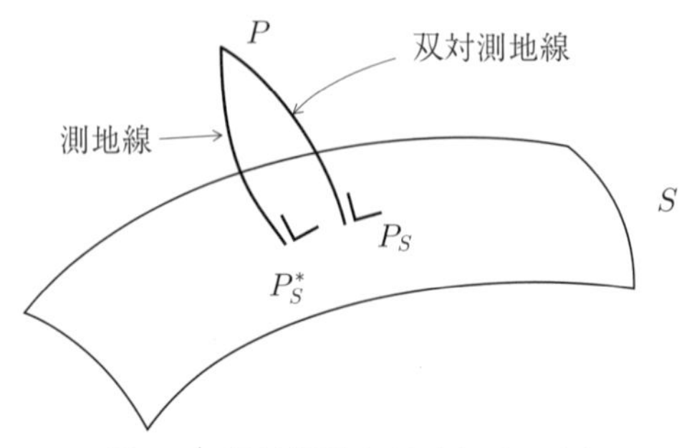

図 2.7　双対射影定理（定理 2.5）．

定理 2.5（双対射影定理） 曲面 S が与えられたとき，P から S へのダイバージェンス

$$D[P:S]=\min_{R\in S}D[P:R] \tag{2.63}$$

を最小にする S の点 P_S は，P の S への射影 P_S^* である．一方，P の S への双対ダイバージェンス

$$D^*[P:S]=\min_{R\in S}D[P:R] \tag{2.64}$$

を最小にする点 P_S^* は，P の S への双対射影である[2]．

注意：P から S への最小点を求めるとき，双対射影は必要条件ではあるが十分ではない．双対射影 P_S は極大点であったり鞍点であったりすることもある．次の定理は双対射影の一意性を保証する．

定理 2.6 S が双対平坦の曲面であるとき，P から S への双対射影は一意である．また，平坦な曲面であるとき，S への射影は一意である[2]．

この定理は，曲面 S が平坦（双対平坦）のときには，ピタゴラスの定理が大域的に成立することから確かめられる．

終わりの一言

本章は，凸関数から導かれる Bregman ダイバージェンスをもとに，これが空間にリーマン計量と 2 つの双対的に結びついた平坦性を与えることを見た．これは，ユークリッド空間の持つ平坦性を 2 つに分けて，曲がったリーマン空間でも双対平坦性が成立するようにしたものであり，ここに拡張ピタゴラスの定理と双対射影定理が成立する．このため，非線形の問題に双対射影などを適用できる．情報幾何の応用のほとんどは，双対平坦な空間を舞台としている．

しかし，凸関数として何を選ぶかには恣意性があり，問題に応じて適切なものを選ばなければならない．例えば，確率分布族からなる空間では何を選ぶのが適切であろうか．これは第 4 章で導入する不変性から得られる．幾何学からすれば，双対平坦空間は特殊なものである．平坦ではない双対的なアファイン接続を持つリーマン空間が得られるがこれについては第 II 部で述べる．

しかし，空間が双対平坦ならば，そこから凸関数が一意的に決まり，ダイバージェンスも規範ダイバージェンスとしてここから一意に決まる．したがって，凸関数から得られる双対平坦空間は特殊なものではなくて，双対平坦空間の一般形である．また，一般の双対的なアファイン接続を持つ空間は，双対平坦空間の部分空間と見ることができるから，双対平坦空間の性質を調べておくことは重要である．

参考文献

1) L. Bregman, The relaxation of finding a common point of convex sets and its applications to the solution of problems in convex programming, *Comp. Math. Phys* (USSR), **7**, 200–217, 1967.

2) S. Amari and H. Nagaoka, *Methods of Information Geoemtry*, American Mathematical Society and Oxford University Press, 2000.

3) 中村滋，『数学の花束』，岩波書店，2008.

第3章

指数型分布族の双対平坦構造

指数型分布族は代表的な確率分布の族であり，数多くの有用な構造を持っている．その多くは，幾何学的な見地からは双対平坦性に由来する．本章では指数型分布族を取り上げ，その美しい構造を調べよう．

3.1 指数型分布族

3.1.1 指数型分布族の標準形

指数型分布族は典型的な確率分布族である．x を確率変数として，その確率分布（密度関数）が，$\boldsymbol{\theta} = \left(\theta^1, \cdots, \theta^n\right)$ をパラメータとし，関数 $k_1(x), \cdots, k_n(x)$ と $r(x)$ を用いて

$$p(x, \boldsymbol{\theta}) = \exp\left\{\sum \theta^i k_i(x) + r(x) - \psi(\boldsymbol{\theta})\right\} \tag{3.1}$$

と書けるものを指数型分布族と言う*1)．新しいベクトル確率変数 $\boldsymbol{x} = (x_1, \cdots, x_n)$ を

$$x_i = k_i(x) \tag{3.2}$$

のように導入し，$\boldsymbol{x}$ の測度として

$$d\mu(\boldsymbol{x}) = \exp\{r(x)\}\, dx \tag{3.3}$$

を導入すれば，(3.1) は

$$p(\boldsymbol{x}, \boldsymbol{\theta})dx = \exp\{\boldsymbol{\theta} \cdot \boldsymbol{x} - \psi(\boldsymbol{\theta})\}\, d\mu(\boldsymbol{x}) \tag{3.4}$$

の形の標準形に書ける（これからは，$d\mu(\boldsymbol{x})$ を単に $d\boldsymbol{x}$ と書くことも多いが，実は適当の測度に関してという意味である）．

分布を指定するパラメータ $\boldsymbol{\theta}$ は，分布族のなす多様体の座標系である．これを**自然パラメータ**と呼ぶ．$\psi(\boldsymbol{\theta})$ は規格化定数に対応する関数で，$p(\boldsymbol{x}, \boldsymbol{\theta})$ の積分が 1 であることから，

$$\psi(\boldsymbol{\theta}) = \log \int \exp(\boldsymbol{\theta} \cdot \boldsymbol{x}) d\mu(\boldsymbol{x}) \tag{3.5}$$

と書ける．$\psi(\boldsymbol{\theta})$ は**キュムラント生成関数**であるが，物理学では**自由エネルギー**と呼ばれ，大変重要な役割を担う．実は，これから示すように $\psi(\boldsymbol{\theta})$ は凸関数である．これによりこの空間に，ダイバージェンスと双対平坦な構造が導入される．その前に，2 つの曲型的な指数型分布族をあげておく．

---

*1） x は離散変数でも実変数でもよい．ベクトルでもかまわないし，無限自由度を持つ確率過程の軌道でもよい．

3.1.2 指数型分布族の例

A　正規分布（ガウス分布）

これはよく知られているように確率密度関数が

$$p(x, \mu, \sigma) = \frac{1}{\sqrt{2\pi}\sigma} \exp\left\{-\frac{(x-\mu)^2}{2\sigma^2}\right\} \tag{3.6}$$

と書ける．ここでは平均 μ と分散 σ^2 が分布を指定するパラメータであり，ガウス分布の全体はこれらを座標系とする 2 次元の空間をなす．さて，ここで新しい確率変数

$$x_1 = k_1(x) = x, \tag{3.7}$$

$$x_2 = k_2(x) = x^2 \tag{3.8}$$

を導入して，確率変数を形の上で $\boldsymbol{x} = (x_1, x_2)$ の 2 次元にする．x_1 と x_2 は独立でないがかまわない．また，新しいパラメータ（座標系）として

$$\theta^1 = \frac{\mu}{\sigma^2}, \tag{3.9}$$

$$\theta^2 = -\frac{1}{2\sigma^2} \tag{3.10}$$

を導入する．こうすれば，確率分布は

$$p(x, \boldsymbol{\theta}) = \exp\left\{\sum \theta^i x_i - \psi(\boldsymbol{\theta})\right\} \tag{3.11}$$

のように指数型分布族の標準形で書ける．規格化定数に対応する $\psi(\boldsymbol{\theta})$ は

$$\psi(\boldsymbol{\theta}) = \frac{\mu^2}{2\sigma^2} + \log\left(\sqrt{2\pi}\sigma\right) \tag{3.12}$$

$$= -\frac{\left(\theta^1\right)^2}{4\theta^2} - \frac{1}{2}\log\left(-\theta^2\right) + \frac{1}{2}\log\pi. \tag{3.13}$$

θ^i の上付き添字と二乗とが混って醜いが，しばらく我慢して欲しい．また，x_1 と x_2 とが独立でなく，$x_2 = x_1^2$ を満たすところ以外は確率は 0 である．だから基礎となる $\boldsymbol{x}$ の測度として

$$d\mu(\boldsymbol{x}) = \delta\left(x_2 - x_1^2\right) d\boldsymbol{x} \tag{3.14}$$

を使わなければならない．

B　離散分布族 S_n

離散変数 $x = 0, 1, \cdots, n$ の上の確率分布は，$p_i = \mathrm{Prob}\{x = i\}$ として，

$$p(x) = \sum_{i=0}^{n} p_i \delta_i(x) \tag{3.15}$$

と書ける．確率分布は $p_0, p_1, \cdots, p_n$ で指定されるが，$\sum p_i = 1$ であるから，座標系としては $\boldsymbol{p} = (p_1, \cdots, p_n)$ を取ってよい．新しい確率変数

$$x_i = k_i(x) = \delta_i(x), \quad i = 1, \cdots, n \tag{3.16}$$

を導入する．$\delta_0(x)$ は

$$\delta_0(x) = 1 - \sum_{i=1}^{n} \delta_i(x) \tag{3.17}$$

である．また，新しいパラメータとして

$$\theta^i = \log \frac{p_i}{p_0} \tag{3.18}$$

を用いると，確率分布は

$$p(x, \boldsymbol{\theta}) = \exp\left\{\sum_{i=1}^{n} \theta^i x_i + \log p_0\right\} \tag{3.19}$$

のように指数型分布族になる．関数 ψ は

$$\psi(\boldsymbol{\theta}) = -\log p_0 = \log\left\{1 + \sum_{i=1}^{n} \exp\left(\theta^i\right)\right\} \tag{3.20}$$

である．

この他，ガンマ分布，多項分布，ベータ分布，対数指数分布，ポアソン分布，多次元正規分布など，多くのよく知られた分布が指数型分布族に入る．

C　指数型分布族の部分空間

離散分布 S_n が指数型分布族であるのは良い知らせである．いま，仮に離散変数 x の確率分布の族 $M = \{p(x, \boldsymbol{\xi})\}$ があって，これが指数型分布族ではないとしよう．$x = 0, 1, \cdots, n$ とする．このとき，$S_n = \{p(x)\}$ を考えれば，これは指数型分布族であるから，モデル M はその部分空間になっている．だから指数型分布族の空間の幾何学を知れば，一般の離散確率分布族 M はその部分空間として理解できる．実は，指数型分布族の空間は，これから述べるように双対平坦であり，一般の空間はその中に埋め込まれた曲がった空間と考えればよい．

3.2　指数型分布族の凸関数と双対平坦構造

指数型分布族には凸関数 $\psi(\boldsymbol{\theta})$ が伴う．したがって，$\boldsymbol{\theta}$ をアファイン座標系とする平坦構造が導入される．一方これに対応して Legendre 変換による双対凸関数が存在する．それは

$$\varphi(\boldsymbol{\eta}) = \max_{\boldsymbol{\theta}} \{\boldsymbol{\theta} \cdot \boldsymbol{\eta} - \psi(\boldsymbol{\theta})\} \tag{3.21}$$

から計算できる．ここで，前章の表記ならば $\boldsymbol{\eta} = \boldsymbol{\theta}^*$, $\varphi(\boldsymbol{\eta}) = \psi^*(\boldsymbol{\theta}^*)$ と書くべきところである．しかし，これからは慣習に従い[2)]，双対アファイン座標系として記号 $\boldsymbol{\eta}$ を，双対凸関数に $\varphi(\boldsymbol{\eta})$ を用いることにする．計算すると，$\varphi(\boldsymbol{\eta})$ は，実はエントロピーの符号を変えたもの，ネゲントロピーと呼ばれる量で，$\boldsymbol{\eta}$ で指定される確率分布を $p(\boldsymbol{x}, \boldsymbol{\eta})$ のように略記すれば，

$$\varphi(\boldsymbol{\eta}) = \int p(\boldsymbol{x}, \boldsymbol{\eta}) \log p(\boldsymbol{x}, \boldsymbol{\eta}) d\boldsymbol{x} \tag{3.22}$$

である．これは双対座標 $\boldsymbol{\eta}$ の凸関数であり逆変換

$$\boldsymbol{\theta} = \nabla\varphi(\boldsymbol{\eta}) \tag{3.23}$$

が成立する．勾配 $\nabla\psi(\boldsymbol{\theta})$ を具体的に計算する．(3.5) を $\boldsymbol{\theta}$ で微分すれば，

$$\nabla\psi(\boldsymbol{\theta}) = \int \boldsymbol{x} p(\boldsymbol{x}, \boldsymbol{\theta}) d\boldsymbol{x} = E[\boldsymbol{x}] \tag{3.24}$$

であるから，双対座標 $\boldsymbol{\eta} = \nabla\psi(\boldsymbol{\theta})$ は，実は $\boldsymbol{x}$ の期待値である．したがって，$\boldsymbol{\eta}$ を指数型分布族の**期待値パラメータ**と呼ぶ．さらにもう一度微分すると

$$\nabla\nabla\psi(\boldsymbol{\theta}) = E\left[(\boldsymbol{x} - \boldsymbol{\eta})(\boldsymbol{x} - \boldsymbol{\eta})^T\right], \tag{3.25}$$

($\boldsymbol{x}$ は縦ベクトル，$\boldsymbol{x}^T$ は $\boldsymbol{x}$ の転置とする)，したがってヘッシアンは $\boldsymbol{x}$ の分散行列である．だからこれは正定値で，$\psi(\boldsymbol{\theta})$ は凸関数であることが分かる．

$\psi(\boldsymbol{\theta})$ から導かれるダイバージェンスを計算しよう．

$$D[\boldsymbol{\theta}' : \boldsymbol{\theta}] = \psi(\boldsymbol{\theta}') - \psi(\boldsymbol{\theta}) - \boldsymbol{\eta} \cdot (\boldsymbol{\theta}' - \boldsymbol{\theta}) = \psi(\boldsymbol{\theta}') + \varphi(\boldsymbol{\eta}) - \boldsymbol{\theta}' \cdot \boldsymbol{\eta} \tag{3.26}$$

$$= \int p(\boldsymbol{x}, \boldsymbol{\theta}) \log \frac{p(\boldsymbol{x}, \boldsymbol{\theta})}{p(\boldsymbol{x}, \boldsymbol{\theta}')} d\boldsymbol{x} \tag{3.27}$$

であるから，これは KL ダイバージェンスに他ならない．ただし，$D[\boldsymbol{\theta} : \boldsymbol{\theta}']$ でなくて変数が入れ換わっている．指数型分布族においては，KL ダイバージェンスは双対平坦性から自然に導かれる．

リーマン計量は

$$g_{ij} = \partial_i \partial_j \psi(\boldsymbol{\theta}) \tag{3.28}$$

であるが ($\partial_i = \partial / \partial \theta^i$ である)，これは

$$g_{ij} = E\left[\partial_i \log p(\boldsymbol{x}, \boldsymbol{\theta}) \partial_j \log p(\boldsymbol{x}, \boldsymbol{\theta})\right] \tag{3.29}$$

のように書ける．これは統計学では Fisher 情報行列として知られている，統計学の基本的な情報量である*2)．

3.3 e-平坦と m-平坦

指数型分布族の平坦構造をもう少し具体的に確かめよう．このために，もっとも簡単な離散分布族 S_n を考える．ここでは，アファイン座標 $\boldsymbol{\theta}$ は

$$\theta^i = \log \frac{p_i}{p_0}, \qquad i = 1, \cdots, n, \tag{3.30}$$

双対アファイン座標は

$$\eta_i = p_i, \qquad i = 1, \cdots, n \tag{3.31}$$

である．

2 つの確率分布 $\boldsymbol{p}_1$ と $\boldsymbol{p}_2$ を結ぶ測地線は，$\boldsymbol{\theta}$ 座標で書けば t をパラメータとして

$$\boldsymbol{\theta}(t) = (1-t)\boldsymbol{\theta}_1 + t\boldsymbol{\theta}_2 \tag{3.32}$$

であるが，これは分布で書けば，

$$p(x, t) = \exp\left[\sum_{i=1}^{n} \{(1-t)\theta_1^i + t\theta_2^i\} \delta_i(x) - \psi(t)\right]$$

となる．これは，t をパラメータとする 1 次元の指数型分布族に他ならない．すなわち，測地線は 2 点を結ぶ指数型分布になる．このため，測地線を **e-測地線** (exponential geodesic) と呼ぶ[1]．また，$\boldsymbol{\theta}$ 座標による平坦性を指数型平坦もしくは **e-平坦**と呼ぶ．

一方，2 つの分布を双対測地線で結んでみよう．$\boldsymbol{\eta}$ 座標をもちいれば，双対測地線は

$$\boldsymbol{\eta} = (1-t)\boldsymbol{\eta}_1 + t\boldsymbol{\eta}_2 \tag{3.33}$$

---

*2) Fisher 情報行列をリーマン計量として用いるアイデアは，C.R. Rao が 1945 年にインドで発表したもので，Crámer–Rao の定理もそこで証明されている[2]．この論文がその後の情報幾何発展の源になった．Rao がアメリカで科学研究の最高の栄誉である大統領メダルを受賞したときの功績の一つに，情報幾何の源を作ったことが書かれている．

と書ける．これは，確率分布でいえば2つの分布の混合分布族

$$p(x,t) = (1-t)p_1(x) + tp_2(x) \tag{3.34}$$

である．このとき，確率変数 x の期待値が混合になる．このため，双対測地線を **m-測地線** (mixture-geodesic)，また双対平坦性を **m-平坦**と呼ぶ[1]．この呼び名は S_n に限らず一般の指数型分布族に対しても用いる．

3.4 指数型分布族，凸関数，Bregman ダイバージェンス

指数型分布族からは凸関数が定まり，それは確率変数 $\boldsymbol{x}$ の測度 $d\mu(\boldsymbol{x})$ を用いて

$$\psi(\boldsymbol{\theta}) = \log \int \exp(\boldsymbol{\theta} \cdot \boldsymbol{x}) d\mu(\boldsymbol{x}) \tag{3.35}$$

と書けたから，$\psi(\boldsymbol{\theta})$ は測度 $d\mu(\boldsymbol{x})$ の Laplace 変換の対数である．逆に，凸関数 ψ が与えられたときに，その逆変換として測度 $d\mu$ が定まるであろうか．もし定まるならば，凸関数 ψ はいつでも対応する指数型の確率分布族を持つ．これは，ある正則条件のもとで肯定的に答えが出る．すなわち，正則な凸関数と指数型分布族とは1対1に対応する．

凸関数からはBregman ダイバージェンスが導かれたから，逆にBregman ダイバージェンスを与えれば，これをKL ダイバージェンスに持つ指数型分布族が一つ定まることになる．これは，Banerjee らが導いた結果である[3]．

定理 3.1 ψ を凸関数とする双対平坦なダイバージェンス（Bregman ダイバージェンス）

$$D_\psi[\boldsymbol{\theta} : \boldsymbol{\theta}'] = \psi(\boldsymbol{\theta}) + \psi(\boldsymbol{x}) - \boldsymbol{\theta} \cdot \boldsymbol{x} \tag{3.36}$$

が与えられたとする．ただし $\boldsymbol{x} = \nabla\psi(\boldsymbol{\theta}')$ で，$\boldsymbol{\theta}'$ 点の $\boldsymbol{\eta}$-座標である．このとき $\boldsymbol{x}$ を確率変数とする指数型分布族が存在して

$$p(\boldsymbol{x}, \boldsymbol{\theta}) = \exp\{-D_\psi[\boldsymbol{\theta} : \boldsymbol{\theta}(\boldsymbol{x})] + \psi(\boldsymbol{x})\} \tag{3.37}$$

のように定まる．

証明は容易である．

本章では指数型分布族を特別なものとして扱ったが，実は双対平坦な構造はいつも指数型分布族の形で書けることを見た．指数型分布族のときに用いた言葉を拡大解釈して，一般の双対平坦な空間での $\boldsymbol{\theta}$ 座標によるアファイン平坦を e-平坦，$\boldsymbol{\eta}$ 座標すなわち座標による双対アファイン平坦を m-平坦と呼ぶ．

3.5 指数型分布族の拡大

統計学では，確率変数 $\boldsymbol{x}$ が同じ分布から独立に何回も観測される場合を考えることが多い．$\boldsymbol{x}_1, \cdots, \boldsymbol{x}_N$ とし，独立で同一の分布に従うとする．このとき，全体の確率密度は

$$p(\boldsymbol{x}_1, \cdots, \boldsymbol{x}_N; \boldsymbol{\theta}) = \prod_{i=1}^{N} p(\boldsymbol{x}_i, \boldsymbol{\theta}) \tag{3.38}$$

と積の形になる．多重測定によって幾何学がどう変わるかを見ておこう．指数型分布族を考える．このとき，変数の算術平均

$$\bar{\boldsymbol{x}} = \frac{1}{N}\sum_{i=1}^{N}\boldsymbol{x}_i \tag{3.39}$$

を導入すれば，(3.38) は

$$p_N(\bar{\boldsymbol{x}}, \boldsymbol{\theta}) = p(\boldsymbol{x}_1, \cdots, \boldsymbol{x}_N; \boldsymbol{\theta}) = \exp\{N\boldsymbol{\theta}\cdot\bar{\boldsymbol{x}} - N\psi(\boldsymbol{\theta})\} \tag{3.40}$$

のように $\bar{\boldsymbol{x}}$ を確率変数とする指数型分布族で書ける．しかし，凸関数は N 倍に増え，$N\psi(\boldsymbol{\theta})$ になる．したがって，ダイバージェンスも N 倍

$$D[p_N(\bar{\boldsymbol{x}}, \boldsymbol{\theta}) : p_N(\bar{\boldsymbol{x}}, \boldsymbol{\theta}')] = ND[p(\boldsymbol{x}, \boldsymbol{\theta}) : p(\boldsymbol{x}, \boldsymbol{\theta}')] \tag{3.41}$$

になり，計量も

$$g_{ij}^N(\boldsymbol{\theta}) = Ng_{ij}(\boldsymbol{\theta}) \tag{3.42}$$

のように N 倍に膨れる．$\boldsymbol{\theta}$ 座標と $\boldsymbol{\eta}$ 座標による双対平坦性は変わらない．だから，$N=1$ の場合だけを考えておいて，N 個の測定がある場合は，ただスケールが N 倍に増えたと考えればよいだけである．面白いことは，この中に入っている曲がった部分空間は，全体が膨らめば，曲った部分は平らに近づく．つまり，曲率は $1/N$ になって，平坦に近づいてくる．

3.6 射影定理とピタゴラスの定理の応用

指数型分布族は双対平坦であったから，射影定理とピタゴラスの定理が成立する．その簡単な応用例を見よう．

3.6.1 ニューロンの発火確率

2つのニューロンを取り上げよう．ニューロンはスパイクを確率的に出す（これを発火と呼ぶ）ので，確率変数 x_1, x_2 を考え，ニューロン i が発火すれば x_i は 1，発火しなければ 0 であるとする．発火の同時確率を $p(x_1, x_2)$ と書く．その対数を展開すると，x_i は 0, 1 の 2 値を取るから，

$$\log p(x_1, x_2) = \theta^1 x_1 + \theta^2 x_2 + \theta^{12} x_1 x_2 - \psi(\boldsymbol{\theta}) \tag{3.43}$$

すなわち，

$$p(x_1, x_2; \boldsymbol{\theta}) = \exp\left\{\theta^1 x_1 + \theta^2 x_2 + \theta^{12} x_1 x_2 - \psi(\boldsymbol{\theta})\right\} \tag{3.44}$$

と書けて，これは指数型分布族である．$\boldsymbol{\theta}$ が自然パラメータでこれが e-座標系である．双対座標（m-座標）は，

$$\begin{aligned} \eta_i &= E[x_i] = \mathrm{Prob}\{x_i = 1\}, \\ \eta_{12} &= E[x_1 x_2] = \mathrm{Prob}\{x_1 = 1, x_2 = 1\} \end{aligned} \tag{3.45}$$

であるが，η_i は各ニューロンの発火確率，η_{12} は 2 つのニューロンの同時発火率を表す．

(3.44) で決まる空間 S の中で，2 つのニューロンの発火が独立である分布は

$$\theta^{12} = 0 \tag{3.46}$$

を満たす．独立な分布の全体は S の中の部分多様体をなすが，上式は $\boldsymbol{\theta}$ 座標の線形制約であるから e-平坦な部分空間である（図 3.1）．これを I と書こう．

$$I = \{p(x_1, x_2) \mid p(x_1, x_2) = p(x_1)\,p(x_2)\} \tag{3.47}$$

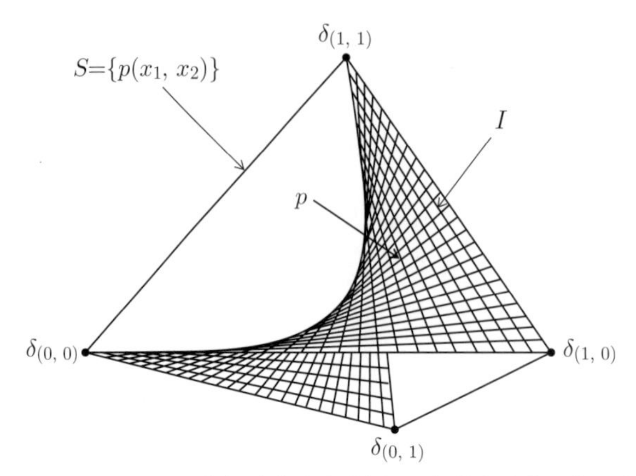

図 3.1　2 つのニューロンの発火確率分布空間 S と独立分布の作る部分空間 I.

独立でない分布 $p(x_1,x_2)$ が与えられたときに，これを I に属する独立分布で近似したい．このとき，ダイバージェンスとして (1.20) の KL ダイバージェンスを用い，$p(x_1,x_2)$ から I へのダイバージェンスを最小にする分布

$$\min_{q\in I} D\left[p\left(x_1,x_2\right):q\left(x_1,x_2\right)\right] \tag{3.48}$$

を求めればよい．これは $p(x_1,x_2)$ を I に双対射影すればよい．答えは，$p(x_1), p(x_2)$ を $p(x_1,x_2)$ の周辺確率分布として

$$q\left(x_1,x_2\right)=p\left(x_1\right)p\left(x_2\right) \tag{3.49}$$

となる．これは $p(x_1,x_2)$ と同じ発火率を持つ 2 つのニューロンが独立に発火する分布である．

いま，分布

$$p_0\left(x_1,x_2\right)=\frac{1}{4} \tag{3.50}$$

を考えると，これは一様分布でエントロピーが最大である．分布 $p(x_1,x_2)$ から $p_0(x_1,x_2)$ へのダイバージェンスは

$$D\left[p:p_0\right]=\sum p\left(x_1,x_2\right)\log\frac{p\left(x_1,x_2\right)}{p_0\left(x_1,x_2\right)}=-H+\log 4 \tag{3.51}$$

で，これはエントロピー H で書ける．エントロピーは，定数 $\log 4$ を除けば，p の一様分布へのダイバージェンスを負にしたものとも言える．

ピタゴラスの定理によれば，

$$D\left[p:p_0\right]=D[p:q]+D\left[q:p_0\right] \tag{3.52}$$

が成立する．すなわち，p が一様分布とどのくらい離れているかは，p が独立分布とどのくらい違うかを示すダイバージェンス $D[p:q]$ と，独立分布 q が一様分布とどのくらい離れているかを示す $D[q:p_0]$ との和に分解できる（図 3.2）．前者は 2 つのニューロンの相関の影響であり，後者は発火率に由来する．つまり，ニューロン間の発火率の変動の影響と，相関の影響を分解できる．I が e-平坦であるから，双対射影（m-射影）は一意的に決まり，この分解は直交分解である．

3.6.2　エントロピー最大原理

一定の条件を満たす確率分布の候補が多数あるとき，その中でエントロピーが最大のものを選ぼ

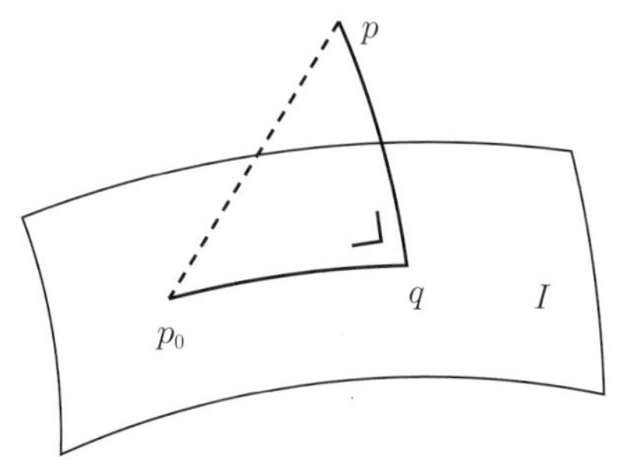

図 3.2　ダイバージェンスの分解.

うという指針がある．これが**エントロピー最大原理**である．これは，情報幾何の立場からは，ピタゴラスの定理に帰着する．

$\boldsymbol{x}$ を確率変数とし，その関数 $f_1(\boldsymbol{x}), f_2(\boldsymbol{x}), \cdots, f_m(\boldsymbol{x})$ が与えられたとしよう．物理学では，$\boldsymbol{x}$ は系の状態，$f(\boldsymbol{x})$ は状態が $\boldsymbol{x}$ のときの系のエネルギーや運動量などである．これらの量の期待値が一定値に決まっているとしよう．

$$\int p(\boldsymbol{x}) f_i(\boldsymbol{x}) d\boldsymbol{x} = c_i, \quad i = 1, \cdots, m. \tag{3.53}$$

この条件を満たす確率分布 $p(\boldsymbol{x})$ は多数あるので，その全体を $M(\boldsymbol{c})$ と書こう．$M(\boldsymbol{c})$ に属する分布でエントロピーが最大になるものを求めたい．

通常は Lagrange の未定係数法を用い，汎関数

$$F[p] = -\int p(\boldsymbol{x}) \log p(\boldsymbol{x}) dx + \sum \theta^i \int p(\boldsymbol{x}) f_i(\boldsymbol{x}) d\boldsymbol{x} + \lambda_0 \int p(\boldsymbol{x}) d\boldsymbol{x} \tag{3.54}$$

を最大にする分布を求める．θ^i と λ_0 が未定係数である．変分を取れば

$$\delta F = -\int \left[\log p(\boldsymbol{x}) + \sum \theta^i f_i(\boldsymbol{x}) + c \right] \delta p(\boldsymbol{x}) d\boldsymbol{x} = 0. \tag{3.55}$$

したがって答えは指数型分布族 $E = \{p(\boldsymbol{x}, \boldsymbol{\theta})\}$,

$$\hat{p}(\boldsymbol{x}, \boldsymbol{\theta}) = \exp\left\{ \sum \theta^i f_i(\boldsymbol{x}) - \psi(\boldsymbol{\theta}) \right\} \tag{3.56}$$

となる．$\boldsymbol{\theta}$ は $\boldsymbol{c}$ の値から (3.53) を満たすように定まるから，期待値 $\boldsymbol{c}$ の値に応じて分布が一つ定まる．この分布族は，m 次元の e-平坦な部分空間 E をなす．

ところで，条件 (3.53) を満たす分布は，確率分布 $p(\boldsymbol{x})$ 全体の空間の次元が n ならば，$n-m$ 次元の部分空間 $M(\boldsymbol{c})$ であり（全体が関数空間ならば補次元が m の部分空間），これは双対平坦空間である．確率分布 p のエントロピーは，

$$H[p] = \text{const} - D[p : p_0] \tag{3.57}$$

である．だから，エントロピーの最大化は，$M(\boldsymbol{c})$ に属する分布 p のうちで $D[p : p_0]$ が最小となる確率分布 $\hat{p}$ を求める問題である．

答えは明らかに p_0 を $M(\boldsymbol{c})$ に射影したものである．$M(\boldsymbol{c})$ の勝手な要素 $r(\boldsymbol{x})$ を取れば，ここから p_0 へのダイバージェンスは，

$$D[r : p_0] = D[r : q] + D[q : p_0] \geq D[q : p_0] \tag{3.58}$$

となる（図 3.3）．だから射影 $q(\boldsymbol{x}) \in E$ がエントロピー最大の分布である．束縛 $\boldsymbol{c}$ をいろいろ変えれば，答えは (3.56) となり，答えの全体は $M(\boldsymbol{c})$ に直交する指数型分布族 (3.56) になる．言い換

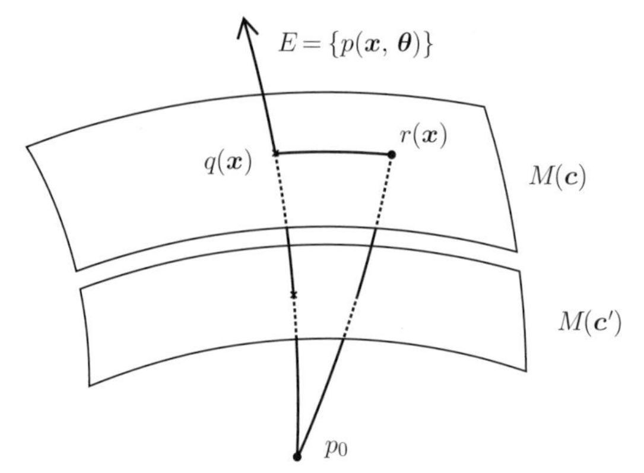

図 3.3　エントロピー最大原理と指数型分布族.

えれば，指数型分布族は，すべての $M(\boldsymbol{c})$ に直交する e-平坦な空間である.

終わりの一言

Fisher は，確率分布族のあるべき姿として指数型分布族を想定したという．しかし，それ以外の分布族も多数あるから，そうも言っていられない．しかし，離散分布族は指数型であるから，すべての離散分布の族はその部分空間，すなわち曲指数型分布族である．したがって，性質の良い指数型分布族をしっかりと調べておくことは，統計学を理解する第一歩である.

指数型分布族は双対平坦空間であった．そこには，e-平坦と m-平坦の互いに双対な構造が入る．その座標系である $\boldsymbol{\theta}$ 座標（自然パラメータ）と $\boldsymbol{\eta}$ 座標（期待値パラメータ）は Legendre 変換で結ばれている．ピタゴラスの定理はその性質を調べるのにいろいろと役に立つ.

指数型分布族は双対平坦な確率分布族の一つの例に過ぎないということもできる．しかし，一般の双対平坦の空間は，対応する指数型分布族を持つことを見た．この意味で，指数型分布族は，双対平坦空間の一般形を与えると言ってよい.

参考文献

1) S. Amari and H. Nagaoka, *Methods of Information Geometry*, American Mathematical society and Oxford University Press, 2000.
2) C.R. Rao, Information and accuracy attainable in the estimation of statistical parameters, *Bull. of the Calcutta Mathematical Society*, **37**, 81–91, 1945.
3) A. Banerjee, S. Merugu, I. Dhillon and J. Ghosh, Clustering with Bregman Divergences, *Journal of Machine Learning Research*, **6**, 1705–1749, 2005.

第4章

確率分布族における不変なダイバージェンス

指数型分布族ならば，自由エネルギー（キュムラント生成関数）$\psi(\boldsymbol{\theta})$ をもとに双対平坦な幾何構造を導入できる．しかし，なぜ ψ から幾何を導入するのか，他にも方法があるのではないか，さらに一般の確率分布族 $\{p(x,\boldsymbol{\xi})\}$ の場合にどうしたらよいかという疑問が残る．これに答えるのが不変性である．本章では不変性を要請すると幾何学構造が一意に定まることを示す．確率変数 x のスケールを非線形に変えると確率密度関数の形は変わるものの，その実質は同じである．すなわち，確率分布の集まりを空間と考えたときに，確率変数 x をどのように表現しても確率分布としては同じものであるから，空間の幾何学構造は x の表現によらず同一でなければならない．この不変性の要請から導かれる幾何学は何か，本章はこれを調べる．

4.1 不変性

$\boldsymbol{\xi}$ をパラメータとする確率分布族 $M=\{p(\boldsymbol{x},\boldsymbol{\xi})\}$ を考えよう．確率変数 $\boldsymbol{x}$ はベクトルでも離散でもよいが，簡単のためスカラー x として論を進める．確率変数 x を逆変換可能な関数を用いて，

$$y=k(x), \quad x=k^{-1}(y) \tag{4.1}$$

に変換してみよう．すると確率密度関数は

$$\bar{p}(y,\boldsymbol{\xi})=p\left(x,\boldsymbol{\xi}\right)\frac{dk^{-1}(y)}{dy} \tag{4.2}$$

に変わる*1)．しかし，この分布の作る空間 $\bar{M}=\{\bar{p}(y,\boldsymbol{\xi})\}$ も元の分布の作る空間 M も，各点は同じ座標 $\boldsymbol{\xi}$ で指定され，分布は同じでただ確率変数の表現を変えただけである．だから，両者に導入される幾何学構造，例えばダイバージェンスは，同じになるように定義するのが正統である．

さらに進んで，十分統計量という考えを入れる．いま，確率変数の関数

$$s=k(x) \tag{4.3}$$

があり，これは逆変換が可能でなくてよいとする．確率分布 $p(x,\boldsymbol{\xi})$ が s と x を用いて

$$p(x,\boldsymbol{\xi})=\bar{p}(s,\boldsymbol{\xi})r(x) \tag{4.4}$$

のように書けて，パラメータ $\boldsymbol{\xi}$ に依存する部分は s だけの関数で，残りの部分 $r(x)$ は x にはよるが $\boldsymbol{\xi}$ にはよらないとしよう．このとき，観測されたデータからパラメータ $\boldsymbol{\xi}$ についての推論をするのに，s は重要であるが，元の x 自体が必要というわけではない．つまり，x を s に縮約して s に関係のない部分は無駄なデータとして捨ててもかまわない．このような s があるとき，これを十分

*1) 確率変数が多次元の場合は $\boldsymbol{y}=\boldsymbol{k}(\boldsymbol{x}), d\boldsymbol{k}^{-1}/d\boldsymbol{y}$ はヤコビ行列式 $|d\boldsymbol{x}/d\boldsymbol{y}|$ となる．

統計量と言う．

不変性の要請を次のように高めることができる[1]．

不変性の要請：確率分布空間に導入する幾何学的量は，任意の十分統計量を用いて分布 $\bar{p}(s, \boldsymbol{\xi})$ から導くことができる．

1 対 1 の変換 $y = k(x)$ では y は十分統計量であるから，前の考えはこの基準の特別な場合といえる．

4.2 粗視化と単調性

話をわかりやすくするため，離散確率分布 $S_n\,(n \geq 2)$ を用いて不変性を議論する．確率分布を $\boldsymbol{p} = (p_0, p_1, \cdots, p_n)$ と書き，S_n の 2 つの分布 $\boldsymbol{p}, \boldsymbol{q}$ のダイバージェンス $D[\boldsymbol{p} : \boldsymbol{q}]$ を考えよう．これが成分ごとの和の形

$$D[\boldsymbol{p} : \boldsymbol{q}] = \sum_{i=0}^{n} d\,(p_i, q_i) \tag{4.5}$$

に書ける場合，これを**分解可能なダイバージェンス**と言う．とりあえずこの場合を考える*2)．

いま，$X = \{x_0, x_1, \cdots, x_n\}$ の $n+1$ 個の要素をいくつかひとまとめにして，$m+1$ 個に区分けしよう．例えば，まとめられた要素のくくりを $A_0, \cdots, A_m$ とすると，$A_\lambda, \lambda = 0, 1, \cdots, m$ は X の部分集合で，その全体が X の分割になる．例えば，くくりを箱と呼べば，各箱 A_λ にはいくつかの x_i が

$$A_0 = \{x_0, x_3, x_6\}, \quad A_1 = \{x_1, x_2, x_8\}, \quad \cdots \tag{4.6}$$

のように入る．x としてどの x_i が出たか観測できなくて，x がどの箱 A_λ に入っているかだけが観測できるとしよう．これは観測の粗視化である．x が A_λ に入る確率は

$$\bar{p}_\lambda = \sum_{x_i \in A_\lambda} p_i \tag{4.7}$$

である．だから粗視化によって確率分布は，$A_0, \cdots, A_m$ 上の分布となって

$$\bar{\boldsymbol{p}} = (\bar{p}_0, \cdots, \bar{p}_m) \tag{4.8}$$

になる．これにより，2 つの分布 $\boldsymbol{p}$ と $\boldsymbol{q}$ の間のダイバージェンスは $D[\boldsymbol{p} : \boldsymbol{q}]$ から $\bar{D}\,[\bar{\boldsymbol{p}} : \bar{\boldsymbol{q}}]$ に変わる．

2 つの分布は粗視化によって区別がつきにくくなるから，その分離の度合であるダイバージェンスは一般に小さくなる．

$$D[\boldsymbol{p} : \boldsymbol{q}] \geq \bar{D}\,[\bar{\boldsymbol{p}} : \bar{\boldsymbol{q}}]\,. \tag{4.9}$$

これを**情報単調性**と言う．ところで，等式が成り立つとき，つまりダイバージェンスが粗視化によっても減らないのはどのようなときであろうか．

いま，観測が x は箱 A_λ に入っていることを示したとしよう．ここで，A_λ の中のどの x_j であったかをさらに調査して知ったとしよう．x が A_λ に入っていることが分かった時点で，x の確率分布 $\boldsymbol{p}$ は，A_λ の条件付き分布

---

*2) 不変性の要請から，$D[\boldsymbol{p} : \boldsymbol{q}]$ は成分 i の順番を入れ換えても変わらない．つまり x_i を x_j にし，x_j を x_i にしてもそれは名前のつけ換えである．だから，分解可能な場合，各成分について同じ関数 $d(p, q)$ を用いてよい．

$$p\left(x=x_j|x \in A_\lambda\right)=\begin{cases}0, & x_j \notin A_\lambda \text{のとき}, \\ \dfrac{p_j}{\bar{p}_\lambda}, & x_j \in A_\lambda \text{のとき}\end{cases} \tag{4.10}$$

になっている．$\boldsymbol{q}$ についても同じである．このとき，どの A_λ と $x_j \in A_\lambda$ についても

$$p\left(x=x_j\,|x \in A_\lambda\right)=q\left(x=x_j\,|x \in A_\lambda\right) \tag{4.11}$$

が成立するならば，粗視化を解除して精密に観測しても，$\boldsymbol{p}$ と $\boldsymbol{q}$ とを区別する情報はそれ以上得られない．これは，$\{A_0, \cdots, A_m\}$ に値を取る確率変数 y が十分統計量になっている場合である．このときはダイバージェンスは変わらず，

$$D[\boldsymbol{p}:\boldsymbol{q}]=\bar{D}\left[\bar{\boldsymbol{p}}:\bar{\boldsymbol{q}}\right] \tag{4.12}$$

が成立する．(4.12) の等号が成立するのは上記の (4.11) のとき，このときに限るならば，これを不変なダイバージェンスという．

定理 4.1 分解可能で不変なダイバージェンスは，$f(1)=0$ を満たす微分可能な凸関数 f を用いて

$$D_f[\boldsymbol{p}:\boldsymbol{q}]=\sum p_i f\left(\frac{q_i}{p_i}\right) \tag{4.13}$$

と書ける*3)．

これを ***f* ダイバージェンス**と呼ぶ．f ダイバージェンスは Ali と Silvey[2]，森本[3]および Csiszár[4]が導入したが，Csiszár がその性質を詳しく調べたため，いまは Csiszár の f ダイバージェンスと呼ばれる[5]．

証明[6] まず，f ダイバージェンスは情報単調性を満たすことを示す．簡単のため，x_1 と x_2 とを箱 A_1 に入れ，他の x_i はそのまま 1 個ずつ 1 つの箱に入れる場合を考える．他の場合も同様に証明できる．この場合

$$p_1 f\left(\frac{q_1}{p_1}\right)+p_2 f\left(\frac{q_2}{p_2}\right) \geq \left(p_1+p_2\right) f\left(\frac{q_1+q_2}{p_1+p_2}\right) \tag{4.14}$$

を示せば情報単調性が言える．わかりやすくするために，

$$u_1=\frac{q_1}{p_1}, \quad u_2=\frac{q_2}{p_2} \tag{4.15}$$

とおけば，(4.14) の右辺は

$$\left(p_1+p_2\right) f\left(\frac{p_1}{p_1+p_2} u_1+\frac{p_2}{p_1+p_2} u_2\right) \tag{4.16}$$

であるが，f は凸関数だから，上式は

$$\left(p_1+p_2\right) f\left(\frac{p_1}{p_1+p_2} u_1+\frac{p_2}{p_1+p_2} u_2\right) \leq p_1 f\left(u_1\right)+p_2 f\left(u_2\right) \tag{4.17}$$

を満たすので，情報単調性が成立する．

---

*3) 分解可能でなければ，不変なダイバージェンスは他にもある．例えば，k を $k(0)=0, k'(0)>0$ を満たす単調増大関数とすれば，$k\left\{D_f\left[\boldsymbol{p}:\boldsymbol{q}\right]\right\}$ は不変なダイバージェンスであるが分解可能でない．

この定理は x が 2 値を取る S_1 の場合は成立しない．証明の箱入れが意味がなくなるからである．この場合幾何学は 1 次元で，すべて平坦である．

逆に，情報単調性が成立したとしよう．このとき，x_1 と x_2 からなる箱 A_1 では，$u_1 = u_2$ のとき，このときにのみ，等号が成立する．これは

$$d(p_1, q_1) + d(p_2, q_2) = d(p_1 + p_2, q_1 + q_2) \tag{4.18}$$

である．ここで，関数 $k(p, u) = d(p, up)$ を考えれば，

$$k(p_1, u) + k(p_2, u) = k(p_1 + p_2, u) \tag{4.19}$$

が $u > 0$ に対して成立するから，k は p に関して線形で

$$k(p, u) = f(u)p \tag{4.20}$$

と書ける．これより $d(p, q)$ は

$$d(p, q) = pf\left(\frac{q}{p}\right) \tag{4.21}$$

と書ける．

（証明終）

4.3 標準 f 関数と Fisher 情報行列

ここで，f ダイバージェンスに関し次の 2 つの性質に注目しよう．まず，凸関数 f に 1 次関数を加えて，c を定数として

$$\bar{f}(u) = f(u) + c(u - 1) \tag{4.22}$$

としてみる．新しい $\bar{f}$ を用いても，

$$D_{\bar{f}}[\boldsymbol{p} : \boldsymbol{q}] = D_f[\boldsymbol{p} : \boldsymbol{q}] \tag{4.23}$$

で，ダイバージェンスは変わらない．したがって，f が微分可能なときには，

$$\bar{f}(u) = f(u) - f'(1)(u - 1) \tag{4.24}$$

を用いることにすれば，この新しい関数 $\bar{f}$ を f とすると，

$$f(1) = 0, \quad f'(1) = 0 \tag{4.25}$$

を満たす．また，f を定数倍して cf を用いれば，ダイバージェンスは c 倍されるだけである．

$$D_{cf}[\boldsymbol{p} : \boldsymbol{q}] = cD_f[\boldsymbol{p} : \boldsymbol{q}]. \tag{4.26}$$

これはダイバージェンスのスケールを定めるだけだから，2 階微分を使って f としては

$$f''(1) = 1 \tag{4.27}$$

を満たすものに規格化しておこう．条件 (4.25), (4.27) を満たす凸関数を**標準凸関数**と呼ぶことにする．

標準凸関数を使えば，2 つの近い分布 $\boldsymbol{p}$ と $\boldsymbol{p} + d\boldsymbol{p}$ のダイバージェンスは，どの f を用いても

$$D_f[\boldsymbol{p} : \boldsymbol{p} + d\boldsymbol{p}] = \frac{1}{2}\sum_{i=0}^{n}\frac{(dp_i)^2}{p_i} \tag{4.28}$$

となってすべて同じものに規格化される．これがリーマン計量 g_{ij} を定義する．$\sum p_i = 1$ のため，

$\sum dp_i = 0$，したがって $\boldsymbol{p} = (p_0, p_1, \cdots, p_n)$ のうちで $p_1, \cdots, p_n$ を座標系に用いれば

$$ds^2 = \sum_{i=1}^{n} \frac{dp_i^2}{p_i} + \frac{\left(\sum dp_i\right)^2}{p_0} \tag{4.29}$$

$$= \sum \left[\frac{1}{p_i}\delta_{ij} + \frac{1}{p_0}\right] dp_i dp_j \tag{4.30}$$

が得られる．以下の定理は不変性からリーマン計量が一意に定まることを示す．

定理 4.2　確率分布空間 S_n における不変なリーマン計量は

$$g_{ij}(\boldsymbol{p}) = \frac{1}{p_i}\delta_{ij} + \frac{1}{p_0} \tag{4.31}$$

であり，これは Fisher 情報行列である*4)．

ダイバージェンス $D[\boldsymbol{p} : \boldsymbol{q}]$ は 2 つの変数 $\boldsymbol{p}, \boldsymbol{q}$ に関して対称ではなかった．しかし，$D^*[\boldsymbol{p} : \boldsymbol{q}] = D[\boldsymbol{q} : \boldsymbol{p}]$ とおけば，これもダイバージェンスである．しかも不変だから，うまい f^* を用いれば，これも f ダイバージェンスになっているはずである．凸関数 f の双対関数を

$$f^*(u) = uf\left(\frac{1}{u}\right) \tag{4.33}$$

と置いてみる．このとき f^* も凸関数で，

$$D^*[\boldsymbol{p} : \boldsymbol{q}] = D[\boldsymbol{q} : \boldsymbol{p}] \tag{4.34}$$

となっていることが分かる．だから，ダイバージェンスで変数を入れ換えた双対ダイバージェンスも不変である．

4.4　いろいろな f ダイバージェンス

f ダイバージェンスには，f の選び方によっていろいろなものがある．ここでは，見やすくするために，規格化されていない f を使い，いくつかの例を挙げる．

1) Hellinger 距離

$$f(u) = 4(1 - \sqrt{u}), \quad D[\boldsymbol{p} : \boldsymbol{q}] = 2\sum \left(\sqrt{p_i} - \sqrt{q_i}\right)^2. \tag{4.35}$$

これは，Hellinger 距離と呼ばれるダイバージェンスで，$\boldsymbol{p}$ と $\boldsymbol{q}$ に関して対称である．

2) KL ダイバージェンス

$$f(u) = -\log u, \quad D_f[\boldsymbol{p} : \boldsymbol{q}] = \sum p_i \log \frac{p_i}{q_i}. \tag{4.36}$$

これは KL ダイバージェンスである．また，f の双対である

$$f^*(u) = u\log(u) \tag{4.37}$$

を用いれば，向きを変えた KL ダイバージェンスとなる．

*4)　Fisher 情報行列は，E を期待値を取る演算として

$$g_{ij}(\boldsymbol{p}) = E\left[\frac{\partial \log p(x, \boldsymbol{p})}{\partial p_i} \frac{\partial \log p(x, \boldsymbol{p})}{\partial p_j}\right] \tag{4.32}$$

で定義される．これを計算すれば定理が得られる．

$$D_{f^*}[\boldsymbol{p}:\boldsymbol{q}] = KL[\boldsymbol{q}:\boldsymbol{p}]. \tag{4.38}$$

3) α **ダイバージェンス**

α を実パラメータとして

$$f_\alpha(u) = \frac{4}{1-\alpha^2}\left(1-u^{\frac{1+\alpha}{2}}\right), \quad \alpha \neq \pm 1 \tag{4.39}$$

を定義しよう．$\alpha = \pm 1$ のときは

$$f_\alpha(u) = \begin{cases} u \log u, & \alpha = 1 \\ -\log u, & \alpha = -1 \end{cases} \tag{4.40}$$

と置く．このとき，α ダイバージェンスと呼ばれる

$$D_\alpha[\boldsymbol{p}:\boldsymbol{q}] = \begin{cases} \dfrac{4}{1-\alpha^2}\left(1-\sum p_i^{\frac{1+\alpha}{2}} q_i^{\frac{1-\alpha}{2}}\right), & \alpha \neq \pm 1 \\ \sum q_i \log \dfrac{q_i}{p_i}, & \alpha = 1 \\ \sum p_i \log \dfrac{p_i}{q_i}, & \alpha = -1 \end{cases} \tag{4.41}$$

が得られる．

$f_\alpha(u)$ に c を任意の定数として $c(1-u)$ という項を加えても，f ダイバージェンスは不変に保たれる．このため，(4.39) 式の代わりに

$$f_\alpha(u) = \frac{4}{1-\alpha^2}\left(1-u^{\frac{1+\alpha}{2}} - \frac{1+\alpha}{2}(1-u)\right) - \alpha(1-u)$$

としておけば，上式は $\alpha \to \pm 1$ の極限で (4.40) 式と一致する．

(4.41) 式をよく見ると，$\alpha = 0$ のときは Hellinger 距離，$\alpha = -1$ のときは KL ダイバージェンス，$\alpha = 1$ のときは KL ダイバージェンスの逆向き，さらに $\alpha = 2$ のときは χ^2 ダイバージェンス，となる．これは多くのダイバージェンスを連続に結ぶ重要なダイバージェンスの族を作っている．

4) 変分距離

少し変わったところで，$f(u) = |u|$ と置いてみよう．これは微分可能ではないが，凸関数ではある．このとき得られるものは

$$D[\boldsymbol{p}:\boldsymbol{q}] = \sum |p_i - q_i| \tag{4.42}$$

である．これは変分距離とも呼ばれ，よく使われる距離である．

4.5 正測度空間における f ダイバージェンス

確率分布 $\boldsymbol{p} = (p_0, p_1, \cdots, p_n)$ は，束縛 $\sum p_i = 1$ を満たし，各成分は正である．和が 1 になるという規格化をはずしてみよう．すると，空間は

$$M_n = \{\boldsymbol{m} = (m_1, \cdots, m_n), m_i > 0\} \tag{4.43}$$

に広がる．このとき，各 m_i は要素 x_i の測度（強度）を表すものとなり，全部足して 1 になるという規格化条件はない．$\boldsymbol{m}$ を集合 X の上の**正測度分布**と言う．不変で分解可能なダイバージェンスである f ダイバージェンスは正測度の空間に自然に拡張できる．正測度空間の例として 2 次元平面上の画像 $s(x, y)$，音声信号のスペクトラム $S(\omega)$，ヒストグラムなどがある．

M_n は，ユークリッド空間の第一象限だけを考えたものである．だから，線形計画法などで変数

x_i に正値条件

$$x_i > 0, \quad i = 1, \cdots, n \tag{4.44}$$

のある場合，ベクトル $\boldsymbol{x}$ は M_n をなすと言ってよい．これは変数がコーン

$$\boldsymbol{a}_i \cdot \boldsymbol{x} > 0, \quad i = 1, \cdots, k \tag{4.45}$$

に束縛されている場合にも拡張できる．

このように，M_n はいろいろなところで現れる．M_n の中で $\sum m_i = 1$ を満たすものを考えれば，これを確率分布と見なすことができる．確率分布の空間 S_{n-1} は，M_n の線形部分空間

$$S_{n-1} = \left\{ \boldsymbol{p} \,\middle|\, \sum p_i = 1 \right\} \tag{4.46}$$

である．M_n の点 $\boldsymbol{m}$ を規格化して

$$\tilde{\boldsymbol{m}} = \frac{1}{\sum m_i} \boldsymbol{m} \tag{4.47}$$

とすれば，これは $\boldsymbol{m}$ を S_{n-1} に射影したものになる．

f ダイバージェンスを M に拡張しよう．いま，f を標準凸関数とする．このとき，M_n の 2 点 $\boldsymbol{x}, \boldsymbol{y}$ の f ダイバージェンスを

$$D_f[\boldsymbol{x} : \boldsymbol{y}] = \sum x_i f\left(\frac{y_i}{x_i}\right) \tag{4.48}$$

で定義する．これはダイバージェンスの条件を満たす．ただし正測度の場合は，f は標準凸関数でなければいけない．f に 1 次関数を勝手に加えて

$$\bar{f}(u) = f(u) - c(u-1) \tag{4.49}$$

とすれば，$D_{\bar{f}}$ がダイバージェンスになるとは限らないから注意が必要である．

α ダイバージェンスは，実数 α を用いて

$$D_\alpha[\boldsymbol{m} : \boldsymbol{n}] = \begin{cases} \dfrac{4}{1-\alpha^2} \sum \left\{ \dfrac{1-\alpha}{2} m_i + \dfrac{1+\alpha}{2} n_i - m_i^{\frac{1-\alpha}{2}} n_i^{\frac{1+\alpha}{2}} \right\}, & \alpha \neq \pm 1, \\ \sum \left\{ m_i - n_i + n_i \log \dfrac{n_i}{m_i} \right\}, & \alpha = 1, \\ \sum \left\{ n_i - m_i + m_i \log \dfrac{m_i}{n_i} \right\}, & \alpha = -1 \end{cases} \tag{4.50}$$

と書くことができる．関数 f_α は標準化した

$$f_\alpha(u) = \begin{cases} \dfrac{4}{1-\alpha^2} \left(1 - u \dfrac{1+\alpha}{2} \right) - \dfrac{2}{1-\alpha}(u-1), & \alpha \neq \pm 1 \\ u \log u - (u-1), & \alpha = 1 \\ -\log u + (u-1), & \alpha = -1 \end{cases} \tag{4.51}$$

を用いる．特に，KL ダイバージェンスには，新しい $\sum \{m_i - n_i\}$ という項が加わっていることに注意．確率分布の場合はこれは消失する．

2 つの近い正測度 $\boldsymbol{m}$ と $\boldsymbol{m} + d\boldsymbol{m}$ のダイバージェンスは，テイラー展開すれば

$$D_f[\boldsymbol{m} : \boldsymbol{m} + d\boldsymbol{m}] = \sum m_i f\left(1 + \frac{dm_i}{m_i}\right) \tag{4.52}$$

$$= \sum \frac{f''(1)}{2m_i} dm_i^2 \tag{4.53}$$

である．これが空間 M_n のリーマン計量を与える．

定理 4.3 標準凸関数 f から得られる M_n のリーマン計量は，f によらずすべて

$$g_{ij}(\boldsymbol{m}) = \frac{1}{m_i}\delta_{ij} \tag{4.54}$$

である．これは，ユークリッド計量を持つ空間である．

証明

$$D_f[\boldsymbol{m} : \boldsymbol{m} + d\boldsymbol{m}] = \frac{1}{2}\sum g_{ij}(\boldsymbol{m})dm_i dm_j \tag{4.55}$$

より g_{ij} が出る．微小距離の二乗は

$$ds^2 = 4\sum \left(d\sqrt{m_i}\right)^2 \tag{4.56}$$

と書けるから，m_i の代わりに $2\sqrt{m_i}$ を座標系に取れば，$\boldsymbol{m}$ によらずに g_{ij} が単位行列になる．すなわち $2\sqrt{m_i}$ を正規直交座標とするユークリッド計量の空間に他ならない．

S_{n-1} は M_n の部分空間であった．M_n の計量はユークリッド空間である．しかし，束縛 $\sum p_i = 1$ は M_n で $2\sqrt{m_i}$ を座標系としたときには球面

$$\sum_{i=0}^{n} m_i^2 = 4 \tag{4.57}$$

になる（図 4.1）．S_{n-1} のリーマン計量は球面上の自然の計量に他ならない．これはユークリッド計量ではない．

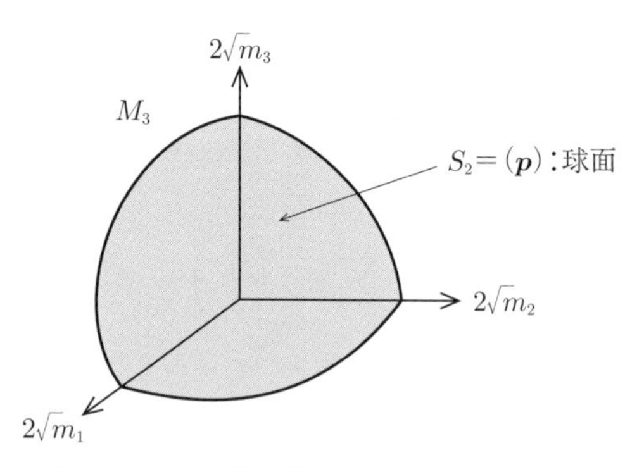

図 4.1　確率分布の空間 S_2 は正測度空間 M_3 の球面である．

4.6 平坦で不変なダイバージェンス：KL ダイバージェンスと α ダイバージェンス

4.6.1 確率分布空間における不変で双対平坦なダイバージェンス

離散確率分布空間 $S_n = \{\boldsymbol{p} \,|\sum p_i = 1,\ p_i > 0\}$ を考える．ただし，$n = 1$ の場合を除く．実数上の確率密度関数の空間 $S = \{p(x)\}$ を考えても，数学的なややこしい話を無視しさえすれば結果は同様に成立する．分解可能で不変なダイバージェンスは，一変数の凸関数 f を用いる f ダイバージェンスである．ここから双対平坦な空間が得られるには，凸関数 $\psi(\boldsymbol{\theta})$ が存在して，これが Bregman ダイバージェンスになる必要がある．KL ダイバージェンスはたしかにその条件を満たす．

これ以外にも不変で平坦なダイバージェンスを定義する f と ψ があるかもしれない．次の定理はこの希望を砕き，逆に KL ダイバージェンスを特徴づける[5]．

定理 4.4 $n \geq 2$ のとき，双対平坦性を導く不変で分解可能なダイバージェンスは KL ダイバージェンス（またはその双対）であり，それ以外にはない．

この証明は，次節の正測度空間の α ダイバージェンスのところで述べる．（$n = 1$ の 1 次元空間の場合は自動的に平坦である．）

4.7 正測度空間で双対平坦性を与える f ダイバージェンス

話を正測度空間 M_n に拡げよう．すると，不変で平坦性を導くダイバージェンスはKLダイバージェンス以外にもある．これが α ダイバージェンスである．$\alpha=-1$ のときにはこれはKLダイバージェンスであり，$\alpha=1$ のときはその逆向きのものである．

平坦といっても，$\boldsymbol{m}$ 自体がアファイン座標系であるとは限らない．M_n に新しい座標系を導入しよう．いま，$k(u)$ を単調増大関数として，$\boldsymbol{m}$ の各座標軸のスケールを非線形に変え，

$$\theta^i = k\left(m_i\right) \tag{4.58}$$

を座標として使う．これを正測度 m_i の k 表現と言う．とくに，α 表現は重要で，

$$k_\alpha(u) = \begin{cases} \dfrac{2}{1-\alpha}\left(u^{\frac{1-\alpha}{2}}-1\right), & \alpha \neq 1, \\ \log u, & \alpha = 1 \end{cases} \tag{4.59}$$

を用いて (4.58) で定義される．

定理 4.5 M_n において，α ダイバージェンスは α 表現をアファイン座標系とする不変で分解可能な Bregman ダイバージェンスであり，これ以外に不変で分解可能な Bregman ダイバージェンスはない[6)]．

証明 まず，α ダイバージェンスが Bregman ダイバージェンスの形に書けることを示す．いま，M_n に $\boldsymbol{m}$ ではなくて，新しい座標 $\boldsymbol{\theta}=\left(\theta^i\right)$ の凸関数 $\Psi(\boldsymbol{\theta})$ が与えられたとしよう．このとき，M_n の 2 点間に Bregman ダイバージェンスが定義できる．これは M_n に $\boldsymbol{\theta}$ をアファイン座標，$\boldsymbol{\eta}=\nabla\Psi(\boldsymbol{\theta})$ を双対アファイン座標とする双対平坦な幾何学を与える．リーマン計量は $\Psi(\boldsymbol{\theta})$ の 2 階微分（ヘッシアン）である．

ここでは，1 変数の凸関数 $U(\theta)$ をもとに，次の分解可能な凸関数

$$\Psi(\boldsymbol{\theta}) = \sum U\left(\theta^i\right) \tag{4.60}$$

を考える．このとき，$U(\theta)$ の微分を $U'(\theta)$ とすると，双対アファイン座標は

$$\eta_i = U'\left(\theta^i\right) \tag{4.61}$$

である．リーマン計量は (4.60) の $\Psi(\boldsymbol{\theta})$ の 2 階微分より

$$g_{ij} = U''\left(\theta^i\right)\delta_{ij}. \tag{4.62}$$

また，双対凸関数は

$$\varphi(\boldsymbol{\eta}) = \sum U^*\left(\eta_i\right) \tag{4.63}$$

であり，U の双対関数 U^* は (4.61) の逆変換を $\theta = U'^{-1}(\eta)$ として，

$$U^*(\eta) = \eta U'^{-1}(\eta) - U\left\{U'^{-1}(\eta)\right\} \tag{4.64}$$

である．

α 表現を用いたときに，凸関数として

$$U_\alpha(\theta) = \frac{2}{1+\alpha}k_\alpha^{-1}(\theta) \tag{4.65}$$

を用いる．$\alpha=\pm1$ のときは上式の極限で定義するが，ここでは $\alpha\neq\pm1$ としよう．何のことはな

い，m_i の関数と見れば

$$U_\alpha\left(\theta^i\right) = \frac{2}{1+\alpha} m_i \tag{4.66}$$

であり，U は m_i の線形関数である．しかし，$\boldsymbol{\theta}$ の関数としては凸で，

$$\Psi_\alpha(\boldsymbol{\theta}) = \frac{2}{1+\alpha} \sum \left(1 + \frac{1-\alpha}{2}\theta^i\right)^{\frac{2}{1-\alpha}}, \tag{4.67}$$

$$\varphi(\boldsymbol{\eta}) = \Psi_{-\alpha}(\boldsymbol{\eta}) \tag{4.68}$$

である．ここから，M_n の 2 点 $\boldsymbol{\theta} = \boldsymbol{\theta}(\boldsymbol{m})$ と $\boldsymbol{\theta}' = \boldsymbol{\theta}(\boldsymbol{m}')$（点 $\boldsymbol{m}$ と $\boldsymbol{m}'$ を α 表現したもの）のダイバージェンス

$$D_\alpha[\boldsymbol{\theta} : \boldsymbol{\theta}'] = \Psi_\alpha(\boldsymbol{\theta}) + \Psi_{-\alpha}(\boldsymbol{\eta}') - \boldsymbol{\theta} \cdot \boldsymbol{\eta}' \tag{4.69}$$

を計算すれば，これが α ダイバージェンスであることが分かる．

次に，α ダイバージェンス以外にこのようなものがないことを証明する．f ダイバージェンス $D_f[\boldsymbol{m} : \boldsymbol{n}]$ は，

$$D_f[\boldsymbol{m} : \boldsymbol{n}] = \sum m_i f\left(\frac{n_i}{m_i}\right) \tag{4.70}$$

であるが，これがある表現 $\theta(m)$ を用いて Bregman ダイバージェンスとなっているとする．このとき，m_i および n_i だけの項を除けば，各成分 i について

$$mf\left(\frac{n}{m}\right) = \theta(m)\eta(n) \tag{4.71}$$

が成立していなければならない．上式を n で微分すると

$$f'\left(\frac{n}{m}\right) = \theta(m)\eta'(n), \tag{4.72}$$

ここで $x = n, y = 1/m$ とおいて

$$f'(xy) = \theta\left(\frac{1}{y}\right)\eta'(x) \tag{4.73}$$

が得られる．いま $h(u) = \log f'(u)$ とおいて上式の対数を取れば，

$$h(xy) = s(x) + t(y) \tag{4.74}$$

のように適当な関数 s, t を用いて上式が分解される．x で微分して $x = 1$ とおけば

$$h'(y) = \frac{c}{y}, \tag{4.75}$$

c は定数．これより，定数を除いて

$$f_\alpha(u) = \begin{cases} u^{\frac{1+\alpha}{2}}, & \alpha \neq \pm 1, \\ u \log u, & \alpha = 1, \\ -\log u, & \alpha = -1 \end{cases} \tag{4.76}$$

になっていることがわかる．上式を標準 f 関数に直すことで，定理が証明される．

確率分布空間では，一般の α ダイバージェンスは Bregman ダイバージェンスでなくて，双対平坦な構造を導くものは $\alpha = \pm 1$ の KL ダイバージェンスに限られる．確率分布空間 S_n は正測度空間 M_{n+1} の部分空間であり，線形の束縛条件

$$\sum_{i=0}^{n} p_i = 1 \tag{4.77}$$

を満たすものである．ところが，α 表現を用いたアファイン座標は $\theta^i = k_\alpha(m_i)$ であったから，これを使って束縛条件を書けば

$$\sum_{i=0}^{m} k_\alpha^{-1}\left(\theta^i\right) = 1 \tag{4.78}$$

となる．つまり，$\alpha = -1$ の場合を除けば，これは線形の束縛ではない．だから，S_n は M_{n+1} の中の曲面になっていて，平坦性を失う．$\alpha = -1$ の場合は，平坦な部分空間である．だから，KL ダイバージェンスは S_n でも平坦な構造を導く．$\alpha = 1$ の場合は，その双対として双対座標が線形束縛を満たし，平坦性が保たれる．ここから，S_n においては，KL ダイバージェンスが唯一の不変で平坦なダイバージェンスであること（定理 4.4）が導ける．

4.8 KL ダイバージェンスの性質*5)

4.8.1 大偏差定理

統計学や情報理論では KL ダイバージェンスはきわめて有用である．それには大偏差理論が絡んでいる．いま，真の確率分布 $\boldsymbol{p}$ から，N 個の独立なデータ $x_1, \cdots, x_N$ が測定されたとしよう．N は大きいとして，$x = i$ となる回数が N_i であったとする．このときの $\boldsymbol{p}$ の自然な推定量 $\hat{\boldsymbol{p}}$ は

$$\hat{p}_i = \frac{1}{N}\sum \delta_i(x_k) = \frac{N_i}{N} \tag{4.79}$$

である．$\hat{\boldsymbol{p}}$ は中心極限定理によって，平均が $\boldsymbol{p}$，共分散行列が $N^{-1}\left(g^{-1}\right)_{ij}$ の正規分布に近づく．$\boldsymbol{p}$ からのずれの期待値は，

$$E\left[\left(\hat{p}_i - p_i\right)\left(\hat{p}_j - p_j\right)\right] = \frac{1}{N}\left(g^{-1}\right)_{ij} \tag{4.80}$$

となる．つまり，$\hat{\boldsymbol{p}}$ は真の $\boldsymbol{p}$ から通常は $1/\sqrt{N}$ 程度ずれている．しかし，$\hat{\boldsymbol{p}}$ が $\boldsymbol{p}$ から大きくずれる可能性は小さいとは言え，ないわけではない．大きくずれる確率を評価するのが大偏差理論である．

補題　真の確率分布 $\boldsymbol{p}$ から発生した N 個のデータによる推定量 $\hat{\boldsymbol{p}}$ が $\boldsymbol{q}$ に等しい確率（図 4.2）は

$$P = \mathrm{Prob}\left\{\hat{\boldsymbol{p}} = \boldsymbol{q}\right\} = \exp\left\{-NKL[\boldsymbol{q} : \boldsymbol{p}]\right\} \tag{4.81}$$

に近づく．

これを拡張して，A を S の閉領域とする（図 4.3）．真の分布を $\boldsymbol{p}$ とするときに，推定量 $\hat{\boldsymbol{p}}$ が領域 A 内に入る確率を計算する．

定理 4.6　$\boldsymbol{p}$ から発生したデータによる推定量が A に入る確率は，

$$\boldsymbol{q}^* = \underset{q \in A}{\arg\min} KL[\boldsymbol{q} : \boldsymbol{p}] \tag{4.82}$$

*5)　KL ダイバージェンスは，Kullback と Leibler が提唱したとしてその名が付いたが，これはそれ以前にも知られていた．Boltzmann はクロスエントロピーを論じたが，KL ダイバージェンスはエントロピーとクロスエントロピーの差である．A. Turing は計算機，人工知能，パターン形成などいろいろな分野で活躍した天才であるが，戦時中，暗号解読に携わっていたときに，このダイバージェンスを知っており，そこへ訪れた Kullback にこの話をしたという言い伝えがある．

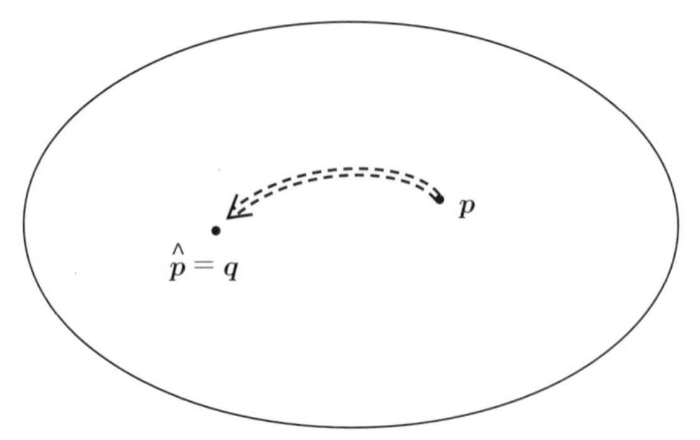

図 4.2　真の分布 $\boldsymbol{p}$ から出た $\boldsymbol{N}$ 個のデータが $\hat{\boldsymbol{p}} = \boldsymbol{q}$ となる確率.

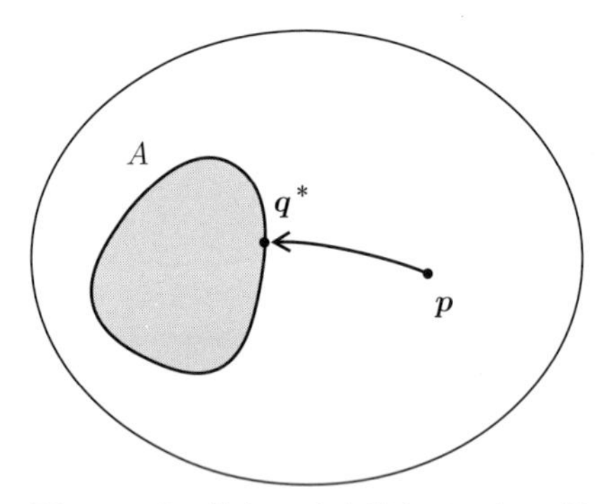

図 4.3　真の分布 $\boldsymbol{p}$ から出たデータ $\hat{\boldsymbol{p}}$ が領域 A に入る確率.

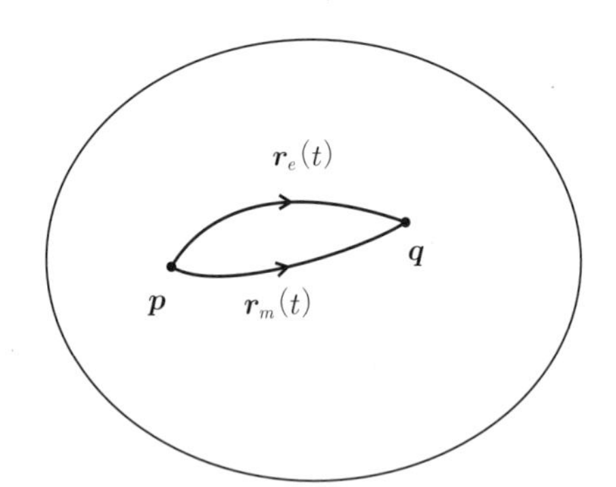

図 4.4　$\boldsymbol{p}$ と $\boldsymbol{q}$ とを結ぶ e-測地線 $\boldsymbol{r}_e(t)$ と m-測地線 $\boldsymbol{r}_m(t)$.

として，漸近的に

$$\mathrm{Prob}\left\{\hat{\boldsymbol{p}} \in A\right\} = \exp\left\{-NKL\left[\boldsymbol{q}^* : \boldsymbol{p}\right]\right\} \tag{4.83}$$

である.

証明は，$\hat{\boldsymbol{p}}$ が A に入る確率 $\sum_{q \in A} \mathrm{Prob}\left\{\hat{\boldsymbol{p}} = \boldsymbol{q}\right\}$ の計算では，和分の中身が $\boldsymbol{q}^*$ 点で最大で，N が大きいときは他の点の寄与は無視できること（Laplace の原理）を使えばよい．この定理は，統計学の検定や情報理論など，多くの分野で多用されている.

4.8.2　KL ダイバージェンスとリーマン距離

KL ダイバージェンスは非対称であり，距離の二乗とは違う．しかし，微小な 2 点間のダイバージェンスはリーマン距離の二乗であるから，リーマン距離と何らかの関係があるのではないかとの議論がある．以下に一例を示す．いま，2 点 $\boldsymbol{p}, \boldsymbol{q}$ を与えて，これを e-測地線つまり指数型分布族でつなぐ曲線 $\boldsymbol{r}_e(t)$（図 4.4）

$$\gamma_e : \log \boldsymbol{r}_e(t) = (1-t)\boldsymbol{p} + t\boldsymbol{q} - \psi(t) \tag{4.84}$$

を考えよう（等式は成分毎に成立するとする）．このとき，e-測地線に沿った Fisher 情報量は

$$g_e(t) = \psi''(t) \tag{4.85}$$

である．ここで，$\boldsymbol{p}, \boldsymbol{q}$ の KL ダイバージェンスを対称化したものを考えると，

$$KL[\boldsymbol{p}:\boldsymbol{q}]+KL[\boldsymbol{q}:\boldsymbol{p}]=2\int_0^1 g_e(t)dt \tag{4.86}$$

となって，リーマン計量の e-測地線に沿った和になる．証明には

$$\int_0^1 g_e(t)dt=\int_0^1 \psi''(t)dt=\psi'(1)-\psi'(0) \tag{4.87}$$

を使えば良い．

2 点を m-測地線で結んだ

$$\gamma_m:\boldsymbol{r}_m(t)=(1-t)\boldsymbol{p}+t\boldsymbol{q} \tag{4.88}$$

についても，この測地線に沿った Fisher 情報量 $g_m(t)$ を積分すると

$$KL[\boldsymbol{p}:\boldsymbol{q}]+KL[\boldsymbol{q}:\boldsymbol{p}]=2\int_0^1 g_m(t)dt \tag{4.89}$$

が言える*6)．

4.8.3 相互情報量

KL ダイバージェンスは情報理論では基本的な役割を果たしている．2 つの事象 X と Y とがあり，X の要素と Y の要素の同時確率分布を $p_{XY}(x,y)$ としよう．また，それぞれの周辺分布を $p_X(x), p_Y(y)$ とする．ここで，新しい確率分布

$$p^I_{XY}(x,y)=p_X(x)p_Y(y) \tag{4.90}$$

を作れば，この確率分布では X と Y は独立であるが，X の周辺分布と Y の周辺分布を見ればそれは前のものと一致する．

情報理論では，X と Y との確率的なからみによって生ずる相互情報量を，エントロピーを使って

$$I[X:Y]=H[X]-H[X|Y] \tag{4.91}$$

と定義する．これは，Y を知ったときに X のエントロピーがどれだけ減るかである．これは X と Y について対称で

$$I[X:Y]=H[X]+H[Y]-H[X,Y] \tag{4.92}$$

のように書ける．ところがこれは

$$I[X:Y]=KL\left[p_{XY}:p^I_{XY}\right], \tag{4.93}$$

つまりもとの確率分布 $p_{XY}(x,y)$ から独立分布 $p^I_{XY}(x,y)$ へのダイバージェンスに他ならない．当然これは $p_{XY}(x,y)$ が独立とはどのくらい遠いかの測度である．なお，確率分布 $p(x,y)$ の空間 S と，そのうちに含まれる独立な分布の空間

$$I=\{q(x,y)=q_X(x)q_Y(y)\} \tag{4.94}$$

を考えれば，$p^I_{XY}(x,y)$ は $p_{XY}(x,y)$ の I への m-射影になっている．なおこの逆で，同じ周辺分布を持ち，独立に最も遠い逆の問題の議論がある7)．

---

*6) リーマン距離は $s=\int\sqrt{g(t)}dt$ であるから，これらの積分はリーマン距離とは異なる．

終わりの一言

確率分布族の空間の幾何学を考える構想は，インドの C.R. Rao の 24 歳のときの記念碑的論文[8)]に始まると言われている．ここで Fisher 情報行列を用いたリーマン空間が議論された．この論文では，同時に統計学の根幹をなす Crámer–Rao の定理が証明されている．しかし，Fisher 情報行列がリーマン計量であることは，1929 年にアメリカの統計学会の年会で H. Hotelling が発表している．彼は曲率にまで言及しているが，残念なことにこれは論文としては発刊されず，人の知らないままに埋もれて忘れられていた[9)]．

Fisher 情報行列以外に適当なリーマン計量はないのだろうか．この疑問に答えたのはロシアの N.N. Chentsov であった．彼は不変性の要請をもとに，Fisher 情報行列が唯一の不変な計量であることを証明した．1972 年のこの著書[10)]は，ロシア語で書かれていたために，西欧では一部の研究者を除いて知らないままになっていた（英語版は 1982 年の刊行）．

Chentsov の証明は，離散分布族の場合に限られている．これを一般の場合に拡張すべく，十分統計量による不変性の定式化を行ったのは長岡と甘利であるが[1)]，一般の場合の証明には成功していない．これは無限次元の関数空間の扱いに困難があるからである．H.V. Le や J. Jost らの純粋数学者がこの問題に取り組んでいる[11)]が，難解である．

本来は不変性を指導原理として，情報幾何の全貌を書くべきであったかもしれない．しかしこれには微分幾何の知識が必要になる．それを避けるために微分幾何に入らずに，第 I 部では凸関数をもとにして双対平坦な空間を構築する道を選んだ．次いで確率分布空間の不変性に論を進めた．さらに，不変で平坦な構造を議論し，KL ダイバージェンスが両者を合わせ持つ唯一のダイバージェンスであることを示した．これで，指数型分布族に導入された幾何構造が合理化される．また，不変性の議論を正測度空間に拡張し，ここでは α ダイバージェンスが不変で双対平坦なダイバージェンスを与えることを見た．ここから，不変性をもとにする α 幾何学が導かれるが，その議論は微分幾何を用いる第 II 部で与えられる．

参考文献

1) S. Amari and H. Nagaoka, *Methods of Information Geometry*, American Mathematical society and Oxford University Press, 2000.
2) M.S. Ali and S.D. Silvey, A general class of coefficients of divergence of one distribution from another, *J.R. Statist. Soc. B*, **28**, 131–142, 1966.
3) T. Morimoto, Markov processes and the H-theorem, *J. Phys. Soc. Jap*, **12**, 328–331, 1963.
4) I. Csiszár, *Information measures: A critical survey*, in Proc. 7th Conf. Inf. Theory, Prague, Czech Republic, 83–86, 1974.
5) I. Csiszár, Why least squares and maximum entropy? An axiomatic approach to inference for linear inverse problems, *Ann. Statist.*, **19**, 2032–2066, 1991.
6) S. Amari, α-divergence is unique, belonging to both f-divergence and Bregman divergence classes, *IEEE Transactions on Information Theory*, **55**, 11, 4925–4931, 2009.
7) J. Rauh, Finding the maximizers of the information divergence from an exponential family, *IEEE Trans*, **IT-57**, 3236–3247, 2011.
8) C.R. Rao, Information and accuracy attainable in the estimation of statistical parameters, *Bull. of the Calcutta Mathematical Society*, **37**, 81–91, 1945.
9) S.M. Stigler, The epic story of maximum likelihood, *Statistical Science*, **22**, 598–620, 2007.
10) N.N. Chentsov, *Statistical Decision Rules and Optimal Inference*, AMS, 1982 (originally in Russia Nauka, 1872).
11) N. Ay, J. Jost, H.V. Le and L. Schwachhofer, *Information Geometry*, Springer, 2017.

第5章

確率分布族，正測度族，正定値行列空間に導入する非不変な双対平坦構造

不変性に着目すれば，確率分布族や正測度族に導入される幾何構造が定まる．それが f ダイバージェンスであり，そこから導ける α 構造であった．本章は不変性に捕らわれなければ，どのような双対平坦な構造が導入できるかを調べる．正測度空間において，分解可能な双対平坦ダイバージェンスの一般形を与える．これを正定値行列の空間に拡張し，直交変換に関して不変な平坦構造の一般形を求める．しかし，この手法は確率分布族の空間では使えない．確率分布族の場合には，Tsallis[1,2] の q エントロピーの議論から導かれる同伴確率を双対座標として持つ双対平坦の仕組みを導入する[3,4]．これは分解可能ではない．とくに，q エントロピーにかかわるものは α 構造と同値で，不変な構造とは共形変換で結ばれている[3)]．

5.1　正測度空間における $(\boldsymbol{u}, \boldsymbol{v})$ ダイバージェンス

正測度空間において，$\boldsymbol{m} \in \boldsymbol{R}_{+}^{n}$ の各座標を非線形に変換する．すなわち，$u(m), v(m)$ を単調増大の微分可能な関数として，新しい座標を

$$\theta = u(m), \qquad \eta = v(m) \tag{5.1}$$

で導入して，これをそれぞれ正測度 m の (u, v) 表現と名付ける*1)．これを用いて，新しい座標系

$$\theta^{i} = u\left(m_{i}\right), \qquad \eta_{i} = v\left(m_{i}\right) \tag{5.2}$$

を導入し，$\boldsymbol{\theta}, \boldsymbol{\eta}$ を $\boldsymbol{m}$ の $\boldsymbol{u}$ 表現，$\boldsymbol{v}$ 表現と呼ぶ．

この座標系を双対アファイン座標系とする Bregman ダイバージェンスを求めるため，

$$\tilde{\psi}_{u,v}(\theta) = \int_{0}^{u^{-1}(\theta)} v(m)u'(m)dm, \tag{5.3}$$

$$\tilde{\varphi}_{u,v}(\eta) = \int_{0}^{v^{-1}(\eta)} u(m)v'(m)dm \tag{5.4}$$

という 2 つの関数を定義する．u, v は単調増大であるから，$\tilde{\psi}''_{u,v}(\theta) = \frac{v'(m)}{u'(m)} > 0$ より，これは凸関数であることが分かる．その上，

$$\tilde{\psi}_{u,v}(\theta) + \tilde{\varphi}_{u,v}(\eta) - \theta\eta = \int_{0}^{m} v(m)u'(m)dm + \int_{0}^{m} u(m)v'(m)dm - u(m)v(m) \tag{5.5}$$

より，この 2 つが Legendre 変換で結ばれた関数であることも分かる．そこで $\boldsymbol{\theta}$ と $\boldsymbol{\eta}$ の凸関数を

---

*1)　これは J. Zhang が別の動機から S_n に導入した (ρ, τ) 構造と同じになる[5,6]．論文 7) では，このため (u, v) の代わりに (ρ, τ) を用いている．

$$\psi_{u,v}(\boldsymbol{\theta}) = \sum \tilde{\psi}_{u,v}\left(\theta^i\right), \qquad \varphi_{u,v}(\boldsymbol{\eta}) = \sum \tilde{\varphi}_{u,v}\left(\eta_i\right) \tag{5.6}$$

で定義する．ここから得られる，$\boldsymbol{\theta}$ と $\boldsymbol{\eta}$ をアファインおよび双対アファイン座標系とする双対平坦な構造を $(\boldsymbol{u}, \boldsymbol{v})$ **構造**と名付ける[7]．

定義　正測度空間における 2 点 $\boldsymbol{m}, \boldsymbol{m}'$ の (u,v) ダイバージェンスを

$$D_{u,v}\left[\boldsymbol{m} : \boldsymbol{m}'\right] = \psi_{u,v}\left(\boldsymbol{\theta}\right) + \varphi_{u,v}\left(\boldsymbol{\eta}'\right) - \boldsymbol{\theta}\cdot\boldsymbol{\eta}' \tag{5.7}$$

$$= \sum\left[\int_0^{m_i} v(m)u'(m)dm + \int_0^{m_i'} u(m)v'(m)dm - u\left(m_i\right)v\left(m_i'\right)\right] \tag{5.8}$$

で定義する．

ここから得られる計量構造は

$$g_{ij}(\boldsymbol{m}) = \frac{v'\left(m_i\right)}{u'\left(m_i\right)}\delta_{ij} \tag{5.9}$$

である．これはユークリッド計量であり，座標毎のスケール変換によって単位行列にできる．

特別な場合として，u, v を冪関数にとると次の (α,β) ダイバージェンスが得られる．すなわち，

$$u(m) = \frac{1}{\alpha}m^{\alpha}, \qquad v(m) = \frac{1}{\beta}m^{\beta} \tag{5.10}$$

と置くと，平坦座標系は

$$\theta^i = \frac{1}{\alpha}\left(m_i\right)^{\alpha}, \qquad \eta_i = \frac{1}{\beta}\left(m_i\right)^{\beta} \tag{5.11}$$

となる．

すると，凸関数は

$$\psi(\boldsymbol{\theta}) = c_{\alpha,\beta}\sum \theta_i^{\frac{\alpha+\beta}{\alpha}}, \qquad \varphi(\boldsymbol{\eta}) = c_{\beta,\alpha}\sum \eta_i^{\frac{\alpha+\beta}{\beta}} \tag{5.12}$$

となる．ただし $c_{\alpha,\beta}$ は定数で

$$c_{\alpha,\beta} = \frac{1}{\beta(\alpha+\beta)}\alpha^{\frac{\alpha+\beta}{\alpha}}. \tag{5.13}$$

この凸関数から得られるものは (α,β) ダイバージェンスと呼ばれ[8]

$$D_{\alpha,\beta}[\boldsymbol{m} : \boldsymbol{n}] = \frac{1}{\alpha\beta(\alpha+\beta)}\sum\left\{\alpha m_i^{\alpha+\beta} + \beta n_i^{\alpha+\beta} - (\alpha+\beta)m_i^{\alpha}n_i^{\beta}\right\}. \tag{5.14}$$

よく知られている α ダイバージェンスおよび β ダイバージェンス[9]はこれらの特殊な場合で，それぞれ

$$u(m) = \frac{2}{1-\alpha}m^{\frac{1-\alpha}{2}}, \qquad v(m) = \frac{2}{1+\alpha}m^{\frac{1+\alpha}{2}}, \tag{5.15}$$

$$u(m) = m, \qquad v(m) = \frac{1}{\beta}m^{1+\beta} \tag{5.16}$$

から得られる．β ダイバージェンスは

$$D_{\beta}\left[\boldsymbol{m} : \boldsymbol{m}'\right] = \frac{1}{\beta(\beta+1)}\sum_i\left[m_i^{\beta+1} + (\beta+1)m_i' - \left(m_i'\right)^{\beta+1} - (\beta+1)m_i\left(m_i'\right)^{\beta}\right]. \tag{5.17}$$

5.2 正定値行列空間の不変なダイバージェンス

正定値行列 $\boldsymbol{P}$ の作る空間で，$\boldsymbol{P}$ の凸関数 $\psi(\boldsymbol{P})$ が与えられたときに，

$$D[\boldsymbol{P}:\boldsymbol{Q}] = \psi(\boldsymbol{P}) - \psi(\boldsymbol{Q}) - \nabla\psi(\boldsymbol{P})\cdot(\boldsymbol{P}-\boldsymbol{Q}) \tag{5.18}$$

により双対平坦なダイバージェンスを作ることができる[10]．ここで ∇ は行列による勾配で，行列の内積はトレースを使って

$$\nabla\psi(\boldsymbol{Q})\cdot\boldsymbol{P} = \mathrm{tr}\left\{\nabla\psi(\boldsymbol{Q})\boldsymbol{P}\right\}. \tag{5.19}$$

のように書ける．アファイン座標系は $\boldsymbol{P}$ 自体，双対アファイン座標系は

$$\boldsymbol{P}^* = \nabla\psi(\boldsymbol{P}). \tag{5.20}$$

である．

$\boldsymbol{L}$ を一般線形行列，すなわち $\det|\boldsymbol{L}| \neq 0$ を満たす行列とする．$\boldsymbol{P}$ を $\boldsymbol{L}$ で変換しても

$$\psi(\boldsymbol{P}) = \psi\left(\boldsymbol{L}^T\boldsymbol{P}\boldsymbol{L}\right) \tag{5.21}$$

で不変であるとき，ψ を一般線形不変な関数と言う．また，ダイバージェンス $D[\boldsymbol{P}:\boldsymbol{Q}]$ が

$$D[\boldsymbol{P}:\boldsymbol{Q}] = D\left[\boldsymbol{L}^T\boldsymbol{P}\boldsymbol{L}:\boldsymbol{L}^T\boldsymbol{Q}\boldsymbol{L}\right] \tag{5.22}$$

を満たすとき，これを一般不変なダイバージェンスと言う．

正定値行列 $\boldsymbol{P}$ を考えるときに，これを $\boldsymbol{P}$ を共分散行列とし平均 0 の多次元ガウス分布

$$p(\boldsymbol{x},\boldsymbol{P}) = \exp\left\{-\frac{1}{2}\boldsymbol{x}^T\boldsymbol{P}^{-1}\boldsymbol{x} - \frac{1}{2}\log\det|\boldsymbol{P}| - c\right\}, \tag{5.23}$$

c は定数，と同一視しよう．$\boldsymbol{x}$ を $\boldsymbol{L}$ で $\boldsymbol{x}' = \boldsymbol{L}\boldsymbol{x}$ と変換することは，$\boldsymbol{P}$ を $\boldsymbol{L}^T\boldsymbol{P}\boldsymbol{L}$ と変換することと同値である．一般の $\boldsymbol{x}$ の可逆変換に対して不変なダイバージェンスは f ダイバージェンスである．f ダイバージェンスから導かれるリーマン計量は，Fisher 情報計量であった．

不変で双対平坦なダイバージェンスは KL ダイバージェンスとその双対に限られる．ここから次の命題が示唆されるが，これは成立しない．

命題 5.1 一般不変で平坦なダイバージェンスは唯一に決まり

$$D_{KL}[\boldsymbol{P}:\boldsymbol{Q}] = \mathrm{tr}\left(\boldsymbol{P}\boldsymbol{Q}^{-1}\right) - \log(\det|\boldsymbol{P}|) - n \tag{5.24}$$

である．

ここで，一般不変性の条件を緩めて，$\boldsymbol{L}$ の代わりに直交変換 $\boldsymbol{O}$ を使うことにする．すると，多くの直交不変で平坦なダイバージェンスが出てくる．

$\boldsymbol{O}$ を直交行列とするとき，凸関数 $\psi(\boldsymbol{P})$ が

$$\psi(\boldsymbol{P}) = \psi\left(\boldsymbol{O}^T\boldsymbol{P}\boldsymbol{O}\right) \tag{5.25}$$

を満たすとき，すなわち直交変換に関して不変であるとき，これを直交不変な関数と言う．直交不変な関数は $\boldsymbol{P}$ の固有値 $\lambda_1,\cdots,\lambda_n$ の関数であることが分かる[10]．特に，f を凸関数としてこれが

$$\psi(\boldsymbol{P}) = \sum f(\lambda_i) = \mathrm{tr}f(\boldsymbol{P}) \tag{5.26}$$

のように書けるとき**分解可能**であると言う．

第1章にあげたいくつかの例は，それぞれ

$$f(\lambda) = \frac{1}{2}\lambda^2, \qquad f(\lambda) = -\log\lambda, \qquad f(\lambda) = \lambda\log\lambda - \lambda \tag{5.27}$$

と置いて出るもので，それぞれ凸関数とダイバージェンスが

$$\psi(\boldsymbol{P}) = \frac{1}{2}\|\boldsymbol{P}\|^2 = \frac{1}{2}\sum \boldsymbol{P}_{ij}^2, \tag{5.28}$$

$$D\,[\boldsymbol{P}:\boldsymbol{Q}] = \frac{1}{2}\|\boldsymbol{P}-\boldsymbol{Q}\|^2, \tag{5.29}$$

$$\psi(\boldsymbol{P}) = -\mathrm{tr}\,(\log \boldsymbol{P})\,, \tag{5.30}$$

$$D[\boldsymbol{P}:\boldsymbol{Q}] = \mathrm{tr}\left(\boldsymbol{P}\boldsymbol{Q}^{-1}\right) - \log\left(\det\left|\boldsymbol{P}\boldsymbol{Q}^{-1}\right|\right) - n, \tag{5.31}$$

$$\psi(\boldsymbol{P}) = \mathrm{tr}\,(\boldsymbol{P}\log\boldsymbol{P} - \boldsymbol{P})\,, \tag{5.32}$$

$$D[\boldsymbol{P}:\boldsymbol{Q}] = \mathrm{tr}\,(\boldsymbol{P}\log\boldsymbol{P} - \boldsymbol{P}\log\boldsymbol{Q} - \boldsymbol{P} + \boldsymbol{Q}) \tag{5.33}$$

である．これらはすべて直交不変で平坦なダイバージェンスである．

この考えを (u, v) 表現に拡張する[7]．行列 $\boldsymbol{P}$ に関数 u, v を施した

$$\boldsymbol{\Theta} = u(\boldsymbol{P}), \qquad \boldsymbol{H} = v(\boldsymbol{P}) \tag{5.34}$$

を行列 $\boldsymbol{P}$ の u 表現，v 表現と言う．このとき，先に定義した $\tilde{\psi}_{u,v}, \tilde{\varphi}_{u,v}$ を用いて

$$\psi(\boldsymbol{\Theta}) = \mathrm{tr}\;\tilde{\psi}_{u,v}\left\{\boldsymbol{\Theta}(\boldsymbol{P})\right\}, \tag{5.35}$$

$$\varphi(\boldsymbol{H}) = \mathrm{tr}\;\tilde{\varphi}_{u,v}\left\{\boldsymbol{H}(\boldsymbol{P})\right\} \tag{5.36}$$

という凸関数を定義できる．これは $\boldsymbol{\Theta}(\boldsymbol{P})$ および $\boldsymbol{H}(\boldsymbol{P})$ をアファイン座標系，双対アファイン座標系とする双対平坦構造を作る．そのダイバージェンスは

$$D[\boldsymbol{P}:\boldsymbol{Q}] = \psi\left\{\boldsymbol{\Theta}(\boldsymbol{P})\right\} + \varphi\left\{\boldsymbol{H}(\boldsymbol{Q})\right\} - \boldsymbol{\Theta}(\boldsymbol{P})\cdot\boldsymbol{H}(\boldsymbol{Q}) \tag{5.37}$$

のように書ける．前にあげた3つの例は，それぞれ

$$u(m) = v(m) = 1, \tag{5.38}$$

$$u(m) = m, \qquad v(m) = -\frac{1}{m}, \tag{5.39}$$

$$u(m) = m, \qquad v(m) = \log m \tag{5.40}$$

と置いたものである．

(α, β) 構造は

$$\psi(\boldsymbol{\Theta}) = \frac{\alpha}{\alpha+\beta}\mathrm{tr}\;\boldsymbol{\Theta}^{\frac{\alpha+\beta}{\alpha}} = \frac{\alpha}{\alpha+\beta}\mathrm{tr}\;\boldsymbol{P}^{\alpha+\beta}, \tag{5.41}$$

$$\varphi(\boldsymbol{H}) = \frac{\beta}{\alpha+\beta}\mathrm{tr}\;\boldsymbol{H}^{\frac{\alpha+\beta}{\beta}} = \frac{\beta}{\alpha+\beta}\mathrm{tr}\;\boldsymbol{P}^{\alpha+\beta} \tag{5.42}$$

と置いたものである．このとき，アファイン座標は $\boldsymbol{P}^{\alpha}$，双対アファイン座標は $\boldsymbol{P}^{\beta}$ であり，

$$D[\boldsymbol{P}:\boldsymbol{Q}] = \mathrm{tr}\left\{\frac{\alpha}{\alpha+\beta}\boldsymbol{P}^{\alpha+\beta} + \frac{\beta}{\alpha+\beta}\boldsymbol{Q}^{\alpha+\beta} - \boldsymbol{P}^{\alpha}\boldsymbol{Q}^{\beta}\right\}. \tag{5.43}$$

また，その特殊な場合として，α ダイバージェンス，β ダイバージェンスが得られる．

$$D_{\alpha}[\boldsymbol{P}:\boldsymbol{Q}] = \frac{4}{1-\alpha^2}\mathrm{tr}\left(-\boldsymbol{P}^{\frac{1-\alpha}{2}}\boldsymbol{Q}^{\frac{1+\alpha}{2}} + \frac{1-\alpha}{2}\boldsymbol{P} + \frac{1+\alpha}{2}\boldsymbol{Q}\right), \tag{5.44}$$

$$D_{\beta}[\boldsymbol{P}:\boldsymbol{Q}] = \frac{1}{\beta(\beta+1)}\mathrm{tr}\left[\boldsymbol{P}^{\beta+1} + (\beta+1)\boldsymbol{Q} - \boldsymbol{Q}^{\beta+1} - (\beta+1)\boldsymbol{P}\boldsymbol{Q}^{\beta}\right]. \tag{5.45}$$

5.3 q 自由エネルギーが導く確率分布族空間の双対平坦構造

本節では，話を分かりやすくするため，離散確率分布族 S_n で話を進めるが，実確率変数 x の場合でも同様の議論ができる．また，ここで得られる幾何は $\alpha = 2q - 1$ とする α 幾何学であるが，Tsallis[1] の q エントロピーに敬意を表して，q のままで話を進める．なお，本節は話を飛ばして超特急で進む．省略して差し支えない．詳しくは文献 3, 4) を当たられたい．

5.3.1 q 指数型分布族

Tsallis にならって，q 対数関数とその逆関数である q 指数関数を

$$\log_q(u) = \frac{1}{1-q}\left(u^{1-q} - 1\right), \tag{5.46}$$

$$\exp_q(u) = \{1 + (1-q)u\}^{\frac{1}{1-q}} \tag{5.47}$$

で導入する．これらは $q = 1$ の極限では通常の対数関数，指数関数になる．いちいち極限を考えず，ここでは $0 < q < 1$ としておこう．q 指数関数を用いて

$$p(\boldsymbol{x}, \boldsymbol{\theta}) = \exp_q\{\boldsymbol{\theta} \cdot \boldsymbol{x} - \psi_q(\boldsymbol{\theta})\} \tag{5.48}$$

と書ける確率分布の族を q 指数型分布族と言う．これは，$\alpha = 2q - 1$ と置いた α 分布族[3, 7]に他ならない．ψ_q を **q 自由エネルギー**と呼ぶ．

定理 5.1　離散確率分布族 S_n は q 指数型分布族である．

証明　S_n の確率分布は，確率変数 $\delta_i(x)$, $i = 1, \cdots, n$ を用いれば

$$p(x, \boldsymbol{\theta}) = \exp_q\left\{\sum \theta^i \delta_i(x) - \psi_q(\boldsymbol{\theta})\right\} \tag{5.49}$$

のように書ける．したがって，S_n は $\boldsymbol{x} = (\delta_1(x), \cdots, \delta_n(x))$ を確率変数とする q 指数型分布族である．ここで，アファイン座標は

$$\theta^i = \frac{1}{1-q}\left(p_i^{1-q} - p_0^{1-q}\right) \tag{5.50}$$

であり，q 自由エネルギーは

$$\psi_q(\boldsymbol{\theta}) = -\log_q(p_0). \tag{5.51}$$

定理 5.2　q 自由エネルギーは凸関数である．

証明　(5.49) を微分すれば

$$\partial_i p(\boldsymbol{x}, \boldsymbol{\theta}) = p(\boldsymbol{x}, \boldsymbol{\theta})^q\left(x_i - \partial_i \psi_q\right), \tag{5.52}$$

さらに微分すれば

$$\partial_i \partial_j p(\boldsymbol{x}, \boldsymbol{\theta}) = q p(\boldsymbol{x}, \boldsymbol{\theta})^{2q-1}\left(x_i - \partial_i \psi\right)\left(x_j - \partial_j \psi\right) - p(\boldsymbol{x}, \boldsymbol{\theta})^q \partial_i \partial_j \psi \tag{5.53}$$

が得られる．ここで恒等式

$$\partial_i \int p(\boldsymbol{x}, \boldsymbol{\theta}) d\boldsymbol{x} = \partial_i \partial_j \int p(\boldsymbol{x}, \boldsymbol{\theta}) d\boldsymbol{x} = 0 \tag{5.54}$$

を用いると，q 自由エネルギーの 1 階微分および 2 階微分が

$$\partial_i \psi_q(\boldsymbol{\theta}) = \frac{1}{h_q(\boldsymbol{\theta})} \int x_i p(\boldsymbol{x}, \boldsymbol{\theta})^q d\boldsymbol{x}, \tag{5.55}$$

$$\partial_i \partial_j \psi_q(\boldsymbol{\theta}) = \frac{q}{h_q(\boldsymbol{\theta})} \int (x_i - \partial_i \psi_q)(x_j - \partial_j \psi_q) p(\boldsymbol{x}, \boldsymbol{\theta})^{2q-1} d\boldsymbol{x} \tag{5.56}$$

のように書ける．q 情報行列は

$$g_{ij}^q = \partial_i \partial_j \psi_q(\boldsymbol{\theta}) = \frac{1}{h_q} g_{ij} \tag{5.57}$$

であるが，これは (5.56) からわかるように正定値である．したがって ψ_q は凸関数である．

5.3.2　双対アファイン座標と同伴確率分布

q 自由エネルギーを微分して得られる双対アファイン座標は

$$\eta_i = \partial_i \psi(\boldsymbol{\theta}) = \frac{1}{h_q(\boldsymbol{p})} p_i^q, \tag{5.58}$$

$$h_q(\boldsymbol{p}) = \sum_{i=0}^{n} p_i^q \tag{5.59}$$

である．また双対凸関数は

$$\varphi_q(\boldsymbol{\eta}) = \frac{1}{1-q} \left\{ \frac{1}{h_q(\boldsymbol{p})} - 1 \right\} \tag{5.60}$$

であるから，スケールと定数を無視すれば，Tsallis の q エントロピーの逆数である．

Bregman ダイバージェンスは

$$\tilde{D}_q [p(\boldsymbol{x}) : r(\boldsymbol{x})] = \frac{1}{(1-q) h_q[r(\boldsymbol{x})]} \left(1 - \int p(\boldsymbol{x})^{1-q} r(\boldsymbol{x})^q d\boldsymbol{x} \right) \tag{5.61}$$

であるが，これは q ダイバージェンスとは異なり，分解可能ではない．ここから双対平坦なリーマン構造が S_n に導入できる．

$$\tilde{p}_i = \eta_i = \frac{1}{h_q(\boldsymbol{p})} p_i^q \tag{5.62}$$

とおき，これに

$$\tilde{p}_0 = \frac{p_0^q}{h_q(\boldsymbol{p})} \tag{5.63}$$

を追加すれば，

$$\tilde{p}_i = \eta_i, \quad i = 0, 1, \cdots, n \tag{5.64}$$

より定まる $\tilde{\boldsymbol{p}} = (\tilde{p}_0, \tilde{p}_1, \cdots, \tilde{p}_n)$ は新しい確率分布を定める．これを $\boldsymbol{p}$ から得られる**エスコート分布（同伴確率分布）**と名付ける[11]．S_n に導入される q 平坦幾何学は，同伴確率分布を双対アファイン座標とする双対平坦空間である．

確率変数 $a(x)$ のエスコート平均を

$$\tilde{E}_q [a(x)] = \int \frac{a(x) p(x)^q}{h_q} dx \tag{5.65}$$

のように定義すれば，双対平坦性から q 最大エントロピー定理が得られ，k 個の確率変数 $c_i(x)$ の

$$\tilde{E}_q [c_i(\boldsymbol{x})] = a_i, \quad i = 1, \cdots, k. \tag{5.66}$$

q 期待値が束縛された中で，q エントロピーを最大にする分布の集まりが，q 指数型分布族であることが分かる．

5.3.3 共形幾何

リーマン計量 $g_{ij}(\boldsymbol{p})$ を，正値スカラー関数 $\sigma(\boldsymbol{p})$ を用いて

$$\tilde{g}_{ij}(\boldsymbol{p}) = \sigma(\boldsymbol{p}) g_{ij}(\boldsymbol{p}) \tag{5.67}$$

のように変換することを，共形変換と呼ぶ．言葉の由来は，各点での計量を拡大もしくは縮小はするものの形を変えず，2 つの直交するベクトルはこの変換でも直交したままであるからである．(5.57) からわかるように，q 幾何学は，不変な幾何学を共形変換したものである[3]．この性質は次に述べるより一般の χ 自由エネルギーを基にする χ 幾何学では成立せず，冪乗を用いる q 幾何に独特のものである[4]．

5.3.4 χ 自由エネルギーと χ 幾何学

正測度空間における一般の (u, v) 平坦構造にならって，この考えを S_n に拡張しよう．J. Naudts[11] にならって

$$\ln_\chi(s) = \int_1^s \frac{1}{\chi(t)} dt, \tag{5.68}$$

を導入し，$u(s) = \log_\chi(s)$ と置く．また，その逆関数を

$$\exp_\chi(s) = v(s) = u^{-1}(s) \tag{5.69}$$

とする．また χ 指数型分布族を

$$p(\boldsymbol{x}, \boldsymbol{\theta}) = \exp_\chi \{\boldsymbol{\theta} \cdot \boldsymbol{x} - \psi_\chi(\boldsymbol{\theta})\} \tag{5.70}$$

で定義する．

定理 5.3 S_n は χ 指数型分布族である．

証明は同様であるから省略する．このとき，χ 自由エネルギー

$$\psi_\chi(\boldsymbol{\theta}) = -u(p_0) \tag{5.71}$$

は凸関数であるから，これにより双対平坦な χ 幾何学が導入できる．アファイン座標は

$$\theta^i = u(p_i) - u(p_0), \quad i = 1, \cdots, n, \tag{5.72}$$

双対アファイン座標は χ エスコート分布

$$\eta_i = \frac{\int u'(\boldsymbol{\theta} \cdot \boldsymbol{x} - \psi) x_i d\boldsymbol{x}}{h_\chi(\boldsymbol{\theta})} = \frac{1}{h_\chi(\boldsymbol{p})} \frac{1}{v'(p_i)} \tag{5.73}$$

であり，ここで χ エントロピーを

$$h_\chi(\boldsymbol{\theta}) = \int \chi\{p(\boldsymbol{x}, \boldsymbol{\theta})\} d\boldsymbol{x} = \sum u'\left(\theta^i - \psi_\chi\right) + u'(-\psi_\chi) \tag{5.74}$$

で定義した．双対凸関数は

$$\varphi_\chi(\boldsymbol{\eta}) = \frac{1}{h_\chi} \sum_{i=0}^n \frac{v(p_i)}{v'(p_i)} \tag{5.75}$$

である．χ ダイバージェンスは

$$D_\chi[\boldsymbol{p}:\boldsymbol{q}]=\frac{1}{h_\chi(\boldsymbol{p})}\sum_{i=0}^{n}\frac{u\left(p_i\right)-u\left(q_i\right)}{v'\left(p_i\right)} \tag{5.76}$$

で書けて，ここから双対平坦な χ 構造が S_n に導入される．

終わりの一言

確率分布族に関する限り，不変な幾何学を用いるのが自然である．しかし，応用上はこれにこだわることなく，種々のダイバージェンスとそこから得られる幾何学を使ってよい．さらに，正測度空間，行列空間，その他多くの空間では，確率分布空間のような明確な不変性が導入できないから，一度不変性をはずして考えることも重要である．しかし，双対平坦性は重要な性質で，これを保持することが望ましい．するとBregmanダイバージェンスが必要になる．

ここでは，いくつかのダイバージェンスを導入した．しかし，ダイバージェンスには，これ以外にも多くのものがある．J. Zhangの導入した（α，β）ダイバージェンスもあるし[5,6]，藤沢と江口[12]の γ ダイバージェンスもある．種々のダイバージェンスについては，たとえば文献13,14)に多数が紹介されている．Bregman型とは限らない一般のダイバージェンスから双対接続の幾何が導けることを後で見る．

参考文献

1) C. Tsallis, Possible generalization of Boltzmann-Gibbs statistics, *J. Statist. Phys.*, **52**, 479–487, 1988.
2) C. Tsallis, *Introduction to Nonextensive Statistical Mechanics: Approaching a Complex World*, Berlin/Heidelberg: Springer, 2009.
3) S. Amari and A. Ohara, Geometry of q-exponential family of probability distributions, *Entropy*, **13**, 1170–1185, 2011.
4) S. Amari, A. Ohara and H. Matsuzoe, Geometry of deformed exponential families: Invarinat, dually flat and conformal geometry, *Physica A*, **391**, 4308–4319, 2012.
5) J. Zhang, Divergence function, duality and convex analysis, *Neural Computation*, **16**, 159–195, 2004.
6) J. Zhang, Nonparametric information geometry: From divergence function to referential-representational biduality on statistical manifolds. *Entropy*, **15**, 5384–5418, 2013.
7) S. Amari, Information geometry of positive measures and positive-definite matrices: Decomposable dually flat structure. *Entropy*, **16**, 2131–2145, 2014.
8) A. Cichocki, S. Cruse and S. Amari, Generalized alpha-beta divergences and their application to robust nonnegative matrix factorization. *Entropy*, **13**, 134–170, 2011.
9) M. Minami and S. Eguchi, Robust blind source separation by beta-divergence, *Neural Computation*, **14**, 1859–1886, 2004.
10) I.S. Dhillon and J.A. Tropp, Matrix nearness problems with Bregman divergences. *SIAM J. Matrix Analysis and Applications*, **29**, 1120–1146, 2007.
11) J. Naudts, *Generalized Thermostatistics*, Springer, 2011.
12) H. Fujisawa and S. Eguchi, Robust parameter estimation with a small bias against heavy contamination, *Multivariate Analysis*, **99**, 2053–2081, 2008.
13) A. Cichocki and S. Amari, Families of Alpha- Beta- and Gamma- divergences: flexible and robust Measures of similarities, *Entropy*, **12**, 1532–1568, 2010.
14) M. Basseville, Divergence measures for statistical data processing—An annotated bibliography. *Signal Processing*, **93**, 621–633, 2013.

第II部

微分幾何学入門

微分幾何は曲がった滑らかな空間を扱う数学である．古来，空間は真っすぐで，そこではユークリッド幾何が成立するとされていた．ユークリッド幾何の公理の一つである平行線公理を証明しようという努力に端を発して，空間はもしかしたら曲がっているのではないかと疑う人々が現れた．地球のような球面を考えれば，これは2次元の曲がった面，曲面である．

こうしたことから，リーマンは教授就任講演で，一般の曲がった空間を取り扱うリーマン空間を提唱した．後に，現実の時空間は4次元の曲がった空間と捉えるべきことが，アインシュタインの相対性理論で明らかになる．

時空のみならず，対象物の集まり，たとえば情報を要素とする空間を研究すると，情報の空間の全貌がよくわかる．そのときに助けとなる強力な方法が微分幾何である．しかし困ったことに，微分幾何は数学者が数学として作って整備したため，厳密性にこだわる難解なものになってしまった．しかし，その本質は線形空間を曲げながらつないでいく方法につきるので，線形代数を知っていれば十分に理解できる．第II部は誰にでもわかる楽しい微分幾何入門としたい．初めの2章は通常の微分幾何の手法の解説である．次いで，双対接続の空間という，情報幾何が導入した新しい幾何構造を解説する．最後の章は階層構造を扱い，神経パルス解析や経済学の産業連関表を論ずる．

第6章

アファイン接続，共変微分，測地線

本章では，微分幾何の基本であるリーマン計量とアファイン接続を定義し，そこから得られる測地線と共偏微分を導入する．数学的な厳密性にこだわらず，意味を直感的に理解するように努める．

6.1　接空間と計量

n 次元多様体 M とは，ひらたく言えば n 次元ユークリッド空間を曲げたりねじったりしたようなものである．したがって，各点でその近傍を考えれば，近傍内の各点は n 次元の座標系 $\boldsymbol{\xi} = \left(\xi^1, \cdots, \xi^n\right)$ を用いて指定できる．ただ，一つの座標系を用いて M のすべてを覆うことはできないかもしれない．

多様体は一般に曲がっている．そこで，一点 $\boldsymbol{\xi}$ の近傍で多様体を線形近似してみよう．すなわち，座標系に沿って，座標軸 ξ^i の接線方向をベクトル $\boldsymbol{e}_i$ で表し，n 個のベクトル $\boldsymbol{e}_1, \cdots, \boldsymbol{e}_n$ の張る線形空間 $T_{\boldsymbol{\xi}}$ を考える．これを多様体 M の，点 $\boldsymbol{\xi}$ における接空間と言う（図 6.1）．

多様体のきわめて近い 2 点 P と P' を考え，その座標を $\boldsymbol{\xi}$ と $\boldsymbol{\xi} + d\boldsymbol{\xi}$ とする．P から P' へ向かう微小な線素は，線形近似では接空間 $T_{\boldsymbol{\xi}}$ のベクトルと考えてよい（図 6.2）．この線素を

$$dP = \overrightarrow{PP'} = \sum d\xi^i \boldsymbol{e}_i \tag{6.1}$$

と書く．さて，上式の $\sum d\xi^i \boldsymbol{e}_i$ で，間違って $\sum$ を落として $d\xi^i \boldsymbol{e}_i$ と書いてしまったとしよう．でも，読者はみな，$\sum$ をうっかりして付け忘れたなと考えるだろう．そうならば，$\sum$ なんか付けなくても良い，そのほうが式がすっきりする．こういうサボリの精神は大切である．これは私が言うのではなく，Einstein が言った．

> **Einstein の簡約和法**：数式の項の中で，同じ添字が一つは上に，もう一つは下に現れるとき，これらについては記号 $\sum$ を省略しても自動的に和を取るものと約束する．

接空間 $T_{\boldsymbol{\xi}}$ に内積を導入しよう．基底ベクトル $\boldsymbol{e}_i$ と $\boldsymbol{e}_j$ の内積を

$$g_{ij}(\boldsymbol{\xi}) = \langle \boldsymbol{e}_i, \boldsymbol{e}_j \rangle \tag{6.2}$$

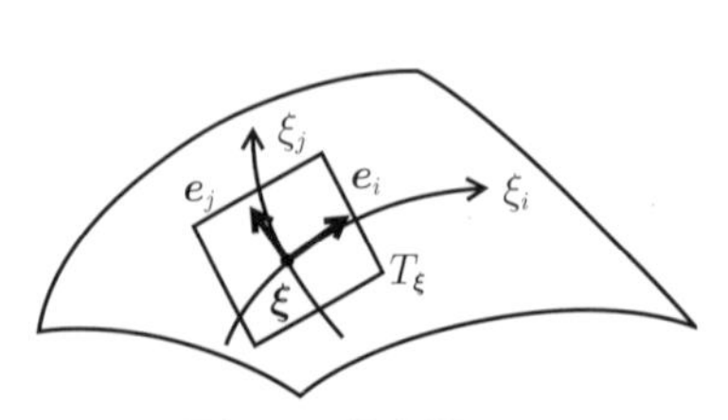

図 6.1　接空間 $T_{\boldsymbol{\xi}}$.

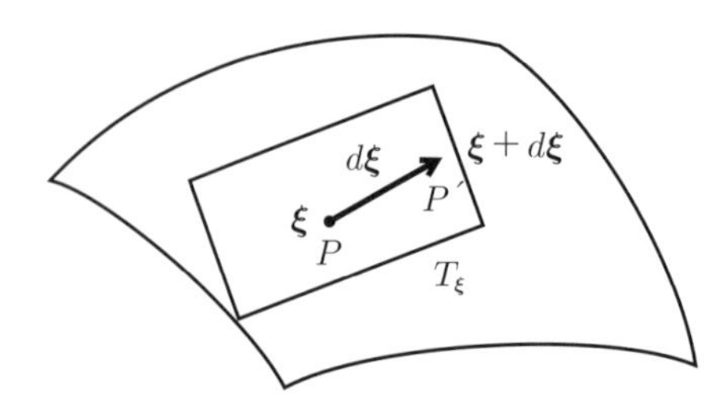

図 6.2　接空間のベクトル.

のように書く．これは点 $\boldsymbol{\xi}$ に依存してよい．行列 $G = (g_{ij})$ は正定値であり，これをリーマン計量という．

接空間 $T_{\boldsymbol{\xi}}$ の 2 つのベクトル

$$\boldsymbol{A} = A^i \boldsymbol{e}_i, \quad \boldsymbol{B} = B^j \boldsymbol{e}_j \tag{6.3}$$

の内積は

$$\langle \boldsymbol{A}, \boldsymbol{B} \rangle = A^i B^j \langle \boldsymbol{e}_i, \boldsymbol{e}_j \rangle = A^i B^j g_{ij} \tag{6.4}$$

のように成分を用いて書ける．Einstein の簡約和法に従って $\sum$ を省いていることに注意．これを通常のベクトル–行列記法で書くと $\boldsymbol{A}^T G \boldsymbol{B}$ のようになり，縦ベクトルか横ベクトルか，転置記号をどこに置くか，どの順番で並べるかなど，わずらわしい．成分で書くのをテンソル記法という．これは $A^i g_{ij} B^j$, $g_{ij} B^j A^i$ のように順序をどこに取ってもよいので楽である．

ベクトル $\boldsymbol{X} = X^i \boldsymbol{e}_i$ の長さの二乗は

$$\|\boldsymbol{X}\|^2 = g_{ij} X^i X^j \tag{6.5}$$

であるから，微小な線素 $d\boldsymbol{\xi}$ の長さの二乗は

$$ds^2 = \langle d\boldsymbol{\xi}, d\boldsymbol{\xi} \rangle = g_{ij} d\xi^i d\xi^j. \tag{6.6}$$

$T_{\boldsymbol{\xi}}$ は線形空間，とくに内積の定義されたユークリッド空間であり，基底系 $\{\boldsymbol{e}_i\}$ は一般には正規直交系ではなくて，その内積が (6.2) で与えられる．

一般に微小線素 $d\boldsymbol{\xi}$ の長さの二乗が (6.6) で与えられる空間をリーマン空間と呼ぶ．確率分布族の空間は，不変性の原理に基づくと，自動的に Fisher 情報行列 g_{ij} をリーマン計量とするリーマン空間になる．$g_{ij}(\boldsymbol{\xi})$ は場所 $\boldsymbol{\xi}$ ごとに違って良いから，リーマン空間は各点の近傍での線形空間を少しずつ曲げながら滑らかにつないだものと考えてよい．

6.2 座標変換とテンソル

空間 M の座標系は何を用いても良いはずである．いま座標系を $\boldsymbol{\xi}$ から $\boldsymbol{\zeta}$ へ次の変換で変えてみよう．

$$\zeta^\kappa = \zeta^\kappa(\boldsymbol{\xi}), \quad \kappa = 1, \cdots, n. \tag{6.7}$$

逆変換は $\xi^i = \xi^i(\boldsymbol{\zeta})$ と書ける．ここで座標系 $\boldsymbol{\zeta} = (\zeta^\kappa)$ に関しては添字を i, j, k とは違う κ, λ などの添字を使うと，添字だけでどの座標系を用いているかがわかって便利である．ここにこの記法の妙味がある*1)．このとき新しい座標軸 ζ^κ に沿った接線ベクトルは前とは違うから，このベクトルを $\boldsymbol{e}_\kappa$ と書こう．添字の違いでどの座標系での話かわかる*2)．2 点 P と $P + dP$ を考え，それぞれの座標を 2 つの座標系で表したときに，$\boldsymbol{\xi}$ と $\boldsymbol{\xi} + d\boldsymbol{\xi}$ および $\boldsymbol{\zeta}$ と $\boldsymbol{\zeta} + d\boldsymbol{\zeta}$ であったとしよう．P と $P + dP$ を結ぶ微小線素ベクトル dP を 2 つの座標系で表すと

$$\overrightarrow{dP} = d\xi^i \boldsymbol{e}_i = d\zeta^\kappa \boldsymbol{e}_\kappa, \tag{6.8}$$

しかるに，座標変換 (6.7) から，

---

*1) これは，J.A. Schouten が古典的な微分幾何の名著『Ricci Calculus』[1] で用いた．その後の微分幾何の流儀は，座標系を軽んじて使わないいわゆる "coordinate free" へと進んで，この記法がすたれたのは残念である．

*2) 便利な話には不便もある．具体的に第 1 座標軸，第 2 座標軸などを論ずるときは，e_1, e_2 ではどの座標系を用いているか，明示する必要が生ずる．

$$d\zeta^\kappa = \frac{\partial \zeta^\kappa}{\partial \xi^i} d\xi^i \tag{6.9}$$

である．ここで，座標変換の行列

$$A_i^\kappa = \frac{\partial \zeta^\kappa}{\partial \xi^i}, \tag{6.10}$$

その逆行列

$$A_\kappa^i = \frac{\partial \xi^i}{\partial \zeta^\kappa} \tag{6.11}$$

を導入しよう．同じ文字 A を用いているが，添字 i, κ が上にあるか下にあるかで意味が違う．$\left(A_\kappa^i\right)$ と (A_i^κ) は互に逆行列である．これより，座標を変えて得られる 2 つの基底ベクトルは

$$\boldsymbol{e}_\kappa = A_\kappa^i \boldsymbol{e}_i, \quad \boldsymbol{e}_i = A_i^\kappa \boldsymbol{e}_\kappa \tag{6.12}$$

のような関係にあることが分かる．

新しい座標系 (ζ^κ) でのリーマン計量行列は

$$g_{\kappa\lambda} = \langle \boldsymbol{e}_\kappa, \boldsymbol{e}_\lambda \rangle = \left\langle A_\kappa^i \boldsymbol{e}_i, A_\lambda^j \boldsymbol{e}_j \right\rangle \tag{6.13}$$

だから，これは前のものと

$$g_{\kappa\lambda} = A_\kappa^i A_\lambda^j g_{ij} \tag{6.14}$$

の関係で結ばれている．もちろん $\overrightarrow{dP}$ の長さはどちらの座標系で測っても同じである．座標を変えると座標変換の行列 A_κ^i や A_j^λ などを用いて (6.14) のように表現が変わる，g_{ij} のように添字がいくつか付いた量をテンソルと言う．あとから曲率テンソル R_{ijkl} などが出てくるが，添字 i が下にあれば，A_κ^i を掛け，上にあれば A_i^κ を掛けて，i を κ に変換する．κ から i への変換も同様のルールである．添字が一つしかないテンソルがベクトルである．計量 g_{ij} は添字が 2 個（つまり行列）で，リーマンテンソルと呼ばれる．念のため，線素 $\overrightarrow{dP}$ の長さの二乗は

$$ds^2 = g_{\kappa\lambda} d\zeta^\kappa d\zeta^\lambda = A_\kappa^i A_\lambda^j g_{ij} d\zeta^\kappa d\zeta^\lambda = g_{ij} d\xi^i d\xi^j \tag{6.15}$$

となり，どの座標で計っても同じである．

ユークリッド空間では，正規直交座標系をとれば計量行列はどこでも

$$g_{ij} = \langle \boldsymbol{e}_i, \boldsymbol{e}_j \rangle = \delta_{ij} \tag{6.16}$$

であり，単位行列である．微小な線素の距離の二乗は

$$ds^2 = \delta_{ij} d\xi^i d\xi^j = \sum \left(d\xi^i\right)^2 \tag{6.17}$$

となり，ピタゴラスの定理で書ける．ユークリッド空間は曲がっていないから，計量はどの場所でも同じで，この座標系ならば微小でなくても，距離の二乗が成分の二乗和で書けた．

さて，リーマン計量行列が座標の変換によって (6.14) で変わるのだから，うまい座標系を選んで $g_{ij}(\boldsymbol{\xi})$ を場所 $\boldsymbol{\xi}$ によらずに単位行列にすることができないだろうか．たしかに，一点 $\boldsymbol{\xi}$ を固定すれば，いつでもうまい変換行列 A_κ^i を選んで，$g_{\kappa\lambda}$ を単位行列にすることができる．しかし，これがどの点でも単位行列になるように座標変換の関数 (6.7) を選び，点 $\boldsymbol{\zeta}$ によらずに

$$g_{\kappa\lambda}(\boldsymbol{\zeta}) = \delta_{\kappa\lambda} \tag{6.18}$$

とできるかどうかである．これができるならば，ユークリッド空間である．

例えば，2 次元の球面を考えよう．これは曲がっていてリーマン空間である．だから，どのような座標系を取っても，すべての場所で $g_{ij}=\delta_{ij}$ とすることはできない．つまり，地球の地図を平面に画いて，長さが実物に比例するようにはできない．だから，地図を作る専門家は苦労するのである．

空間が本質的に曲がっていてユークリッド空間であるかどうかは，$g_{\kappa\lambda}(\boldsymbol{\zeta})=\delta_{\kappa\lambda}$ となる座標系 $\boldsymbol{\zeta}$ があるかどうかで決まる．この条件

$$\delta_{\kappa\lambda}=A_{\kappa}^{i}A_{\lambda}^{j}g_{ij} \tag{6.19}$$

を (6.11) 式の A_{κ}^{i} に関する微分方程式と見れば，これに $\boldsymbol{\zeta}=\boldsymbol{\zeta}(\boldsymbol{\xi})$ という解があるかどうかは積分可能条件で判定できる．これを書いていくと，4 階（添字を 4 個持つ）テンソル $\boldsymbol{R}_{ijkl}$ が現れる（後述）．これがリーマンクリストッフェル曲率テンソルと呼ばれるテンソル量であって，これが 0 ならば空間はユークリッド的である．つまり座標系を変えればユークリッド空間の正規直交系が得られる．これが 0 でなければ，空間は本質的に曲がっていて，リーマン的である．確率分布空間の多くはこの意味で本質的に曲がっている．

6.3　アファイン接続

リーマン空間は一般に曲がっている．だから，各点で接空間を考えても，それはあくまで線形近似であって，それらはばらばらのままである．接空間をつないでいけば，元の空間が復元できる．どのようにつなぐか，これを決めるのが接続である．

近い 2 点 P と $P'=P+dP$ をとり，その座標を $\boldsymbol{\xi},\boldsymbol{\xi}+d\boldsymbol{\xi}$ とする．2 つの点における接空間 T_P（$T_{\boldsymbol{\xi}}$ と書いてもよい）と $T_{P'}$（これは $T_{\boldsymbol{\xi}+d\boldsymbol{\xi}}$）は微妙に違っている．座標軸方向のそれぞれの接線ベクトル（基底ベクトル）を

$$\boldsymbol{e}_i(\boldsymbol{\xi})\in T_P,\quad \boldsymbol{e}_i'=\boldsymbol{e}_i(\boldsymbol{\xi}+d\boldsymbol{\xi})\in T_{P'} \tag{6.20}$$

とする．$\boldsymbol{e}_i$ と $\boldsymbol{e}_i'$ はともに同じ座標軸に沿ったベクトルだから，似ているだろう．ただ，$\boldsymbol{e}_i'$ は $T_{P'}$ のベクトルであって T_P のベクトルではないから異なるベクトル空間に属し，これを直ちに T_P のベクトル $\boldsymbol{e}_i$ と比べることはできない（図 6.3）．

接続とは，$T_{P'}$ のベクトルを T_P のベクトルに写して対応するベクトルを定めることである．これができれば，接空間 $T_{P'}$ と接空間 T_P との間に対応関係ができて，両者がつながる．こうして各点をつないでいけば，元の空間 M の全体性を回復できる．

$T_{P'}$ の基底ベクトル $\boldsymbol{e}_i'$ を T_P へ写すと，T_P では $\tilde{\boldsymbol{e}}_i$ が対応するとする．これは $\boldsymbol{e}_i$ に近いから $\tilde{\boldsymbol{e}}_i=\boldsymbol{e}_i+d\boldsymbol{e}_i$ と書ける（図 6.3）．この対応が線形であるとき，これを**アファイン接続**と言う．$d\boldsymbol{e}_i$ を T_P の基底ベクトルを使って成分で書くと

$$d\boldsymbol{e}_i=\left(de_i^k\right)\boldsymbol{e}_k \tag{6.21}$$

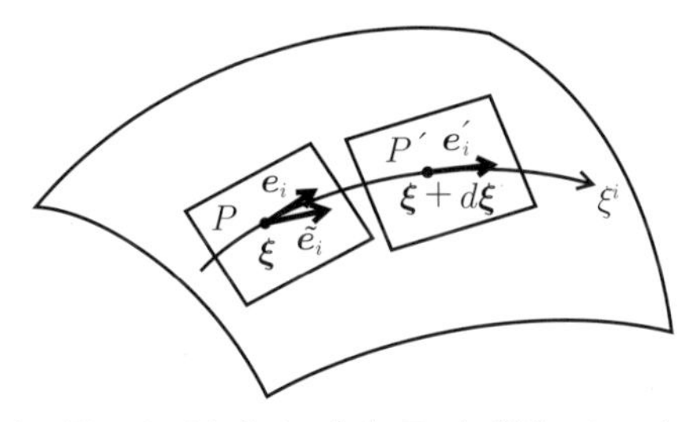

図 6.3　$T_{P'}$ のベクトル $\boldsymbol{e}_i'$ を T_P に移して $\tilde{\boldsymbol{e}}_i$ とする．

と書けるだろう．微小な線素 $d\boldsymbol{\xi}$ が 0 になれば $\boldsymbol{e}'_i$ は $\boldsymbol{e}_i$ に一致するから，両者の違いを成分で書いた de_i^k は線形近似で $d\boldsymbol{\xi}$ に比例している．そこで係数 Γ_{ji}^k を用いれば，

$$de_i^k = \Gamma_{ji}^k d\xi^j \tag{6.22}$$

のように書ける．係数の組 Γ_{ji}^k を定めれば対応関係が決まるし，逆に対応関係が定義されていれば，それを用いて Γ_{ji}^k を式で表現できる．

対応関係の式 (6.22) をベクトルで書けば

$$d\boldsymbol{e}_i = \Gamma_{ji}^k d\xi^j \boldsymbol{e}_k \tag{6.23}$$

のようになる．これで $T_{P'}$ を T_P につなぐことができた．ここに現れた 3 つのインデックスを持つ量 Γ_{ji}^k を，**接続の係数**と言う．これは添字を 3 つ持つがテンソルではないので，座標変換に関して (6.14) のような方式では変わらず，少し面倒な式になる．ここで触れるのは止め，後に変換式を示す．

対応関係から Γ_{ji}^k を求めるには，(6.23) で $d\boldsymbol{e}_i$ と $\boldsymbol{e}_m$ の内積を取ればよい．

$$\langle d\boldsymbol{e}_i, \boldsymbol{e}_m \rangle = \Gamma_{ji}^k g_{mk} d\xi^j \tag{6.24}$$

となる．そこで

$$\Gamma_{jik} = \Gamma_{ji}^m g_{mk} \tag{6.25}$$

と置く．これは Γ_{ij}^k をすべての添字を下にして表したものである．実は計量テンソル g_{ij} を用いて，(6.25) のように上の添字を下に降ろせる．逆に (g_{ij}) の逆行列 $\left(g^{ij}\right)$ を用いて上に挙げることもでき，

$$\Gamma_{ji}^m = \Gamma_{jik} g^{mk}. \tag{6.26}$$

6.4　共変微分

曲がった空間の上で関数 $f(\boldsymbol{\xi})$ が与えられているとしよう．場所 $\boldsymbol{\xi}$ が変われば関数の値がどう変わるか，f を微分すればその変化率がわかる．これは偏微分 $\partial_i f(\boldsymbol{\xi})$ でよく，$\boldsymbol{e}_i$ 方向の f の変化率を示す．次に，各点でベクトルが与えられるベクトル場を考える．ベクトル場 $\boldsymbol{X}$ とは，空間の各点 $\boldsymbol{\xi}$ でベクトル

$$\boldsymbol{X}(\boldsymbol{\xi}) = X^i(\boldsymbol{\xi}) \boldsymbol{e}_i(\boldsymbol{\xi}) \tag{6.27}$$

が定義されている，ベクトル値関数のことである．例を挙げれば，空間 M が流体で満たされているとき，各点での流れは速度ベクトル場で表せる．流れに沿って関数 $f(\boldsymbol{\xi})$ の値がどう変わっていくか，その変化を見るのが方向微分である．ベクトル場 $\boldsymbol{X}$ があれば，関数 f がこのベクトル方向にどう変化するかを，方向微分 $X^i \partial_i f$ で知ることができる．これを

$$\boldsymbol{X} f = X^i(\boldsymbol{\xi}) \partial_i f(\boldsymbol{\xi}) \tag{6.28}$$

と置き，ベクトル場 $\boldsymbol{X}$ が関数 f に作用してその方向微分を与えると考える．これは (6.27) 式の $\boldsymbol{e}_i$ を偏微分 ∂_i と見なして f に作用したと見ることである．ベクトル場とは，スカラー関数 f に対してその方向微分を与える線形演算子で，2 つの関数 f, h に対してライプニッツ則

$$\boldsymbol{X}(fh) = (\boldsymbol{X} f)h + h(\boldsymbol{X} f) \tag{6.29}$$

を満たすものということができる．

この解釈では，基底ベクトル場 $\boldsymbol{e}_i(\boldsymbol{\xi})$ は，座標軸方向 ξ^i に添った偏微分，

$$\boldsymbol{e}_i = \partial_i \tag{6.30}$$

である．接空間のベクトル $\boldsymbol{e}_i$ を，その方向への微分演算子 $\partial_i = \partial/\partial\xi^i$ と同一視する．偏微分とは座標軸方向への微分である．

スカラー関数 f がどう変わっていくかは偏微分または方向微分でわかる．では，ベクトル場でベクトルが場所によってどう変わっていくかを見よう．これは成分 $X^i(\boldsymbol{\xi})$ を偏微分すればよいというわけにはいかない．なぜなら，$\boldsymbol{X}(\boldsymbol{\xi}) = X^i(\boldsymbol{\xi})\boldsymbol{e}_i(\boldsymbol{\xi})$ と $\boldsymbol{X}(\boldsymbol{\xi}+d\boldsymbol{\xi}) = X^i(\boldsymbol{\xi}+d\boldsymbol{\xi})\boldsymbol{e}_i(\boldsymbol{\xi}+d\boldsymbol{\xi})$ とでは，成分だけでなく基底も違うからである．$\boldsymbol{X}(\boldsymbol{\xi})$ と $\boldsymbol{X}(\boldsymbol{\xi}+d\boldsymbol{\xi})$ の違いを見るには，$T_{\boldsymbol{\xi}+d\boldsymbol{\xi}}$ のベクトル $\boldsymbol{X}(\boldsymbol{\xi}+d\boldsymbol{\xi})$ を $T_{\boldsymbol{\xi}}$ に移して，違いを見なければならない．$\boldsymbol{e}_i(\boldsymbol{\xi}+d\boldsymbol{\xi}) \in T_{\boldsymbol{\xi}+d\boldsymbol{\xi}}$ を $T_{\boldsymbol{\xi}}$ に移したものは

$$\tilde{\boldsymbol{e}}_i(\boldsymbol{\xi}+d\boldsymbol{\xi}) = \boldsymbol{e}_i(\boldsymbol{\xi}) + \Gamma^k_{ji}\boldsymbol{e}_k d\xi^j \tag{6.31}$$

であるから，$\boldsymbol{X}(\boldsymbol{\xi})$ の ξ^i 軸方向の沿った微分（$\boldsymbol{e}_i$ 方向への微分）は

$$X^i(\boldsymbol{\xi}+d\boldsymbol{\xi})\tilde{\boldsymbol{e}}_i(\boldsymbol{\xi}+d\boldsymbol{\xi}) - X^i(\boldsymbol{\xi})\boldsymbol{e}_i(\boldsymbol{\xi}) \tag{6.32}$$

を計算すればよい．計算を実行すると

$$\nabla_i X^k = \partial_i X^k + {\Gamma_{ij}}^k X^j \tag{6.33}$$

とおいて，(6.32) を $d\xi^i$ で割ったものはベクトルで書いて

$$\nabla_i X^k \boldsymbol{e}_k \tag{6.34}$$

である．$\nabla_i X^k$ をベクトル場 $\boldsymbol{X}(\boldsymbol{\xi})$ の $\boldsymbol{e}_i$ 方向への**共変微分**と言い，記号 ∇_i で表す．ベクトル場 $\boldsymbol{X}$ の，ベクトル場 $\boldsymbol{Y}$ 方向に沿った共変微分（方向微分）は

$$\nabla_{\boldsymbol{Y}}\boldsymbol{X} = Y^i\left(\partial_i X^k + {\Gamma_{ij}}^k X^j\right)\boldsymbol{e}_k \tag{6.35}$$

と書ける．

基底ベクトル場 $\boldsymbol{e}_i(\boldsymbol{\xi})$ も一つのベクトル場である．基底ベクトル場 $\boldsymbol{e}_i(\boldsymbol{\xi})$ 自体が，点 $\boldsymbol{\xi}$ が ξ^j 方向に動くとき，実質的にどう変化するかは共変微分 $\nabla_{\boldsymbol{e}_j}\boldsymbol{e}_i$ で書ける．これを計算すれば，

$$\nabla_{\boldsymbol{e}_j}\boldsymbol{e}_i = {\Gamma_{ji}}^k\boldsymbol{e}_k \tag{6.36}$$

となる．内積を使えば

$$\left\langle \nabla_{\boldsymbol{e}_j}\boldsymbol{e}_i, \boldsymbol{e}_k \right\rangle = \Gamma_{jik} \tag{6.37}$$

である．これは接続の係数を表すわかりやすい式である．

6.5 ベクトルの平行移動

基底ベクトル $\{\boldsymbol{e}_i\}$ と $\{\boldsymbol{e}'_i\} = \{\boldsymbol{e}_i(\boldsymbol{\xi}+d\boldsymbol{\xi})\}$ の間に対応がついたから，ベクトル $\boldsymbol{A} \in T_{\boldsymbol{\xi}}$ と $\boldsymbol{A}' \in T_{\boldsymbol{\xi}+d\boldsymbol{\xi}}$ の対応もつく．いま，曲線 $\boldsymbol{\xi}(t)$ を考えて，曲線に沿って各点 $\boldsymbol{\xi}(t)$ で接空間のベクトル $\boldsymbol{A}(t)$ が定義されているとしよう．成分で書いて，

$$\boldsymbol{A} = \boldsymbol{A}(t) = A^i(t)\boldsymbol{e}_i(t), \quad \boldsymbol{A}' = \boldsymbol{A}(t+dt) = A^i(t+dt)\boldsymbol{e}_i(\boldsymbol{\xi}+d\boldsymbol{\xi}) \tag{6.38}$$

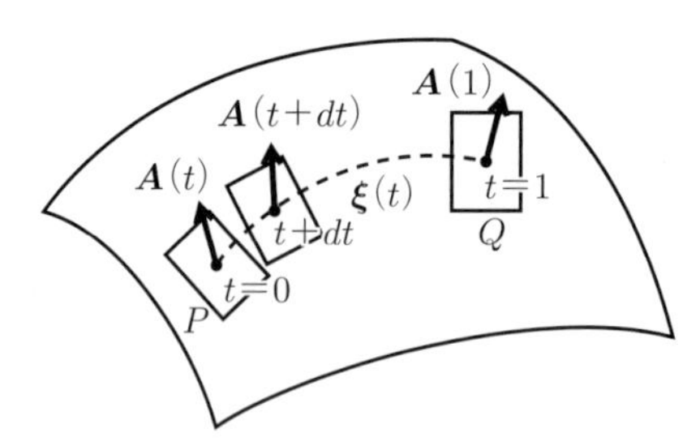

図 6.4　ベクトル $\boldsymbol{A}(t)$ の平行移動.

である．$\boldsymbol{A}'$ を $\boldsymbol{A}$ に移したとき，両者が同じになるとしよう．その条件は，

$$\boldsymbol{e}_i(\boldsymbol{\xi}+d\boldsymbol{\xi}) = \boldsymbol{e}_i + d\boldsymbol{e}_i \tag{6.39}$$

を用いて，2 次の微小項を無視して，$A^i(t+dt) = A^i(t) + dA^i$ を用いれば，両者が同じと見なせるためには成分の変化分 dA^i が次式を満たせばよい．

$$dA^i = \Gamma^i_{jk} d\xi^j A^k. \tag{6.40}$$

この変化を $\boldsymbol{\xi}(t)$ に沿ってさらに長距離につないでいくことができる．離れた 2 点 P と Q とを曲線 $\boldsymbol{\xi} = \boldsymbol{\xi}(t)$ でつなぐとする．$P = \boldsymbol{\xi}(0), Q = \boldsymbol{\xi}(1)$ とする．いま，P 点の接空間にあるベクトル $\boldsymbol{A} = A^i\boldsymbol{e}_i(0)$ を考え，これを曲線 $\boldsymbol{\xi}(t)$ に沿って移し，曲線上の各点で $\boldsymbol{A}(t) = A^i(t)\boldsymbol{e}_i(t)$ を定義しよう．このとき，$\boldsymbol{A}(t+dt)$ と $\boldsymbol{A}(t)$ は接続によって同じものに写るようにする．すると $\boldsymbol{A}(0)$ を Q 点でのベクトル $\boldsymbol{A}(1)$ に移すことができる．いま，$\boldsymbol{\xi}(t)$ での $\boldsymbol{A}(t)$ が $\boldsymbol{\xi}(t+dt) = \boldsymbol{\xi}(t) + d\boldsymbol{\xi}$ における $\boldsymbol{A}(t+dt)$ に対応するのだから，共変微分を使えば

$$\nabla_{\dot{\boldsymbol{\xi}}}\boldsymbol{A}(t) = 0 \tag{6.41}$$

を満たすように $\boldsymbol{A}(t)$ を定めればよい．上式を成分で書けば，

$$\dot{A}^i(t) + \Gamma^i_{jk}(t)A^k(t)\dot{\xi}^j(t) = 0 \tag{6.42}$$

が $\boldsymbol{A}(t)$ の満たすべき方程式である．

こうして $\boldsymbol{A}(t)$ を計算し，P 点から Q 点へ道筋 $\boldsymbol{\xi}(t)$ に沿って移したものを

$$\boldsymbol{A}(Q) = \prod\nolimits_{\boldsymbol{\xi}(t)} \boldsymbol{A}(P) \tag{6.43}$$

と書く．これをベクトル $\boldsymbol{A}$ の P 点から Q 点への道筋 $\boldsymbol{\xi}(t)$ に沿った**平行移動**と言う（図 6.4)．

6.6　測地線

接続が定まれば，“真っすぐな線”として測地線を定義できる．いま，パラメータ t で定義される曲線

$$\boldsymbol{\xi} = \boldsymbol{\xi}(t) \tag{6.44}$$

を考えよう．$\boldsymbol{\xi}(t)$ 点での曲線の接線は，d/dt を $\dot{}$ を用いて表すとして，

$$\dot{\boldsymbol{\xi}}(t) = \dot{\xi}^i(t)\boldsymbol{e}_i(t) \tag{6.45}$$

であり，$\boldsymbol{\xi}(t+dt)$ 点での接線は

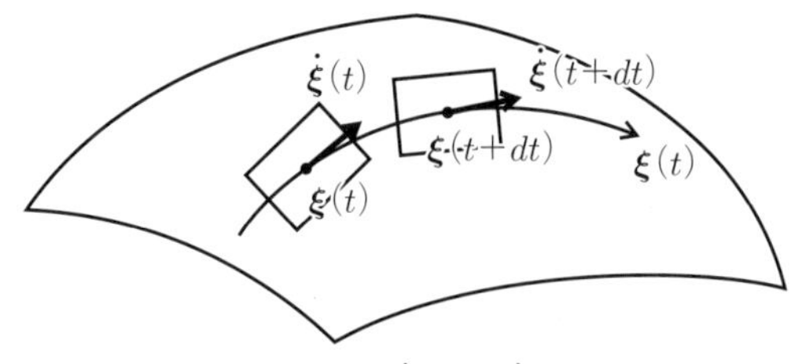

図 6.5　測地線 $\dot{\boldsymbol{\xi}}(t) \sim \dot{\boldsymbol{\xi}}(t+dt)$.

$$\dot{\boldsymbol{\xi}}(t+dt) = \dot{\xi}^i(t+dt)\boldsymbol{e}_i(t+dt) \tag{6.46}$$

である．2つの接線ベクトルは異なる接空間に属する．しかし，接続によって $T_{\boldsymbol{\xi}(t+dt)}$ のベクトル $\dot{\boldsymbol{\xi}}(t+dt)$ を $T_{\boldsymbol{\xi}(t)}$ のベクトルに移せば，2つの接線方向が比較できる（図 6.5）．両者が同じならば，この曲線は“向きを変えない”線である．これを**測地線**と呼ぶ．

共変微分で書けば，これは

$$\nabla_{\dot{\boldsymbol{\xi}}}\dot{\boldsymbol{\xi}} = 0 \tag{6.47}$$

と書ける．成分で書けば

$$\ddot{\xi}^i(t) + \Gamma^i_{jk}\dot{\xi}^j(t)\dot{\xi}^k(t) = 0 \tag{6.48}$$

で，これを測地線の方程式と言う．パラメータ t を $\tau = \tau(t)$ に変えれば，接線ベクトルの大きさは変わる．方向だけにこだわるならば，測地線の方程式は

$$\ddot{\xi}^i(t) + \Gamma^i_{jk}(\boldsymbol{\xi})\dot{\xi}^j\dot{\xi}^k = c(t)\dot{\xi}^i \tag{6.49}$$

でもよい．しかし，パラメータ t をうまく選べば，測地線はいつも (6.48) の形に書けるから (6.48) を用いよう．

6.7　リーマン接続

これまで計量 g_{ij} とアファイン接続 ${\Gamma_{ij}}^k(\boldsymbol{\xi})$ とを別々に議論し，これらをどう定めるかの議論をしてこなかった．数学は自由だからどう定義してもよいとはいうものの，それではあまりに素っ気ない．確率分布族の空間の場合は，不変性を満たすように定義する．すると，構造が一意に定まる．

リーマン計量 $g_{ij}(\boldsymbol{\xi}) = \langle \boldsymbol{e}_i(\boldsymbol{\xi}), \boldsymbol{e}_j(\boldsymbol{\xi})\rangle$ が定義された空間，リーマン空間を考え，ここで接続をどう定めるのが自然かを考えよう．リーマン空間では，2点 P と Q とを曲線 $\boldsymbol{\xi}(t)$,

$$\boldsymbol{\xi}(0) = P, \quad \boldsymbol{\xi}(1) = Q \tag{6.50}$$

でつないだときに，この曲線に沿って微小距離の二乗

$$ds^2 = g_{ij}(\boldsymbol{\xi})d\xi^i d\xi^j \tag{6.51}$$

を考える（図 6.6）．ds を積分した

$$s = \int_0^1 \sqrt{g_{ij}\left\{\boldsymbol{\xi}(t)\right\}\dot{\xi}^i(t)\dot{\xi}^j(t)}dt \tag{6.52}$$

がこの曲線の長さである．この距離を最小にするような曲線が，2点 P と Q を結ぶ測地線になるように，接続を定めるのが一つの自然な考えである．式 (6.52) で曲線の変分 $\boldsymbol{\xi}(t) + \delta\boldsymbol{\xi}(t)$ を考え，Euler–Lagrange の変分式を計算すると，ここから測地線の方程式が出る．これを (6.48) の測地線

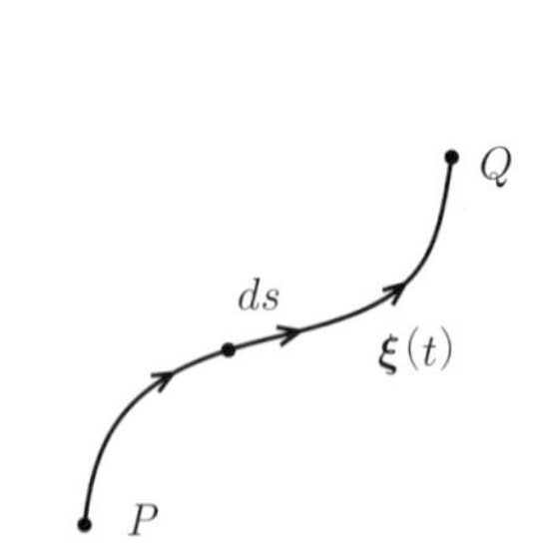

図 6.6　曲線に沿った長さの積分.

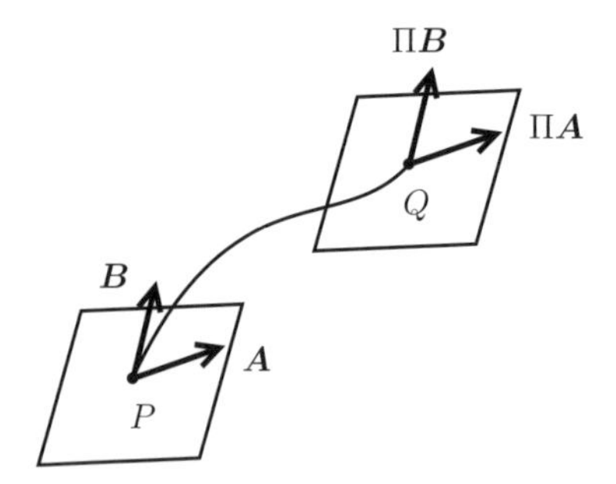

図 6.7　平行移動による内積の保存.

の方程式と比較すれば，Γ_{ijk} が g_{jk} を用いてどう表せるかがわかる．腕に自信のある人は試みよ．答はすぐ後に述べる (6.56) 式である．

もう一つの考えは，ベクトルの平行移動と長さの関係である．P 点でベクトル $\boldsymbol{A} = \boldsymbol{A}(P)$ を考え，これを曲線に沿って Q 点に平行移動する．すると Q 点では

$$\boldsymbol{A}(Q) = \prod\nolimits_{\boldsymbol{\xi}(t)} \boldsymbol{A}(P) \tag{6.53}$$

となる．平行移動は，ベクトルの長さを変えないという要請は，リーマン的な長さと平行移動とを調和させる自然なものである．すなわち，

$$\langle \boldsymbol{A}, \boldsymbol{A} \rangle_P = \left\langle \prod \boldsymbol{A}, \prod \boldsymbol{A} \right\rangle_Q \tag{6.54}$$

を要請する．もっと一般に，2 つのベクトル $\boldsymbol{A}$, $\boldsymbol{B}$ に対して

$$\langle \boldsymbol{A}, \boldsymbol{B} \rangle_P = \left\langle \prod \boldsymbol{A}, \prod \boldsymbol{B} \right\rangle_Q \tag{6.55}$$

が成立するとしてよい（図 6.7）.

この両者から出る考えは一致し，$\Gamma_{ijk} = \Gamma_{jik}$ という条件の下で，

$$\Gamma_{ijk} = \frac{1}{2}\left(\partial_i g_{jk} + \partial_j g_{ik} - \partial_k g_{ij}\right) = [ij;k] \tag{6.56}$$

が得られる．ここで，記号 $[ij;k]$ を **Christoffel 記号**と呼ぶ．この条件を満たす接続を **Levi–Civita 接続**，または**リーマン接続**と呼ぶ．この導出は教科書に載っているが，読者自ら確かめてみるのもよい演習問題である．多様体 M にリーマン計量 g_{ij} が与えられ，そこから接続を決めたものをリーマン空間と言い，$\{M, g\}$ のように書く．

リーマン接続を用いるならば，計量テンソルの共変微分は 0 である．

$$\nabla_i g_{jk} = 0. \tag{6.57}$$

つまり，$g_{ij}(\boldsymbol{\xi})$ は点 $\boldsymbol{\xi}$ に依存するが，これは空間が曲がっているか座標系が曲がっているせいで場所毎に違って見えるので，リーマン接続の平行移動で考えれば実質的には同じものになる．このとき，2 つのベクトル場 $\boldsymbol{X}, \boldsymbol{Y}$ の内積をベクトル場 $\boldsymbol{Z}$ 方向に微分したものは

$$\boldsymbol{Z}\langle \boldsymbol{X}, \boldsymbol{Y} \rangle = \langle \nabla_{\boldsymbol{Z}} \boldsymbol{X}, \boldsymbol{Y} \rangle + \langle \boldsymbol{X}, \nabla_{\boldsymbol{Z}} \boldsymbol{Y} \rangle \tag{6.58}$$

のように書ける．$\boldsymbol{X}, \boldsymbol{Y}, \boldsymbol{Z}$ としてそれぞれ基底ベクトル場 $\boldsymbol{e}_i, \boldsymbol{e}_j, \boldsymbol{e}_k$ をとれば，

$$\partial_i g_{jk} = \Gamma_{ijk} + \Gamma_{ikj} \tag{6.59}$$

が成立する．ここから (6.56) 式を出すこともできる．リーマン空間 $\{M, g\}$ はリーマン接続を備え

た美しい構造を持っている．
一般に，テンソルで書いた方程式

$$K_{ijkl} = 0 \tag{6.60}$$

があれば，座標系を $\boldsymbol{\xi}$ から $\boldsymbol{\zeta}$ に変えたときに，テンソルは各添字について座標変換の行列 A_i^κ または逆行列 A_κ^i を用いて変換し，添え字を $i, j, \cdots$ から $\kappa, \lambda, \mu, \cdots$ などへ書き換えるだけでよい．すると方程式は

$$K_{\kappa\lambda\mu\nu} = 0 \tag{6.61}$$

となる．行列は正則だから，テンソル方程式は，どの座標系で書いても同じ形で成立する．つまり，座標系によらない不変な法則が記述できる．相対性理論では，基本方程式をテンソル式で書いて，これを法則とした．

しかし，テンソルでない量は意味がないというわけではない．例えば，接続の係数 Γ_{ij}^k はテンソルではない．座標を変えれば，これは，

$$\Gamma_{\kappa\lambda}^\mu = A_\kappa^i A_\lambda^j A_k^\mu \Gamma_{ij}^k + A_\kappa^i A_j^\mu \partial_i A_\lambda^j \tag{6.62}$$

のように変換される．だから，ある座標系でこれが 0 だからといって，他の座標系で 0 というわけではない．

ユークリッド空間で，正規直交座標系をとれば，すべてが真っすぐで $\boldsymbol{e}_i$ はどこでも同じだから

$$\Gamma_{ij}^k = 0. \tag{6.63}$$

しかし，極座標系をとれば，座標軸の接線方向は曲がっている（r 方向は直線で真っすぐだが，角度方向は変わる）．これがどのように曲がっていくかを示すのが $\Gamma_{\kappa\lambda}^\mu$ である．各自，2 次元極座標系での $\Gamma_{\kappa\lambda}^\mu$ を計算してみるのも良い演習問題である．

終わりの一言

今は古典といえるアファイン接続と共変微分を主な概念とする微分幾何は，数学的には美しい体系であるが，数学者ではない者にとって取り付きにくい．そこで，本書では非数学者にすぐにわかる「涙なしの微分幾何入門」を試みた．しかし，これが成功したかどうかは心もとない．私は，ディスロケーションを主題とする連続体力学に即して微分幾何を勉強したため，接続や曲率の意味がよく分かった．後に，これが情報の空間にとって有用になるとは思ってもみなかったが，この時の勉強が役に立って，微分幾何を情報の分野で展開できて，幸せであった．もちろん，それには数学としても新しい概念（双対接続）を構築する必要があった．

工学の世界では，連続体力学，電気機械力学系，ロボティクス，制御理論など，微分幾何が役に立つ例は多い．情報幾何もそこに仲間入りをした．

なお，微分幾何の教科書は多くある．私が勉強したのは，古典で今は絶版である Schouten の本[1]である．これはテンソル記法で書かれている．いわゆる現代風の記述は，今は亡くなった小林，野水両先生の教科書[2]である．これは良く書けているものの初学者には手が出ない．ほかにもう一つ挙げておいたが[3]，どれでも同じようなものであろう．

参考文献

1) J.A. Schouten, *Ricci Calculus*, Springer, 1954（絶版）.
2) S. Kobayashi and K. Nomizu, *Foundations of Differential Geometry, I, II*, Interscience, 1969.
3) W.M. Boothby, *An Introduction to Differential Manifolds and Riemannian Geometry*, Elsevier, 2003.

第7章

曲率と捩率

曲率と捩率は古典微分幾何の華である．一般の多様体がどのように曲がり，かつ捩じれているのか，これを示す量が曲率テンソルと捩率テンソルであり，ユークリッド空間では両者とも0である．曲がり方や捩じれ方は，アファイン接続から導ける．応用に目を転じれば，一般相対論では重力の方程式に曲率が登場した．また，捩率は連続体力学における転移（ディスロケーション）の理論として有用である．情報幾何では埋め込み曲率が大きな役割を果たす．

7.1　リーマン曲率とベクトルの世界一周

空間は曲がっている．その曲がり方と捩れ方を表す曲率と捩率は，古典微分幾何の中心的な話題である．ここで接続が使われるが，その意味が直感的にわかるように話を進めよう．空間に点 P（座標を $\boldsymbol{\xi}$ とする），およびここから少しだけ離れた2点 P_1, P_2 を考える．P_1 の座標を $\boldsymbol{\xi} + \underset{1}{d}\boldsymbol{\xi}$，$P_2$ の座標を $\boldsymbol{\xi} + \underset{2}{d}\boldsymbol{\xi}$ としよう．さらに，第4の点として，この微小変化を重ねて，座標が $\boldsymbol{\xi} + \underset{1}{d}\boldsymbol{\xi} + \underset{2}{d}\boldsymbol{\xi}$ である点 P_3 を考える．こうすると，微小な四辺形 $PP_1P_3P_2$ ができ上がる（図 7.1）．

いま，P 点での接空間のベクトル $\boldsymbol{A} = A^i\boldsymbol{e}_i$ を取り上げ，これを点 P_1 および P_2 に平行に移動してみる．これには接続 Γ^k_{ij} が必要になる．

P_1 に移すと，成分も基底も少し変わるから，$\boldsymbol{A}_1 = \left(A^i + dA^i\right)(\boldsymbol{e}_i + \boldsymbol{de}_i)$ になる．これが P 点での $\boldsymbol{A} = A^i\boldsymbol{e}_i$ に対応するとする．場所の変化による基底の変化

$$\boldsymbol{de}_i = \Gamma^k_{ji}\underset{1}{d}\xi^j\boldsymbol{e}_k \tag{7.1}$$

を用い，2次の微小項を無視すれば

$$dA^i = -\Gamma^i_{jk}A^k\underset{1}{d}\xi^j \tag{7.2}$$

ならば $\boldsymbol{A}$ と $\boldsymbol{A}_1$ とが対応していることが分かる．次に P_1 点でのベクトル $\boldsymbol{A}_1$ を P_3 点に平行に

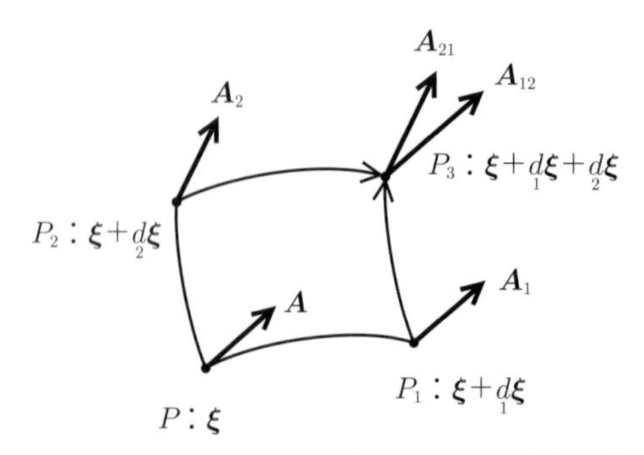

図 7.1　2つのルートをたどった $\boldsymbol{A}$ の平行移動．

さらに移す．これを $\boldsymbol{A}_{12}$ とし，その成分を P_3 点での基底で表したら $\left(A^i + dA^i + d'A^i\right)$ であるとする（図 7.1）．前と同様に (7.2) 式を用いて $d'A^i$ を求めるが，このときの Γ^i_{jk} は P_1 点でのものを使う．これより

$$\begin{aligned} d'A^i &= -\Gamma^i_{jk}\left(\boldsymbol{\xi} + \underset{1}{d}\boldsymbol{\xi}\right)\left(A^k + dA^k\right)\underset{2}{d}\xi^j \\ &= -\Gamma^i_{jk}\underset{2}{d}\xi^j A^k - \partial_l \Gamma^i_{jk}\underset{1}{d}\xi^l \underset{2}{d}\xi^j A^k + \Gamma^i_{jk}\Gamma^k_{lm}\underset{2}{d}\xi^j \underset{1}{d}\xi^l A^m. \end{aligned} \tag{7.3}$$

ここでは $\Gamma^i_{jk}\left(\boldsymbol{\xi} + \underset{1}{d}\boldsymbol{\xi}\right)$ をテイラー展開し，全体では 2 次の微小項まで計算した．

同じ計算を，$\boldsymbol{A}$ をまず P_2 に移して $\boldsymbol{A}_2$ とし，次にこれを P_3 に移して $\boldsymbol{A}_{21}$ としてみよう（図 7.1）．移す経路が違うから，$\boldsymbol{A}_{12}$ と $\boldsymbol{A}_{21}$ は同じとは限らない．経路として $\underset{1}{d}\boldsymbol{\xi}$ と $\underset{2}{d}\boldsymbol{\xi}$ のどちらを先に行くかで違う．両者の差を取れば，$\boldsymbol{A}_{12}$ と $\boldsymbol{A}_{21}$ がどう違ってくるかがわかる．これを $\delta\boldsymbol{A} = \boldsymbol{A}_{12} - \boldsymbol{A}_{21}$ として，(7.2), (7.3) 式から $\underset{1}{d}\boldsymbol{\xi}$ と $\underset{2}{d}\boldsymbol{\xi}$ とを入れ代えた式を引けばよい．まとめると，成分で書いて，式を整理すると

$$\delta A^i = R_{jkl}{}^i A^l \left(\underset{1}{d}\xi^j \underset{2}{d}\xi^k - \underset{1}{d}\xi^k \underset{2}{d}\xi^j\right) \tag{7.4}$$

となる．ただし

$$R_{ijk}{}^l = \partial_i \Gamma_{jk}{}^l - \partial_j \Gamma_{ik}{}^l + \Gamma_{im}{}^l \Gamma_{jk}{}^m - \Gamma_{jm}{}^l \Gamma_{ik}{}^m \tag{7.5}$$

である．ベクトル $\boldsymbol{A}$ の平行移動が経路によって異なるのは空間が曲がっているからである．$R_{ijk}{}^l$ は曲がり具合を表すテンソルで，これを**リーマン・クリストッフェルの曲率テンソル**または簡単に**リーマン曲率テンソル**と呼ぶ．

これを，ベクトル $\boldsymbol{A}$ の世界一周の言葉で述べる．P 点のベクトル $\boldsymbol{A}$ をまず P_1 点へ移し，ついで P_3 点に移す．さらに，これを P_2 点経由でもとの P 点に戻す（すなわち，P_3P_2P の経路で戻すから $\boldsymbol{A}_{12} - \boldsymbol{A}_{21}$ になる）．このときの世界一周後の $\boldsymbol{A}$ の変化 $\delta\boldsymbol{A}$ が (7.4) 式で書ける．曲率が 0 ならば $\delta\boldsymbol{A} = 0$ で，世界一周しても何も起こらない．これは平坦な空間の話である．ここで，$\underset{1}{d}\boldsymbol{\xi}$ と $\underset{2}{d}\boldsymbol{\xi}$ を 2 辺とする平行四辺形の面要素を

$$df^{jk} = \left(\underset{1}{d}\xi^j \underset{2}{d}\xi^k - \underset{1}{d}\xi^k \underset{2}{d}\xi^j\right) \tag{7.6}$$

とおく．df^{jk} は微小ベクトル $\underset{1}{d}\boldsymbol{\xi}$ と $\underset{2}{d}\boldsymbol{\xi}$ とで囲まれた四辺形を表すテンソルである（図 7.2）．すると

$$\delta A^i = R_{jkl}{}^i A^l df^{jk}. \tag{7.7}$$

ベクトル $\boldsymbol{A} = A^i \boldsymbol{e}_i$ が方向と大きさを持った量であるように，面素 $\boldsymbol{df} = df^{jk}\boldsymbol{e}_j\boldsymbol{e}_k$ は面の方向と大きさを持つテンソル量である．これは 3 次元空間のベクトルの外積 $\underset{1}{d}\boldsymbol{\xi} \times \underset{2}{d}\boldsymbol{\xi}$ を一般化したものと考えてほしい．こうした 2 次元方向を表す面素テンソルは，反対称で

$$df^{ij} = -df^{ji} \tag{7.8}$$

を満たす．

いま，微小な四辺形に添って $\boldsymbol{A}$ の世界一周を考えた．では，P 点を出発する大きなループを考え，これに添ってベクトル $\boldsymbol{A}$ を世界一周させよう．一周のループに 2 次元の面を張る．各面の微小要素を df^{ij} で表すと，ループはこのような微小面素で張られる（図 7.3）．すると一周後の $\boldsymbol{A}$ の変化は成分で書いて

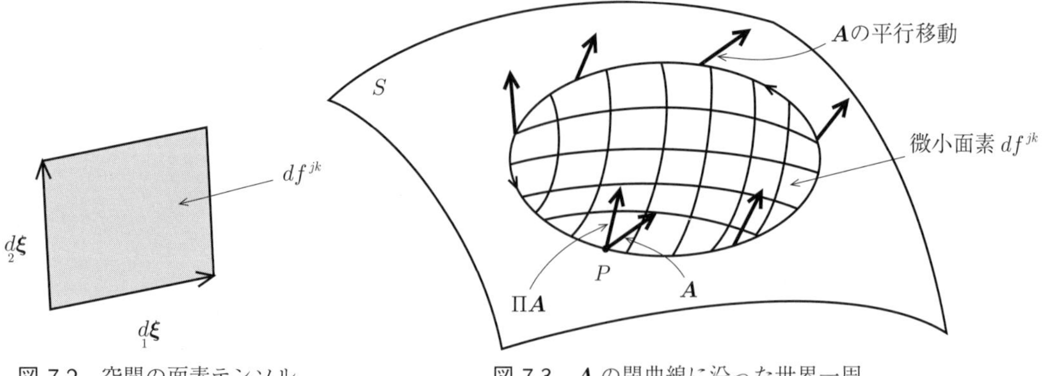

図 7.2　空間の面素テンソル．

図 7.3　$\boldsymbol{A}$ の閉曲線に沿った世界一周．

$$\varDelta A^i = \int R_{jkl}{}^i A^l df^{jk} \tag{7.9}$$

のように面の上での積分で書ける．これは，面の張り方にはよらない（ストークスの定理の一般化で，面を小区間 df^{ij} に分ければ，小四辺形の線の積分が打消し合って面積分は結局ループに沿った積分になる）．

共変微分は，ベクトル場だけでなくテンソル場の微分にも使える．テンソル場の共変微分はテンソル場である．実は，曲率と捩率を，共変微分を使って書くことができる．いま，3 つのベクトル場 $\boldsymbol{X}, \boldsymbol{Y}, \boldsymbol{Z}$ があったとしよう．このとき，2 つのベクトル場の交代積を

$$[\boldsymbol{X}, \boldsymbol{Y}] = \boldsymbol{X}\boldsymbol{Y} - \boldsymbol{Y}\boldsymbol{X} = \left(X^j \partial_j Y^i - Y^j \partial_j X^i\right) \boldsymbol{e}_i \tag{7.10}$$

で定義し，これを使って $\boldsymbol{X}, \boldsymbol{Y}$ が与えられたときに，ベクトル場 $\boldsymbol{Z}$ を新しいベクトル場

$$\boldsymbol{R}(\boldsymbol{X}, \boldsymbol{Y})\boldsymbol{Z} = \nabla_{\boldsymbol{X}} \left(\nabla_{\boldsymbol{Y}} \boldsymbol{Z}\right) - \nabla_{\boldsymbol{Y}} \left(\nabla_{\boldsymbol{X}} \boldsymbol{Z}\right) - \nabla_{[\boldsymbol{X}, \boldsymbol{Y}]} \boldsymbol{Z} \tag{7.11}$$

に写す線形演算子 $\boldsymbol{R}(\boldsymbol{X}, \boldsymbol{Y})$ を定義しよう．これが曲率テンソルになっている．偏微分ならば

$$\partial_i \partial_j = \partial_j \partial_i \tag{7.12}$$

であるが，共変微分では

$$\nabla_i \nabla_j - \nabla_j \nabla_i = 0 \tag{7.13}$$

は成立しない．空間が曲がっているからである．これは，$\boldsymbol{R}\left(\boldsymbol{e}_i, \boldsymbol{e}_j\right) \boldsymbol{X}$ を計算すれば，曲率テンソルを使って

$$\left(\nabla_{\boldsymbol{e}_i} \nabla_{\boldsymbol{e}_j} - \nabla_{\boldsymbol{e}_j} \nabla_{\boldsymbol{e}_i}\right) \boldsymbol{X} = R_{ijk}{}^l X^k \boldsymbol{e}_l \tag{7.14}$$

となっていることがわかる．

同じように，次節で述べる捩率テンソルについて

$$\nabla_{\boldsymbol{e}_i} \boldsymbol{e}_j - \nabla_{\boldsymbol{e}_j} \boldsymbol{e}_i = S_{ij}{}^k \boldsymbol{e}_k \tag{7.15}$$

が成立する．式 (7.11) または (7.14) と (7.15) を，曲率テンソルと捩率テンソルの定義とするのが微分幾何の教科書である．格好は良いが，この定義から意味を理解するのは容易でない．

曲率も捩率も 0 となる空間を平坦な空間と言う．これは，大域的なトポロジーを考えなければ，ユークリッド空間である．このとき，1 点の接空間で，一組の基底ベクトル $\{\boldsymbol{e}_1, \cdots, \boldsymbol{e}_n\}$ を考える．これを他のすべての点に平行に移動しても，曲率がないので平行移動は経路によらない．だからど

の点でも同じ $\{\boldsymbol{e}_1, \cdots, \boldsymbol{e}_n\}$ を基底として用いることができる．

7.2　捩率と世界一周

次は Einstein の導入した‘捩じれ’である．P 点とここから微小にずれた 2 点 P_1 と P_2 をふたたび取り上げる．まず，P と P_1 を結ぶ微小ベクトルおよび P と P_2 を結ぶ微小ベクトルをそれぞれ

$$\underset{1}{d}\boldsymbol{\xi} = \underset{1}{d}\xi^i \boldsymbol{e}_i, \qquad \underset{2}{d}\boldsymbol{\xi} = \underset{2}{d}\xi^i \boldsymbol{e}_i \tag{7.16}$$

とする．微小ベクトル $\underset{1}{d}\boldsymbol{\xi}$ を P 点から P_2 点へ平行に移してみよう．これを $\underset{1}{d}\tilde{\boldsymbol{\xi}}$ と書くと，その成分は P_2 点では少し余分な項が加わって

$$\underset{1}{d}\tilde{\xi}^i = \underset{1}{d}\xi^i + \Gamma^i_{jk}\,\underset{2}{d}\xi^j\,\underset{1}{d}\xi^k \tag{7.17}$$

となる．今度は微小ベクトル $\underset{2}{d}\boldsymbol{\xi}$ を P 点から P_1 点へ平行に移す．すると

$$\underset{2}{d}\tilde{\xi}^i = \underset{2}{d}\xi^2 \Gamma^i_{jk}\,\underset{1}{d}\xi^j\,\underset{2}{d}\xi^k \tag{7.18}$$

である．ここで P_1 経由の移動 $\underset{1}{d}\boldsymbol{\xi} + \underset{2}{d}\tilde{\boldsymbol{\xi}}$ と P_2 経由の移動 $\underset{2}{d}\boldsymbol{\xi} + \underset{1}{d}\tilde{\boldsymbol{\xi}}$ を考えると，両者は一般に一致しない（図 7.4）．そのずれは両者の差を計算して

$$\Delta\xi^i = \left(\Gamma^i_{jk} - \Gamma^i_{kj}\right) df^{jk} \tag{7.19}$$

のように書ける．このとき，ずれを表す

$$S_{jk}{}^i = \frac{1}{2}\left(\Gamma^i_{jk} - \Gamma^i_{kj}\right) \tag{7.20}$$

を**捩率テンソル**という（これはテンソルになる）．$S_{jk}{}^i$ が 0 でないときは，この四辺形は捩じれていて，平行四辺形にならず，喰い違う（図 7.4）．

世界一周の観点で言えば，まず，P 点から出発して P_1 へ行き，ついで，$\underset{2}{d}\boldsymbol{\xi}$ をここに移した $\underset{2}{d}\tilde{\boldsymbol{\xi}}$ だけ移動する．ここからは前に来た $\underset{1}{d}\boldsymbol{\xi}$ と平行に逆に戻る（すなわち $-\underset{1}{d}\tilde{\boldsymbol{\xi}}$ だけ進むが，これは $-\underset{1}{d}\boldsymbol{\xi}$ を平行移動したものである）．さらに P_2 から $-\underset{2}{d}\boldsymbol{\xi}$ だけ戻る．こうすると，出発点の P には戻らず，

$$\Delta\xi^i = S_{jk}{}^i df^{jk} \tag{7.21}$$

だけずれる．微小といわず大きなループで世界一周したときには，いつのまにか

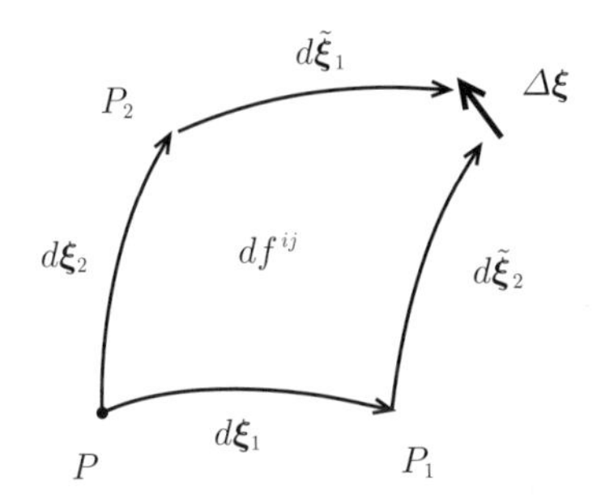

図 7.4　捩率：平行移動による位置のずれ．

$$\Delta\xi^i = \int S_{jk}{}^i df^{jk} \tag{7.22}$$

だけ位置がずれる．このずれが捩率である．

情報幾何のこの解説では捩率は扱わず，接続は対称

$$\Gamma_{ij}^k = \Gamma_{ji}^k \tag{7.23}$$

であるとする．しかし，情報幾何に捩率を入れようという試みが量子情報理論にある．捩率は実は Einstein が，重力と電磁場を含めて統一した空間の理論，統一場理論を模索する中で導入した．電磁場は 4 次元で書くと反対称テンソルになる．だからうまくいくのではないかと考えた．面白いことにある程度までうまくいく．もう少しである．でも駄目だった．

工学の世界では捩率は有効に使われている．一つは，回転電気機械の話で，ハンガリー出身の GE の技術者 G. Kron が導入した電気機械力学微分幾何理論である，電気機械の非ホロノームな接続をもとに力学を構成する話であるが，これは捩率を持つ力学として構成できる．非ホロノーム力学はロボットの制御で復活した．もう一つは，結晶などの格子の乱れで，転位（ディスロケーション）の分布を捩率とし，弾塑性論を構築する話である．どちらも微分幾何を用いる理論として面白い．Landau と Lifshitz も連続体力学としてこれを試みたが，彼等の話は中途半端で，もっと本格的な理論ができる[1,2]．しかし，本書では割愛しよう．

7.3 部分空間の埋め込み曲率

接続をもつ n 次元の多様体 M の中に，m 次元 $(m < n)$ の多様体 S が埋め込まれていたとしよう．M の（局所）座標系を $\boldsymbol{\xi}$ とし，添字 i を使って ξ^i のように書く．また，S の（局所）座標系を $\boldsymbol{u}$ とし，添字 a を使って u^a のように書く．S は M の中では次元が落ちている．そこで，S からはみ出す $n-m$ 次元方向（トランスバース方向，横断する方向という）を考え，その方向に座標系 $\boldsymbol{v}$ を入れる（図 7.5）．この座標系には添字 κ を使い v^κ としよう．すると，S の近傍では，M の点は座標の組 $(\boldsymbol{u}, \boldsymbol{v})$ を用いて表すことができる．これは M の新しい座標系

$$\boldsymbol{w} = (\boldsymbol{u}, \boldsymbol{v}) = (u^a, v^\kappa) \tag{7.24}$$

をつくる．S 上の点が $\boldsymbol{v} = 0$ となるように $\boldsymbol{v}$ の原点を定める．添字 (a, κ) をまとめて α で表し，$\boldsymbol{w} = (w^\alpha)$ と書こう．ここで，添字 α は，u^a の部分 $(a = 1, \cdots, m)$ と v^κ の部分 $(\kappa = m+1, \cdots, n)$ を走る．

M で，座標系 $\boldsymbol{\xi}$ から座標系 $\boldsymbol{w}$ への座標変換を考えれば，その変換の行列は

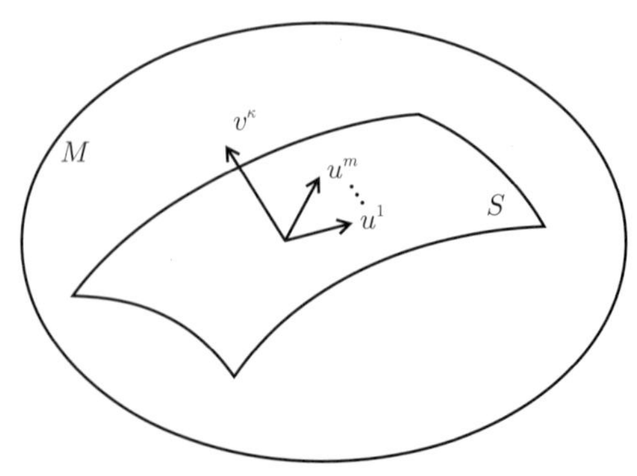

図 7.5　S の座標系 $\boldsymbol{u} = (u^a)$ とそこからはみ出す座標系 $\boldsymbol{v} = (v^\kappa)$ を考える．

$$B^i_\alpha = \frac{\partial \xi^i}{\partial w^\alpha} \tag{7.25}$$

である．M に計量と接続が定義されているとき，その構造を部分空間 S に写したい．

計量 g は対称な 2 次形式を作る．すなわち，$\boldsymbol{X}$ を M の接ベクトルとすればその長さの二乗は

$$\|\boldsymbol{X}\| = g_{ij}X^iX^j. \tag{7.26}$$

$\boldsymbol{X}$ がたまたま S の接ベクトルであったとしよう．このとき，S の接空間の基底 $\{\boldsymbol{e}_a\}$ を用いて，$\boldsymbol{X} = X^i\boldsymbol{e}_i$ は $\boldsymbol{X} = X^a\boldsymbol{e}_a$ のように書ける．S での計量は $g_{ab} = \langle \boldsymbol{e}_a, \boldsymbol{e}_b \rangle$ であるが，

$$\boldsymbol{e}_\alpha = B^i_\alpha \boldsymbol{e}_i \tag{7.27}$$

であるから，

$$g_{ab} = B^i_a B^j_b g_{ij} \tag{7.28}$$

が成立する．$\boldsymbol{X}$ の長さは M で計っても S で計っても同じとして，M の計量が S に写される．

S の内部の計量を見る限り，これで十分であるが，M と S との関係を見るにはこれだけでは済まない．埋め込んだときの曲がり方が問題である．まず，S の接空間を考えよう．これは座標軸 u_a に沿った接ベクトル $\boldsymbol{e}_a$ の全体で張られる．これは M の接空間の部分空間であるから，M の基底 $\boldsymbol{e}_i$ を用いれば，S の接ベクトル $\boldsymbol{e}_a$ は (7.27) のように書ける．同じように，横断方向の $\boldsymbol{v}$ に沿った基底 $\boldsymbol{e}_\kappa$ は

$$\boldsymbol{e}_\kappa = B^i_\kappa \boldsymbol{e}_i \tag{7.29}$$

である．ここで，横断方向の座標 $\boldsymbol{v}$ を S と直交するように取っておくと，

$$g_{a\kappa} = \langle \boldsymbol{e}_a, \boldsymbol{e}_\kappa \rangle = 0 \tag{7.30}$$

となり，便利である．S が M の中で曲がっているとは，S の $\boldsymbol{u}$ 点での接空間 $T_{\boldsymbol{u}}$ が場所 $\boldsymbol{u}$ が変わるにつれて M の中では方向を変えていくことである．点 $\boldsymbol{u}$ が S の中で $\boldsymbol{u} + d\boldsymbol{u}$ に変わるとし，接ベクトル $\boldsymbol{e}_a$ がどう変わるかを見る．ε を微小として $d\boldsymbol{u} = \varepsilon \boldsymbol{e}_b$ としよう．このとき，$\boldsymbol{e}_a(\boldsymbol{u})$ を $\boldsymbol{u} + d\boldsymbol{u}$ 点に平行移動した $\tilde{\boldsymbol{e}}_a$ と比べて，実際の $\boldsymbol{e}_a(\boldsymbol{u} + d\boldsymbol{u})$ がどう違うかを見ればよい．とくに S の垂直方向へのずれが問題である（図 7.6）．この変化は，M での共変微分 ∇ を使えば $\tilde{\boldsymbol{e}}_a = \boldsymbol{e}_a + \delta \boldsymbol{e}_a$ は

$$\delta \boldsymbol{e}_a = \varepsilon \nabla_{\boldsymbol{e}_b} \boldsymbol{e}_a = \varepsilon \Gamma^i_{ba} \boldsymbol{e}_i \tag{7.31}$$

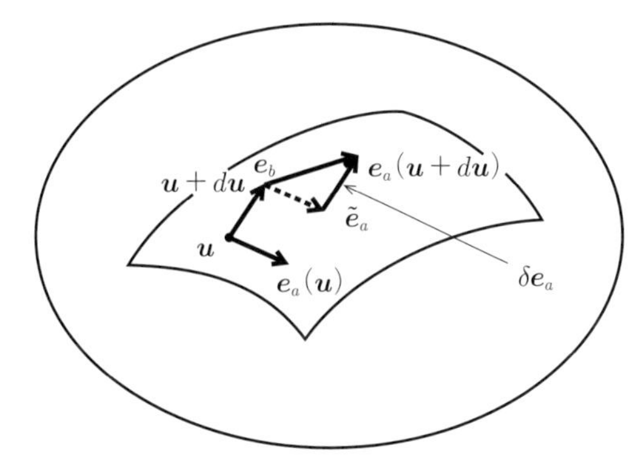

図 7.6　埋込曲率は基底 $\boldsymbol{e}_a$ の変化 $\delta \boldsymbol{e}_a$ の S に垂直方向の成分で計れる．

と書ける．$\delta \boldsymbol{e}_a$ は S の接方向のずれと，垂直方向へのずれに分けられる．接方向のずれは接空間自体の中の変化であり，これを用いて S に接続 Γ_{ba}^c が定義できる．垂直方向のずれが接空間の方向の変化を表す．垂直方向のずれを基底 $\{\boldsymbol{e}_\kappa\}$ を用いて

$$\delta \boldsymbol{e}_a^\perp = H_{ab}{}^\kappa \boldsymbol{e}_k du^b \tag{7.32}$$

と書くことにしよう．その成分を求めるには $\boldsymbol{e}_\kappa$ を内積すればよく，

$$H_{ba\kappa} = \langle \nabla_{\boldsymbol{e}_b} \boldsymbol{e}_a, \boldsymbol{e}_\kappa \rangle \tag{7.33}$$

で表せる．これは，2 つの添字 a, b を S 方向に持ちこれらに関して対称で，さらにもう一つの添字 κ を垂直方向に持つテンソルである．これを S の M の中における**埋込曲率**（または Euler–Schouten の embedding curvature）という．

埋込曲率はリーマン曲率とは違う．リーマン曲率は空間 S の内部の性質で，外との関係を表すものではない．だから，リーマン曲率が 0 だからといって，S は真っすぐに埋め込まれていることにはならない．ユークリッド空間に埋め込まれた円筒面（シリンダー）や錘（コーン）を考えよう．円筒面上や錘面上では（大局的な関係を無視すれば）ユークリッド幾何が成立する．円筒に切れ目を入れれば平面に拡げることができ，この平面上でユークリッド幾何が成立する．世界一周しても方向は元に戻る．だから，リーマン曲率は 0 である．しかし埋め込んだ 3 次元空間から見ればこれは明らかに曲がっている．その曲がり方を示すのが埋込曲率である．

S の中の曲率を元の空間の曲率と埋込曲率とで表す公式が知られている．これはガウスの公式の一般化である．

$$R_{abcd} = B_a^i B_b^j B_c^k B_d^l R_{ijkl} + g^{\kappa\lambda} \left(H_{ad\kappa} H_{bc\lambda} - H_{ac\kappa} H_{bd\lambda} \right). \tag{7.34}$$

とくに M が平坦であれば $R_{ijkl} = 0$ で，リーマン曲率は $H_{ab\kappa}$ だけで表せる．埋込曲率は，統計学で重要な役割を果たす．

終わりの一言

曲面の曲率が正であるとは，球面のような曲がり方をしていて，平たく言えば半径 r の円の面積が πr^2 より小さくなる．これに対して負であれば，鞍点のような構造で，面積がこれより大きくなることが直感的にわかる．コンパクトな多様体は閉じていなければいけないから，曲率が負なら外へ行くほど大きくなるので，閉じられない．ここに，多様体の曲率と大域的な位相の関係が現れる．宇宙が閉じているかどうかは曲率と関係する興味ある問題である．

捩率は，Einstein が電磁気と重力を統一した幾何学理論を作ろうとして導入した．この試みは成功しなかったが，捩率は工学の世界では有用である．しかし，情報幾何に捩率を導入する試みもあるが（長岡や松添），本書では触れなかった．

参考文献

1) S. Amari, On some primary structures of non-Riemannian plasticity theory. *RAAG Memoirs*, vol.**3**, D–IX, 99–108, 1962.
2) S. Amari, A geometrical theory of moving dislocations. *RAAG Memoirs*, **4**, D–XVII, 153–161, 1968.

第8章

双対接続の幾何

微分幾何は，相対性理論はいうまでもなく，物理学と密接に連携して発展してきた．運動エネルギーは 2 次形式で書ける場合が多く，それがリーマン空間に通じる．ここからリーマン接続が出るが，それに加えて捩率が導入された．これらは，いずれも平行移動で長さを保存する．双対接続は，この考えを破り新しい構想をもたらした．情報幾何が提唱されるまで，双対接続が幾何学で本格的に取り上げられなかったのはむしろ不思議である．それこそ，1930 年代，E. Cartan の時代に研究されて当然であった．本章は情報幾何の核心である双対接続を導入し，さらに双対平坦な空間の美しい構造を明らかにする．

8.1 双対接続の導入

ユークリッド空間では，直線は 2 点を結ぶ距離最短の線であり，かつ方向を変えない（真っすぐである）．でも，最短性と方向不変性は，異なった概念である．ユークリッド空間でこの 2 つがたまたま一致したからといって一般の空間にこれを強要するのは，行きすぎではないか．

数学は，この 2 つが一致するリーマン接続以外の接続も考えた．Einstein の導入した捩率があれば，平行移動によってベクトルの長さは変わらないが，測地線は最短にはならない．この空間は，リーマン計量 g と捩率テンソル S の 2 つによって決まる．この多様体を $\{M, g, S\}$ と書く．

話を拡げてリーマン空間 $\{M, g\}$ に 2 つの接続が定義されたとしよう．このとき，2 組の接続の係数をそれぞれ $\Gamma_{ijk}, \Gamma^*_{ijk}$ のように書く．これに関係した共変微分も 2 つあるから ∇, ∇^*，平行移動も 2 つで $\prod, \prod^*$ と書く．これらはリーマン接続ではない．平行移動は一般に計量を保存せず，

$$\langle \boldsymbol{X}, \boldsymbol{Y} \rangle \neq \left\langle \prod \boldsymbol{X}, \prod \boldsymbol{Y} \right\rangle \tag{8.1}$$

でよいとする．$\prod^*$ についても同じである．

計量と接続が全く無関係というのは，いかに数学は自由とはいえ，構造の美しさに欠ける．そこで，2 つの接続が対となって，計量を保存するとしよう．すなわちベクトル $\boldsymbol{X}, \boldsymbol{Y}$ をそれぞれ 2 つの接続で平行移動すれば，内積が保存され，

$$\langle \boldsymbol{X}, \boldsymbol{Y} \rangle = \left\langle \prod \boldsymbol{X}, \prod^* \boldsymbol{Y} \right\rangle \tag{8.2}$$

が成立するとしよう（図 8.1）．$\boldsymbol{X} = \boldsymbol{Y}$ ならば

$$\langle \boldsymbol{X}, \boldsymbol{X} \rangle = \left\langle \prod \boldsymbol{X}, \prod^* \boldsymbol{X} \right\rangle. \tag{8.3}$$

このとき，接続 Γ_{ijk} と Γ^*_{ijk}（共変微分 ∇ と ∇^*）は，計量 g に関して双対であるという．

2 つの双対な接続を共変微分を用いて述べることもできる．(8.2) において道筋を無限に短くすれば，この関係を微分

$$\boldsymbol{Z} \langle \boldsymbol{X}, \boldsymbol{Y} \rangle = \langle \nabla_{\boldsymbol{Z}} \boldsymbol{X}, \boldsymbol{Y} \rangle + \langle \boldsymbol{X}, \nabla^*_{\boldsymbol{Z}} \boldsymbol{Y} \rangle \tag{8.4}$$

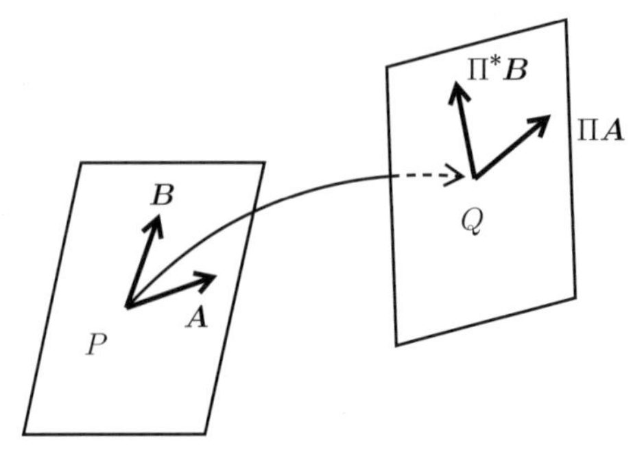

図 8.1　双対平行移動による内積の保存.

で表すことができる．これを ∇ と ∇^* が計量 g に関して双対であることの定義に使ってよい．ここで，ベクトル場 $\boldsymbol{Z}, \boldsymbol{X}, \boldsymbol{Y}$ として $\boldsymbol{e}_i, \boldsymbol{e}_j, \boldsymbol{e}_k$ を用いれば，リーマン接続の場合と似た双対接続の公式

$$\partial_i g_{jk} = \Gamma_{ijk} + \Gamma^*_{ikj} \tag{8.5}$$

が得られる．

接続 ∇ と ∇^* が g に関して双対であるとき，その平均をとったものを

$$\nabla^{(0)} = \frac{1}{2}\left(\nabla + \nabla^*\right) \tag{8.6}$$

としよう．すると $\nabla^{(0)}$ は，(8.4) 式を用いれば，$\Gamma_{ijk} = \Gamma^*_{ijk}$ としたときの (8.5) 式すなわち (6.59) 式を満たすことがわかる．すなわち，$\nabla^{(0)}$ はリーマン接続による共変微分である．これを接続係数の成分で書けば

$$\Gamma^0_{ijk} = \frac{1}{2}\left(\Gamma_{ijk} + \Gamma^*_{ijk}\right) \tag{8.7}$$

である．これを見ると，双対接続とはリーマン接続を 2 つにずらして分けたものといってよい．2 点を結ぶ測地線も，最短経路であるリーマン測地線を 2 つに分けた Γ 測地線と Γ^* 測地線になる．それぞれは最短経路ではない．

いま，2 つの接続の差をとり，これを

$$T_{ijk} = \Gamma^*_{ijk} - \Gamma_{ijk} \tag{8.8}$$

とおこう．すると，これは 3 つの添字について対称なテンソルであることが証明できる．これを **3 次テンソル**と呼ぼう．リーマン接続との関係は

$$\Gamma_{ijk} = [ij;k] - \frac{1}{2}T_{ijk}, \quad \Gamma^*_{ijk} = [ij;k] + \frac{1}{2}T_{ijk} \tag{8.9}$$

のように書ける．逆に，3 つの添字をもつ対称なテンソル場 $T(\boldsymbol{\xi})$ を定義し，2 つの接続を (8.9) で定義すれば，双対接続が得られる．リーマン接続は $T = 0$ の場合と考えればよく，このときは，2 つの接続 ∇, ∇^* は一致するから，自己双対になっている．双対接続の空間を $\{M, g, T\}$ と書く．通常のリーマン幾何は $\{M, g\}$ を研究してきた．双対微分幾何は $\{M, g, T\}$ の与える構造を研究する．

3 次テンソル T はどう定義してもよいが，ダイバージェンスを与えればこれが定まる．確率分布空間の場合には，不変なダイバージェンスからこれがスカラー係数 α を除いて一意に決まる．これについては後ほど，統計の幾何学のところで述べる．g と共に T の一意性を見出したのは，ロシアの数学者 Chentsov の偉大な貢献である．

8.2 双対平坦なリーマン空間

双対接続をもつリーマン空間 $\{M, g, T\}$ で，曲率（リーマン接続によるリーマン曲率ではなくて，双対な接続による曲率）が 0 になる空間がある．双対というからには，片方だけ曲率が 0 になるのはフェアでない．片方で消えればもう片方も消えるのが自然である．

定理 8.1 双対接続で，$\boldsymbol{R} = (R_{ijkl})$ が 0 になれば，$\boldsymbol{R}^* = \left(R^*_{ijkl}\right)$ も 0 であり，逆も成立する．

証明 点 P で接ベクトル $\boldsymbol{A}$ と $\boldsymbol{B}$ をとり，これをループに沿って世界一周させる．すると，双対性により

$$\langle \boldsymbol{A}, \boldsymbol{B} \rangle = \left\langle \prod \boldsymbol{A}, \prod{}^* \boldsymbol{B} \right\rangle \tag{8.10}$$

が成立する．いま，$\boldsymbol{R} = 0$ が成立していれば，世界一周の平行移動 Π によって

$$\boldsymbol{A} = \prod \boldsymbol{A} \tag{8.11}$$

であるから，

$$\langle \boldsymbol{A}, \boldsymbol{B} \rangle = \left\langle \boldsymbol{A}, \prod{}^* \boldsymbol{B} \right\rangle, \tag{8.12}$$

これが任意の $\boldsymbol{A}$ について成立するから，

$$\boldsymbol{B} = \prod{}^* \boldsymbol{B} \tag{8.13}$$

でなければならない．これは，曲率 $\boldsymbol{R}^* = 0$ を意味する．

したがって，これからはどちらで曲率が 0 などと言わずに，$\boldsymbol{R} = \boldsymbol{R}^* = 0$ の空間を双対平坦空間という．双対平坦であるなら，それぞれの接続に対してアファイン座標系が存在する．これを $\boldsymbol{\theta}$ と $\boldsymbol{\eta}$ と書こう．アファイン座標系をとれば，それぞれの座標系で

$$\Gamma_{ijk}(\boldsymbol{\theta}) = 0, \tag{8.14}$$

$$\Gamma^{*ijk}(\boldsymbol{\eta}) = 0 \tag{8.15}$$

が成立する．ここで，$\boldsymbol{\theta}$ 座標系に関しては添字を上に書き $\boldsymbol{\theta} = (\theta^i)$，$\boldsymbol{\eta}$ 座標系に対しては添字を下に書く，$\boldsymbol{\eta} = (\eta_i)$．座標系を変えるのに i, j や κ, λ などと添字の種類を変えるのではなく，$\boldsymbol{\theta}$ と $\boldsymbol{\eta}$ の場合は上下の位置を変える．これは勝手ではなく，双対ということから自然に決まる．少し，詳しく述べておこう．

ベクトル $\boldsymbol{A}$ は，基底 $\boldsymbol{e}_i$ を用いて $\boldsymbol{A} = A^i \boldsymbol{e}_i$ のように成分で書ける．$\boldsymbol{A}$ は線形空間 T（$\boldsymbol{\xi}$ 点での接空間 $T_{\boldsymbol{\xi}}$ だが，$\boldsymbol{\xi}$ を省いて書く）に属する．これに対して，線形空間の双対空間 T^* がある．これは T のベクトルを実数に写像する線形写像の全体である．ここで，T^* の基底として $\left\{\boldsymbol{e}^{*i}\right\}$ を用いる．これは T の基底ベクトル $\boldsymbol{e}_i$ を 1 に写像し，他の $\boldsymbol{e}_j$ を 0 に写像するものとする．

$$\boldsymbol{e}^{*i}(\boldsymbol{e}_j) = \delta^i_j. \tag{8.16}$$

T^* の元を $\boldsymbol{B}^*$ とし，$\boldsymbol{B}^* = B^*_j \boldsymbol{e}^{*j}$ のように成分で表現する．これを $\boldsymbol{A}$ に作用させると，

$$\boldsymbol{B}^*(\boldsymbol{A}) = B^*_j A^i \boldsymbol{e}^{*j}(\boldsymbol{e}_i) = B^*_i A^i \tag{8.17}$$

のように書ける．

計量が定義されていて内積が求まる線形空間の場合，T に属するベクトル $\boldsymbol{B}$ は内積によって $\boldsymbol{A}$ を実数に線形に写像する．すなわち，

$$\langle \boldsymbol{B}, \boldsymbol{A} \rangle = g_{ij} B^j A^i \tag{8.18}$$

だから，$\langle \boldsymbol{B}, \cdot \rangle$ は T^* の要素と考えてよい．内積を用いれば，$\boldsymbol{B} \in T$ は，T^* のベクトル $\boldsymbol{B}^*$,

$$B_i^* = g_{ij} B^j \tag{8.19}$$

と同一視できる．

計量の導入されている有限次元の線形空間では，$T \cong T^*$ が成立し，T と T^* を同一視してよい（無限次元ではこうはいかない）．このとき，T と T^* で添字の上下を書き分け，B^i なら $\boldsymbol{B} \in T$ の成分，B_i^* なら $\boldsymbol{B} \in T^*$ の成分とすれば，$*$ をつけなくとも混乱がない．

このとき，

$$\langle \boldsymbol{e}_i, \boldsymbol{e}_j \rangle = g_{ij} \tag{8.20}$$

だから，$\boldsymbol{e}_i$ を T^* に写した $\boldsymbol{e}^{*i}$ は

$$\boldsymbol{e}^{*i} = g^{ij} \boldsymbol{e}_j, \quad \boldsymbol{e}_i = g_{ij} \boldsymbol{e}^{*j} \tag{8.21}$$

の関係にある．こうして，T と T^* とを同一視し，添字の上下だけでどちらかを判別する．

双対座標系 $\boldsymbol{\eta}$ の基底ベクトル $\left\{\boldsymbol{e}^j\right\}$ は $\boldsymbol{\theta}$ の基底ベクトル $\{\boldsymbol{e}_i\}$ と直交するから，これらを T の基底 $\boldsymbol{e}_i$ に対応する双対接空間 T^* の基底と考えよう．本来なら $\boldsymbol{e}^{*i}$ と書くのだが，$*$ を除いても添字の上下で区別がつく．T^* の基底ベクトルは添字を上に書く．これからも，添字の上げ下げを計量 g_{ij}，もしくはその逆行列 g^{ji} を使って自由に行うが，その性格をしっかりと見抜いてほしい．添字を上下で使い分けるのはテンソル計算の奥義である．これは座標系に応じて文字の種類を変える Schouten 流の記法と並んで，便利極まりないのでぜひお勧めしたい．

話が脱線した．双対接続の空間で，2 つのアファイン座標系 $\boldsymbol{\theta}$ と $\boldsymbol{\eta}$ に沿ったベクトル場（自然基底の場），$\boldsymbol{e}_i$ と $\boldsymbol{e}^i$ を考えよう．接続は平坦だから，点 P での $\boldsymbol{e}_i(P)$ は，P がどこにあっても平行移動で同じ $\boldsymbol{e}_i$ に重なり，$\boldsymbol{e}^i$ は双対平行移動で $\boldsymbol{e}^i$ に重なる．すなわち Q 点に平行移動すれば

$$\boldsymbol{e}_i(Q) = \prod \boldsymbol{e}_i(P), \quad \boldsymbol{e}^i(Q) = \prod{}^* \boldsymbol{e}^i(P) \tag{8.22}$$

が成立する．ここで，双対性からこれらの内積は

$$\left\langle \boldsymbol{e}_i(P), \boldsymbol{e}^j(P) \right\rangle = \left\langle \boldsymbol{e}_i(Q), \boldsymbol{e}^j(Q) \right\rangle \tag{8.23}$$

で，どこでも同じ値をとる定数の行列となる．我々の場合，どこでも

$$\left\langle \boldsymbol{e}_i, \boldsymbol{e}^j \right\rangle = \delta_i^j \tag{8.24}$$

となるようにアファイン座標系 $\boldsymbol{\theta}$ と $\boldsymbol{\eta}$ とを選んだ．すなわち，接空間の 2 つの基底系 $\{\boldsymbol{e}_i\}$ と $\left\{\boldsymbol{e}^i\right\}$ は，異なる i と j で，互いに直交するようにできる．このような 2 組の基底を**陪直交系**と呼ぶ．以後，双対平坦な空間でアファイン座標を選ぶのに，基底が陪直交系をなすようにする．

ここで，2 つの双対なアファイン座標系の間の変換を考えよう．これらは非線形の関係

$$\boldsymbol{\theta} = \boldsymbol{\theta}(\boldsymbol{\eta}), \quad \boldsymbol{\eta} = \boldsymbol{\eta}(\boldsymbol{\theta}) \tag{8.25}$$

で結ばれている．いま，変換のヤコビ行列を

$$\frac{\partial \eta_j}{\partial \theta^i}, \quad \frac{\partial \theta^i}{\partial \eta_j} \tag{8.26}$$

とおこう．添字の位置に注意してほしい．また，座標系が違えば添字の文字種を変えると言ったが，双対性から同じ文字種 i, j などを使い，上下の位置だけを変えていることに注意してほしい．

接空間の基底の変換により，2 つの基底系は

$$\boldsymbol{e}^j = \frac{\partial \theta^j}{\partial \eta_i}\boldsymbol{e}_i, \quad \boldsymbol{e}_i = \frac{\partial \eta_i}{\partial \theta^j}\boldsymbol{e}^j \tag{8.27}$$

で結ばれている．これより (8.21) を用いれば，

$$\frac{\partial \eta_j}{\partial \theta^i} = g_{ij}, \quad \frac{\partial \theta^i}{\partial \eta_j} = g^{ij} \tag{8.28}$$

であり，変換の行列は実は計量行列そのもの，そして双対系での計量はその逆行列 $\left(g^{ij}\right) = \left(g_{ij}\right)^{-1}$ であることが分かる．これは，g_{ij} を用いた添字の上げ下げ，

$$g^{kl} = g^{ki}g^{jl}g_{ij} \tag{8.29}$$

とも適合している．

8.3 α 接続と α 幾何学

リーマン計量 g_{ij} と 3 次テンソル T_{ijk} をもとに，(8.9) により，双対な接続の組をつくれることを述べた．いま，α をスカラーパラメータとしよう．T_{ijk} の代わりにこれを α 倍した αT_{ijk} を用いて，

$$\Gamma_{ijk}^{(\alpha)} = [ij;k] - \frac{\alpha}{2}T_{ijk}, \qquad \Gamma_{ijk}^{(-\alpha)} = [ij;k] + \frac{\alpha}{2}T_{ijk} \tag{8.30}$$

のように，一組の双対接続を作ることができる．これを α 接続といい，その双対が $-\alpha$ 接続になる．$\alpha = 0$ の時がリーマン接続で，自己双対のリーマン幾何になる．

確率分布族の空間においては，不変な計量と 3 次テンソルは

$$g_{ij} = E[\partial_i \log p(x,\boldsymbol{\xi})\partial_j \log p(x,\boldsymbol{\xi})], \qquad T_{ijk} = E[\partial_i \log p(x,\boldsymbol{\xi})\partial_j \log p(x,\boldsymbol{\xi})\partial_k \log p(x,\boldsymbol{\xi})] \tag{8.31}$$

に限られることを見た．ここから，不変な幾何構造は Fisher 情報行列と α 接続に限られることがわかる．これを α 幾何学という．これを用いれば，α 測地線が定義できる．

S_n でも，$\alpha = \pm 1$ の場合を除けば，α 幾何は双対平坦ではない．しかし，これは定曲率空間になって，おもしろい構造が現れるが，それについては割愛する．黒瀬の優れた論文がある[1]．

一般の双対平坦空間の場合，Bregman ダイバージェンスに代わって，J. Zhang の導入した α 型ダイバージェンス

$$D_\psi^\alpha[\boldsymbol{\xi} : \boldsymbol{\xi}'] = \frac{4}{1-\alpha^2}\left\{\frac{1-\alpha}{2}\psi(\boldsymbol{\xi}) + \frac{1+\alpha}{2}\psi(\boldsymbol{\xi}') - \psi\left(\frac{1-\alpha}{2}\boldsymbol{\xi} + \frac{1+\alpha}{2}\boldsymbol{\xi}'\right)\right\} \tag{8.32}$$

を用いると，そこから α 接続が得られる．これは一般に $\alpha = \pm 1$ の場合を除いて，平坦ではない．なお，もとの Bregman ダイバージェンスは $\alpha = \pm 1$ の極限をとれば得られる．

α 接続によるリーマン・クリストッフェル曲率 $R_{ijkl}^{(\alpha)}$ については，α 曲率が次の関係を満たす．

$$R_{ijkl}^{(\alpha)} = \frac{1-\alpha^2}{2}R_{ijkl}^{(0)} \tag{8.33}$$

ここで $R_{ijkl}^{(0)}$ は，リーマン曲率テンソルである．

8.4 双対平坦空間のポテンシャル関数と規範ダイバージェンス

双対平坦空間について，いくつかの基本定理が成立する．

定理 8.2　双対接続空間には，2 つの双対なアファイン座標系 $\boldsymbol{\theta}, \boldsymbol{\eta}$ とそれらの凸関数 $\psi(\boldsymbol{\theta})$ と $\varphi(\boldsymbol{\eta})$ が存在して，計量行列はそのヘッシアン

$$g_{ij}(\boldsymbol{\theta}) = \partial_i \partial_j \psi(\boldsymbol{\theta}), \quad g^{ij}(\boldsymbol{\eta}) = \partial^i \partial^j \varphi(\boldsymbol{\eta}) \tag{8.34}$$

で与えられ，3 次テンソルは

$$T_{ijk}(\boldsymbol{\theta}) = \partial_i \partial_j \partial_k \psi(\boldsymbol{\theta}), \tag{8.35}$$

$$T^{ijk}(\boldsymbol{\eta}) = \partial^i \partial^j \partial^k \varphi(\boldsymbol{\eta}) \tag{8.36}$$

となる．ただし，$\partial_i = \partial/\partial\theta^i, \partial^i = \partial/\partial\eta_i$.

証明　双対接続の条件式 (8.5) で，いまアファイン座標系 $\boldsymbol{\theta}$ をとれば，Γ_{ijk} は 0 になるから

$$\partial_i g_{jk} = \Gamma^*_{ikj} \tag{8.37}$$

が得られる．対称な接続を考えているから，上式は添字 i と k に関して対称で

$$\partial_i g_{jk} = \partial_k g_{ji} \tag{8.38}$$

となる．添字 j を固定して · で表せば，$\partial_i g_{k\cdot} = \partial_k g_{i\cdot}$ となるから，j 毎にある関数 $\psi(\boldsymbol{\theta})$ が存在して，

$$g_{i\cdot} = \partial_i \psi. \tag{8.39}$$

“·” が j のときこの関数を ψ_j と書けば

$$g_{ij} = \partial_i \psi_j \tag{8.40}$$

と書けることになる．ところが g_{jk} は対称であるから，ふたたび

$$\partial_k \psi_j = \partial_j \psi_k \tag{8.41}$$

が成立する．ここからある ψ に対して $\psi_j = \partial_j \psi$ が言える．したがって

$$g_{ij} = \partial_i \partial_j \psi. \tag{8.42}$$

計量は正定値行列だから，$\psi(\boldsymbol{\theta})$ は凸関数である．同じことを双対座標系 $\boldsymbol{\eta}$ についてやれば，関数 $\varphi(\boldsymbol{\eta})$ が存在して

$$g^{ij}(\boldsymbol{\eta}) = \partial^i \partial^j \varphi(\boldsymbol{\eta}) \tag{8.43}$$

が出る．T が ψ または φ の 3 階微分であることもすぐに導ける．

定理 8.3　2 つの座標系 $\boldsymbol{\theta}$ と $\boldsymbol{\eta}$ は Legendre 変換で結ばれていて，

$$\eta_i = \partial_i \psi(\boldsymbol{\theta}), \quad \theta^j = \partial^j \varphi(\boldsymbol{\eta}). \tag{8.44}$$

さらに，2 つの凸関数は

$$\psi(\boldsymbol{\theta}) + \varphi(\boldsymbol{\eta}) - \theta^i \eta_i = 0 \tag{8.45}$$

を恒等的に満たすようにできる．

これは前に述べたことであった．ここから次の定理が得られる．

定理 8.4　双対平坦空間には 2 点 P と Q の間に規範ダイバージェンス

$$D\left[\boldsymbol{\theta}_P : \boldsymbol{\theta}_Q\right] = \psi\left(\boldsymbol{\theta}_P\right) + \varphi\left(\boldsymbol{\eta}_Q\right) - \theta_P^i \eta_{Qi} \tag{8.46}$$

が定まる．その双対ダイバージェンスは，P と Q を入れ替えた

$$D^*\left[\boldsymbol{\theta}_P : \boldsymbol{\theta}_Q\right] = D\left[\boldsymbol{\theta}_Q : \boldsymbol{\theta}_P\right]. \tag{8.47}$$

明らかに (8.46) は，ポテンシャル関数 $\psi(\boldsymbol{\theta})$ を用いた Bregman ダイバージェンスになっている．凸関数 $\psi(\boldsymbol{\theta})$ が与えられれば双対平坦な空間 $\{M, g, T\}$ が得られる．ここで注目すべきことは，双対平坦な空間 $\{M, g, T\}$ が与えられれば，そこから凸関数 $\psi(\boldsymbol{\theta})$ が（アファイン変換による自由度を除いて）一意に定まり，これがダイバージェンスを一意に定めることである．これを**規範ダイバージェンス**と呼ぶ．

双対平坦空間において拡張ピタゴラスの定理，射影定理が導けることはこれまでに述べたとおりである．双対平坦な空間の計量は関数 $\psi(\boldsymbol{\theta})$ のヘッシアンで書ける．志磨はこれをケーラー複素多様体の実数版に対応するものと考え，ヘッシアン多様体と呼んでいる[2)]．これは一般の双対平坦な空間に他ならない．

リーマン空間 $\{M, g\}$ が与えられたとしよう．ここに 3 次テンソル場 T_{ijk} を導入して，$\{M, g, T\}$ を双対平坦な空間とすることができるであろうか．このためには，g にいかなる条件が必要か？　文献 3) は，2 次元の場合にはこれがいつも可能であるが，3 次元以上では一般には不可能であることを示した．3 次元以上の場合，これが積分可能条件の形で書け，新しいテンソルを定義すると思われるが，その仕組みは未解決の問題である．

8.5　ダイバージェンスと双対幾何

空間 M に一般のダイバージェンス関数 $D\left[\boldsymbol{\xi} : \boldsymbol{\xi}'\right]$ が与えられたときに，ここから双対接続の空間構造が導かれる．リーマン計量は，微小な 2 点 $\boldsymbol{\xi}$ と $\boldsymbol{\xi} + d\boldsymbol{\xi}$ の間のダイバージェンスをテイラー展開して，

$$ds^2 = D\left[\boldsymbol{\xi} : \boldsymbol{\xi} + d\boldsymbol{\xi}\right] = \frac{1}{2} g_{ij}(\boldsymbol{\xi}) d\xi^i d\xi^j \tag{8.48}$$

より求まる．

$D\left[\boldsymbol{\xi} : \boldsymbol{\xi}'\right]$ は 2 変数の関数であるので，その微分を形式的に整備しよう．いま，$D\left[\boldsymbol{\xi} : \boldsymbol{\xi}'\right]$ について，最初の変数 $\boldsymbol{\xi}$ について微分するのと，2 番目の変数 $\boldsymbol{\xi}'$ で微分するのとを区別するため，微分記号を $D\left[\boldsymbol{\xi} : \boldsymbol{\xi}'\right]$ の中に入れて，例えば

$$D\left[\partial_i \partial_j : \partial_k\right] = \frac{\partial^3}{\partial \xi^i \partial \xi^j \partial \xi'^k} D\left[\boldsymbol{\xi} : \boldsymbol{\xi}'\right]_{\boldsymbol{\xi}' = \boldsymbol{\xi}} \tag{8.49}$$

のような表記法を用いる．前の $\partial_i \partial_j$ は ξ^i, ξ^j による 2 階微分で，うしろの ∂_k は $\partial / \partial \xi'^k$ のことであり関数の値は $\boldsymbol{\xi} = \boldsymbol{\xi}'$ 点で評価する．この記法を使えば

$$g_{ij} = D\left[\partial_i \partial_j : \cdot\right] = D\left[\cdot : \partial_i \partial_j\right] = -D\left[\partial_i : \partial_j\right] \tag{8.50}$$

が得られる．

次は接続である．2 つの接続を

$$\Gamma_{ijk}(\boldsymbol{\xi}) = -D\left[\partial_i \partial_j : \partial_k\right], \quad \Gamma_{ijk}^* = -D\left[\partial_k : \partial_i \partial_j\right] \tag{8.51}$$

で定義する．ここから T を求めれば

$$T_{ijk} = D\left[\partial_i \partial_j : \partial_k\right] - D\left[\partial_k : \partial_i \partial_j\right]. \tag{8.52}$$

これは3階の対称テンソルであることが確かめられる．これより2つの接続が双対の関係にあることが分かる．対称なダイバージェンス $D[\boldsymbol{\xi}:\boldsymbol{\xi}'] = D[\boldsymbol{\xi}':\boldsymbol{\xi}]$ からは，$T_{ijk} = 0$ で，自己双対であるリーマン空間が得られる．Bregmanダイバージェンスを用いれば，得られる空間は双対平坦である．なお，確率分布族の空間においては，α ダイバージェンスから α 幾何が導かれる．

ダイバージェンス D から双対幾何学構造を導くアイデアは江口真透が提唱した[4]．A.P. Dawidの示唆もあったという．たしかに，これは双対構造を定義する卓越したアイデアであることが，上の考察からわかる．

終わりの一言

第I部で，Bregmanダイバージェンスをもとに，空間に双対平坦な構造を導入した．一般のダイバージェンスからは，平坦とは限らない，双対接続構造を持つリーマン空間が導ける．しかし，そのためにはアファイン接続などの微分幾何の知識が必要である．双対平坦の場合には，これを気にせずに素朴な理論を展開できる．第I部ではこれを行った．

双対接続の概念は，情報幾何が導入したもので，長岡浩司と私とでこれを建設した．しかし，数学にこれが全くなかったというわけではない．故野水克己先生から，$n+1$ 次元アファイン空間の中の n 次元超曲面の性質を調べるアファイン微分幾何[5]では，双対接続が得られることを教わった．野水先生は，甘利たちはアファイン微分幾何を統計学に応用して成果を上げていると述べられた．しかし，双対接続の幾何はアファイン微分幾何を超えるもっと広い概念で，その一部に n 次元の超曲面で実現できる多様体がある．さらに，$n+m$ 次元のアファイン空間の n 次元曲面として実現できる双対接続の空間もあり（$m=2$ の場合は松添[6]），m は無限大になるかもしれない．

アファイン微分幾何は情報幾何と密接に関係しつつも，超曲面の理論として発展しつつある．たとえば，野水と佐々木の単行本[5]，志摩のHessian多様体論[2]，さらに黒瀬[1,7]，松添[8,9]，魚橋[10]らの論文があるが，本書ではそれらに触れることはできなかった．

参考文献

1) T. Kurose, On the divergence of 1-conformally flat statistical manifold, *Tohoku Mathematical Journal*, **46**, 427–433, 1994.
2) H. Shima, *The Geometry of Hessian Structures*, World Scientific, 2007（志磨裕彦，『ヘッセ幾何学』，裳華房，2001）.
3) S. Amari and J. Armstrong, Curvature of Hessian manfiolds. *Differential Geometry and its Applications* **33**, 1–12, 2014.
4) S. Eguchi, Second order efficiency of minimum contrast estimators in a curved exponential family, *Annals of Statistics*, **11**, 793–803, 1983.
5) K. Nomizu and T. Sasaki, *Affine differential Geometry*. Oxford University Press, 1994.
6) H. Matsuzoe, On realization of conformally-projectively flat statistical manifolds. *Hokkaido Mathemtical Journal*, **27**, 409–421, 1998.
7) T. Kurose, Dual connections and affine geometry. *Math. Z.*, **203**, 115–121, 1990.
8) H. Matsuzoe, Geometry of contrast functions and conformal geometry. *Hokkaido Mathematical Journal*, **29**, 175–191, 1999.
9) H. Matsuzoe, J. Takeuchi and S. Amari, Equiaffine structures on statistical manifolds and Bayesian statistics. *Differential Geometry and Its Applications*, **24**, 567–578, 2006.
10) K. Uohashi, α-conformal equivalence of statistical submanifolds. *Journal of Geometry*, **75**, 179–184, 2002.

第9章

階層構造を持つ双対平坦空間

双対平坦空間の中には階層構造を持っていて，低い階層が高い階層に順次含まれているものがある．事実，多くのシステムは階層構造を持つ．例えば時系列の AR モデルや MA モデルは，その次数に応じて**階層構造**をなし，低次のシステムは高次のシステムに順次含まれる．有理関数を伝達関数として持つ制御システムもこの例である．マルコフ連鎖もそうで，低次マルコフモデルは高次のモデルの部分であり，一番下に独立分布のモデルが来る．本章はわかりやすい例として脳科学における神経パルス間の相関の階層構造を用いて説明することで，情報幾何における階層構造を明らかにする[1)]．

神経集団は多数のニューロンからなるシステムで，ニューロン間の発火の連関（相関の構造）が階層構造をなす．n 個のニューロンからなる集団を考えよう．各ニューロンは，発火するかしないかで，1 か 0 の 2 値を取る．このとき，神経集団の発火パターンの確率分布を考える．分布を指定するパラメータは，各ニューロンの発火率（発火頻度）と，異なるニューロン間の連関を表す量に分けられる．連関は，2 個のニューロンの間に生ずる相関，3 個のニューロン間の相互作用，さらに高次の相互作用と次々に分解できて，最高次のすべてのニューロンの交互作用に至る[2)]．高次の交互作用が 0 であれば，低次の交互作用のみを含む分布になる．したがって，高次の作用を含む全空間から順に低次の部分空間へと包含関係が進む，階層的な構造をしている．階層的な作用を直交分解できないだろうか．情報幾何はこの問いに回答を与える．

ニューロンの発火以外にも，交互作用の面白い例として**産業連関表**がある．産業間の関連を正値の配列とみなそう．このときに，各産業別の産出量と 2 つの産業の相互依存関係（交互作用）を直交に分解し，産業構造が時代とともにどう変わっていくのか，そのトレンドを見ることができる[3)]．

9.1　階層双対平坦空間

空間 S が双対平坦であれば，アファイン座標系 $\boldsymbol{\theta} = \left(\theta^1, \cdots, \theta^N\right)$ と，対応する双対アファイン座標系 $\boldsymbol{\eta} = (\eta_1, \cdots, \eta_N)$ を取ることができる．S の各点で接空間を考えれば，この 2 つの座標系の自然基底は

$$\boldsymbol{e}_i = \partial_i = \frac{\partial}{\partial \theta^i}, \quad \boldsymbol{e}^i = \partial^i = \frac{\partial}{\partial \eta_i} \tag{9.1}$$

である．これらは陪直交基底をなし，

$$\langle \boldsymbol{e}_i, \boldsymbol{e}^j \rangle = \delta_i^j \tag{9.2}$$

である．添字の上下によって，θ-系か η-系かを区別していることに注意．

今仮に，$\boldsymbol{\theta}$ が n 個のブロックに分かれ，

$$\boldsymbol{\theta} = (\boldsymbol{\theta}_1, \cdots, \boldsymbol{\theta}_n) \tag{9.3}$$

となっているとしよう．$\boldsymbol{\theta}_1, \cdots, \boldsymbol{\theta}_n$ は n 個のサブベクトルで，各々はいくつかの成分を含んで，$\boldsymbol{\theta}_j = (\theta^{i_1}, \cdots, \theta^{i_j})$ のようになっていて良い．物理的な意味を考えたときに，$\boldsymbol{\theta}_j$ は何らかの意味で j 次の構造を表し，$j = 1, \cdots, n$ と構造が順に高次になるとすれば，これは階層システムである．とくに，最高次の $\boldsymbol{\theta}_n$ が 0 であれば，このシステムは $n-1$ 次以下の構造を持ち，$\boldsymbol{\theta}_n$ と $\boldsymbol{\theta}_{n-1}$ が 0 ならば $n-2$ 次以下の構造を持つ．低次のものは高次のものの双対平坦な部分空間をなし，だんだんと階層が下がっていく．

対応する双対座標系 $\boldsymbol{\eta}$ でも同種の分割

$$\boldsymbol{\eta} = (\boldsymbol{\eta}_1, \cdots, \boldsymbol{\eta}_n) \tag{9.4}$$

を行う．

神経集団の興奮パターンの確率モデル

一般論を続ける前に具体的な例を見よう．n 個のニューロンからなる集団で，各ニューロンの状態は $x_i = 0, 1$ の 2 値を取るものとし，状態ベクトル

$$\boldsymbol{x} = (x_1, \cdots, x_n) \tag{9.5}$$

を考える．これはニューロン集団の発火パターンを表す．パターン $\boldsymbol{x}$ は確率分布 $p(\boldsymbol{x})$ に従って生成されるとする．確率分布 $p(\boldsymbol{x})$ がこの集団の特性を示すが，パターン $\boldsymbol{x}$ は 2^n 個あるので，その上の確率分布は $N = 2^n - 1$ 次元の空間 S をなす．ここで，確率の対数を

$$\log p(\boldsymbol{x}) = \sum \theta^i x_i + \sum \theta^{ij} x_i x_j + \cdots + \theta^{1\cdots n} x_1 \cdots x_n - \psi \tag{9.6}$$

のように，$\boldsymbol{x}$ の多項式に展開する．$\boldsymbol{x}$ の各成分は 2 値であるから，これは n 次多項式で書ける．ここからわかるように，確率分布は係数 $\boldsymbol{\theta} = \left(\theta^i, \theta^{ij}, \cdots, \theta^{1\cdots n}\right), (i = 1, \cdots, n; ij = 12, 13, \cdots, n-1, n\ (i \neq j); \cdots)$ を自然パラメータとする指数型分布族

$$p(x, \boldsymbol{\theta}) = \exp\left\{\sum \theta^i x_i + \sum \theta^{ij} x_i x_j + \cdots + \theta^{1\cdots n} x_1 \cdots x_n - \psi\right\} \tag{9.7}$$

をなし，$\boldsymbol{\theta}$ をアファイン座標系とする双対平坦空間である．これは，$\log p(\boldsymbol{x})$ を線形に展開したものなので**対数線形モデル**と呼ばれる．

ここで，$\boldsymbol{\theta}$ を次数に応じて分割し

$$\boldsymbol{\theta} = (\boldsymbol{\theta}_1, \boldsymbol{\theta}_2, \cdots, \boldsymbol{\theta}_n); \tag{9.8}$$

$$\boldsymbol{\theta}_1 = \left(\theta^1, \cdots, \theta^n\right), \ \boldsymbol{\theta}_2 = \left(\theta^{12}, \theta^{13}, \cdots, \theta^{n-1n}\right), \cdots \tag{9.9}$$

としよう．するとこれは，次数に応じた階層システムをなす．

対応する双対アファイン座標を書けば，同様に階層に分割できて

$$\boldsymbol{\eta} = (\eta_i, \eta_{ij}, \cdots, \eta_{1\cdots n}) \tag{9.10}$$

となる．k 個のニューロンにかかわる k 次のパラメータは

$$\eta_{i_1\cdots i_k} = E\left[x_{i_1} \cdots x_{i_k}\right] = \mathrm{Prob}\left\{x_{i_1} = 1, \cdots, x_{i_k} = 1\right\} \tag{9.11}$$

と書け，$\eta_{i_1\cdots i_k}$ は，$i_1, \cdots, i_k$ という k 個のニューロンの同時発火確率を表す．これを階層構造に分けて

$$\boldsymbol{\eta} = (\boldsymbol{\eta}_1, \boldsymbol{\eta}_2, \cdots, \boldsymbol{\eta}_n); \tag{9.12}$$

$$\boldsymbol{\eta}_k = \left(\eta_{i_1\cdots i_k}\right), \ k = 1, 2, \cdots, n \tag{9.13}$$

と分解する．

9.2 混合座標系と直交葉層化

n 次階層モデルにおいて，ある次数 k を決めて，θ 座標を k 次より上の項と，k 次以下の項に分け，改めて

$$\boldsymbol{\theta} = \left(\boldsymbol{\Theta}_k; \boldsymbol{\Theta}^k\right); \tag{9.14}$$

$$\boldsymbol{\Theta}_k = (\boldsymbol{\theta}_1, \cdots, \boldsymbol{\theta}_k), \quad \boldsymbol{\Theta}^k = \left(\boldsymbol{\theta}^{k+1}, \cdots, \boldsymbol{\theta}^n\right) \tag{9.15}$$

と置く．これを θ 座標の k 次切断と呼ぶ．同様に対応する η 座標も切断し，

$$\boldsymbol{\eta} = \left(\boldsymbol{H}_k; \boldsymbol{H}^k\right); \tag{9.16}$$

$$\boldsymbol{H}_k = (\boldsymbol{\eta}_1, \cdots, \boldsymbol{\eta}_k), \quad \boldsymbol{H}^k = \left(\boldsymbol{\eta}^{k+1}, \cdots, \boldsymbol{\eta}^n\right) \tag{9.17}$$

と置く．

この切断を使って 2 つの座標成分を組み合わせ，新しい座標系

$$\boldsymbol{\xi} = \left(\boldsymbol{H}_k; \boldsymbol{\Theta}^k\right) = \left(\boldsymbol{\eta}_1, \cdots, \boldsymbol{\eta}_k; \boldsymbol{\theta}^{k+1}, \cdots, \boldsymbol{\theta}^n\right) \tag{9.18}$$

を作ってみよう．これを $\boldsymbol{k}$ **次混合座標系**と呼ぶ．混合座標系において，その後半の θ 座標が一定値

$$\boldsymbol{\Theta}^k = \boldsymbol{c} \tag{9.19}$$

に束縛されている点よりなる部分空間を考える．ここでは前半の $\boldsymbol{H}_k = (\boldsymbol{\eta}_1, \cdots, \boldsymbol{\eta}_k)$ は自由な値を取ってよい．$\boldsymbol{c} = 0$ ならば，$k+1$ 次以上の相互作用のないモデルである．これらは明らかに e-平坦な部分空間である．これを

$$E_k(\boldsymbol{c}) = \left\{\boldsymbol{\xi} \,\middle|\, \boldsymbol{\Theta}^k = \boldsymbol{c}\right\} \tag{9.20}$$

と書こう．$\boldsymbol{c}$ をいろいろに変えれば，平坦な部分空間 $E_k(\boldsymbol{c})$ は全体で空間 S を埋め尽くし，オーバーラップはない（図 9.1)．すなわち，

$$S = \bigcup_{\boldsymbol{c}} E_k(\boldsymbol{c}), \quad E_k(\boldsymbol{c}) \cap E_k\left(\boldsymbol{c}'\right) = \phi, \quad \text{if } \boldsymbol{c} \neq \boldsymbol{c}' \tag{9.21}$$

である．このように，空間を重ならない部分空間の集まりに分割することを**葉層化**と言う．

一方，混合座標系の前の部分 $\boldsymbol{H}_k$ を一定値 $\boldsymbol{c}'$ に固定した部分空間

$$M_k(\boldsymbol{c}') = \{\boldsymbol{\xi} \,|\, \boldsymbol{H}_k = \boldsymbol{c}'\} \tag{9.22}$$

を考えれば，これは双対平坦（m-平坦）な部分空間である．$\boldsymbol{c}'$ を変えて得られる部分空間の全体も S を埋め尽くすから，これはもう一つの葉層化である．しかも，$E_k(\boldsymbol{c})$ と $M_k(\boldsymbol{c}')$ とは直交していて，必ず一点で交わる．その交点は混合座標で $\boldsymbol{\xi} = (\boldsymbol{c}'; \boldsymbol{c})$ となる点である（図 9.2)．

定理 9.1 双対平坦空間は，その階層構造に応じて双対直交葉層構造を持つ．

Fisher 情報量を混合座標系で測れば，E_k と M_k の直交性から

$$g_{ij} = \left[\begin{array}{c|c} g_H & 0 \\ \hline 0 & g_\Theta \end{array}\right] \tag{9.23}$$

のように部分対角行列になる．

2 点 P, Q 間の KL ダイバージェンスを調べよう．それぞれの混合座標を

$$\boldsymbol{\xi}_P = (\boldsymbol{H}_P; \boldsymbol{\Theta}_P), \qquad \boldsymbol{\xi}_Q = (\boldsymbol{H}_Q; \boldsymbol{\Theta}_Q) \tag{9.24}$$

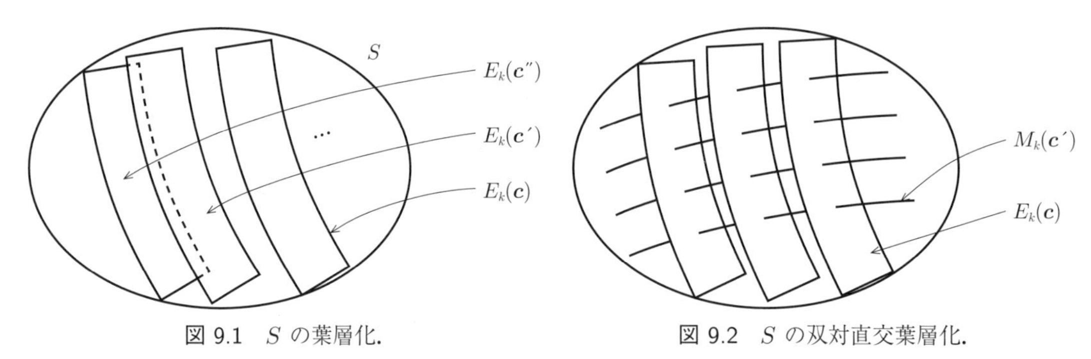

図 9.1　S の葉層化.

図 9.2　S の双対直交葉層化.

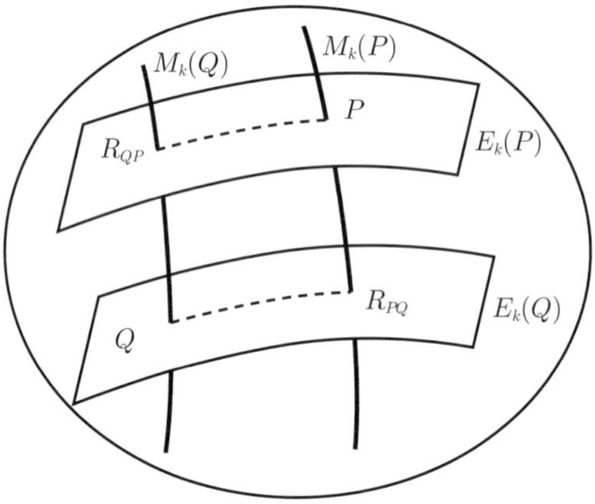

図 9.3　KL ダイバージェンスの分解.

と置く．Q 点を通り，高次の $\boldsymbol{\Theta}$ を Q 点での値 $\boldsymbol{\Theta}_Q$ に固定した平坦な部分空間 $E_k(Q)$ を考え，P 点をここに射影（e-射影）してみよう．このとき，射影した点 R_{PQ} の混合座標は

$$\boldsymbol{\xi}_{PQ} = (\boldsymbol{H}_Q; \boldsymbol{\Theta}_P) \tag{9.25}$$

となる（図 9.3）．一方，Q 点を通り，低次の $\boldsymbol{H}$ は Q 点での値 $\boldsymbol{H}_Q$ に等しく固定した双対平坦な部分空間 $M_k(Q)$ を考え，P 点をここに双対射影（m-射影）する．このとき得られる点 R_{QP} の混合座標は

$$\boldsymbol{\xi}_{QP} = (\boldsymbol{H}_P; \boldsymbol{\Theta}_Q) \tag{9.26}$$

である（図 9.3）．このとき P と R_{PQ} とを結ぶ双対測地線は，R_{PQ} と Q を結ぶ測地線と直交している．また，P と R_{QP} とを結ぶ測地線は，R_{QP} と Q を結ぶ双対測地線と直交している．したがって，ピタゴラスの定理により次が成立する．

定理 9.2　P, Q の 2 点が与えられたとき，そのダイバージェンスは，部分空間 E_k 内，および部分空間 M_k 内のダイバージェンスの和に分解できる，

$$D[P:Q] = D[P:R_{PQ}] + D[R_{PQ}:Q], \tag{9.27}$$

$$D[Q:P] = D[Q:R_{QP}] + D[R_{QP}:P] \tag{9.28}$$

この定理は，P, Q の 2 点間のダイバージェンスは，$\boldsymbol{H}_k$ の違いに起因する部分と $\boldsymbol{\Theta}^k$ の違いに起因する部分との和に分解できることを示している．離散分布の場合，一様分布 P_0 は，$p(\boldsymbol{x}) =$ 一定であるから，(9.7) から，アファイン座標は $\boldsymbol{\theta} = 0$ となり，S における θ 座標の原点を示す．この

点はエントロピーを最大にする分布でもある．点 P から P_0 へのダイバージェンスは

$$D[P:P_0]=\sum p(\boldsymbol{x})\log p(\boldsymbol{x})-\sum p(\boldsymbol{x})\log p_0(\boldsymbol{x}) \tag{9.29}$$

と書けるから，定数項を $c=-\log p_0(\boldsymbol{x})$ として，これは P 点のエントロピーと

$$H[P]=-D[P:P_0]+c \tag{9.30}$$

で結ばれている．ここで，$Q=P_0$ と置くと，$E_k(P_0)=E_k(0)$．これより次の定理が成立する．

定理 9.3 P を $E_k(P_0)$ に射影して得られる点は，同じ H_k を持つ分布の中でエントロピーを最大にする．

高次の $\boldsymbol{\theta}_k$ を順に 0 と置く階層的で平坦なモデルの系列

$$E_0\subset E_1\subset\cdots\subset E_{n-1}\subset E_n \tag{9.31}$$

を考えよう．ここで $E_k, k=0,\cdots,n$，は

$$E_k=\left\{\boldsymbol{\xi}\,\middle|\,\boldsymbol{\Theta}^k=0\right\} \tag{9.32}$$

とする．点 P を E_k に m-射影した点を

$$P_k=\prod\nolimits_k P \tag{9.33}$$

と置く．P_k の ξ 座標は P の座標 $\left(\boldsymbol{H}_k;\boldsymbol{\Theta}^k\right)$ から $\boldsymbol{\Theta}^k=\left(\boldsymbol{\theta}^{k+1},\cdots,\boldsymbol{\theta}^n\right)$ を 0 としたもの，すなわち $(\boldsymbol{H}_k;0)$ で，低次の効果のみを残したものである．

P 点が与えられたときに，これを順に E_k に射影してみる．すると，$P=P_n$ としてダイバージェンスの分解定理から，

$$D[P:P_0]=\sum_{k=1}^{n}D[P_k:P_{k-1}] \tag{9.34}$$

が得られる．これをエントロピーの分解と見れば，分布 P のエントロピーは，非一様性に起因する部分と，高次の効果をダイバージェンスで測った部分とに階層的に分解できる．

9.3 神経スパイクの情報幾何

ここで一般論を離れ，神経集団の発火パターンの情報幾何を調べる[2]．η 座標を階層的に表現すれば $\boldsymbol{\eta}=(\boldsymbol{\eta}_1,\cdots,\boldsymbol{\eta}_n)$ で，

$$\boldsymbol{\eta}_k=E[X_k],\quad X_k=(x_{i_1}\cdots x_{ik}) \tag{9.35}$$

だから，これが k 個のニューロンを取り出したとき，その同時発火確率を表す．

わかりやすい例として 2 個のニューロンをまず考えよう．$\boldsymbol{x}=(x_1,x_2)$ は 2 次元で，その発火確率は $\boldsymbol{x}$ の 4 個の発火パターンに応じて $p_{00},p_{01},p_{10},p_{11}$ の 4 個からなる．ここで，

$$\sum_{i,j}p_{ij}=1 \tag{9.36}$$

であるから，未知のパラメータは実質 3 個で，空間 S は 3 次元である．この空間に，独立な確率分布 $p_{ij}=p_{i\cdot}p_{\cdot j}$ の全体からなる部分多様体 $E(0)$ を考えよう．ここでは $\theta^{12}=0$ である．$E(0)$ の内部で各ニューロンの発火率は自由に決められるから，これは 2 次元の部分空間である．ニュー

ロン間の発火が独立でなくて相関があれば，分布はこの部分空間を飛び出す．その度合いが 2 個のニューロンの相互作用の強さである．これまで，相互作用の度合いを表す量として共分散

$$\sigma^2 = E[x_1 x_2] - E[x_1] E[x_2] = \eta_{12} - \eta_1 \eta_2 \tag{9.37}$$

を用いることが多かった．しかし，相互作用の度合いとしては，発火率に直交した量を用いるのが望ましい．ここで混合座標 $(\eta_1, \eta_2; \theta^{12})$ を用いれば，発火率の座標 η_1, η_2 と相互作用 θ^{12} は直交している．確率の言葉でいえば，両者の変化に対応するスコア $(\partial/\partial\xi_i)\log p(\boldsymbol{x}, \boldsymbol{\xi})$ が η_i と θ^{12} の間で無相関になる．

$$E\left[\frac{\partial}{\partial\eta_i}\log p(\boldsymbol{x}, \boldsymbol{\xi})\frac{\partial}{\partial\theta^{12}}\log p(\boldsymbol{x}, \boldsymbol{\xi})\right] = 0. \tag{9.38}$$

この性質は，発火率に関する推論と交互作用に関する推論が分離できることを示し，望ましい性質の一つである．混合座標は p_{ij} を用いて

$$\eta_1 = E[x_1] = p_{10} + p_{11}, \quad \eta_2 = E[x_2] = p_{01} + p_{11}, \quad \theta^{12} = \log\frac{p_{11}p_{00}}{p_{01}p_{10}} \tag{9.39}$$

となっている．

3 個のニューロンの場合を考えよう．各ニューロンの発火率 $\boldsymbol{\eta}_1$ に直交する座標は，$\boldsymbol{\Theta}^2 = (\boldsymbol{\theta}_2, \boldsymbol{\theta}_3)$ であった．これは，2 次と 3 次の交互作用からなる．各ニューロンの発火率だけでなくニューロンの対（3 個ある）の同時発火率 $\eta_{ij} = E[x_i x_j]$ を固定し，これら $\boldsymbol{\eta}_1$ および $\boldsymbol{\eta}_2$ の全部に直交する座標軸を定めると，これが

$$\theta^{123} = \log\frac{p_{111}p_{100}p_{010}p_{001}}{p_{110}p_{101}p_{011}p_{000}} \tag{9.40}$$

である．これは，各ニューロンの発火率と対の同時発火率を固定したとき，これらに直交して変化する確率分布の方向を示す．2 個の同時確率分布が変わらないのだから，2 次の交互作用は変わらず，変わるのは 3 個のニューロン間の固有の交互作用である．したがって，θ^{123} は 3 次特有の，θ^{ij} は 2 次特有の交互作用を表すといってよい．

この議論を続けていけば，n 個のニューロンの場合に $\theta^{i_1 \cdots i_k}$ は k 次の交互作用を表すといってよい．これを k 切断を用いて述べよう．まず，$k = 1$ である．このとき，混合座標は

$$\boldsymbol{\xi} = \left(\boldsymbol{\eta}_1; \boldsymbol{\theta}^2, \cdots, \boldsymbol{\theta}^n\right) \tag{9.41}$$

となる．これから明らかなように，$\boldsymbol{\Theta}^1 = \left(\boldsymbol{\theta}^2, \cdots, \boldsymbol{\theta}^n\right)$ は，発火率を示す $\boldsymbol{H}_1 = \boldsymbol{\eta}_1$ に直交する座標系である．すなわち，発火率に直交する方向に相互作用を変えれば，その変化は $\boldsymbol{\Theta}^1$ で表せる．次は，$k = 2$ とする

$$\boldsymbol{\xi} = \left(\boldsymbol{H}_2; \boldsymbol{\Theta}^2\right) \tag{9.42}$$

を考えると，$\boldsymbol{H}_2 = (\boldsymbol{\eta}_1, \boldsymbol{\eta}_2)$ は，各ニューロンの発火率 $\boldsymbol{\eta}_1$ と 2 個のニューロンの同時発火率 $\boldsymbol{\eta}_2$ からなる．したがって，各ニューロンの発火率と 2 個のニューロンの同時発火率に直交する方向の変化は 2 次以上の交互作用を示すことになる．ここから，$\boldsymbol{\theta}^2$ は発火率に直交する 2 次の交互作用，$\boldsymbol{\theta}^3$ は 3 次の交互作用を示すことが分かる．以下同様で，$\boldsymbol{\theta}^k$ は，k 次の交互作用を表す．これは，展開式からも明らかであるが，$\boldsymbol{\Theta}^k$ と $\boldsymbol{H}_k$ とが任意の k について直交するところが有用である[2]．これが**双対直交葉層化**[1]に他ならない．

確率分布 P に対して，ここから一様分布までのダイバージェンスは (9.29) により P のエントロピーと関係している．E_k はこの場合 k 次以上の相互作用 $\boldsymbol{\Theta}^k$ を 0 にした部分多様体である．P を E_k に射影して得られる

$$P_k : \boldsymbol{\xi} = (\boldsymbol{\eta}_1, \cdots, \boldsymbol{\eta}_k; 0) \tag{9.43}$$

は，k 個以下のニューロンの同時発火率はそのままにして，P から k より大きい次数の交互作用を取り去ったものである．ダイバージェンスは

$$D[P : P_0] = D[P : P_k] + D[P_k : P_0] \tag{9.44}$$

と分解できるが，$D[P : P_k]$ は k 次以上の交互作用の大きさを計ったものと言える．さらに，ダイバージェンスを細かく

$$D_k = D[P_k : P_{k-1}] \tag{9.45}$$

と分解すれば，D_k は k 次の交互作用の大きさと言うことができる．エントロピーは，これを用いて，

$$H[P] = \sum H[X_i] - \sum_{k=2}^{n} D_k \tag{9.46}$$

のように分解できる．つまり，D_k は非一様性を表すエントロピーに対する k 次の交互作用の寄与を表している．

9.4 高次相関は情報を担うか

情報幾何を用いれば，ニューロン集団の発火パターンの確率 $p(\boldsymbol{x})$ は，各ニューロンの発火頻度，2 つのニューロンの発火の相関，2 次の相関に帰着できない種々の高次の相関に分離できる．しかし，その計算はややこしい[2)]．発火パターン $\boldsymbol{x} = (x_1, \cdots, x_n)$ の確率分布 $p(\boldsymbol{x})$ を定めるには，ニューロン数を n として，$2^n - 1$ 個のパラメータが必要である．$n = 100$ のニューロンの発火を何万回観測しようがデータ数が足りなくて，これらの値を計算するわけにはいかない．そこで，情報は 2 次までの相関で十分で，3 次以上の高次相関は脳では無視して良いという，主張が出された．その根拠として，2 次までの相関を使うことで，分布の形がほぼ正しく再現できるといわれる．しかし，実験データをもとに，3 次以上の高次相関が脳の発火パターンに確かに見られること[4)]，従って脳は高次の情報を利用しているに違いないという論文もかなり出始めている[5,6)]．

単純なモデルを用いて，高次相関が出現する仕組みを調べよう[7)]．n 個のニューロンが共通の入力情報を受け取り，それぞれが閾値を超えるか否かで発火したりしなかったりするモデルを考えよう（図 9.4）．共通の入力をベクトル $\boldsymbol{s} = (s_1, \cdots, s_m)$ とし，ニューロン i は，これらを重み $w_{i1}, \cdots, w_{im}$ で受け取るものとする．すると，ニューロン i が受け取る入力の重み付き和から閾値 h を引いたものは

$$u_i = \sum w_{ij} s_j - h \tag{9.47}$$

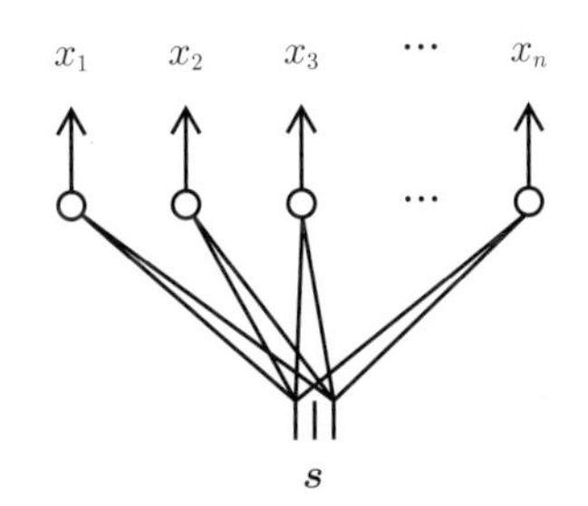

図 9.4 共通の入力により発火するニューロン．

と書け，このニューロンの出力は $x_i = 1(u_i)$ となる．$1(u)$ は，u が正なら 1，そうでなければ 0 である．ここで，入力 $\boldsymbol{s}$ はランダムに発生するガウス信号とし，n 個の確率変数 $u_1, \cdots, u_n$ の分布に注目する．これらは同時ガウス分布に従う．さらに，入力の平均は 0 とし（0 でない分は閾値の項に含める），重み w_{ij} をランダムに選んで固定しよう．話を簡単にするために，u_i の分散を 1 に規格化し，u_i と u_j の共分散を α としよう．α はこのモデルでは，i, j によらず共通である．

このモデルは，すべてのニューロンが同等（巡回群に対して不変）なモデルである．簡単だから，その動作を調べるのに都合が良い．相関のある均質な n 個のガウス変数 u_i を，$n+1$ 個の独立な標準ガウス変数 $v_1, \cdots, v_n, \varepsilon$ を使って，

$$u_i = \sqrt{1-\alpha}v_i + \sqrt{\alpha}\varepsilon - h \tag{9.48}$$

と表現することができる．これは倉田耕治が見つけたうまいトリックで，計算が大変容易になる．

上記のモデルで，n 個中の k 個のニューロンが発火するとき，$\sum x_i = k$ でその集団発火率は $r = k/n$ と書ける．n は大きいとして，r を連続変数と考える．集団発火率の確率分布 $q(r, \alpha)$ を求めてみよう．

定理 9.4 集団発火率 r の分布は，

$$q(r, \alpha) = c \exp\left[\frac{2\alpha - 1}{2(1-\alpha)}\left\{F^{-1}(r) - \frac{\sqrt{\alpha}}{2\alpha - 1}h\right\}^2\right], \tag{9.49}$$

$$F(\varepsilon; \alpha, h) = \frac{1}{\sqrt{2\pi}}\int_{\frac{h-\sqrt{\alpha}\varepsilon}{\sqrt{1-\alpha}}}^{\infty} \exp\left\{-\frac{u^2}{2}\right\} du. \tag{9.50}$$

証明は技術的であるから，概略を述べるにとどめる．まず，特定の $k = nr$ 個，例えばニューロン 1 から k までが発火し，残りのニューロンは発火しない確率を考える．x_i は 2 値であるから，$\mathrm{Prob}\{x_i = 1\} = E[x_i]$ に注目する．

$$\begin{aligned} &\mathrm{Prob}\{x_1 = \cdots = x_n = 1\,;\, x_{k+1} = \cdots = x_n = 0\} \\ &= \mathrm{Prob}\{u_i > 0, i = 1, \cdots, k\,;\, u_j < 0, j = k+1, \cdots, n\} \end{aligned} \tag{9.51}$$

は確率変数 v_i と ε による．ここで ε を固定すると，(9.48) より u_i はすべて独立になる．ε を固定して，一つの u_i が正になる条件付き確率は

$$\mathrm{Prob}\{u_i > 0 | \varepsilon\} = \mathrm{Prob}\left\{v_i > \frac{h - \sqrt{\alpha}\varepsilon}{\sqrt{1-\alpha}}\right\} = F(\varepsilon), \tag{9.52}$$

負になる確率は $1 - F(\varepsilon)$ である．n 個のうち k 個のニューロンが興奮する組合せは ${}_n\mathrm{C}_k$ 個であるから，その確率は

$$\mathrm{Prob}\{r = k/n | \varepsilon\} = {}_n\mathrm{C}_k \{F(\varepsilon)\}^k \{1 - F(\varepsilon)\}^{n-k} \tag{9.53}$$

となる．$q(r, \alpha)$ を求めるには，これを ε について平均すればよい．r を連続化して計算を進めよう．2 項係数は

$${}_n\mathrm{C}_k = \frac{1}{\sqrt{2\pi n r(1-r)}} e^{nH(r)} \tag{9.54}$$

で近似し，$r = k/n$ とおいて計算すれば，$q(r, \alpha)$ の主要項は

$$q(r, \alpha) = E\left[{}_n\mathrm{C}_{nr} \{F(\varepsilon)\}^{nr} \left\{1 - F(\varepsilon)^{n-nr}\right\}\right]$$

$$= \int_{-\infty}^{\infty} \exp\left\{-\frac{\varepsilon^2}{2}\right\} \exp\left\{n \log \frac{F(\varepsilon)}{r} + (1-r) \log \frac{1-F(\varepsilon)}{1-r}\right\} dz$$

$$= \int_{-\infty}^{\infty} \exp\left\{-\frac{\varepsilon^2}{2} + nz(\varepsilon)\right\} dz, \tag{9.55}$$

$$z(\varepsilon) = r \log \frac{F(\varepsilon)}{r} + (1-r) \log \frac{1-F(\varepsilon)}{1-r} \tag{9.56}$$

となる．ここで n は十分大きいとして Laplace 近似（鞍点近似ともいう）を使うと，積分は経路に沿った最大値で置き換えてよい．$z(\varepsilon)$ を最大にする ε_0 は，

$$\frac{dz(\varepsilon)}{d\varepsilon} = \left\{\frac{r}{F(\varepsilon)} - \frac{1-r}{1-F(\varepsilon)}\right\} F'(\varepsilon) = 0 \tag{9.57}$$

から，$\varepsilon_0 = F^{-1}(r)$ で求まる．このとき $z(\varepsilon_0) = 0$ となり主要項が消え，次の副次項が出てくる．これを計算すると定理が証明される[7]．

このモデルで，分布 $q(r, \alpha)$ が入力信号 u_i の相関の強さ α に依存してどう変化していくかを見よう．$\alpha = 0$ ならば相関がなくて u_i は独立，したがって x_i も独立である．このときは大数の法則が働いて，$r = \bar{r}$ のところに一点集中した分布になる．$\bar{r}$ は 1 個のニューロンの発火率で，h により決まる．相関が強くなるにつれて，分布のピークの幅が広くなるが，それでも平均値の $\bar{r}$ を中心とした一山の分布である．しかるに $\alpha = 1/2$ になると，一様分布になり，これより α を大きくすると，$r = 0$ と $r = 1$ の両端に最大値を持つ 2 山の分布になる．2 山分布は何を意味するのだろう．これは，あるときは非常にたくさんのニューロンが揃って発火し，他のときはどれもほとんど発火しないという状況である．神経集団が揃って発火したりしなかったりすることを同期発火と言うが，まさにこれが出現する．このモデルは岡田のグループ[8, 9]がさらに論じ，また，最近 Macke ら[10]も統計物理の手法を用いて解析している．

上記のモデルは，$u_1, \cdots, u_n$ という相関のあるガウス分布を作り，ここから

$$x_i = 1[u_i] \tag{9.58}$$

と，各 u_i を 2 値化したものである．$\boldsymbol{u}$ のガウス分布は平均と分散だけで決まるから $n(n+3)/2$ の自由度しか持たない．それなのに，$\boldsymbol{x}$ の分布は高次相関を持つ．これを**2 分割ガウスモデル**という[10]．高次相関を含む最も簡単なモデルであり，実験データにもよく合うという[6]．

もっと簡単に，2 つの独立な分布 $p(\boldsymbol{x})$ と $q(\boldsymbol{x})$ があったときに，その混合である

$$\tilde{p}(\boldsymbol{x}, t) = (1-t)p(\boldsymbol{x}) + tq(\boldsymbol{x}) \tag{9.59}$$

は高次相関を持つ．p も q も独立な分布からなる指数型分布族に入っているが，そのミクスチャーはこれを高次にはみ出す．この他，島崎と豊泉の $\log p(\boldsymbol{x})$ を少し変わった面白い基底（サイレンス基底）を入れて展開する秀逸なアイデアがあることを述べておこう[12]．

9.5 産業連関表の情報幾何

情報幾何は経済学へも応用されているが，それほど面白いものは見当たらなかった．最近になって，森岡涼子と津田宏治の優れた論文を見つけた[3]．ここにそのアイデアを紹介したい．

産業連関表とは，産業毎にどの分野の生産物がどの分野へどれだけ売られたか，その取引を表にまとめたもので，国の産業の構造を表す．これはマクロ経済の実態を表すもので，古くは，かのマルクスもこれにより経済の分析を行う提案をしている．産業連関表は産業分野を n 個に分けて，これをもとに作る $n \times n$ 行列 $A = (A_{ij})$ のことで，その i, j 成分 A_{ij} は産業 i の生産物が産業 j へ引

き渡された量（価格ベース）を表す．ここで A_{ij} は正とする．これは n^2 次元の正測度の空間 $\boldsymbol{R}^{n^2}$ の要素であるから，双対平坦の情報幾何構造を導入できる．行列 A の双対ポテンシャル関数を

$$\varphi(A) = \sum_{i,j} (A_{ij} \log A_{ij} - A_{ij}) \tag{9.60}$$

で導入しよう．$A = (A_{ij})$ は行列 A の η 座標である．このとき，A の θ 座標 L_{ij} は

$$L_{ij} = \frac{\partial \varphi(A)}{\partial A_{ij}} = \log A_{ij} \tag{9.61}$$

であり，対応するポテンシャル関数は

$$\psi(L) = \sum \exp \{L_{ij}\} \tag{9.62}$$

である．ここから得られるダイバージェンスは，2 つの行列 A, B の間で

$$D[A : B] = \sum B_{ij} \log \frac{B_{ij}}{A_{ij}} - \sum B_{ij} + \sum A_{ij} \tag{9.63}$$

となる．

しかし，アファイン座標系はアファイン変換の範囲で自由に取れる．それならば，産業の構造を分かりやすく示すような座標系を取りたい．構造で目につくのは，行列 A の列和と行和で，行和

$$A_{i\cdot} = \sum_{j=1}^{n} A_{ij} \tag{9.64}$$

は産業 i の総生産量，列和

$$A_{\cdot j} = \sum_{i=1}^{n} A_{ij} \tag{9.65}$$

は産業 j の総消費量を表す．これを m アファイン座標の一部として用いよう．

なお，

$$A_{\cdot\cdot} = \sum_{i} A_{i\cdot} = \sum_{j} A_{\cdot j} \tag{9.66}$$

が成立する．行列 A の最後の第 n 行と n 列を $(A_{i\cdot}, A_{\cdot j}, A_{\cdot\cdot})$ で置き換える変換は A_{ij} のアファイン変換である．置き換えた表を $\tilde{A}_{ij}$ としよう．これに対応したアファイン座標系 $\tilde{L}_{ij}$ は，変換の不変性 $\sum A_{ij} L_{ij} = \sum \tilde{A}_{ij} \tilde{L}_{ij}$ より求まり，

$$\tilde{L}_{ij} = L_{ij} - L_{in} - L_{nj} + L_{nn} = \log \frac{A_{ij} A_{nn}}{A_{in} A_{nj}}, \quad i, j = 1, \cdots, n-1 \tag{9.67}$$

$$\tilde{L}_{in} = L_{in} - L_{nn}, \tag{9.68}$$

$$\tilde{L}_{nj} = L_{nj} - L_{nn}, \tag{9.69}$$

$$\tilde{L}_{nn} = L_{nn} \tag{9.70}$$

のように書ける．ただし，i, j は 1 から $n-1$ までである．

上記の変換に対応して混合座標系

$$\boldsymbol{\xi} = \left(A_{i\cdot}, A_{\cdot j}, A_{\cdot\cdot}; \tilde{L}_{ij}\right), \quad i, j = 1, 2, \cdots, n-1 \tag{9.71}$$

を作る．このとき，$\tilde{L}_{ij}$ は周辺和 $A_{i\cdot}, A_{\cdot j}$ に直交する e-座標系である．したがって，$\tilde{L}_{ij}$ は各産業

の産業別生産額，購入額に直交する，産業 i, j 間の関連の強さを示す量である．2つの産業連関表 A, B の違いを表すダイバージェンス $D[A:B]$ は，周辺和の違いによる部分と交互作用の違いによる部分に直和分解できる．

ただ，$\tilde{L}_{ij}$ は第 n 産業を基準にした量であって，全産業間で対称でない．第 k 産業を基準とすると，連関の強さは

$$\tilde{L}_{ij}^{(k)} = \log \frac{A_{ij}A_{kk}}{A_{ik}A_{kj}} \tag{9.72}$$

となる．これを基準 k について平均した

$$S_{ij} = \frac{1}{n}\sum_{k=1}^{n} \tilde{L}_{ij}^{(k)} = \log \frac{A_{ij}\bar{A}_{..}}{\bar{A}_{i.}\bar{A}_{.j}}, \tag{9.73}$$

$$\bar{A}_{i.} = (A_{i1}\cdots A_{in})^{\frac{1}{n}}, \tag{9.74}$$

$$\bar{A}_{.j} = (A_{1j}\cdots A_{jn})^{\frac{1}{n}}, \tag{9.75}$$

$$\bar{A}_{..} = (A_{11}\cdots A_{nn})^{\frac{1}{n}}, \tag{9.76}$$

を用いると，これは各産業について対称である．

構造をそのままにして，各産業の生産額 $A_{i.}$ を変えるには，A_{ij} を $\mu_i A_{ij}$ にすればよい．すると，列和が $\mu_i A_{i.}$ に変わる．同様に購入額の分布を変えるには，A_{ij} を $\lambda_j A_{ij}$ にする．これを合わせた変換

$$A_{ij} \to \mu_i \lambda_j A_{ij} \tag{9.77}$$

を RAS 変換という．明らかに，S_{ij} は RAS 変換に対して不変である．したがって，

$$(A_{i.}, A_{.j}, A_{..}; S_{ij}) \tag{9.78}$$

という分解が構造を調べるのに有用である．ただし，$(A_{i.}, A_{.j})$ は (9.66) を満たさなければならないから，冗長な表現であるし，S_{ij} も真の自由度は $(n-1)^2$ である．この表現で，2つの産業関連表 A, B の違いを表す $D[A:B]$ は，周辺和に起因する部分と S に起因する部分に直和分解できるわけではない．ただし $(A_{i.}, A_{.j}, S_{ij})$ から A_{ij} への変換式は陽に表せず，数値計算に頼ることになる．

S_{ij} を変えずに行和と列和を変えるには，λ_i と μ_j を定数として，A_{ij} を $\mu_i \lambda_j A_{ij}$ にすればよいから，これで行和，列和が好きなように変えられる．これが S_{ij} に直交する m-平坦接空間をなす．周辺和を固定して，S_{ij} のみを変えるのは，行和および列和が 0 となる行列 Z_{ij} を用いて，A_{ij} を $A_{ij} + Z_{ij}$ にすればよい．これが A の空間で周辺和を示す座標軸に直交する m-平坦な部分空間を与える．

産業連関表を作る作業は，きわめて労力を要するため，通常は数年おきにしか本格的なものは作らない．しかし，列和および行和は簡単で毎年出る．そこで，産業間の連関の構造は仮に不変であるとして，前年の S をそのまま使って，今年の行和，列和から，今年の A を作ることができる．これが RAS として知られる方法である．ただ，5年のブランクがあれば，S も変わる．5年前の S_{ij} と現在の S'_{ij} を用いてこの5年間の A_{ij} を知るには，S_{ij} と S'_{ij} を e-測地線で結ぶ線形補完で中途の年次の $S_{ij}(t)$ を計算し，これを調査のできている各年次周辺和 $A_{i.}(t)$ と $A_{.j}(t)$ を用いると復元できる．調査のできている各年次と合わせることで，中途年次の A_{ij} が推定できる．

森岡と津田はこれを過去の日本の経済に適用し，バブル期において産業構造がどう変わっていったかを具体的に考察している[3]．大変面白い分析である．ただし，彼等の分析では S_{ij} の代わりに，計算の簡単な

$$T_{ij} = \log \frac{A_{ij}}{A_{i\cdot}A_{\cdot j}} \tag{9.79}$$

を用いている．これも RAS 変換に不変である．T_{ij} は以下のように見ることもできる．$n \times n$ 行列 A_{ij} に余分の第 $n+1$ 行，$n+1$ 列を付け加えて，ここに列和 $A_{i\cdot}$，行和 $A_{\cdot j}$ を置く．この拡大した行列 $\tilde{A}_{ij}$ で，第 $n+1$ 行および列を基準に相互作用を求めれば

$$\tilde{S}_{ij} = \log \frac{A_{ij}\tilde{A}_{n+1\ n+1}}{A_{i\cdot}A_{\cdot j}} \tag{9.80}$$

が得られる．これは T_{ij} から総和 $A_{\cdot\cdot}$ の対数を引いたものに等しい．ただし $\tilde{A}_{ij}$ には

$$A_{i\ n+1} = \sum_{j=1}^{n} A_{ij} \tag{9.81}$$

などの制約が入っている．

終わりの一言

階層構造を持つモデルで，低次と高次の構造を直交分解できれば，話がすっきりする．例えば，2 次の交互作用と 3 次の交互作用を直交に分解できないものであろうか．仮に，2 次の作用がなくて 3 次だけであったとしよう．でも，2 変数は直接の交互作用を持たないものの，3 次の交互作用のせいで，独立にはならない．だから，3 次をどう定義すればよいかは，統計学でも大きな問題であった．情報幾何は，この問題にすっきりとした回答を与える．階層分解にかかわる双対直交葉層化は，最も美しい構造と言ってもよいだろう．これにはまだ多数の応用があるように思う．赤穂は deep learning への応用を考えている[11]．うれしいことに，マクロ経済学の産業連関表の解析に，これが使える．このアイデアをもとに，この分野への応用がさらに進むことを期待したい．

参考文献

1) S. Amari, Information geometry on hierarchy of probability distributions, *IEEE Transactions on Information Theory*, Vol.**47**, No.5, pp.1701–1711, 2001.
2) H. Nakahara, S. Amari, Information-geometric measure for neural spikes, *Neural Computation*, **14**, pp.2269–2316, 2002.
3) 森岡涼子，津田宏治，産業連関表の情報幾何，電子情報通信学会技術研究報告 **110**, (476), pp.161–168, 2011.
4) I.E. Ohiorhenuan, F. Mechler, K.P. Purpura, A.M. Schmid, Q. Hu, and J.D. Victor, Sparse coding and high-order correlations in fine-scale cortical networks, *Nature*, **466**, 617–621, 2010.
5) H. Shimazaki, S. Amari, E.N. Brown and S. Grün, State-space analysis of time-varying higher-order spike correlation for multiple neural spike train data, *PLOS Computational Biology*, **8**, 3, e1002385, 2012.
6) S. Yu, H. Yang, H. Nakahara, G. Santos, D. Nikolic and D. Plenz, Higher-order interactions characterized in cortical activity, *Journal of Neuroscience*, **31**, 17514–17526, 2011.
7) S. Amari, H. Nakahara, S. Wu and Y. Sakai, Synchronous Firing and Higher-Order Interactions in Neuron Pool, *Neural Computation*, **15**, 127–142, 2003.
8) K. Hamaguchi, M. Okada, M. Yamana and K. Aihara, Correlated firing in a feedforward network with Mexican-hat type connectivity, *Neural Computation*, **17**, 2034–2059, 2005.
9) M. Yamana and M. Okada, Correlation of firing in layered associative neural networks, *Journal of the Physical Society of Japan*, **74**, 2260–2264, 2005.
10) J.H. Macke, M. Opper and M. Bethge, Common input explains higher-order correlation and entropy in a simple model of neural population activity, *Physical review Letters*, **106**, 208102, 2011.
11) S. Akaho and K. Takabatake, Information geometry of contrastive divergence, In Information Theory and Statistical Learning, 3–9, 2008.
12) H. Shimazaki, K. Sadeghi, T. Ishikawa, Y. Ikegaya and T. Toyoizumi, Simultaneous silence organizes structured higher-order interactions in neural populations, *Scientific Reports*, **5**, 9821, 2015.

第 III 部

統計的推論の情報幾何

情報幾何は統計的推論の仕組みを幾何学の立場から促える試みから生まれた数学理論である．統計的推論では，確率分布の族を考え，観測されたデータをもとに，真の確率分布が何であったかを推論する．このときに，有限個のパラメータで指定される確率分布族は，有限次元の多様体になること，そこへ導入されるべき幾何構造は確率分布族の構造を反映した「不変な」ものになるべきこと，これを指針に構築されたのが情報幾何である．これは，インドの統計学者 C.R. Rao の 1945 年の構想を引き継ぎ，ロシアの数学者 N.N. Chentsov が基礎を築き，それとは独立に甘利，公文，長岡がさらに整備発展させたものである．しかし，幾何学的な構想は Rao より早く，アメリカの統計学者 H. Hotelling が 1929 年に提出していたことが分かっている．

今では，情報幾何の枠組みは確率分布族や統計的推論の枠を超えて発展しているが，もとより情報幾何は統計的推論の仕組みを明らかにするのに有用である．本書の第 III 部では，統計的推論を扱う．ここでは，推定と検定の漸近理論から始めて，それがなぜ分布族によらない共通の性質を有するかを明らかにする．すなわち，データの観測数が大きいことを仮定する漸近理論では，推論の精度が良いため，真の確率分布の近傍すなわち接空間を論ずれば話がすむ．これは線形理論であり，モデルによらずにリーマン計量をもとに共通に話ができる．しかし，データ数が多いものの極端に多いわけではないとする高次漸近理論では，これに高次補正が必要である．このとき現れるのが接続と曲率である．ここで双対的な曲率がそれぞれに役割を果たす．

情報幾何はこれ以外にも有用である．機械学習などでよく出てくる EM アルゴリズムは，幾何の立場から素直に理解できる．さらに面白いのが Neyman–Scott 問題である．ここでは最尤推定が漸近的に不偏とも有効とも言えない例が出てくる．この問題は統計学者を永年にわたって悩まし続けた問題であった．情報幾何はこの問題にすっきりとした回答を与えた．その極意を鑑賞して頂きたい．

ただ，統計的推論は専門の理論的な枠組みが高度に発展している．その細部に立入ることなく，本書ではその仕組みを直観的に理解すれば良いとしよう．なお，細部については第 10 章にあげた文献 1, 2) 等を参照されたい．

第10章

統計的推論と情報幾何：曲指数型分布族を用いて

情報幾何は統計的推論の仕組みを幾何学の立場から考察する理論として発展した．1970 年代に入り，アメリカ，日本，ドイツ，ロシア，インドで独立に，統計の高次漸近理論が発展した．これらは大変複雑なもので，統一した見方が望まれた．そこに登場したのが情報幾何である．本章では幾何学がなぜ有効かを理解してもらえばよいので，式の細かい導出は避けた．高次漸近理論は理論的には興味があるものの，実用としては今ではあまり注目されず，より単純で効果的な Bayes 推論が主流になっている．

10.1 統計推論の幾何学的な枠組み—例題を用いた直観的説明

ここで統計的推論，特に分布のパラメータの推定と検定について，幾何学的な枠組みを述べよう．確率変数 x の分布がベクトルパラメータ $\boldsymbol{\xi}$ に依存して $p(x,\boldsymbol{\xi})$ のように定まる確率モデルを考える．このような分布の全体 $M=\{p(x,\boldsymbol{\xi})\}$ を統計モデルという．x は離散でもベクトルでも良いし，時系列のような無限次元の変量でもよい．統計モデル M は $\boldsymbol{\xi}$ を（局所）座標系とする多様体をなす．簡単な例は，$\boldsymbol{\xi}=(\mu,\sigma)$ として，平均 μ と分散 σ^2 をパラメータとする次の 1 次元ガウス分布である．

$$p(x,\boldsymbol{\xi})=\frac{1}{\sqrt{2\pi}\sigma}\exp\left\{-\frac{(x-\mu)^2}{2\sigma^2}\right\}. \tag{10.1}$$

一つの分布 $p(x,\boldsymbol{\xi}_0)$（$\boldsymbol{\xi}_0$ は未知だが決まっている，これを真のパラメータという）から独立に発生した N 個のデータ $x_1,\cdots,x_N$ があるとする．推定とはデータをもとに，パラメータの値 $\boldsymbol{\xi}$ を決めることである．推定量 $\hat{\boldsymbol{\xi}}$ は，$x_1,\cdots,x_N$ の関数

$$\hat{\boldsymbol{\xi}}=\boldsymbol{\xi}(x_1,\cdots,x_N) \tag{10.2}$$

になる．

ここで，ありとあらゆる確率分布を含む大きな空間

$$S=\{p(x)\} \tag{10.3}$$

を考えよう．そうすると，我々の統計モデル M は，S の部分空間になっているだろう（図 10.1）．いま仮に，N 個のデータが決める素直な確率分布 $\hat{p}(x)$ が，S の中にはすぐ見つかるとしよう．例えば，これは経験分布，

$$\hat{p}(x)=\frac{1}{n}\sum_{i=1}^{n}\delta(x-x_i) \tag{10.4}$$

だとしよう．ヒストグラムと考えてもよい．(10.4) はデルタ関数を用いているから微分可能でなく，

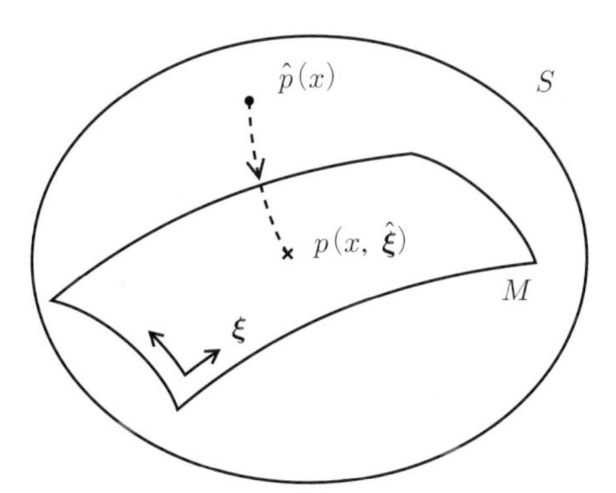

図 10.1　推定とは射影である．

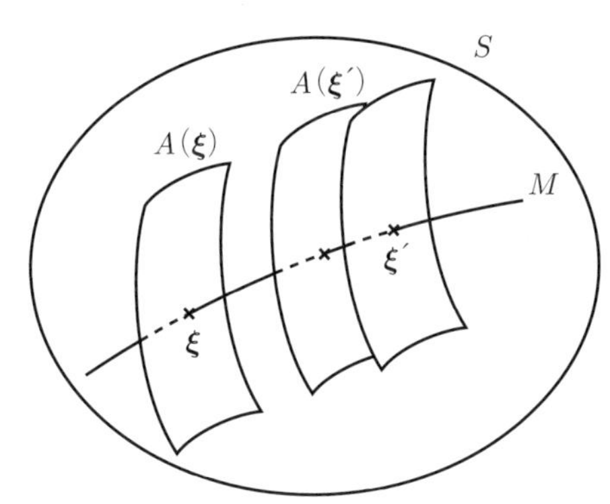

図 10.2　推定補助多様体 $A(\boldsymbol{\xi})$ の集まり，M が 1 次元の場合．

どんな関数空間 S を考えたらよいか怪しいが，とりあえずそれは無視して話を進めよう．データが定める S の分布 $\hat{p}(x)$ を**観測分布**または**観測点**という[*1]．

推定とは，観測点 $\hat{p}$ が S の中に与えられた場合，これを M に写像して，M の点 $\hat{\boldsymbol{\xi}}$，すなわち確率分布 $p(x, \hat{\boldsymbol{\xi}})$ を求めることである（図 10.1）．この写像を

$$f : S \to M, \quad \hat{\boldsymbol{\xi}} = f(\hat{p}) \tag{10.5}$$

とする．写像の仕方（関数 f）によって，いろいろな推定量が現れる．どれが良いのか，その特性を幾何学により明らかにしたい．いま，ある推定方式 f を考え，f により M の一点 $\boldsymbol{\xi}$ に写像されるような観測点の全体を $A(\boldsymbol{\xi})$ としよう．

$$A(\boldsymbol{\xi}) = \{\hat{p}(x) \,|\, f(\hat{p}) = \boldsymbol{\xi}\}, \tag{10.6}$$

すなわち，$A(\boldsymbol{\xi})$ は f の原像で，$\hat{p}$ が $A(\boldsymbol{\xi})$ に入れば推定量はこの $\boldsymbol{\xi}$ である．これを，推定に伴う**補助多様体**と呼ぶ．M が m 次元，S が n 次元ならば，$A(\boldsymbol{\xi})$ は $n-m$ 次元の空間である．$A(\boldsymbol{\xi})$ は $\boldsymbol{\xi}$ を動かせば全体として S を覆うことになる．つまり

$$\bigcup A(\boldsymbol{\xi}) = S \tag{10.7}$$

であって，$A(\boldsymbol{\xi})$ の全体で S を分割する（図 10.2）．

推定方式 (10.5) を定めれば補助多様体の集まり

*1)　x が離散の値をとる離散分布の場合は，$\hat{p}(x)$ として累積度数分布（ヒストグラム）を使えばよい．M が指数型分布族 S に含まれる場合には，データから最尤推定によって S の一点 $\hat{p}(x)$ が決まる．一般の連続分布 M の場合でこれが指数型分布族に含まれないときには，M に指数型のファイバーバンドルを付けて，議論を進めることになるが，これは高度な話題である．

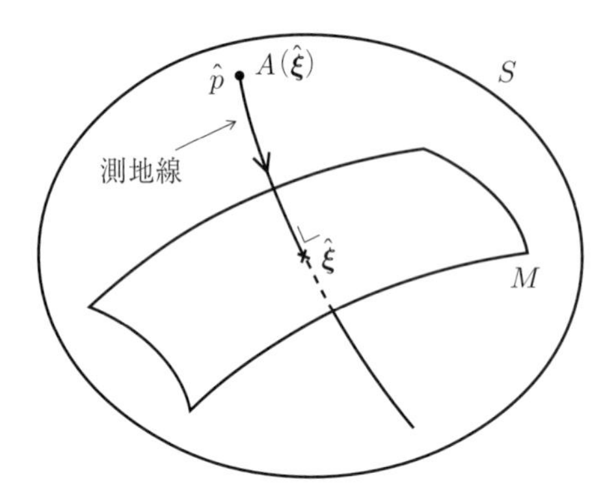

図 10.3　良い推定方式：$A(\boldsymbol{\xi})$ を直交する測地線にとる．

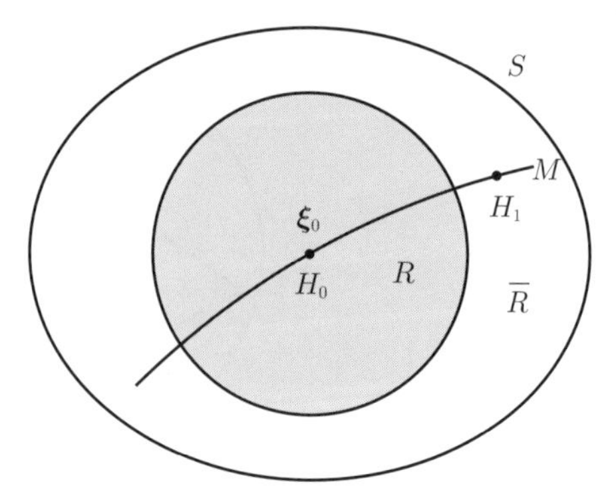

図 10.4　検定 H_0: $\boldsymbol{\xi}=\boldsymbol{\xi}_0$，$H_1$: $\boldsymbol{\xi}\neq\boldsymbol{\xi}_1$．$R_0$ は $\boldsymbol{\xi}_0$ を囲む領域になる．

$$\mathcal{A}=\{A(\boldsymbol{\xi})\} \tag{10.8}$$

が定まるし，逆に $\mathcal{A}$ を定めれば推定方式が定まる．補助多様体は，データ数 N に依存して定めてもよいので，必要ならばこれを $A_N(\boldsymbol{\xi})$ のように書く．補助多様体は実際，観測数 N に依存することが多い．例えば，最尤推定量による補助多様体は N に依存している．補助多様体 $A(\boldsymbol{\xi})$ が，M 上の点 $\boldsymbol{\xi}$ 点（つまり分布 $p(x,\boldsymbol{\xi})$）を含む場合は，観測点 $\hat{p}$ がたまたま $p(x,\boldsymbol{\xi})$ に等しい場合に，推定量は $\hat{\boldsymbol{\xi}}=\boldsymbol{\xi}$ となって，大変自然である．

推定には多数の観測データを用いる．N が大きいときは，観測点 $\hat{p}(x)$ は真の分布のすぐ近くにあると考えてよいだろう．つまり，N が無限大になるにつれて，観測点は真の分布に収束する．だから，N が無限大になるとき $A_N(\boldsymbol{\xi})$ が M の点 $p(x,\boldsymbol{\xi})$ を含むならば，推定量は N が無限大になるにつれて真の値に近づく．このような推定量を**一致推定量**という．一致性の幾何学的な表現は

$$\lim_{N\to\infty} A_N(\boldsymbol{\xi}) \ni p(x,\boldsymbol{\xi}) \tag{10.9}$$

である．

観測点 $\hat{p}$ が M の近くにあるとき，推定量 $\hat{\boldsymbol{\xi}}$ は，$\hat{p}$ から M への正射影が良さそうである．ただ，空間 S はユークリッド空間ではないので，直交を定義するにはリーマン計量を用いる必要がある．ここからも幾何学が重要であることが分かる．$A(\boldsymbol{\xi})$ が M と交わる $\boldsymbol{\xi}$ 点で M と直交していれば，すなわち両者の接空間がリーマン計量を用いて直交していれば $\hat{p}$ が $\boldsymbol{\xi}$ の近くにあるとき，$\hat{\boldsymbol{\xi}}$ は $\hat{p}$ から M への正射影である．観測点 $\hat{p}$ が M から離れてしまうと，直線で射影するというわけにもいくまい．$\hat{p}$ と推定量 $p(x,\hat{\boldsymbol{\xi}})$ を結ぶ線，つまり $A(\hat{\boldsymbol{\xi}})$ に沿った線は，どんな線が良いであろう．直観ではまっすぐな線が良い（図 10.3）．すなわち，よい推定量を与える $A(\boldsymbol{\xi})$ は，M の $\boldsymbol{\xi}$ 点を通り，M に直交し，しかもまっすぐなものが良い．でも‘まっすぐ’とはどんな線だろう．S はユークリッド空間ではないから，これをしっかりと定義する必要がある．まっすぐな線とは測地線で，これを定義するには幾何学でいう接続がいる．実は m-測地線がよい．ここからも，多様体 S と M との幾何構造が重要であることが分かる．

検定の幾何学についても触れておこう．検定では，真の分布は集合 $H_0=\{\boldsymbol{\xi}_0\}$ に属するとして，これを帰無仮説と呼び，その確からしさを問う．対立仮説として分布は $H_1=\{\boldsymbol{\xi}_1\}$ に属するという説を考え，仮説 H_0 を採用するのは間違いでこれは棄却されるべきか，それとも誤りとまではいいきれないとするかを決定する．H_0 も H_1 も集合でもよくて，例えば $H_1=\{\boldsymbol{\xi}|\boldsymbol{\xi}\neq\boldsymbol{\xi}_0,\boldsymbol{\xi}\in M\}$ などが用いられる．2 つの仮説に対応して，S 上に領域 R とその補集合 $\bar{R}$ を設ける．観測点 $\hat{p}$ が $\bar{R}$ の中にあれば仮説を容認し，R にあれば棄却することになる（図 10.4）．R を**棄却域**と呼ぶ．幾何学としては，R をどう定めれば良いかが問題である．この領域の形状，とくにその境界が M と

直交しているかどうか，さらにその曲率が検定の性能に関係する．問題はまさに幾何学なのである．

従来，N が十分大きいとする漸近理論が幅を利かせてきた．これは確立された標準理論であり，大変有用である．幾何学の立場から見れば，N が十分大きいときは $\hat{p}$ と真の $p(x,\boldsymbol{\xi})$ とが近い．だから，M や $A(\boldsymbol{\xi})$ を線形近似して，線形幾何学で済ませることができる．すなわち，真の点 $p(x,\boldsymbol{\xi})$ のまわりの接空間の議論で済ませることである．こうしてきれいな統一的な理論ができる．

10.2 Fisher 情報量と Crámer–Rao の定理

Fisher 情報行列は

$$g_{ij} = \langle \boldsymbol{e}_i, \boldsymbol{e}_j \rangle = E[\partial_i \log p \, \partial_j \log p] \tag{10.10}$$

と表されるリーマン計量であるが，これは統計学の基本的な量である．平たく言えば，分布 $p(x,\boldsymbol{\xi})$ から出た観測値を用いて，パラメータ $\boldsymbol{\xi}$ についての統計的な推論を行うときに，一回の観測が与える平均の情報量を表す．この考えは Fisher に由来する．Rao は 1945 年にこの考えを定式化し，有名な Crámer–Rao の定理を発表した*2)．

少し遅くなったが，推論の高次漸近理論に入る前に，Crámer–Rao の定理を述べておこう．詳しくは統計学の教科書に譲るが，少しだけ準備をしよう．

Fisher 情報量の加法性：x, y を独立な確率変数とし，その同時確率分布を

$$p(x,y,\boldsymbol{\xi}) = p(x,\boldsymbol{\xi})p(y,\boldsymbol{\xi}) \tag{10.11}$$

とする．このときデータ (x,y) の持つ Fisher 情報量

$$g_{ij}^{XY}(\boldsymbol{\xi}) = E\left[\partial_i \log p(x,y,\boldsymbol{\xi}) \partial_j \log p(x,y,\boldsymbol{\xi})\right] \tag{10.12}$$

は x, y それぞれの持つ Fisher 情報量 g_{ij}^X と g_{ij}^Y の和である，

$$g_{ij}^{XY}(\boldsymbol{\xi}) = g_{ij}^X(\boldsymbol{\xi}) + g_{ij}^Y(\boldsymbol{\xi}). \tag{10.13}$$

したがって，同じ分布から N 個の独立な観測データ $x_1, \cdots, x_N$ が得られたときの全体の情報量は，1 個のデータの情報量の N 倍

$$g_{ij}^{X_1 \cdots X_N}(\boldsymbol{\xi}) = N g_{ij}(\boldsymbol{\xi}) \tag{10.14}$$

である．T_{ijk} も同じく N 倍になるから，幾何が全体として N 倍にふくらむと考えればよい．

データ $x_1, \cdots, x_N$ から得られる推定量 $\hat{\boldsymbol{\xi}}$ とは，これらをもとに $\boldsymbol{\xi}$ の真の値を推定する量である．$\hat{\boldsymbol{\xi}}$ は $x_1, \cdots, x_N$ の関数であるから，これらに依存する確率変数である．これが

$$E\left[\hat{\boldsymbol{\xi}}\right] = \boldsymbol{\xi} \tag{10.15}$$

を満たすとき，$\hat{\boldsymbol{\xi}}$ を $\boldsymbol{\xi}$ の**不偏推定量**という．また，観測数 N が大きいときに推定の偏りが 0 になるならば，これは漸近的に不偏であるという．さらに，推定量が $N \to \infty$ で真の値 $\boldsymbol{\xi}$ に確率収束するとき，これを**一致推定量**という．

Crámer–Rao の定理：$\hat{\boldsymbol{\xi}}$ を（漸近的）不偏推定量とする．このとき，推定誤差の行列 $E = (e_{ij})$，

$$e_{ij} = E\left[\left(\hat{\xi}_i - \xi_i\right)\left(\hat{\xi}_j - \xi_j\right)\right] \tag{10.16}$$

---

*2) これはカルカッタの地方数学誌[3]に 1945 年に発表された．有名なアメリカの数学者 Crámer は，デンマークでこの定理を独立に確立し，1946 年の著書で発表している．Rao は弱冠 24 歳，インドの名もなき研究者であった．

は

$$e_{ij} \geq \frac{1}{N}\left(g^{-1}\right)_{ij} \tag{10.17}$$

であって，Fisher 情報行列の逆行列 $\left(g^{-1}\right)_{ij}/N$ より小さくできない．ただし，2 つの行列 A, B の大小は，$A-B$ が正定値行列であるときに $A > B$ と定義する．

これに関して，さらに強力な定理が成立する．

定理 10.1　N が十分に大きいとき，最尤推定量

$$\hat{\boldsymbol{\xi}}_{\text{mle}} = \arg\max_{\boldsymbol{\xi}} p\left(x_1, \cdots, x_N; \boldsymbol{\xi}\right) \tag{10.18}$$

は，Crámer–Rao 限界を漸近的に等号で達成する．すなわち最尤推定量 $\hat{\boldsymbol{\xi}}_{\text{mle}}$ は漸近的に不偏で，最も良い推定量の一つである．

10.3　指数型分布族における統計的推論

指数型分布族 $S=\{p(\boldsymbol{x},\boldsymbol{\theta})\}$, $p(\boldsymbol{x},\boldsymbol{\theta})=\exp\{\theta^i x_i-\psi(\boldsymbol{\theta})\}$ は双対平坦で，$\boldsymbol{\theta}$ 座標では確率の対数が線形モデルと見られる良い性質を持つ．そこで，最も簡単なこのモデルにおける統計的推論から話を始めよう．分布の一つから，N 個の独立なデータ $\boldsymbol{x}_1, \cdots, \boldsymbol{x}_N$ が観測されたとしよう．このとき，データ $D=\{\boldsymbol{x}_1, \cdots, \boldsymbol{x}_N\}$ の確率分布は

$$p(D, \boldsymbol{\theta}) = \prod p\left(\boldsymbol{x}_i, \boldsymbol{\theta}\right) = \exp\left\{\boldsymbol{\theta}\cdot\sum \boldsymbol{x}_i - N\psi(\boldsymbol{\theta})\right\} \tag{10.19}$$

のように書ける．ここで，算術平均

$$\bar{\boldsymbol{x}} = \frac{1}{N}\sum \boldsymbol{x}_i \tag{10.20}$$

を導入すれば，上式は

$$p(D, \boldsymbol{\theta}) = \exp\left\{N\boldsymbol{\theta}\cdot\bar{\boldsymbol{x}} - N\psi(\boldsymbol{\theta})\right\} \tag{10.21}$$

のように書けて，$\bar{\boldsymbol{x}}$ を確率変数とする同じ形式の指数型分布族になる．ただし，指数の中がすべて N 倍されている．幾何学の言葉でいえば，計量や T などがすべて N 倍されただけで形は元と同じである．つまり，空間のスケールが単に N 倍に膨張したとみて良い．対数尤度を N で割れば，

$$\frac{1}{N}\log p(D, \boldsymbol{\theta}) = \boldsymbol{\theta}\cdot\bar{\boldsymbol{x}} - \psi(\boldsymbol{\theta}). \tag{10.22}$$

データ D は N 個の n 次元ベクトルからなるが，これを平均した $\bar{\boldsymbol{x}}$ は 1 個の n 次元ベクトルである．データ D を $\bar{\boldsymbol{x}}$ に縮約しても，確率分布は $\bar{\boldsymbol{x}}$ の関数として書ける．これは $\bar{\boldsymbol{x}}$ が十分統計量であることを示し，D の代わりに $\bar{\boldsymbol{x}}$ を用いて推論を行っても情報の損失はない．$\bar{\boldsymbol{x}}$ の持つ Fisher 情報量は全データ D の Fisher 情報量に等しく，1 個のデータ $\boldsymbol{x}$ の持つ情報量の N 倍である．

データ D から尤度 $p(D,\boldsymbol{\theta})$ を最大にする $\boldsymbol{\theta}$ を求めたものを**最尤推定量**と言う．最尤推定量 $\hat{\boldsymbol{\theta}}$ は $l(D,\boldsymbol{\theta})=\log p(D,\boldsymbol{\theta})$ を微分したものを 0 とおけば

$$\partial_i\psi\left(\hat{\boldsymbol{\theta}}\right) = \bar{x}_i \tag{10.23}$$

を満たすから，双対アファイン座標 $\boldsymbol{\eta}$ を用いれば，単純に $\hat{\boldsymbol{\eta}}=\bar{\boldsymbol{x}}$ と書ける．これは指数型分布族においては，観測点が $\hat{\boldsymbol{\eta}}=\bar{\boldsymbol{x}}$ で与えられ，これがそのまま推定量になることを示す．これは最尤推定量であり，次の定理に示すように最良である．

定理 10.2 双対アファイン座標を用いたときの最尤推定量 $\hat{\boldsymbol{\eta}}$ は，不偏で Crámer–Rao 限界を等号で満たす最良の推定量である．

証明 最尤推定量 $\hat{\boldsymbol{\eta}}$ は，データ $\boldsymbol{x}_1, \cdots, \boldsymbol{x}_N$ の算術平均である．分布の真のパラメータは双対座標では $\boldsymbol{\eta} = E[\boldsymbol{x}]$ である．したがって，大数の法則によって，推定量 $\hat{\boldsymbol{\eta}} = \bar{\boldsymbol{x}}$ は $\boldsymbol{\eta}$ に収束する．推定誤差は N と共に 0 に収束するから，ここで誤差を拡大して，誤差ベクトルの $\sqrt{N}$ 倍を

$$\tilde{\boldsymbol{e}} = \sqrt{N}\left(\hat{\boldsymbol{\eta}} - \boldsymbol{\eta}\right) = \frac{1}{\sqrt{N}} \sum_{i=1}^{N} \left(\boldsymbol{x}_i - \boldsymbol{\eta}\right) \tag{10.24}$$

と置こう．中心極限定理によって，$\bar{\boldsymbol{x}} - \boldsymbol{\eta}$ はガウス分布に漸近し，その平均は 0，分散は

$$\frac{1}{N} g_{ij} = \frac{1}{N} E\left[\left(x_i - \eta_i\right)\left(x_j - \eta_j\right)\right] \tag{10.25}$$

である．双対アファイン座標系 $\boldsymbol{\eta}$ で考えているから，Fisher 情報行列は g^{ij} である．これより，推定量 $\hat{\boldsymbol{\eta}}$ はバイアスがなくて不偏，さらにその平均二乗誤差は

$$E\left[\left(\hat{\eta}_i - \eta_i\right)\left(\hat{\eta}_j - \eta_j\right)\right] = \frac{1}{N} g_{ij} \tag{10.26}$$

となり，Crámer–Rao の不等式を等号で満たす（(g_{ij}) は $\left(g^{ij}\right)$ の逆行列である）．したがって，平均二乗誤差を最小にする意味で，これが最良の推定量であることが分かる．

指数型分布族において，アファイン座標 $\boldsymbol{\theta}$ は**自然パラメータ**，双対アファイン座標 $\boldsymbol{\eta}$ は**期待値パラメータ**と呼ばれている．最尤推定は，どの座標系で行っても同じものを与える．すなわち，$\boldsymbol{\theta}$ 座標での最尤推定を求めるには

$$\hat{\eta}_i = \partial_i \psi\left(\hat{\boldsymbol{\theta}}\right) \tag{10.27}$$

を解けばよい．しかし，$\boldsymbol{\theta}$ 座標系での推定誤差を

$$\tilde{\boldsymbol{e}}_\theta = \sqrt{N}\left(\hat{\boldsymbol{\theta}} - \boldsymbol{\theta}\right) \tag{10.28}$$

とすれば，これは N が大きくなると 0 に収束するし，誤差の分散は Fisher 情報行列 (g_{ij}) の逆行列 $\left(g^{ij}\right)$ に漸近する．しかし，$\hat{\boldsymbol{\theta}}$ は厳密に不偏ではない（漸近的には不偏）．さらに Crámer–Rao の不等式も，N を大きくすれば漸近的に等式で達成するが，厳密に等号で成立するわけではない[*3]．

10.4 曲指数型分布族における推論

曲指数型分布族 $M = \{p(\boldsymbol{x}, \boldsymbol{u})\}$ とは，m 次元パラメータ $\boldsymbol{u} = (u_1, \cdots, u_m)$ で指定されるモデルで指数型分布族

$$S = \{p(\boldsymbol{x}, \boldsymbol{\theta}) \mid p(\boldsymbol{x}, \boldsymbol{\theta}) = \exp\{\boldsymbol{\theta} \cdot \boldsymbol{x} - \psi(\boldsymbol{\theta})\}\} \tag{10.29}$$

の部分空間となっているものである．このとき，指数型分布族の点 $\boldsymbol{\theta}$ は次元の低いパラメータ $\boldsymbol{u}$ を用いて，$\boldsymbol{\theta} = \boldsymbol{\theta}(\boldsymbol{u})$ で決まる．すなわち，

$$M = \{p(\boldsymbol{x}, \boldsymbol{\theta}(\boldsymbol{u}))\} \tag{10.30}$$

と書ける．M は S の（曲がった）部分空間になっている．このような統計モデルを**曲指数型分布**

*3) この事情は，推定量のバイアスや平均二乗誤差行列がテンソルではなくて，座標系の取り方に依存する量であることによる．しかし，N が大きいときは，これらの量は漸近的にテンソルとなる．

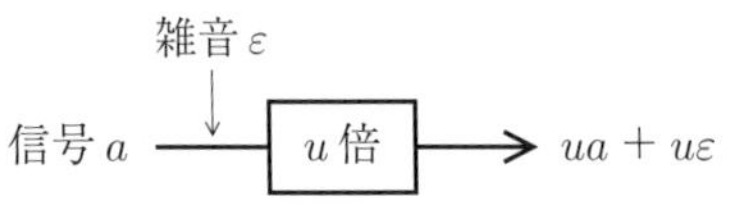

図 10.5　曲指数型分布族の例 $N(u, u^2)$.

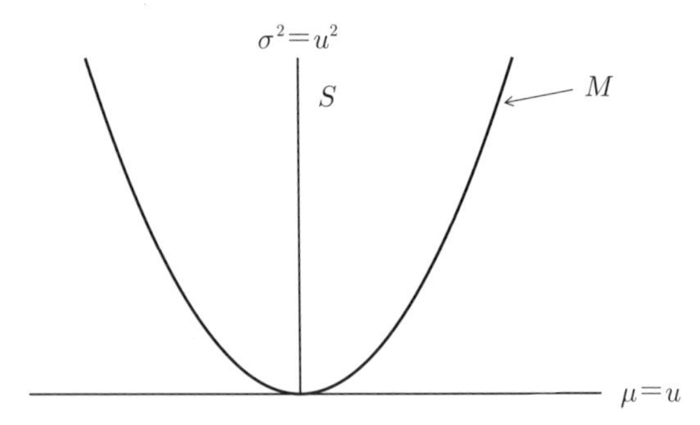

図 10.6　比例係数をパラメータとする曲指数型分布族.

族と呼ぶ．すべての離散分布モデルは，指数型分布族かもしくは曲指数型分布族である．

曲指数型分布族の例：入力信号 a が入ったとき，これを u 倍に拡大して ua とする装置があったとする（図 10.5）．ただし，a が入っても，入力 a にガウス雑音 ε（平均 0，分散 1 のガウス分布 $N(0,1)$ に従う）が加わり，出力は

$$x = u(a+\varepsilon) \tag{10.31}$$

になったとしよう．ここで $a=1$ を入力して，観測される出力から u を推定したい．x の確率分布は平均 u，分散 u^2 のガウス分布に従う．すなわち，統計モデルは u をパラメータとして，

$$M : p(x,u) = \frac{1}{\sqrt{2\pi}u} \exp\left\{-\frac{(x-u)^2}{2u^2}\right\} \tag{10.32}$$

である．これは指数型分布族の形には書けないが，指数型分布族であるガウス分布

$$p(x) = \frac{1}{\sqrt{2\pi}\sigma} \exp\left\{-\frac{(x-\mu)^2}{2\sigma^2}\right\} \tag{10.33}$$

の一部であり，標準型に書きなおせば

$$S = \left[p(x,\boldsymbol{\theta}) = \exp\left\{\theta_1 x + \theta_2 x^2 - \psi(\boldsymbol{\theta})\right\}\right], \tag{10.34}$$

$$\theta_1 = -\frac{\mu}{\sigma^2}, \quad \theta_2 = -\frac{1}{2\sigma^2}, \tag{10.35}$$

$$\psi(\boldsymbol{\theta}) = -\frac{(\theta_1)^2}{4\theta_2} + \frac{1}{2}\log\left(-\frac{\pi}{\theta_2}\right), \tag{10.36}$$

$$\boldsymbol{x} = \left(x, x^2\right) \tag{10.37}$$

の形の 2 次元の指数型分布族である．ここで

$$\theta_1 = \frac{1}{u}, \quad \theta_2 = -\frac{1}{2u^2} \tag{10.38}$$

とおけば $\boldsymbol{\theta}(u)$ が定まり，曲指数型分布族であることがわかる．M は S の中で

$$\theta_2 = -\frac{1}{2}(\theta_1)^2 \tag{10.39}$$

というパラボラ（放物線）になる．見やすい μ と σ^2 をパラメータとして書けば，M は

$$\mu = u, \quad \sigma^2 = u^2 \tag{10.40}$$

の形で 1 次元部分空間である（図 10.6）．

指数型分布族 S の座標系として $\boldsymbol{\theta}$ と，凸関数 $\psi(\boldsymbol{\theta})$ による Legendre 変換

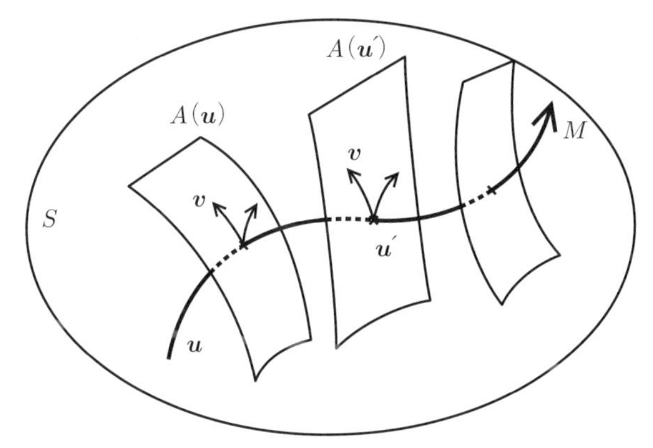

図 10.7　推定の補助多様体 $A(\boldsymbol{u})$．この図では M は 1 次元，$A(\boldsymbol{u})$ が 2 次元となっている．

$$\boldsymbol{\eta} = \nabla\psi(\boldsymbol{\theta}) = E[\boldsymbol{x}] \tag{10.41}$$

がある．$\boldsymbol{\eta}$ は $\boldsymbol{x}$ の期待値に等しいから，わかりやすい座標である．データ $\boldsymbol{x}_1, \cdots, \boldsymbol{x}_N$ が与えられたときに，その算術平均は

$$\bar{\boldsymbol{x}} = \frac{1}{N}\sum \boldsymbol{x}_i \tag{10.42}$$

だから，データが $\boldsymbol{\eta}$ 座標を用いた S の点（観測点）$\hat{p}(\boldsymbol{x})$ である．実は $\bar{\boldsymbol{x}}$ は十分統計量であって，データ $\boldsymbol{x}_1, \cdots, \boldsymbol{x}_N$ を縮約して算術平均 (10.42) を用いても，Fisher 情報量の損失はないことが分かっている．

話を一般に戻して，S が n 次元，M が m 次元の (n, m) 型曲指数型分布族

$$p(\boldsymbol{x}, \boldsymbol{u}) = \exp\left\{\boldsymbol{\theta}(\boldsymbol{u}) \cdot \boldsymbol{x} - \psi\left\{\boldsymbol{\theta}(\boldsymbol{u})\right\}\right\} \tag{10.43}$$

を考える．S で双対座標（期待値パラメータ）$\boldsymbol{\eta}$ を用いれば，M の S への埋め込みは $\boldsymbol{\eta}$ 座標では

$$\boldsymbol{\eta} = \boldsymbol{\eta}(\boldsymbol{u}) = E_{p(\boldsymbol{x},\boldsymbol{u})}[\boldsymbol{x}] \tag{10.44}$$

のように書ける．

M は S の m 次元の部分空間であるから，M の各点にこれを横断する $n-m$ 次元の曲面を付け加え，その座標系を $\boldsymbol{v} = \left(v^{m+1}, \cdots, v^n\right)$ とする．すると，$\boldsymbol{u}$ と $\boldsymbol{v}$ とで S の点が指定できる．これをまとめて

$$\boldsymbol{w} = (\boldsymbol{u}, \boldsymbol{v}) \tag{10.45}$$

と書けば，S の新しい座標系が作れる．ここで，$\boldsymbol{v} = 0$ は M の上に乗るように $\boldsymbol{v}$ 座標を選ぶ（図 10.7）．

推定とは S における観測点 $\hat{\boldsymbol{\eta}} = \bar{\boldsymbol{x}}$ を M に写像することであった．推定の方式を定めれば，点 $\boldsymbol{u}$ に写される S の点の集まりが決まる．これを $\boldsymbol{u}$ 点の推定補助多様体と呼び $A(\boldsymbol{u})$ と書いた．各 $A(\boldsymbol{u})$ の内部に $\boldsymbol{v}$ 座標を取ると，$\boldsymbol{w} = (\boldsymbol{u}, \boldsymbol{v})$ 点は $A(\boldsymbol{u})$ に入っていて，$A(\boldsymbol{u})$ の内での位置が $\boldsymbol{v}$ であることがわかる（図 10.7）．この座標系を選ぶと，推論の性質を解析するのに便利である．

ここで $\boldsymbol{w}$ の添字を $\boldsymbol{w} = (w^\alpha)$ のように書き，$\alpha = 1, \cdots, m$ は $\boldsymbol{u} = (u^a)$ の部分，$\alpha = m+1, \cdots, n$ は $\boldsymbol{v} = (v^\kappa)$ の部分を示すものとしよう．$\boldsymbol{\theta}$ から $\boldsymbol{w}$ への座標変換のヤコビ行列およびその逆を

$$B^i_\alpha = \frac{\partial\theta^i}{\partial w^\alpha}, \qquad B^\alpha_i = \frac{\partial w^\alpha}{\partial\theta^i} \tag{10.46}$$

と書く．これにより，計量テンソルを新しい座標系で書けば

$$g_{\alpha\beta} = g_{ij} B^i_\alpha B^j_\beta \tag{10.47}$$

である．このうちで $\boldsymbol{u}$ 成分のみを取り出せば，M の計量テンソル

$$g_{ab} = g_{ij} B^i_a B^j_b \tag{10.48}$$

となる．$\boldsymbol{v}$ 座標を M と直交するように取るならば

$$g_{a\kappa} = g_{ij} B^i_a B^j_\kappa = 0 \tag{10.49}$$

となる．

曲指数型分布族は特殊なモデルにすぎない，と考える読者も多いだろう．しかし，x が離散値を取るときには，確率分布をすべて集めた空間 S_n は指数型分布族であるから，離散変数のいかなる統計モデルも曲指数型分布族である．x が連続変数のときはこうはいかないが，ここでの議論はファイバーバンドルを使って一般化できる．

データ D に基づく観測点 $\hat{\boldsymbol{\eta}} = \bar{\boldsymbol{x}}$ のモーメントを求めておこう．S における推定誤差を $\hat{\boldsymbol{e}} = \bar{\boldsymbol{x}} - \boldsymbol{\eta}$ と置く．双対アファイン座標系で測った推定誤差 $\hat{\boldsymbol{e}}$ は，中心極限定理によってガウス分布に漸近すると言ったが，どのような具合で近づくかは中心極限定理を精密に評価すればわかる．中心極限定理によれば，3 次のキュムラントが $\left(N\sqrt{N}\right)^{-1}$ のオーダーで 0 に近づき，4 次のキュムラントが N^{-2} のオーダーで 0 に近づくことが分かっている．これを計算すると次のようになる．

定理 10.3 $\boldsymbol{\eta}$ 座標における推定誤差 $\hat{\boldsymbol{e}}$ のモーメントは

$$E\left[\hat{e}_i\right] = 0, \quad E\left[\hat{e}_i \hat{e}_j\right] = \frac{1}{N} g_{ij}, \tag{10.50}$$

$$E\left[\hat{e}_i \hat{e}_j \hat{e}_k\right] = \frac{1}{N\sqrt{N}} T_{ijk}, \quad E\left[\hat{e}_i \hat{e}_j \hat{e}_k \hat{e}_l\right] = \frac{1}{N^2} S_{ijkl} \tag{10.51}$$

で，高次のキュムラントが 0 に収束する．ただし，

$$T_{ijk} = \partial_i \partial_j \partial_k \psi, \quad S_{ijkl} = \partial_i \partial_j \partial_k \partial_l \psi \tag{10.52}$$

は，$\boldsymbol{x}$ の 3 次および 4 次のキュムラントである．

これらを $\boldsymbol{w}$ 座標系を用いて表現しておくと都合が良い．最尤推定量を $\boldsymbol{w}$ 座標で表したものを $\hat{\boldsymbol{w}}$ とすれば，これは座標変換

$$\hat{\boldsymbol{w}} = \boldsymbol{w}\left(\hat{\boldsymbol{\theta}}\right) \tag{10.53}$$

で求まる．これは N が大きくなれば真の値 $\boldsymbol{w} = (\boldsymbol{u}, 0)$ に収束するから，真の値からのずれを $\sqrt{N}$ 倍に拡大して

$$\tilde{\boldsymbol{w}} = \sqrt{N}\left(\hat{\boldsymbol{w}} - \boldsymbol{w}\right) \tag{10.54}$$

としよう．このとき，

$$\bar{\boldsymbol{x}} = \boldsymbol{\eta}\left(\boldsymbol{w} + \frac{\tilde{\boldsymbol{w}}}{\sqrt{N}}\right) \tag{10.55}$$

をテイラー展開すると

$$\bar{x}_i = \eta_i(\boldsymbol{u}, 0) + \frac{1}{\sqrt{N}} B_{\alpha i} \tilde{w}^\alpha + \frac{1}{2N} \partial_\alpha B_{\beta i} \tilde{w}^\alpha \tilde{w}^\beta + \cdots \tag{10.56}$$

の形の式が得られる．展開の係数は η_i を w_α などで偏微分した係数

$$B_{\alpha i} = \frac{\partial \eta_i}{\partial w^\alpha} \tag{10.57}$$

である．(10.56) 式を注意して逆転し，$\tilde{\boldsymbol{w}}$ を

$$\tilde{w}^\alpha = g^{\alpha\beta} B^i_\beta \tilde{x}_i - \frac{1}{2\sqrt{N}} C_{\beta\gamma}{}^\alpha \tilde{w}^\beta \tilde{w}^\gamma = g^{\alpha i} \tilde{x}_i - \frac{1}{\sqrt{N}} D^{\alpha i j} \tilde{x}_i \tilde{x}_j \tag{10.58}$$

のような形で書いておく．これは第 2 項の $\tilde{w}^\alpha$ にその近似値 $w^\alpha = g^{\alpha\beta} B^i_\beta \tilde{x}_i$ を代入することで $\tilde{w}^\alpha$ を $\tilde{x}^i$ で展開した形になる．$\tilde{\boldsymbol{w}}$ をさらに高次の項まで $\tilde{x}_i$ で展開したものが得られる．

$\tilde{\boldsymbol{x}}$ の確率分布は漸近的にガウス分布であり，さらに精密に議論してその 3 次，4 次のキュムラントまで求めた．したがって，ここから $\tilde{\boldsymbol{w}}$ についての分布が求まる．$\tilde{\boldsymbol{w}}$ は漸近的にはガウス分布だから，多変数 Hermite 関数を利用して Edgeworth 展開という形で求まるが，ここでは深入りしない．これらについては文献 1) に詳述してある．

とりあえず $\tilde{\boldsymbol{w}}$ の期待値と分散を求めておこう．(10.58) の期待値をとると，$E[\tilde{x}_i] = 0$ だから

$$E[\tilde{w}^\alpha] = -\frac{1}{2\sqrt{N}} C_{\beta\gamma}{}^\alpha g^{\beta\gamma} \tag{10.59}$$

で，漸近的には 0 である．しかし $\hat{w}^\alpha$ は $1/N$ のオーダーのバイアスを含みその $1/N$ の項は

$$C^\alpha = C_{\beta\gamma}{}^\alpha g^{\beta\gamma} = \Gamma^{(m)}_{\beta\gamma}{}^\alpha g^{\beta\gamma} \tag{10.60}$$

である．これは空間 S の m-接続の係数から求まる．したがって座標系に依存するのでテンソルではない．また，N 倍に拡大した $\hat{\boldsymbol{w}}$ の分散は，

$$E\left[\tilde{w}^\alpha \tilde{w}^\beta\right] = g^{\alpha\beta} + O\left(\frac{1}{N}\right) \tag{10.61}$$

で，これは $\boldsymbol{w}$ 座標系で表した Fisher 情報行列 $g^{\alpha\beta}$ に，さらに高次の項がつく．これも詳しく計算することができる．詳細は文献 1, 2) または論文 4) に譲る．幾何学的な方法ではないが，実質的に同じものが文献 5) などでも見られる．

10.5 統計的推定の漸近理論

推定は，データ D が定める S における観測点（最尤推定量）$\hat{\boldsymbol{\eta}} = \bar{\boldsymbol{x}}$ から，M への写像である．$\hat{\boldsymbol{\eta}}$ は真の値 $\boldsymbol{\eta}$ に近いから，$\boldsymbol{\eta}$ のまわりで線形化した理論をまず考える．次いで高次漸近理論として，線形理論からの補正を考える．

推定に関してまず注目すべきは，N が無限に大きくなったときに推定量 $\hat{\boldsymbol{u}}$ が真の値 $\boldsymbol{u}$ に収束するか否かである．収束する推定量を一致推定量と言う．N が大きくなれば，$\bar{\boldsymbol{x}}$ は $\boldsymbol{\eta}(\boldsymbol{u}, 0)$ に収束する．だから，$\boldsymbol{u}$ に付属する補助多様体 $A(\boldsymbol{u})$ が，M の点 $(\boldsymbol{u}, 0)$ を通れば，$\hat{\boldsymbol{u}}$ は一致推定量になる．$A(\boldsymbol{u})$ は N に依存しても良いので，依存性をはっきり書くときはこれを $A_N(\boldsymbol{u})$ とする．

性質 1. $A_N(\boldsymbol{u})$ が N を無限大にしたときに M の点 $\boldsymbol{u}$ を通るとき，このときに限って，$\hat{\boldsymbol{u}}$ は一致推定量である．

一致推定量 $\hat{\boldsymbol{u}}$ は，その誤差の分散行列が，漸近的に Fisher 情報行列の $1/N$ 倍に近づくときに，情報を有効に使っている．これを（1 次）**有効推定量**という．

性質 2. $A_N(\boldsymbol{u})$ が M と（漸近的に）直交するとき，このときに限り一致推定量 $\hat{\boldsymbol{u}}$ は有効推定量である．

証明　1 次の漸近理論はやさしい．(10.58), (10.61) から，$\tilde{\boldsymbol{w}}$ が漸近的にガウス分布に従い，その分散が漸近的に Fisher 情報行列の逆行列で書けることが分かる．すなわち，$\tilde{\boldsymbol{w}} = (\tilde{\boldsymbol{u}}, \tilde{\boldsymbol{v}})$ として

$$p(\tilde{\boldsymbol{u}}, \tilde{\boldsymbol{v}}) = c \exp\left\{-\frac{1}{2} g_{\alpha\beta} \tilde{w}^{\alpha} \tilde{w}^{\beta}\right\}. \tag{10.62}$$

これを $\tilde{\boldsymbol{v}}$ で積分すれば，周辺分布として $\tilde{\boldsymbol{u}}$ の分布 $p(\tilde{\boldsymbol{u}})$ が分かる．線形代数の計算によって，$\tilde{\boldsymbol{u}}$ の分布は漸近的に

$$\bar{g}_{ab} = g_{ab} - g_{a\kappa} g_{b\lambda} g^{\kappa\lambda} \tag{10.63}$$

を係数とするガウス分布

$$p(\tilde{\boldsymbol{u}}) = c \exp\left\{-\frac{1}{2} \bar{g}_{ab} \tilde{u}^{a} \tilde{u}^{b}\right\} \tag{10.64}$$

になる．$(\bar{g}_{ab})$ は $(g_{\alpha\beta})$ の逆行列 $\left(g^{\alpha\beta}\right)$ の (a, b) 部分の逆行列である．$\bar{g}_{ab}$ は $g_{\alpha\beta}$ の (a, b) 部分である g_{ab} とは違い，(10.63) 式の右辺の項だけ情報を損している．すなわち，$\hat{\boldsymbol{u}}$ の分散は Fisher 情報行列 g_{ab} の逆行列の $(1/N)$ 倍ではない．正定行列の意味で $g_{ab} \geq \bar{g}_{ab}$ である．損失が最小になるのは，$g_{a\kappa} = 0$，すなわち $A_N(\boldsymbol{u})$ と M とが（漸近的にで良いが）直交するときで，このとき $\bar{g}_{ab} = g_{ab}$ で損失がない．最尤推定ではこれが成立している．

1 次の漸近理論は，幾何でいえば接空間の理論である．だから，統計モデルが何であろうと，接空間の計量とその推定補助多様体との直交性で，話が共通にできた．これは誤差評価を $1/N$ の項まで行う理論である．高次の漸近論は，誤差評価をさらに $1/N^2$ の項まで進める．それには幾何で言えば，接続と曲率が必要になる．そのため，計算が大変煩雑である．

1 次有効な推定量は $A(\boldsymbol{u})$ が M の点 $\boldsymbol{u}$ を通りこれに直交していれば良いから，このようなものはたくさんある．次に問題になるのは $A(\boldsymbol{u})$ の曲がり具合である．直観的には "まっすぐ" なものが良さそうだが，まっすぐとは測地線のことであり，これには 2 種類ある．このとき，推定量 $\hat{\boldsymbol{u}}$ の誤差の分散を $1/N$ のオーダーだけでなく，さらに高次の項まで評価することになり，これが曲率に関係する．議論を続けると，次のオーダーは $1/N\sqrt{N}$ になり，その次が $1/N^2$ の項である．ところが通常の推定量では $1/N\sqrt{N}$ の項は 0 になる．だから，その次の $1/N^2$ の項で勝負しよう．これを最小にする推定量を **2 次有効推定量**と呼ぶ．人によっては $1/N\sqrt{N}$ の項を 2 次の項とし，これが 0 になるものを 2 次有効推定量と呼び，1 次有効な推定量は自動的に 2 次有効であるという性質を定理として述べているものもある[5)]．このとき，$1/N^2$ の項を最小にする推定量は 3 次有効となる．しかしここではわずらわしさを避け，これを 2 次有効と呼ぶ．

2 次有効性を議論するのに，ちょっとした障害があった．それは，1 次有効推定量 $\hat{\boldsymbol{u}}$ が $1/N$ のオーダーのバイアスを持つことである．このバイアスによって，二乗誤差は誤差の分散とは微妙に違ってきて，推定量の優劣がつかないことがある．このためバイアスを許容して二乗誤差を減らすというトリックが使える．

1 次有効推定量のバイアスは (10.60) から計算できる．そこで，バイアスを引き去った

$$\hat{\boldsymbol{u}}^{*} = \hat{\boldsymbol{u}} + \frac{1}{2N} C^{\alpha}(\hat{\boldsymbol{u}}) \tag{10.65}$$

を，バイアス補正推定量と呼ぶ．これでもバイアスが完全になくなったわけではないが，それは $1/N^2$ のオーダーにまで落ちている．

定理 10.4　バイアス補正済みの 1 次有効推定量 $\hat{\boldsymbol{u}}$ の誤差の分散は

$$E\left[\tilde{u}^{*a} \tilde{u}^{*b}\right] = g^{ab} + \frac{1}{2N}\left\{\left(\Gamma_{m}^{2}\right)^{ab} + 2\left(H_{M}^{e2}\right)^{ab} + \left(H_{A}^{m2}\right)^{ab}\right\} + O\left(\frac{1}{N^2}\right) \tag{10.66}$$

のように展開できる．

これには大変な計算が必要であるから，その計算はここでは述べない．私も大変苦労した．ただ，2次の3つの項の意味を説明しておこう．まず

$$\left(\Gamma_m^2\right)^{ab} = \Gamma_{cd}^{(m)^a}\Gamma_{ef}^{(m)^b} g^{ce} g^{df} \tag{10.67}$$

は，パラメータ $\boldsymbol{u}$ の座標系に関わる m-接続の二乗である．これはパラメータ $\boldsymbol{u}$ のとり方に依存する．ここからも，誤差の分散行列がテンソルではないことが分かる（1次の項は Fisher 情報行列の逆行列でテンソルであった）．

$$\left(H_M^{e2}\right)^{ab} = H_{ec}^{(e)\kappa} H_{fd}^{(e)\lambda} g^{cd} g_{\kappa\lambda} g^{ae} g^{fb} \tag{10.68}$$

は，モデル M の e-埋め込み曲率の二乗である．最後の項は

$$\left(H_A^{m2}\right)^{ab} = H_{\kappa\lambda}^{(m)a} H_{\mu\nu}^{(m)b} g^{\kappa\mu} g^{\lambda\nu} \tag{10.69}$$

で，これは推定補助多様体の m-埋め込み曲率の二乗である．補助多様体が m-平坦であるときにこれは0になり，誤差が小さい．

性質 3. 1次有効推定量をバイアス補正したときに，これが2次有効であるための条件は推定補助多様体の m-埋め込み曲率が M において0になることである．

e-埋め込み曲率 $H_{ab}^{(e)\kappa}$ はモデル M を決めれば決まってしまう．その二乗は，e-平坦なモデル，つまりモデルが指数型分布族であるときに0で最小になる．指数型分布族でないときはその e-埋め込み曲率の大きさに応じて推定誤差が（高次のオーダーではあるが）増える．一方，$\Gamma_{abc}^{(m)}$ の項はモデルのパラメータの取り方に依存して自動的に決まる．推定の仕方に関係するのは (10.69) の項のみで，推定量の性質を良くするには，これを0にすればよい．

最尤推定は，観測点 $\bar{\boldsymbol{x}}$ から M への KL ダイバージェンスを最小にするもので，$\bar{\boldsymbol{x}}$ の M への m-射影である．したがって，$A_N(u)$ と M とは直交し，しかも推定の補助多様体の m-埋め込み曲率が0である．したがって次の定理が得られる．

定理 10.5 最尤推定は有効一致推定量で，さらに2次有効である．

これは，漸近論でいえば最尤推定が2次まで最も良いことを示す．最尤推定は Fisher が最良の推定と信じたもので，1次の漸近理論は確かにこれが最も良い．これが古典漸近理論である．でも同等に良いものは他にもある．その中でどれが良いか，これを明らかにしたのが2次の漸近理論である．このために，C.R. Rao はバイアス補正という仕掛けをほどこし，推定量の良さの Fisher 情報量の意味で比較できるようにした[6)]．すなわち $\hat{\boldsymbol{u}}$ の持つ Fisher 情報量を高次のオーダーまで評価した．1970年代，世界の各地で2次の漸近理論が展開され，(10.66) と同一の結果が世界各地（日本，インド，ロシア，ドイツなど）で独立に得られた．この計算は Fisher が試みたものの完成を見ず，それを再び取り上げて幾何学の形にしたのは Efron である[7)]．

最尤推定量は2次有効で，ここでも最良であった．そこでその先が知りたくなる．これはひょっとして，うまいバイアス補正をすれば，最尤推定量は3次，4次といつも最良なのではないか．これは最尤推定神話という魅力的な話である．Rao はあるとき，3次でも最尤推定量が最も良いことが証明できたと語り，私はそれはおかしいと反論し，後に Rao も誤りを認めた．私は自分でも密かに計算していたからであるが，うまい結果が得られなかった．狩野が，最尤推定は3次有効でないという驚くべき結果を導き，これでこの問題は理論的な決着を見た[8)]．

10.6 指数型分布族における検定と分類

指数型分布族における推定は極めて簡単であった．そこで，検定と分類についても，まず指数型分布族を用いて基本を述べておく．分布族の空間を $S=\{p(\boldsymbol{x},\boldsymbol{\theta})\}$ とし，単純仮説検定を考える．これは 2 つの仮説

$$帰無仮説\ H_0:\boldsymbol{\theta}=\boldsymbol{\theta}_0,\quad 対立仮説\ H_1:\boldsymbol{\theta}=\boldsymbol{\theta}_1 \tag{10.70}$$

を用意する．このとき，観測されたデータ $D=\{\boldsymbol{x}_1,\cdots,\boldsymbol{x}_N\}$ をもとに，帰無仮説 H_0 は対立仮説に対して妥当でないとして，棄却できるかどうかを判定する．

仮説 H_0 が真であるときに，これを偽だとして棄却する誤りを**第 1 種の過誤**という．逆に，仮説 H_1 が真であるのに，仮説 H_0 を棄却しない誤りを**第 2 種の過誤**という．仮説検定は第 1 種の過誤を一定水準 α（**有意水準**という）以下に抑えた上で，第 2 種の過誤を最小にする．このとき，Neyman–Pearson の基本定理が知られている．

定理 10.6　Neyman–Pearson の定理：最良の仮説検定は尤度比の対数

$$t(\bar{\boldsymbol{x}})=\sum_i \log\frac{p(\boldsymbol{x}_i,\boldsymbol{\theta}_1)}{p(\boldsymbol{x}_i,\boldsymbol{\theta}_0)}=\log\frac{p(\bar{\boldsymbol{x}},\boldsymbol{\theta}_1)}{p(\bar{\boldsymbol{x}},\boldsymbol{\theta}_0)} \tag{10.71}$$

を検定統計量とし，これが有意水準 α によって決まる一定値 λ_α より大きければ H_0 を棄却し，小さければ棄却しない．

補題の証明は簡単である．この定理を幾何学で考えよう．棄却するか否かの判定式は，$\bar{\boldsymbol{x}}$ をデータ $\boldsymbol{x}_1,\cdots,\boldsymbol{x}_N$ の算術平均値として

$$\log\frac{p(\bar{\boldsymbol{x}},\boldsymbol{\theta}_1)}{p(\bar{\boldsymbol{x}},\boldsymbol{\theta}_0)}=(\boldsymbol{\theta}_1-\boldsymbol{\theta}_0)\cdot\bar{\boldsymbol{x}}-\psi(\boldsymbol{\theta}_1)+\psi(\boldsymbol{\theta}_0)=\lambda_\alpha \tag{10.72}$$

である．双対アファイン座標 $\boldsymbol{\eta}$ で考えれば，上式が成立する $\hat{\boldsymbol{\eta}}=\bar{\boldsymbol{x}}$ は S の空間で双対座標（$\boldsymbol{\eta}$ 座標）が線形に束縛された超平面 (10.72) 上にあり，(10.72) が正になる領域が受容域で，データ $\bar{\boldsymbol{x}}$ がここに入れば仮説を棄却しない．逆に，これが負になれば，棄却域 R であり，仮説を棄却する．空間 S は双対超平面 (10.72) によって二分割される（図 10.8）．いま，2 点 $\boldsymbol{\theta}_1$ と $\boldsymbol{\theta}_2$ を結ぶ e-測地線を考える．すると，この m-超平面は測地線に直交する．測地線のどの点（図では P 点）で直交するかは，有意水準 α に依存して決まる．すなわち，

$$\int_R p(\bar{\boldsymbol{x}},\boldsymbol{\theta}_0)\,d\bar{\boldsymbol{x}}=\alpha \tag{10.73}$$

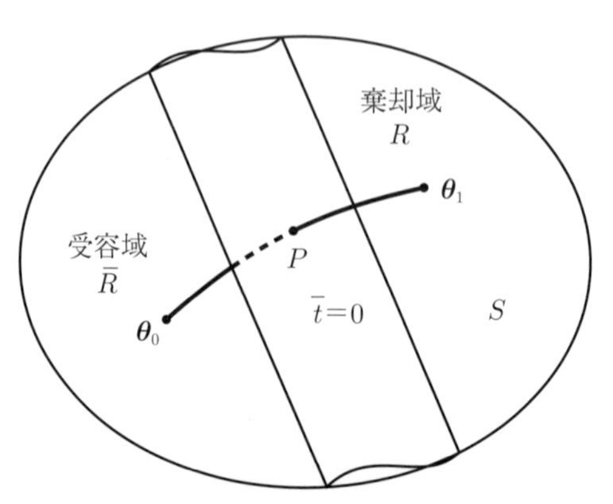

図 10.8　仮説検定の受容域と棄却域．

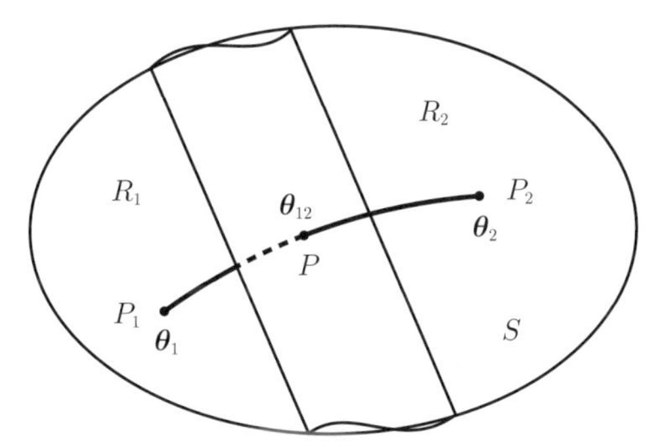

図 10.9　データ $\bar{\boldsymbol{x}}$ を 2 つの分布 P_1 と P_2 に分類する．

となるように決める．

検定では水準 α を決めて，仮説 H_0 を棄却するかどうかをデータ D に基づいて決めた．しかし，どの水準にすると棄却することになるか，これを細かく計算することもできる．すなわち，真の分布が H_0 のとき，水準 α をどこに取れば仮説が棄却されるか，このぎりぎりの値を p 値と呼び，仮説検定では p 値を示すことが多い．

次に，2 つの固定した分布 $P_1 = p(\boldsymbol{x}, \boldsymbol{\theta}_1)$ と $P_2 = p(\boldsymbol{x}, \boldsymbol{\theta}_2)$ を考え，データ $\boldsymbol{x}$ をもとにこれを発生した情報源は P_1 であるか P_2 であるかを決める分類問題を考えよう．S を分割する 2 つの領域 R_1 と R_2, $R_1 \cap R_2 = \phi$, $R_1 \cup R_2 = S$ を考え，$\bar{\boldsymbol{x}} \in R_1$ なら P_1 から出たデータ，$\bar{\boldsymbol{x}} \in R_2$ なら P_2 から出たデータとする．決定誤差を最小にする Bayes の立場に立てば，領域を決めるのに誤り決定の確率

$$e = \int_{R_1} p(\bar{\boldsymbol{x}}, \boldsymbol{\theta}_2)\, d\bar{\boldsymbol{x}} + \int_{R_2} p(\bar{\boldsymbol{x}}, \boldsymbol{\theta}_1)\, d\bar{\boldsymbol{x}} \tag{10.74}$$

を最小となるようにすればよい．このとき，変分計算によって，最適な領域分割の境界は c を定数として双対平坦な超平面

$$(\boldsymbol{\theta}_1 - \boldsymbol{\theta}_2) \cdot \boldsymbol{\eta} = c \tag{10.75}$$

で与えられる．すなわち，$\bar{\boldsymbol{x}}$ が上式を満たせば境界上にある．これは，P_1 と P_2 を結ぶ測地線を $\boldsymbol{\theta}_{12}$ 点で直交に横断する（図 10.9）．その交点 $\boldsymbol{\theta}_{12}$ は KL ダイバージェンスによる P_1 と P_2 の中点，

$$KL\left[p(\boldsymbol{x}, \boldsymbol{\theta}_{12}) : p(\boldsymbol{x}, \boldsymbol{\theta}_1)\right] = KL\left[p(\boldsymbol{x}, \boldsymbol{\theta}_{12}) : p(\boldsymbol{x}, \boldsymbol{\theta}_2)\right] \tag{10.76}$$

である．誤り確率はこれを用いて (10.74) の積分を実行すればよい．多数のパターン $\boldsymbol{x}_1, \cdots, \boldsymbol{x}_N$ が同一の分布から発生する漸近理論では，誤り確率が漸近的に KL ダイバージェンスを用いて

$$e = \exp\left\{-NKL\left[p(\boldsymbol{x}, \boldsymbol{\theta}_{12}) : p(\boldsymbol{x} : \boldsymbol{\theta}_1)\right]\right\} \tag{10.77}$$

と書けることを前に見た．これは大偏差定理である．

10.7　検定の漸近理論

曲指数型分布族の場合も，幾何学を用いると高次の漸近理論が作れる．検定では帰無仮説と対立仮説をどうとるかで，いろいろな場合がある．ここでは最も簡単な 1 次元曲指数型分布モデル

$$M = \{p(\boldsymbol{x}, u) = p(\boldsymbol{x}, \boldsymbol{\theta}(u))\} \tag{10.78}$$

を考える．u はスカラーパラメータであるから，M は S の中の曲線である．

帰無仮説として $H_0 : u = u_0$，対立仮説として $H_1 : u > u_0$ を考えよう．対立仮説として，両側の検定 $H_1 : u \neq u_0$ を考える場合もある．これも同様のやり方で議論でき，似た性質が現れるので，ここでは片側対立仮説（$H_1 : u > u_0$ の場合）だけを述べる．

仮説検定では，S 内に棄却域 R を設定し，データ $\bar{\boldsymbol{x}}$ が R に入れば仮説 H_0 を棄却し，R の補集合である受容域 $\bar{R}$ に入れば棄却しない（受容する）．仮説検定方式 T を決めるとは，棄却域 R を決めることである．このとき，有意水準 α を先に定める．これは $u = u_0$ が真であるときにこれを棄却しない確率で，R は

$$\int_R p\left(\boldsymbol{x}, \boldsymbol{\theta}\left(u_0\right)\right) d\boldsymbol{x} \leq \alpha \tag{10.79}$$

を満たさなければならない．その上で，真の値が $u > u_0$ のときに H_0 を棄却する確率をできるだけ高めたい．真の値が u であったときに仮説を棄却する確率を u 点での**検出力**と呼ぶ．これは

$$P_T(u) = \int_R p(\boldsymbol{x}, u) d\boldsymbol{x} \tag{10.80}$$

と書ける．もちろん，$u = u_0$ 点での検出力は有意水準である．$P_T(u)$ を，検定方式 T の**検出力曲線**と呼ぶ．有意水準を保ちつつこれを高くしたいが，u のどの値で高くするかが問題となる．

N が大きい漸近理論を考えるから，対立仮説の u は，u_0 の近くにあるとして良い．遠いときは間違いなく棄却できるからである．そこで，パラメータ u のスケールを変えて t を用い，

$$u_t = u_0 + \frac{t}{\sqrt{N}g} \tag{10.81}$$

とする．g は u_0 点での Fisher 情報量である．検定 T の検出力曲線 (10.80) を，t を用いて

$$P_T\left(u_t\right) = P_1(t) + \frac{1}{\sqrt{N}} P_2(t) + \frac{1}{N} P_3(t) + O\left(\frac{1}{N\sqrt{N}}\right) \tag{10.82}$$

のように展開する．$1/\sqrt{N}$ 以上の項を無視すれば，$P_1(t)$ を最大にする検定を求めることになる．これが 1 次の検定の漸近理論である．ある検定 T が他の検定 T' と比べて，すべての t で

$$P_T\left(u_t\right) \geq P_{T'}\left(u_t\right) \tag{10.83}$$

が成立するとき，この検定を**漸近一様最強力検定**という．これが 1 次のオーダーの項で成立するならば，**1 次漸近一様最強力検定**である．この検定は 1 次の項までを見れば，どの u でも検出力が最も高い．まずこれを求める．このような検定はいくつも知られている．その次に議論するのが，2 次，3 次の項である．

検定 T の棄却域 R の境界面は，モデル曲線 M を横断する（図 10.10）．1 次の漸近理論で検出力を求めるには，真の分布が u にあったとして，ここから出たデータ $\bar{\boldsymbol{x}}$ が R に入る確率を求める．このとき，$\boldsymbol{w}$ 座標を用いるとよい．R の境界面は曲線 M を横断し，水準 α を変えれば横断点が M 上を動く．u 点を横断する面を $A(u)$ とし，これを検定方式 T に対応する補助多様体とする．すると，検定 T を評価するのに都合の良い座標系 $\boldsymbol{w}$ が得られる．真の分布が u のときの，$\hat{\boldsymbol{w}}$ の分布は前に求めた．1 次の理論ではこれは，漸近的にガウス分布である．だから，これを R 領域上で積分する．漸近理論では u の近くだけを考えればすむから，この積分が可能になる．

1 次の漸近理論では，真の分布が u_t のとき，$\bar{\boldsymbol{x}}$ の分布は $\boldsymbol{\eta}(u_t, 0)$ のごく近くに集中している．すなわち $\tilde{\boldsymbol{w}}$ の分布は 0 の近くに集中したガウス分布である．これを棄却域 R 上で積分すれば検出力曲線が得られる．この計算に，棄却域 R の境界 ∂R を M の近傍で線形近似して，M をよぎる線形空間として計算してよい．∂R が M をよぎる場所 u_α とよぎるときの角度だけが問題である．よぎる位置 u_α は，有意水準 α を満たすように計算する（図 10.11）．このとき，$\tilde{\boldsymbol{w}}$ のガウス分布

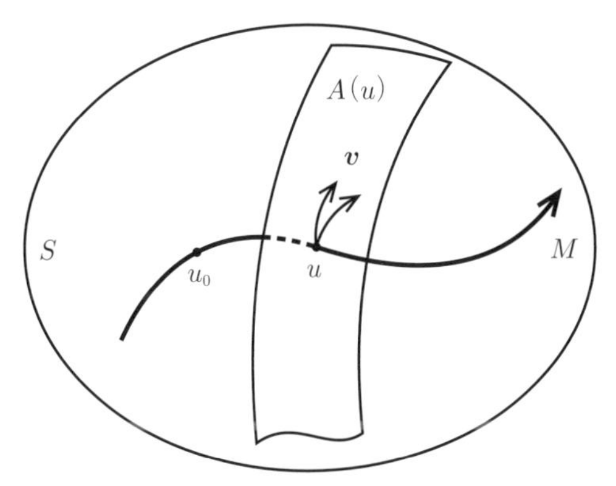

図 10.10　検定における補助多様体 $A(u)$．各 u に，$A(u)$ を付ける．

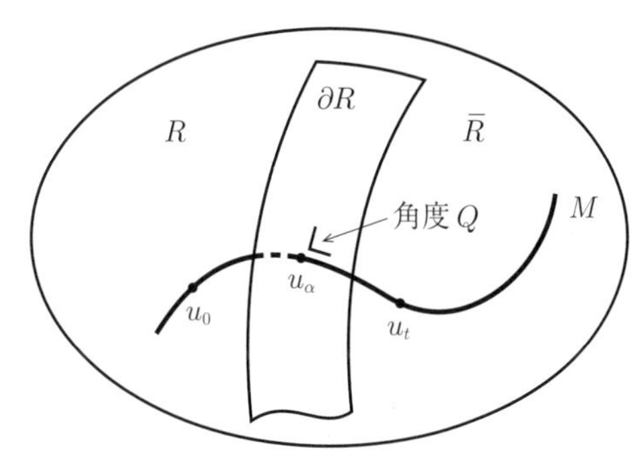

図 10.11　受容域の境界は u_α を通る補助多様体である．真の分布が u_t のとき，$\bar{\boldsymbol{x}}$ の分布を $\bar{R}$ 上で積分するが，このとき u_t の補助多様体 $A(u_t)$ で座標 $\tilde{\boldsymbol{w}}$ を用いる．

を $\tilde{\boldsymbol{v}}$ について積分して，$\tilde{u}$ の周辺分布を求めると，それは分散が

$$\bar{g}_{ab} = g_{ab} - g_{a\kappa} g_{b\lambda} g^{\kappa\lambda} \tag{10.84}$$

のガウス分布になることを用いる．ただし，今の場合，添字 a, b は 1 のみの値を取る．

1 次漸近理論での計算はさほど困難ではなく，検出力曲線は，誤差積分関数

$$\phi(t) = \frac{1}{\sqrt{2\pi}} \int_t^\infty \exp\left\{-\frac{r^2}{2}\right\} dr \tag{10.85}$$

を用いて，$g = g_{ab}, \bar{g} = \bar{g}_{ab}$ として

$$P_1(t) = \phi\left\{u_1(\alpha) - \sqrt{\frac{\bar{g}}{g}} t\right\} \tag{10.86}$$

で与えられる．ここに $u_1(\alpha)$ は水準 α によって決まる定数である．明らかに $g \geq \bar{g}$ であるから，検出力は $\bar{g}$ が大きいほど高い．一番高いのは等号 $g_{ab} = \bar{g}_{ab}$ が成立するときで，このとき R の境界面は M に（漸近的に）直交する．ϕ は単調増大関数であるから，検出力はどの u_t においても，∂R を M に漸近的に直交するように取るときが最大である．これは，検定の漸近理論でよく知られている結果を幾何学を用いて統一的に導いたものである．

定理 10.7　棄却域の境界面が M に漸近的に直交するとき，このときに限り，検定は 1 次漸近一様最強力である．

1 次漸近一様最強力検定には，いろいろな方式が知られている．たとえば，Wald 検定（最尤推定による検定），尤度比検定，Rao 検定（有効スコア検定）などがあり，いずれも境界面は m-平坦で M と（漸近的に）直交している．

こうたくさんあると，どれを使えばよいか困る．実は検定方式は他にもまだたくさんある．これらの 1 次有効な検定方式はそれぞれどんな特性を持つのであろうか．これについては，いろいろ議論があったが，個別の例を調べるのみですっきりとした回答は得られていなかった．情報幾何が高次漸近理論を展開し[9]，決め手となる回答を与えた．

比較的簡単にわかることは

定理 10.8　すべての 1 次漸近一様最強力検定は，同じ 2 次の項 $P_2(t)$ を持つ．

2 次の $1/\sqrt{N}$ のオーダーの項を比べても同じであるから，これは検定の特性の比較には関係しな

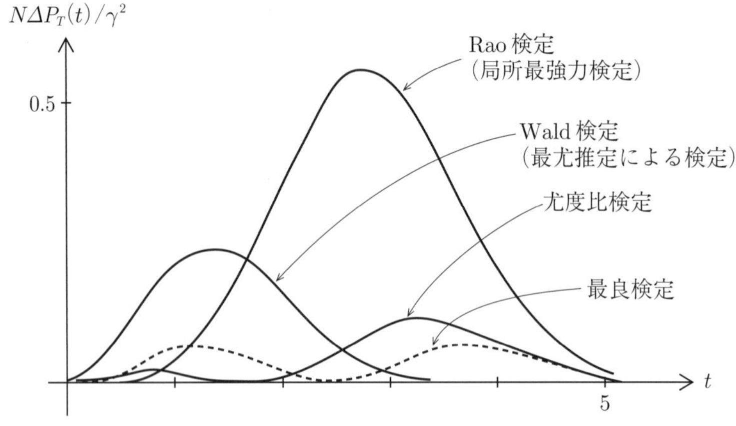

図 10.12　各種の検定方式における検出力の損失.

い．そこで，さらに $1/N$ のオーダーの 3 次の項 $P_3(t)$ を比較する．このためには，$\tilde{\boldsymbol{w}}$ の分布の高次の特性を用いるとともに，境界面を線形近似するのではなくて，曲率を考えに入れて 2 次関数で近似する．さらに，境界面と M との角度 $g_{a\kappa}$ をより厳密に評価する．すなわち，漸近直交の場合これは厳密に 0 ではなくて

$$g_{a\kappa}(u_t) = O\left(\frac{1}{\sqrt{N}}\right) \tag{10.87}$$

である．ここで，境界 ∂R が u_t で M をよぎるとき，そのときの角度を

$$g_{a\kappa}(u_t) = (u_t - u_0)\,Q_\kappa \tag{10.88}$$

と置く．$(u_t - u_0)$ は $1/\sqrt{N}$ のオーダーである．こうして積分を実行すると答えが出る．この計算は，技術的なものとはいえ大変面倒である．そこで答えは文献 1) などに譲ることにする．この計算からいえることは，1) 境界面 ∂R が m-平坦でないと 3 次検出力に損失が出る．2) 3 次検出力関数は

$$Q_\kappa - J(t)H^{(e)}_{ab\kappa}g^{ab} \tag{10.89}$$

を二乗した項を含む．ここに J は水準に依存した t の関数である．この二乗を 0 にしたいが，t によらずにこれを一様に 0 にすることはできない．しかし，角度 Q_κ をモデルの e-曲率に依存してうまく取ることにより，これを減らすことができる．しかし，Q_κ を決めれば減り方は t に依存する．これより，M が指数型分布族で $H^{(e)}_{ab\kappa} = 0$ である場合を除いては，高次漸近理論ではもはや一様最強力検定は存在しないことが明らかになった．

先に挙げた 3 つの検定方式は，それぞれどの t で検出力が高いか，その違いが特徴になる．そこで，今問題にする検出方式の 3 次検出力から t 毎に最良の 3 次検出力を差し引いた，3 次の検出力損失関数を計算してみる．これを図示したのが図 10.12 である．

ここでは述べなかったが，局所最強力検定も図 10.12 に書いておいた．また，最良検定とは，関数 J を定数にしてそれをミニマックスで定めたもので，新しい検定方式として提唱できる．図 10.12 を見ると，Rao 検定は実は局所最強力検定になっていて，なるほど t が小さいところでは良いが，t が 3 ぐらいの比較的良く使うあたりでの検出力はかなり悪い．Wald 検定は t が 1〜2 あたりの小さいところで損失がある．これに比べると尤度比検定は比較的全域で検出力が高く，推奨できる．

終わりの一言

統計学になぜ幾何学が必要か，これでお分かりいただけたであろうか．統計の幾何学はC.R. Raoの若き日の論文[3]に始まる（実は隠された歴史があり，Hotellingの研究があったことは前に述べた）．ここでRaoはリーマン計量を導入した．その後いろいろないきさつはあったが，1970年代にロシアのChentsovがこの理論を発展させて，接続を導入した．これは当時欧米の学界とは孤立していたソ連でおこなわれたが，ロシア語の本が一部の人々の間で日本でもヨーロッパでも読まれていた（英訳が出版されたのが1982年）．

西欧ではEfronが，高次の漸近理論を幾何学と結び付ける理論を展開した[7]．これを発展させたのが甘利，公文，長岡である．とくに双対性に基づく理論が日本で完成した．これが竹内の目にとまり，統計学の大物D. Cox卿に紹介することになる．Cox卿はこの可能性を認め，いち早く世界に広めた．卿は，自分自身は微分幾何は素人ではあるが，この理論は統計学に新しい発展をもたらす重要なものかもしれないと話し，ロンドンで統計の微分幾何を主題とする国際シンポジウムを1984年に開催した．これによって一気に世界に広まった．私は大変幸運であった．

参考文献

1) S. Amari, *Differential-Geometrical Methods in Statistics*, Springer Lecture Notes in Statistics, **28**, 1985.
2) S. Amari and H. Nagaoka, *Methods of Information Geometry*, American Mathematical society and Oxford University Press, 2000.
3) C.R. Rao, Information and accuracy attainable in the estimation of statistical parameters, *Bull. of the Calcutta Mathematical Society*, **37**, 81–91, 1945.
4) S. Amari, Differential geometry of curved exponential families—curvature and information loss, *Annals of Statistics*, **10**, 357–385, 1982.
5) M. Akahira and K. Takeuchi, *Asymptotic Efficiency of Statistical Estimators: Concepts and Higher Order Asymptotic Efficiency*, Springer Lecture Notes in Statistics, vol.**7**, 1981.
6) C.R. Rao, Efficient estimates and optimum inference procedures in large samples, *J. Royal Statistical Society, B*, **24**, 46–72, 1962.
7) B. Efron, Defining the curvature of a statistical problem (with application to second order efficiency), *Annals of Statistics*, **3**, 1189–1242, 1975.
8) Y. Kano, Beyond third-order efficiency, *Sankhya*, **59**, 179–197, 1997.
9) K. Kumon and S. Amari, Geometrical theory of higher-order asymptotics of test, interval estimator and conditional inference, *Proc. Royal Society of London A* **387**, 429–458, 1983.

第11章

Neyman–Scott問題：局外母数とセミパラメトリック統計モデル

統計モデルは一般に多数のパラメータを含む．しかし，推定したいパラメータはそのうちの一つで，他のパラメータの値には興味がないとしよう．興味のないパラメータ（局外母数）は無視すればよいだけであるが，観測ごとにこれが異なる値をとるとなると問題である．観測数 N が増えるにつれ，局外母数の数も無限に増えていく．この問題を Neyman と Scott が取り上げ[1]，最尤推定が必ずしも良くないことを示した．ではどうすれば良いのか，これが統計学者を長い間悩ませた難問であった．情報幾何はこの問題の仕組みを解きほぐし，解決法へと導く．

11.1 局外母数を含む統計モデル

統計モデルを指定する未知パラメータを 2 種類に分類し，それを $\boldsymbol{u}, \boldsymbol{\xi}$ としよう．これらが指定する統計モデル

$$M = \{p(x, \boldsymbol{u}, \boldsymbol{\xi})\} \tag{11.1}$$

を考えるのだが，知りたいのは $\boldsymbol{u}$ だけで，$\boldsymbol{\xi}$ の値には興味がないとする．$\boldsymbol{u}$ も $\boldsymbol{\xi}$ もベクトルパラメータとし，それぞれ指標 a, κ などを用いて $\boldsymbol{u} = (u^a)$, $\boldsymbol{\xi} = (\xi^\kappa)$ のように表す．両方のパラメータを合わせて，$\boldsymbol{w} = (w^\alpha) = (u^a, \xi^\kappa)$ とする．

確率分布はパラメータ $\boldsymbol{w} = (\boldsymbol{u}, \boldsymbol{\xi})$ で指定されるが，データ D から推定したいのは $\boldsymbol{u}$ であって，$\boldsymbol{\xi}$ は何であってもよい．$\boldsymbol{u}$ を**関連母数**，$\boldsymbol{\xi}$ を**局外母数**または**撹乱母数**という．例を挙げよう．

例 1　秤の問題：未知の重量 μ を持つ資料があり，これを測定誤差 σ^2 の秤を用いて測定する．測定値 x はガウス分布 $N\left(\mu, \sigma^2\right)$ に従う確率変数である．同一の資料を何回か測定して，パラメータ μ, σ^2 を推定したい．このとき，重量 μ を知りたいが，分散 σ^2 はどうでもよい人にとっては，μ が興味ある関連母数 u で，σ^2 は局外母数 ξ である．逆に，平均 μ ではなくて秤の精度 σ^2 を知りたければ，$u = \sigma^2$ が関連母数，$\xi = \mu$ は局外母数である．

例 2　比例係数の問題：(x, y) をそれぞれ平均が μ_x, μ_y で，分散 1 の互いに独立なガウス分布とする．実は，(x, y) はある鉱石の体積と重量であって，その比重

$$u = \frac{\mu_y}{\mu_x} \tag{11.2}$$

を知りたい．μ_x や μ_y の値自体はどうでもよい．このとき，パラメータとして上記の u と $\xi = \mu_x$ を用いれば，

$$x \sim N(\xi, 1), \quad y \sim N(u\xi, 1) \tag{11.3}$$

に従うから，確率分布は

$$p(x,y;u,\xi)=\frac{1}{2\pi}\exp\left[-\frac{1}{2}\left\{(x-\xi)^2+(y-u\xi)^2\right\}\right]. \tag{11.4}$$

例 2 の場合は，パラメータ $\boldsymbol{w}=(\mu_x,\mu_y)$ で指数される確率分布のデータを用いて，パラメータ $\boldsymbol{w}$ 全体ではなくその関数 u（u は多次元でよい）

$$u=f(\boldsymbol{w})=\frac{\mu_y}{\mu_x} \tag{11.5}$$

の値を推定する問題になる．

局外母数があろうとなかろうと，パラメータ $\boldsymbol{w}$ をデータから推定し，そのあとで必要な $\hat{\boldsymbol{u}}$（または $f(\hat{\boldsymbol{w}})$）を取り出せば良い．だから，局外母数の存在する場合など，特別に議論する必要はないと考えるかもしれない．しかし次節で述べる Neyman–Scott 問題は局外母数に関係し，ここに思いもよらぬドラマが待っている．

モデル (11.1) の Fisher 情報量行列は，$\boldsymbol{u}=(u^a)$ の部分と $\boldsymbol{\xi}=(\xi^\kappa)$ の部分からなり，

$$g_{\alpha\beta}=\begin{bmatrix} g_{ab} & g_{a\kappa} \\ g_{\lambda b} & g_{\kappa\lambda}\end{bmatrix} \tag{11.6}$$

のように小行列に分割した形で書ける．もちろんこれらは対数尤度の微分（スコア関数）から

$$g_{ab}=E\left[\partial_a l(x,\boldsymbol{u},\boldsymbol{\xi})\partial_b l\left(x,\boldsymbol{u},\boldsymbol{\xi}\right)\right], \tag{11.7}$$

$$g_{a\kappa}=E\left[\partial_a l(x,\boldsymbol{u},\boldsymbol{\xi})\partial_\kappa l(x,\boldsymbol{u},\boldsymbol{\xi})\right], \tag{11.8}$$

$$g_{\kappa\lambda}=E\left[\partial_\kappa l(x,\boldsymbol{u},\boldsymbol{\xi})\partial_\lambda l(x,\boldsymbol{u},\boldsymbol{\xi})\right] \tag{11.9}$$

である．その逆行列は $g^{\alpha\beta}$ で，これは $\boldsymbol{w}=(u^a,\xi^\kappa)$ をまとめて推定したときの，最尤推定量 $\hat{w}^\alpha$ の誤差の分散の漸近値（の $1/N$ 倍，N 観測数）を与える．とくに，$g^{\alpha\beta}$ の (a,b) 成分を $\bar{g}^{ab}$ と書くことにすると，推定量 $\hat{u}^a$ の誤差の漸近分散が $\bar{g}^{ab}$ である．$\bar{g}^{ab}$ の逆行列を求めれば，これは $g_{\alpha\beta}$ の (a,b) 成分である g_{ab} と違い，計算すれば

$$\bar{g}_{ab}=g_{ab}-g_{a\kappa}g^{\kappa\lambda}g_{\lambda b} \tag{11.10}$$

となる．局外母数があるとき，u^a に関する実質的な Fisher 情報量は g_{ab} ではなくて $\bar{g}_{ab}$ で，$\bar{g}_{ab}\leq g_{ab}$（正定行列の意味で）だから情報量が局外母数のせいで減ってしまう．$\bar{g}_{ab}$ を有効 Fisher 情報量という．

今仮に，$\boldsymbol{\xi}$ の値が $\boldsymbol{\xi}_0$ であることがわかっていたとしよう．この値を固定すれば，未知パラメータは $\boldsymbol{u}$ だけで，このときの Fisher 情報行列は (11.7) 式で $\boldsymbol{\xi}$ を $\boldsymbol{\xi}_0$ 固定したもの，また $\hat{\boldsymbol{u}}$ の誤差の漸近分散は (g_{ab}) の逆行列である．$\boldsymbol{\xi}$ を知らなければ，Fisher 情報量が g_{ab} から $\bar{g}_{ab}$ へ減る．その理由を幾何学で調べよう．

M で，$\boldsymbol{u}$ 軸方向の接ベクトルと $\boldsymbol{\xi}$ 軸方向の接ベクトルは確率変数で表現してスコア関数

$$\boldsymbol{e}_a=\partial_a l(x,\boldsymbol{u},\boldsymbol{\xi}),\qquad \boldsymbol{e}_\kappa=\partial_\kappa l(x,\boldsymbol{u},\boldsymbol{\xi}) \tag{11.11}$$

である．この 2 つは一般には直交せず

$$g_{a\kappa}=\langle\boldsymbol{e}_a,\boldsymbol{e}_\kappa\rangle=E\left[\partial_a l\partial_\kappa l\right]\neq 0 \tag{11.12}$$

である．$\boldsymbol{e}_a$ は u^a が変わると対数尤度がどう変わるかを示し，尤度最大の $\boldsymbol{u}$ を求めるのが最尤推定である．局外母数のある場合は $\boldsymbol{\xi}$ の推定値 $\hat{\boldsymbol{\xi}}$ も同時に求まるが，$\hat{\boldsymbol{\xi}}$ には推定誤差があるから，その影響で，$\boldsymbol{e}_a=\partial_a l\left(x,\boldsymbol{\mu},\hat{\boldsymbol{\xi}}\right)$ も真の $\boldsymbol{\xi}$ の値からすると誤差を含む．その誤差によって，Fisher 情報量が g_{ab} から $\bar{g}_{ab}$ に減る．

もし，$\boldsymbol{e}_a$ と $\boldsymbol{e}_\kappa$ が直交していれば，$g_{a\kappa}=0$ で $\bar{g}_{ab}=g_{ab}$ となるから，情報量の損失はない．それならば，$\boldsymbol{u}$ は固定して座標系 $\boldsymbol{\xi}$ をうまくとり，$\boldsymbol{e}_a$ と $\boldsymbol{e}_\kappa$ が直交するようにできないかという問題が残る．$\boldsymbol{u}$ が 1 次元の場合はいつでも可能であるが，2 次元以上のときは一般にはできないことがわかっている[2]．

11.2 Neyman–Scott 問題

Neyman と Scott が 1948 年に発表した論文に学界は驚いた[1]．簡単でありながら最良解が見つからない，最尤推定は必ずしも良くないという結果を導き，最尤推定信仰に疑問を投げかけた．以後何十年にもわたって理論家を悩ませたのである．具体的な例から始めよう．

比例関係の推定：未知の鉱山に入ったところ，鉱石がごろごろ転がっていた．それを N 個拾ってきた．資料から比重を推定して，この鉱石が何であるかを知りたい．そこで真の比重を u とする．まず，i 番目の鉱石の体積と重さを測定する．体積の真の値を ξ_i とすると真の重量は $u\xi_i$ になるはずである．測定値を x_i, y_i とすると，測定誤差があるから，それぞれ

$$x_i=\xi_i+\varepsilon_i, \quad y_i=u\xi_i+\varepsilon_i' \tag{11.13}$$

のように書ける．ここで測定誤差 $\varepsilon_i, \varepsilon_i'$ は独立で平均 0 のガウス分布に従うものとし，その分散は共に σ^2 であるようにスケールを揃えておく．このとき，i 番目のデータの確率分布は

$$p\left(x_i, y_i, u, \xi_i\right)=\frac{1}{\sqrt{2\pi}\sigma}\exp\left\{-\frac{\left(x_i-\xi_i\right)^2+\left(y_i-u\xi_i\right)^2}{2\sigma^2}\right\} \tag{11.14}$$

である．ここで u が推定したいパラメータであり，ξ_i は資料ごとに違った値をとるが，その値はどうでも良い局外母数である．測定回数 N を増やせば，局外母数は $\xi_1, \cdots, \xi_N$ でその数は N に比例して増えてしまう．全データ $D=\{(x_1,y_1), \cdots, (x_N,y_N)\}$ の確率分布は積で書けて次式になる．

$$p\left(D, u, \xi_1, \cdots, \xi_N\right)=\prod p\left(x_i, y_i, u, \xi_i\right). \tag{11.15}$$

観測した点 (x_i, y_i) を 2 次元平面にプロットしたのが図 11.1 である．問題はこのデータに合う，原点を通る直線 $y=ux$ を求めるだけである．いかにも易しそうである．この問題に対するもっともらしい解法をいくつか考えてみよう．

1) 最小二乗解

原点を通る勾配 u の直線を引くと，データはこの線から上下に外れる．そこで，線からの上下方

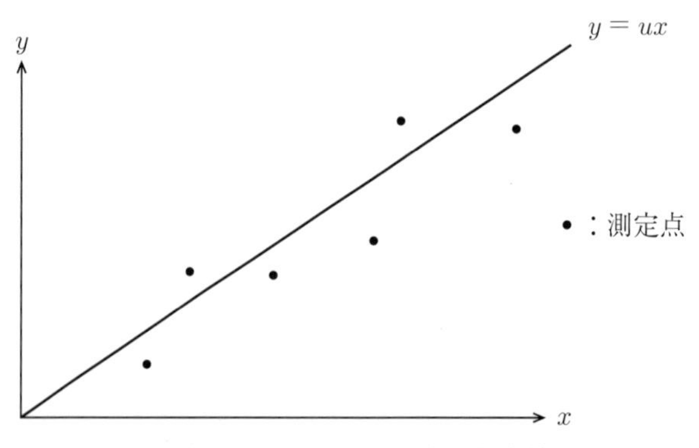

図 11.1　N 個のデータ (x_i, y_i) と回帰直線 $y=ux$.

向のずれの二乗和を最小にするのが，最小二乗法である．式で書けば

$$L = \frac{1}{2}\sum(y_i - ux_i)^2 \tag{11.16}$$

を最小にすれば良いから，答はすぐに求まり，

$$\hat{u} = \frac{\sum y_i x_i}{\sum x_i^2}. \tag{11.17}$$

残念なことに，最初に思いつくこの方法では，得られた答は N をいくら大きくしても $\hat{u}$ は真の値に近づかない．すなわち一致推定量ですらない．これは，上下方向の測定誤差 ε_i' 以外に，左右方向にも誤差 ε_i（x_i に対する測定誤差）があることを考慮に入れていないからである．

2) 平均法

では，鉱石 1 個ごとに u を推定して，i 番目の鉱石での推定を $\hat{u}_i = y_i/x_i$ と置き，これらを平均した推定量

$$\hat{u} = \frac{1}{N}\sum \hat{u}_i \tag{11.18}$$

はどうだろう．これは一致推定量となるから最小二乗法よりは良い．でも，あまり良いとは思わないだろう．なぜであるか各自考えてみよ．

3) 総平均法

いっそのこと，鉱石全体の体積と重みを求め，それを割り算した

$$\hat{u} = \frac{\sum y_i}{\sum x_i} \tag{11.19}$$

はどうだろう．これはもっともらしいが，簡単すぎる．本当にこれで良いだろうか．

4) 最尤推定または全最小二乗法

最尤推定は，データ D から未知パラメータ $u, \boldsymbol{\xi} = (\xi_1, \cdots, \xi_N)$ のすべてを，尤度が最大になるように一挙に推定する．すなわち，最大化問題

$$\max_{u,\boldsymbol{\xi}} p(D, u, \boldsymbol{\xi}) \tag{11.20}$$

を解いて $\left(\hat{u}, \hat{\boldsymbol{\xi}}\right)$ を求め，$\hat{u}$ を答とする．(11.15) 式の対数を u と $\boldsymbol{\xi}$ で偏微分し，それらを 0 とおく．そこから $\boldsymbol{\xi}$ を消去すれば，答えは方程式

$$\sum(y_i - ux_i)(uy_i + x_i) = 0 \tag{11.21}$$

の解として与えられる．実はこれは，各データ (x_i, y_i) から回帰直線（勾配 u の直線 $y = ux$）へ垂線を下ろし，その長さの二乗和を最小にする方法と同じになる．この方法は全（トータル）最小二乗法と呼ばれ，良く使われている．

最後の解が一番もっともらしくて良いように思えるかもしれない．でも必ずしもそうではないから面白い．では何が良いのか，これが何十年にもわたる難問であった．

秤の問題：1) 未知の資料が 1 個あり，その重量 u を知りたい．これを秤で計ると誤差が入り，測定値 x は平均 u，分散 $\xi = \sigma^2$ のガウス分布に従う．ところで秤がたくさんあったとする．どの秤の精度が良いのか（σ^2 が小さい秤が良い）わからない．最初の秤で，m 回測定し，ついで次の秤を使い m 回測定する．これを繰り返す．このとき，u は共通だが，秤の精度 $\xi_i = \sigma_i^2$ は秤 i 毎に違い未知である．測定データの全体をどう総合して u を求めたらよいだろうか．

2) 今度は秤は 1 個しかなくて，資料がたくさんあったとする．i 番目の資料の真の重さを ξ_i と

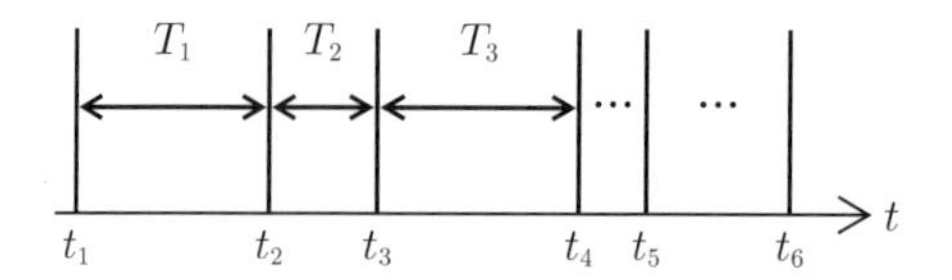

図 11.2　ニューロンの発火時刻と発火時間間隔.

し，これは未知である．知りたいのは秤の精度，つまり分散 $u = \sigma^2$ である．重さの違う各資料をそれぞれ m 回ずつ計ったとして，そのデータを総合して秤の精度 σ^2 を推定するのに，どうしたら良いか.

神経スパイクの発火間隔：1 個のニューロンを取り上げ，そこからスパイクが発生するタイミングを考察しよう．いま，スパイクが時間 $t_1, t_2, \cdots$ に発生したとして，その時間間隔を $T_i = t_{i+1} - t_i, \quad i = 1, 2, \cdots$ とおく（図 11.2）．発火率が高ければ，時間間隔は短い．一番単純な発火タイミングのモデルは，発火率に応じて，各時点でスパイクが発生するか否かが独立に決まるもので，スパイク間隔は指数分布

$$q(T, \xi) = \xi \exp\{-\xi T\} \tag{11.22}$$

に従う．ここで，ξ は発火率である．発火スパイク数はポアソン分布になる.

現実のニューロンは，不応期などの生理的な仕組みにより，発火のタイミングが独立にはならない．時間間隔 T の分布を記述する簡単なモデルはガンマ分布で，発火率の他にもう一つ波形パラメータと呼ばれるパラメータ κ を含み,

$$q(T, \xi, \kappa) = \frac{(\xi\kappa)^\kappa}{\Gamma(\kappa)} T^{\kappa-1} \exp\{-\xi\kappa T\} \tag{11.23}$$

のように書ける．多くの場合，これが良く合うことが知られている．T の期待値と分散は，$E[T] = 1/\xi$, $\mathrm{Var}[T] = 1/\kappa\xi^2$ である．ξ は発火率で，κ はスパイク列の不規則性を表すパラメータで，これが大きければスパイク列は等間隔で発生する規則的に生成されるものに近づき，$\kappa = 1$ ならランダムなポアソン系列，$\kappa < 1$ ならば T は大きいときと小さいときがいろいろ混ざるより不規則なものになる.

パラメータ κ はニューロンの種類によって違うから，スパイク列を観測して κ を推定すると，ニューロンの種類がわかって都合が良い．観測データ $\{T_1, \cdots, T_n\}$ があったときに，これを分布 (11.23) からの独立なサンプルと見て，ここから ξ と κ を推定するのは単純な統計の問題である．しかしそうは簡単にいかない事情がある．現実の測定では，発火率 ξ は一定ではなく，測定が進むにつれて変動する．我々の目的は ξ_i ではなくて κ を知ることである.

ストーンヘンジの問題：ストーンヘンジ（環状列石）はイギリスのウェールズにある古代の巨石文化の遺跡である（図 11.3）．もともとは列石が円周状に並んでいたと想定される．現在は位置も少しずれ，そのいくつかは失われ，また中心の位置もわからない．列石のなす円の半径を u とし，これを知りたい．i 番目の列石は，極座標で表して (u, ξ_i) の位置にあるべき（ξ_i は偏角）とする．これが現代では平面座標で (x_i, y_i) の位置に観測される．x_i, y_i の両方に誤差があり，誤差は独立なガウス分布に従うとしよう．半径 u を知りたいとき，ξ_i は局外母数である．古代ロマンの香りのただようこの問題は，易しそうに見えるが難しい．面白いことに，現代の画像処理技術でこれを発展させた問題が登場し，コンピュータビジョンの専門家が必死で取り組んでいる[3,4].

独立成分分析：　これについては章を改めて論ずる.

Neyman–Scott 問題は $\boldsymbol{u}$ だけでなく，$\xi_1, \cdots, \xi_N$ も未知である．話を簡単にするために，これ

図 11.3　ウェールズ地方の環状列石ストーンヘンジ．

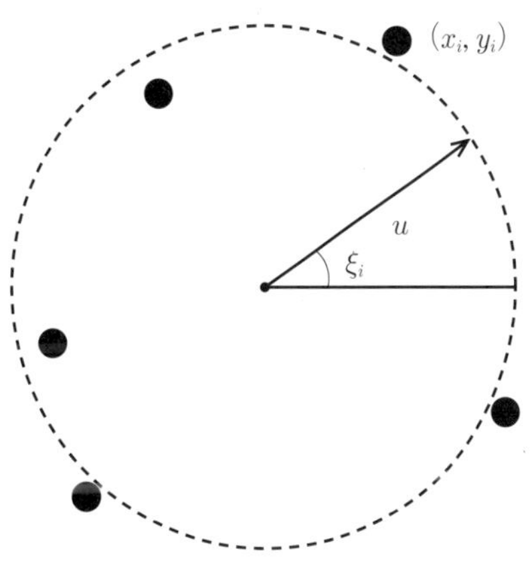

図 11.4　ストーンヘンジの円の半径 u.

からは $\boldsymbol{u}$ も $\boldsymbol{\xi}$ も 1 次元とし，u, ξ を用いるが，一般化は容易である．未知の ξ_i はある未知の確率分布から毎回独立に発生したものと想定し，その確率分布の密度関数を $k(\xi)$ と書こう．$\xi_1, \cdots, \xi_N$ の代わりにその発生機構 $k(\xi)$ を未知関数として取り扱う．すると，比例関係の問題ならば，データ $(x_i, y_i), i = 1, \cdots, N$, は，まず分布 $k(\xi)$ から ξ が一つ選ばれ（これを ξ_i とする），そのときパラメータ (u, ξ_i) の分布から (x_i, y_i) が発生すると考えてよい．こうすれば，すべてのデータ (x_i, y_i) は同一の確率分布

$$p(x, y, u, k) = \int p(x, y, u, \xi) k(\xi) d\xi \tag{11.24}$$

からの N 個の独立なデータと考えることができる．ただしこのモデルは，未知パラメータは u の他に未知関数 $k(\xi)$ を含む．局外母数が関数 k であり，その自由度は関数自由度つまり無限大である（図 11.4）．このような無限自由度の局外母数を含む統計モデルを**セミパラメトリックモデル**と呼ぶ[5]．有限個のパラメータではない母数を含むという意味である．これから，セミパラメトリックモデルに範囲を拡げて理論を展開する．

11.3　セミパラメトリック統計モデルと推定関数

少しこみ入ったモデルのもとでのパラメータの推定に，**推定関数**を用いる方法が有力である[*1]．推定関数とは対数尤度の微分であるスコア関数を一般化したもので，これがセミパラメトリック問題を解くのに役に立つ．推定関数の定義から始めよう．いま，$f(x, u)$ という形の，確率変数 x と未知パラメータ u との関数を考える．x も u もベクトルで良いが，拡張は容易だからここではスカラーとして論を進める．比例の問題の場合は確率変数は (x, y) の組で 2 次元のベクトルであるが，一般論ではこれを単に x と書く．

確率分布が (11.24) であるとして，関数 $f(x, u)$ の期待値を分布 $p(x, u, k)$ のもとで計算してみよう．真の値を u_0 とすると，$p(x, u_0, k)$ のもとでの f の期待値がどんな $k(\xi)$ を用いても 0 になり，他の u で期待値を取っても 0 にならないとする，

$$E_{p(x, u_0, k)}\left[f(x, u)\right] = 0, \quad u = u_0 \text{ のときだけ.} \tag{11.25}$$

---

*1)　あるとき，現代制御理論の父と呼ばれる R. Kalman 教授が私の部屋を突然訪問した．「今年のノーベル経済学賞は偏見に満ちた決定で納得できない」とまくし立てた後で，いま自分は，線形関係の推定の理論に力を注いでいる，うまい考えがあるという．私は，それは情報幾何で解決できると主張し，どちらの考えがよいか議論になった．私の回答がこれから述べるセミパラメトリック問題の情報幾何である[6]．

このとき，$f(x,u)$ を**不偏な推定関数**と呼ぶ[7]．

不偏な推定関数が存在するとしよう．そうならばデータ D が与えられたとき，(11.24) で期待値を取る代わりにこれをデータによる算術平均で置き換えた，f の経験分布による期待値 $\sum f(x_i,u)/N$ は，N を大きくすれば真の期待値に収束する．したがってこれは $u=u_0$ のときに，このときに限って 0 になる．そこで，これを 0 と置いた

$$\frac{1}{N}\sum f(x_i,u)=0 \tag{11.26}$$

の解 $\hat{u}$ は良い推定値を与えるであろう．(11.26) を推定関数 f による**推定方程式**と呼ぶ．

通常の統計モデルのときは，スコア関数 $\dot{l}_u(x,u)=(d/du)l(x,u)$ は

$$\int p(x,u)\dot{l}_u(x,u)dx=0 \tag{11.27}$$

を満たすから，不偏な推定関数である（以後推定関数といえば不偏なものを指すことにする）．この場合は推定方程式は尤度方程式であり，この解が最尤推定量を与える．

推定関数は他にもあるだろう．とくに，局外母数 ξ または $k(\xi)$ を含む場合に，局外母数を含まない x と u との関数を考え，局外母数が何であっても (11.25) を満たすとしよう．このとき，推定方程式は局外母数を含まないから，ξ のことは考えずに推定方程式を解けば推定量 u が求まる．その解の性質を見ておく．

定理 11.1　推定関数による推定は漸近一致推定量を与え，その二乗誤差は漸近的に

$$E\left[(\hat{u}-u_0)^2\right]=\frac{1}{N}\frac{E\left[\{f(x,u_0)\}^2\right]}{\{E\left[f'(x,u_0)\right]\}^2} \tag{11.28}$$

である．ただし，f' は u による微分．

証明　これは通常の推定量の解析と同じ手法で証明できる．まず，推定方程式 (11.26) を真の値 u_0 の周りでテイラー展開して，

$$0=\frac{1}{\sqrt{N}}\sum f(x_i,\hat{u}) \tag{11.29}$$

$$=\frac{1}{\sqrt{N}}\sum f(x_i,u_0)+\frac{1}{\sqrt{N}}\sum f'(x_i,u_0)(\hat{u}-u_0) \tag{11.30}$$

を得る．ここで，右辺の第 1 項は，中心極限定理から平均 0，分散

$$\sigma^2=E\left[\{f(x,u_0)\}^2\right] \tag{11.31}$$

のガウス分布 ε に近づく．一方，右辺の第 2 項の f' の和は大数の法則から

$$\sqrt{N}E\left[f'(x,u)\right]=A \tag{11.32}$$

に収束する．ここで推定関数は $A\neq 0$ を満たすことを要請する．これより

$$\hat{u}-u_0=\frac{1}{\sqrt{N}}\frac{\varepsilon}{A} \tag{11.33}$$

となり，これは漸近一致推定量でその分散が (11.28) で与えられる．

そもそも推定関数が存在するかどうかは問題である．存在するとすればそれはどんなものか，それを全部を求めたい．さらに，多数ある場合はその中からどの推定関数を選べばよいかを議論する．

11.4　推定関数の情報幾何[6)]

セミパラメトリックモデルのパラメータは u と関数 $k(\xi)$ である．その指定する確率分布の全体は，パラメータとして u と k からなる無限次元空間である（図 11.5）．無限次元空間を論ずるには周到な準備が必要であるが，ここではそれは無視して‘役に立つ正しい’結果を得られればよいとする．正則条件をはっきりさせた厳密な理論づけは後から数学者が行えばよい．このくらい達観しないと新しい理論はできない．

k を固定すれば，統計モデルの多様体（この場合は座標系が u で 1 次元）

$$M_U(k) = \left\{ p(x,u,k) \;\middle|\; k : \text{固定} \right\} \tag{11.34}$$

が得られる．今度は u を固定して，k が自由に変わるパラメータだとしよう．すると，各 u に対して関数自由度の確率分布モデル

$$M_K(u) = \left\{ p(x,u,k) \;\middle|\; u : \text{固定} \right\} \tag{11.35}$$

が与えられる．ここで，各点 u に関数自由度の確率モデル $M_K(u)$ が付いたものの全体は，$U = \{u\}$ を 1 次元の底空間とし，u の各点に関数空間 M_K をファイバーとして付けたファイバーバンドルのようなものと見なす（図 11.5）[*2)]．

S の点 (u,k) において接空間 $T_{u,k}$ を考える．接空間とは，確率分布 $p(x,u,k)$ の微小なずれ δp を集めたものと考えてよい．対数表現を用いれば，ずれは

$$\delta l(x,u,k) = \frac{\delta p(x,u,k)}{p(x,u,k)} \tag{11.36}$$

と書ける．このとき，

$$E\left[\delta l(x,u,k)\right] = 0 \tag{11.37}$$

であるから，接空間 $T_{u,k}$ は確率変数 $r(x)$ で，

$$E\left[r(x)\right] = 0 \tag{11.38}$$

を満たすものの全体として良い．ここで，2 つの接空間のベクトル $r(x), s(x)$ に対して内積

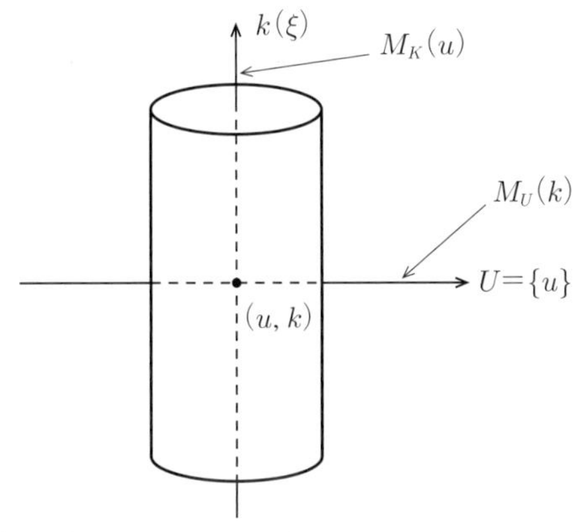

図 11.5　無限次元のセミパラメトリックモデル $S = \{p(x,u,k)\}$.

*2)　これをファイバーバンドルと見るには，各 u に対して $M_K(u)$ 間の同型対応が必要である．ここではそれを論じないので，単に u 軸の各点にファイバー M_K が付いた構造と考えてもらいたい．

$$\langle r, s \rangle = E\left[r(x)s(x)\right] \tag{11.39}$$

の存在を仮定する．すると，$T_{u,k}$ はヒルベルト空間である．推定関数 $f(x,u)$ は (11.25) すなわち (11.38) を満たすから，どの k をとってもこれは接空間 $T_{u,k}$ に属するベクトルである．

u 軸に沿った接ベクトル

$$\frac{d}{du}l(x,u,k) = \dot{l}_u(x,u,k) \tag{11.40}$$

は接空間 $T_{u,k}$ の 1 次元の部分空間である．これを

$$T_U(u,k) = \left\{\dot{l}_u(x,u,k)\right\} \tag{11.41}$$

とおく．一方，k 方向に沿った接ベクトルを考えると，関数 $k(\xi)$ は無限次元の拡がりを持つから k を変えたときの対数尤度の微分は Fréchet 微分となる．もっと簡単に，k の空間で曲線 $k(\xi,t)$ を考え，$t=0$ 点における t による微分

$$\dot{l}_k(x,u,0) = \frac{d}{dt}\log p\left\{x,u,k(\xi,t)\right\}|_{t=0} \tag{11.42}$$

の張る空間を考えてもよい．これは $\{k(\xi)\}$ からなる関数空間に曲線 $k(\xi,t)$ を考えたとき，その接線方向 $\dot{k}(\xi,t)$ への微分である．このような曲線は無限にあるから，それらの張る空間は無限次元である．この接空間を局外母数接空間と呼び $T_K(u,k)$ と書こう．

この 2 つは u および k の変化に伴う確率分布の変化を示す接ベクトルである．しかしこれ以外にも，(11.38) を満たす接ベクトルはある．これを $a(x)$ と書き，接空間を直和に分解し

$$T = T_U \oplus T_K \oplus T_A \tag{11.43}$$

と書く（図 11.6）．このとき，$T_A = \{a(x)\}$ を $T_U \oplus T_K$ に直交するようにとる．これを補助接空間と呼ぶ．T_A のベクトルは，u や k を変えたのでは得られない，これらに直交する確率分布の変化である．

接ベクトルの平行移動を考えよう．接ベクトル $r(x)$ を確率分布空間で分布 $p(x)$ から $q(x)$ へ平行移動する．これには e-平行移動と m-平行移動がある．分布空間 $S = \{p(x)\}$ の e アファイン座標系は $l(x) = \log p(x)$ であるから，ε を微小な数として l の微小変化 $\delta l = \varepsilon r(x)$ を表す接ベクトルはそのまま e-平行に移動できると考えるのは自然である．したがって，対数尤度の変化分で表した接ベクトル $r(x)$ の e-平行移動は，そのまま

$$\prod_p^{e\ q} r(x) = r(x) \tag{11.44}$$

として良さそうであるが，p 点での接ベクトル $r(x)$ は $E_p[r(x)] = 0$ を満たすが，それはこのままでは q 点で $E_q[r(x)] = 0$ を満たすとは限らない．したがってこの分の定数を差し引いて

$$\prod_p^{e\ q} r(x) = r(x) - E_q[r(x)] \tag{11.45}$$

を r の e-平行移動とする．

S での m アファイン座標系は $p(x)$ であるから，p の微小変化分 $\delta p(x)$ の m-平行移動は，$\delta p(x)$ をそのまま移せばよいが，接ベクトル $r(x)$ は対数の微分（スコア）で表現しているから，これに対応するものは

$$\delta l(x) = \frac{\delta p(x)}{p(x)} \tag{11.46}$$

である．しかし q 点ではこれは $\delta p(x)/q(x)$ と表現される．したがって，$r(x)$ の m-平行移動を

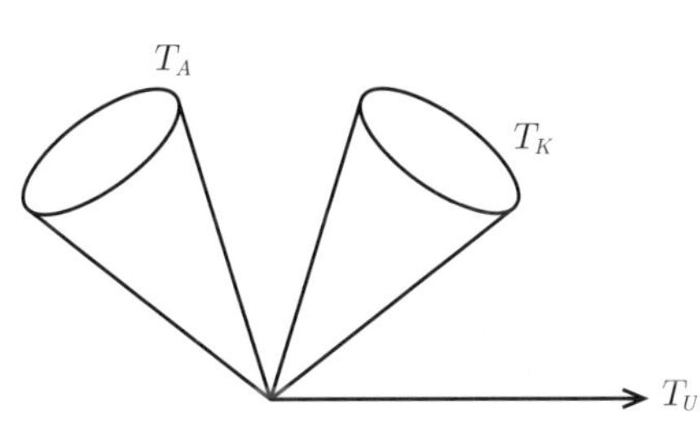

図 11.6　接空間 $T_{u,k}$ の分解.

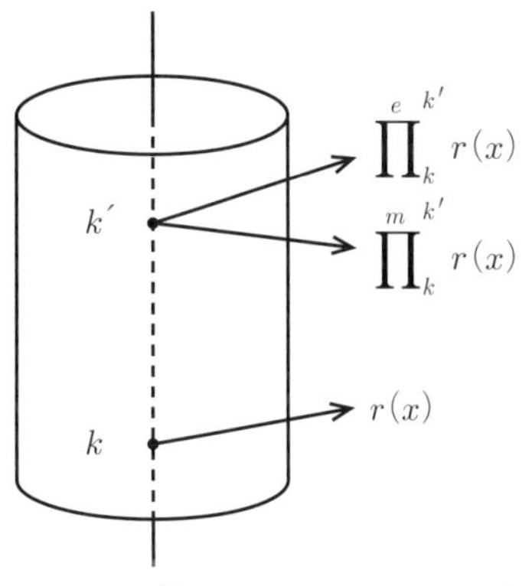

図 11.7　接ベクトル $r(x)$ の k 点から k' 点への平行移動.

$$\prod_p^{m\ q} r(x) = \frac{p(x)}{q(x)} r(x) \tag{11.47}$$

で定義すればよい．これは

$$E_q\left[\prod_p^{m\ q} r(x)\right] = 0 \tag{11.48}$$

を満たす．

次の定理は計算により容易に証明できる．これより，天降り的に与えた2つの平行移動が合理的であることがわかる．

定理 11.2　2つの平行移動は，次の条件を満たし双対である．

$$\langle a(x), b(x)\rangle_p = \left\langle \prod_p^{e\ q} a(x), \prod_p^{m\ q} b(x) \right\rangle_q . \tag{11.49}$$

u を固定し，$M_K(u)$ 上で k 点での接ベクトル $r(x)$ を k' 点へ平行移動しよう．2つの平行移動を

$$\prod_k^{e\ k'} r(x), \quad \prod_k^{m\ k'} r(x) \tag{11.50}$$

のように書く（図 11.7）．

推定関数 $f(x,u)$ は任意の k 点において (11.38) を満たす．これより，推定関数の特徴づけができる．

定理 11.3　推定関数は e-平行移動で不変，

$$\prod_k^{e\ k'} f(x,u) = f(x,u) \tag{11.51}$$

となる接ベクトルである．

さらに，k として曲線 $k(\xi,t)$ を考えて，(11.25) を t で微分すると，

$$\int \dot{p}(x,u,k(t)) f(x,u) dx = E\left[\dot{l}_k f(x,u)\right] = 0. \tag{11.52}$$

すなわち，任意の k 点において，T_K に属する接ベクトル $\dot{l}_k$ をとれば，これは推定関数 f と直交

する．すなわち，推定関数 $f(x,u)$ は T_K に直交する．

ここで，$\dot{l}_k(x,u,k)$ を k から k' に m-平行移動しよう．すると，(11.47) より

$$\prod\nolimits_{p(x,u,k)}^{m\ p(x,u,k')} \dot{l}_k = \frac{p(x,u,k)}{p(x,u,k')}\dot{l}_k \tag{11.53}$$

であるから，$\dot{l}_k(x,u,k)$ を k 点から k' 点に m-平行移動したものは k' 点におけるある $\dot{l}_k$ と同じであることがわかる．すなわち，

$$T_K = \prod\nolimits_{k'}^{m\ k} T_K(k') \tag{11.54}$$

であることがわかる．Neyman–Scott 問題では T_K は m-不変である．

定理 11.4　推定関数 $f(x,u)$ は T_K と直交する e-平行移動不変な接ベクトルである．

さらに，(11.25) を u で微分する．$\log p(x,u,k)$ を u で微分した $\dot{l}_u(x,u,k)$ を用いると，

$$E[f'(x,u)] + \langle \dot{l}_u(x,u,k), f(x,u)\rangle = 0, \tag{11.55}$$

ここで $E[f'(x,u)] \neq 0$ だから，f は T_U 方向の成分 $\dot{l}_u$ を含まなければならないことが分かる．

以上で推定関数の特性がわかった．ここで，スコア関数 $\dot{l}_u$ を T_K に直交するように，T_K の直交補空間に射影したものを $\dot{l}_I(x,u,k)$ と書き，これを**情報スコア**と呼ぶ．情報スコアの全体を F_I と書き，これを**情報接空間**という．

定理 11.5　推定関数は情報スコア $\dot{l}_I$ が 0 でないとき，このときに限り存在する．すべての推定関数は，$a(x)$ を補助接空間 T_A に属するベクトルとして，どの k 点でも

$$f(x,u) = \dot{l}_I(x,u,k) + a(x) \tag{11.56}$$

の形に分解でき，この形のものに限る．ただし $a(x)$ は k ごとに異なる．

これで推定関数がどんなものか分かった．k を勝手に選んでこれを固定した

$$f(x,u) = \dot{l}_I(x,u,k) \tag{11.57}$$

はどれも推定関数である．k は何でもよく，真の k とは違ったものを用いても，推定関数が得られる．もちろん真の k を知っていれば，それが良い．

定理 11.6　真の分布が $p(x,u,k)$ であるとき，最良の推定関数は $\dot{l}_I(x,u,k)$ であり，このときの推定量の平均二乗誤差は

$$E(\hat{u}-u)^2 = \frac{1}{N}\frac{E\left[\dot{l}_I^2\right]}{\left\{E\left[\dot{l}_I\right]\right\}^2} \tag{11.58}$$

で与えられる．

もちろん，真の k は未知であるから，この推定関数はこのままでは使えない．しかし，良い推定関数を作る指針として，これが使える．

11.5　Neyman–Scott 問題の解

セミパラメリックモデルを推定関数で解く一般論を示した．Neyman–Scott 問題はその一例であ

り[1]，さらに深い考察ができる．この問題では，局外母数 ξ を含む分布 $q(x,u,\xi)$ がまず与えられ，ξ は毎回ある未知の分布 $k(\xi)$ から発生すると考えてよい．このとき，確率分布 $p(x,u,k)$ は混合分布

$$p(x,u,k)=\int q(x,u,\xi)k(\xi)d\xi \tag{11.59}$$

の形に書けて，k に関して線形という特徴を持つ．とくに，q が ξ に関して指数型の

$$q(x,u,\xi)=\exp\{\xi s(x,u)+r(x,u)-\psi(u,\xi)\} \tag{11.60}$$

の形をしているモデルを取り上げよう．

(11.59) で，$k(\xi)$ が変化する方向の接ベクトル $\dot{l}_k$ は

$$\delta l(x,u,k)=\frac{\int q(x,u,\xi)\delta k(\xi)}{p(x,u,k)}d\xi \tag{11.61}$$

で，これらの全体が張る空間が，(u,k) 点における T_K である．k の変分 $\delta k(\xi)$ のうちで，1 点 ξ_0 でのみ $k(\xi)$ を増やす変化を考えれば，ε を小さい数として

$$\delta_{\xi_0}l(x,u,k)=\varepsilon\frac{q(x,u,\xi_0)}{p(x,u,k)} \tag{11.62}$$

である．T_K は上記のベクトルたちで張られる．このベクトルは m-平行移動不変である．

k 点における情報接空間 F_I は，単に u 方向の接空間 $T_U=\dot{l}_u(x,u,k)$ を局外母数接空間 T_K に対して直交化すれば得られる．すなわち，情報スコア $\dot{l}_I$ は有効スコア $\dot{l}_E$ に等しい．これを求めよう．まず，u スコアを計算する．(11.60) の場合は，$l=\log p$ を u で微分して，

$$\dot{l}_u(x,u,k)=\frac{1}{p(x,u,k)}\int\{\xi s'(x,u)+r'(x,u)-\psi'\}\exp\{\xi s+r-\psi\}k(\xi)d\xi \tag{11.63}$$

という長い式になる．s' などは，s の u による微分である．しかし 2 つの確率変数 s と ξ の式を注意して見ると，s を条件とする ξ の条件付き確率分布が

$$p(\xi|s)=\frac{k(\xi)\exp\{\xi s+r-\psi\}}{\int k(\xi)\exp\{\xi s+r-\psi\}d\xi}=\frac{k(\xi)\exp\{\xi s+r-\psi\}}{p(x,u,k)} \tag{11.64}$$

と書けることがわかる．これを用いると，

$$\dot{l}_u(x,u,k)=s'(x,u)E[\xi|s]+r'(x,u)-E[\psi'|s] \tag{11.65}$$

となる．ここで $E[\xi|s]$ などは s を固定したときの ξ の条件付き期待値である．

同様にして，局外母数 k の変化 δk に対応するスコアを求めれば，

$$\dot{l}_k(x,u,k)=E\left[\frac{\delta k(\xi)}{k(\xi)}|s\right] \tag{11.66}$$

である．これは $s(x,u)$ の関数になるから，$T_K(k)$ は k に関わりなく $s(x,u)$ の関数の張る空間

$$T_K=\{h[s(x,u)]\},\quad h\text{ は任意関数} \tag{11.67}$$

であることがわかる．

これに気を良くして，次に情報スコア $\dot{l}_I(x,u,k)$ を求める．これは $\dot{l}_u$ を $\{s(x,u)\}$ の空間の直交方向へ射影したものである．一般に確率変数 s と t に対して，条件付き期待値 $E[t|s]$ は t を s の張る空間に射影したもの，$t-E[t|s]$ は直交補空間へ射影したものである．これより，求める情報スコアは

$$\dot{l}_I=E[\xi|s]\{s'(x,u)-E[s'|s]\}+\{r'(x,u)-E[r'|s]\} \tag{11.68}$$

である．具体的な問題に対してこれを計算することができる．

いくつかの問題では，たまたま $s'(x,u)$ が $s(x,u)$ の関数になっている．このとき，

$$s' - E\left[s' \mid s\right] = 0 \tag{11.69}$$

だから，

$$\dot{l}_I(x,u,k) = r'(x,u) - E\left[r' \mid s\right] \tag{11.70}$$

となる．

定理 11.7 s' が s の関数となる場合，(11.70) は k によらないので，最適な推定関数を与える．

多数の試料を用いて 1 台の秤の精度（分散）を求める場合がこれに相当し，最良の推定関数が得られる．また，ニューロン発火のガンマ分布の形を求める問題もこのクラスに属し，最適な推定関数が得られる[8)]．ただ，1 個の試料の重さをいろいろな秤で測定する場合や比例の問題はそう簡単にはいかない．

11.6 線形関係の推定：その解

いよいよ線形関係の推定問題を解く準備が整った．この場合確率変数は (x,y) であり，確率分布を (11.60) 式の形に書くと，

$$s(x,y,u) = x + uy, \tag{11.71}$$

$$r(x,y,u) = -\frac{1}{2}\left(x^2 + y^2\right) \tag{11.72}$$

となって，r は u を含まない．したがって情報スコアは，

$$\dot{l}_I = \frac{1}{1+u^2}(y - ux)E\left[\xi \mid s\right] \tag{11.73}$$

であることがわかる．$E[\xi|s]$ は s の関数であるから，これを

$$h(s) = h(uy + x) \tag{11.74}$$

とおく．すると推定関数は，h を任意の関数として

$$f(x,y,u) = (y - ux)h(uy + x) \tag{11.75}$$

となる．なるほど，最尤推定（全最小二乗）は，h として

$$h(s) = s \tag{11.76}$$

を選んだものになる．推定関数はすべて (11.75) 式の形で書ける．

推定の良さは関数 h として何を選ぶかに依存し，それは ξ の未知の分布 k に依存している．ここでは，次善の策として，h として 1 次関数

$$h(x) = s + c \tag{11.77}$$

を採用しよう．すると推定方程式は，

$$\sum\left(y_i - ux_i\right)\left(uy_i + x_i + c\right) = 0 \tag{11.78}$$

となる．この解を $\hat{u}_c$ とおこう．定数 c の値は，有望なものをデータから決めることにする．明ら

かに $c=0$ が最尤法，c を無限に大きくすると，総平均法になるから，この方法は最尤法と総平均法とをつなぐものである．

まず，$\hat{u}_c$ の誤差の二乗平均を計算する．これは k に依存しているが，計算すると，

$$E\left[(\hat{u}_c-u)^2\right]=\frac{(1+u^2)\left\{c+(1+u^2)\bar{\xi}\right\}^2+(1+u^2)^2\left\{\bar{\xi^2}-(\bar{\xi})^2\right\}+(1+u^2)}{c\bar{\xi}+(1+u^2)\bar{\xi^2}} \tag{11.79}$$

となる．ただし

$$\bar{\xi}=\frac{1}{N}\sum\xi_i,\quad \bar{\xi^2}=\frac{1}{N}\sum\xi_i^2 \tag{11.80}$$

であって，局外母数 $\xi_1,\cdots,\xi_N$ についてはその平均と分散によっている．誤差を最小にするには，c を

$$\hat{c}=\frac{\bar{\xi}}{\bar{\xi^2}-(\bar{\xi})^2} \tag{11.81}$$

と選べばよい．$\bar{\xi}$ と $\bar{\xi^2}$ は測定データ $x_1,\cdots,x_N$ を使って容易に推定できる．

(11.77) を用いた最良な推定関数は，(11.81) を用いた $\hat{u}_c$ であることが分かった．良く見ると，ξ_i の分散が平均値に比べて大きいとき，すなわち鉱石の大きさが大変ばらついているときには最尤法が良い．しかし，ξ_i の大きさが比較的揃っていれば，総平均法が良いことが分かる．一般にはその中間が良い．このような結果はこれまで知られていなかった．

11.7 秤の問題の解

それでは，ずっと易しそうに見える秤の問題を調べよう．まず，同一の秤で重量が未知の異なる試料を測定し，秤の精度（分数）を推定する問題を扱う．1 個の試料を同じ秤で m 回測定し，得られた重量の測定値を $\boldsymbol{x}=(x_1,\cdots,x_m)$ とし，

$$\bar{x}=\sum_{i=1}^{m}x_i,\quad \bar{x^2}=\sum_{i=1}^{m}x_i^2 \tag{11.82}$$

と置く．すると $\boldsymbol{x}$ の確率分布は

$$p(\boldsymbol{x},\mu,\sigma^2)=\exp\left\{-\frac{\sum(x_i-\mu)^2}{2\sigma^2}-\psi\right\} \tag{11.83}$$

で，これは

$$p(\boldsymbol{x},u,\xi)=\exp\left\{\xi s(\boldsymbol{x},u)-\frac{u}{2}r(\boldsymbol{x},u)-\psi\right\} \tag{11.84}$$

の形に書ける．ここに

$$u=\frac{1}{\sigma^2},\quad \xi=\mu, \tag{11.85}$$

$$s(\boldsymbol{x},u)=u\bar{x},\quad r(\boldsymbol{x},u)=-\frac{u}{2}\bar{x^2} \tag{11.86}$$

である．

この場合 $s'(\boldsymbol{x},u)=s(\boldsymbol{x},u)/u$ で，これは確率変数として s を用いて書ける．情報スコアは

$$\dot{l}_I(\boldsymbol{x},u)=r'-E\left[r'|s\right] \tag{11.87}$$

である．すなわち，$\bar{x^2}$ を $\bar{x}$ の直交補空間に射影したものである．これより

$$\dot{l}_I(\boldsymbol{x}, u) = \frac{1}{u} - \frac{1}{m-1}\left(\bar{x^2} - \frac{1}{m}(\bar{x})^2\right) \tag{11.88}$$

が確かめられる（$\dot{l}_I$ が s と直交することを確かめよ）.

これが推定関数であるから，N 個の試料の測定データ $\boldsymbol{x}_1, \cdots, \boldsymbol{x}_N$ を用いた σ^2 の最良の推定値は，

$$\hat{\sigma}^2 = \frac{1}{N}\sum \hat{\sigma}_i^2 \tag{11.89}$$

となる．ただし

$$\hat{\sigma}_i^2 = \frac{1}{m-1}\left[\left(\bar{x^2}\right)_i - \frac{1}{m}\left(\bar{x}\right)_i^2\right] \tag{11.90}$$

は i 番目の各秤の測定値の不偏分散で，$\hat{\sigma}^2$ はこれを平均したものである．答は当たり前であるが，これが最良であることは，いろいろな方法で確認されていた．

今度は，同一の試料を毎回精度の異なる秤で測定し，この試料の重量を推定する問題である．この場合も同じ秤で m 回測定するとする．

$$u = \mu, \quad \xi_i = \frac{1}{\sigma_i^2} \tag{11.91}$$

と置いて

$$p(\boldsymbol{x}, u, \xi) = \exp\left\{-\frac{\xi}{2}\sum\left(x_i - u\right)^2 - \psi\right\}. \tag{11.92}$$

これより，

$$s = -\frac{1}{2}\sum_{i=1}^{k}\left(x_i - u\right)^2 = -\frac{1}{2}\left(\bar{x^2} - 2u\bar{x} + u^2\right), \tag{11.93}$$

$$r = 0 \tag{11.94}$$

がわかる．s' を s の直交補空間に射影するのだが，実は s' と s は直交している．それゆえ，情報スコアは

$$\dot{l}_I(\boldsymbol{x}, u) = (\bar{x} - mu)\, h(s) \tag{11.95}$$

の形をしている．したがって，推定量は，$h(s)$ を決めれば，$\bar{x}_i$ を i 番目の秤での測定値の平均，s_i を i 番目の秤での (11.93) 式から得られる値として

$$\hat{u} = \frac{1}{N}\sum\frac{\sum h\left(s_i\right)\bar{x}_i}{\sum h\left(s_i\right)} \tag{11.96}$$

である．最良の $h(s)$ は $k(\xi)$ に依存し，これを得るのは簡単ではないが，推定関数は必ず (11.95) の形のものでなければならないことがわかる．$h(s)$ は，各秤に応じて $\hat{\mu}_i = \sum \bar{x}_i/m$ にどのような重みづけをして平均したらよいかを決める．最適な $h(s)$ は未知分布 $k(\xi)$ に依存し

$$h(s) = E\left[\xi|s\right]. \tag{11.97}$$

ただし $h(s)$ をいいかげんに選んでも，一致推定量が得られる．この単純な問題の最適解がこのように複雑であるのは驚きである．

11.8　神経スパイクの解[8)]

これは秤のモデルと同じで，各回の測定で発火率 ξ が勝手に変動する状況では，不偏な推定関数

は存在しない．そこで，T は m 回測る間は変化しないとして，測定を m 回まとめて一つの単位とする．このときの確率モデルは，$\boldsymbol{T}=\{T_1,\cdots,T_m\}$ として

$$q(\boldsymbol{T},\xi,\kappa)=\prod_{i=1}^{m}q(T_i,\xi,\kappa) \tag{11.98}$$

である．ここで，対数確率を関心のあるパラメータ $u=\kappa$ で微分した u スコア，局外母数 ξ で微分した局外スコア

$$\dot{l}_u=\frac{\partial\log q(\boldsymbol{T},\xi,\kappa)}{\partial\kappa},\quad \dot{l}_k=\frac{\partial\log q(\boldsymbol{T},\xi,\kappa)}{\partial\xi} \tag{11.99}$$

を求め，情報スコアを計算する．この場合情報スコアは

$$\dot{l}_I(\boldsymbol{T},\kappa)=\sum\log T_i-m\log\left(\sum T_i\right)+m\phi(mk)-m\phi(\kappa) \tag{11.100}$$

と陽に求まる．ただし $\phi(\kappa)=(d/d\kappa)\Gamma(\kappa)$ はダイガンマ関数である．うまいことに，これは ξ を一切含まない．だから，最適な推定関数であり，これを用いて多数回の観測 $\boldsymbol{T}_1,\boldsymbol{T}_2,\cdots$ の推定方程式

$$\sum\dot{l}_I(\boldsymbol{T}_i,\kappa)=0 \tag{11.101}$$

を解く．その解は，ξ_i が各回でどんな値であろうと Fisher 有効で，漸近的に最適な推定量である．いま，$m=2$ として，相続く 2 時間区間 T_i,T_{i+1} は同じ発火率（未知）であったと想定しよう．このとき，推定方程式に必要な統計量は

$$S_I=-\frac{1}{n-1}\sum_i\frac{1}{2}\log\frac{4T_iT_{i+1}}{(T_i+T_{i+1})^2} \tag{11.102}$$

である．これを用いるのが効率の意味で一番良い．

篠本らは紆余曲折の末，推定に都合の良い統計量として

$$L_V=3-\frac{12}{n-1}\sum\frac{T_iT_{i+1}}{(T_i+T_{i+1})^2} \tag{11.103}$$

を提案している[9]．面白いことに S_I と L_V は，共に相続く 2 つの時間間隔の関数 $4T_iT_{i+1}/(T_i+T_{i+1})^2$ に関係している．S_I はそれらの幾何平均を使うのに対し，篠本らの L_V は算術平均となっている[9]．推定の効率やバイアスは S_I を用いたほうが良い．しかし幾何平均はロバスト性では欠点があるかもしれない．その点では L_V のほうが良いかもしれない．篠本らは[9]，脳のいろいろな部分からの測定データを用いて，種々のニューロンの κ の値を求めている．

終わりの一言

Neyman–Scott 問題は[1]，簡単でありながら最良の解法が分からない問題として，長年にわたって統計学の理論家を悩ませてきた．私がこの問題に興味をもったのは，1983 年に訪日した Cox 卿が，統計学における未解決の問題に関する講演を行ない，その一つにこの問題を挙げたからである．しばらくして，情報幾何による解法に行きついたが，何しろ関数空間を扱う都合上，厳密な議論を展開するには多くの難関が待ち受けている．Bickel ら[10]も，関数解析の立場からこの問題に取り組んだが，それは極めて複雑なものである．

しかし，東大の定年も迫り，こんな面白い仕組みを自分一人で温めておくわけにもいくまいと，当時大学院学生であった川鍋一晃博士の協力を得て論文としてまとめ，*Bernoulli* 誌に投稿した[6]．案の定，査読者からは定理と証明は厳密な数学的基礎に欠けるとクレームがついた．しかし，編集

責任者であったBarndorff-Nielsen教授の計らいで，これは「実験数学」とでも呼ぶべき新しい試みで，純粋数学としての基礎づけがなくとも，有用な‘正しい’結果であり，掲載の価値があるとの裁定がもらえた．

その後，何かこれを用いて解ける例題がないかと考えていた．古くは，本章で述べたストーンヘンジ問題というのがある．この問題は面白いが，“おもちゃ”の問題である．ところが画像処理でこれに似た問題が生じていた．画像処理では，2台のカメラから撮影した多数の物体から，カメラの位置や物体の立体構造を推定しようとする．このとき，各物体点の測定には誤差が加わる．物体点がある平面上に乗っているなどの仮定を置けば，まさしくストーンヘンジ問題を一般化した構造が得られる．これは金谷健一博士が提起した問題で[4]，東北大の岡谷貴之博士が優れた理論を展開している[3]．

私にとってまだ話は続く．定年退官後に独立成分解析（ICA, independent component analysis）に力を入れていた．ところがフランスのCardoso博士との話の中で，彼がこれはセミパラメトリック問題であるから難しいと言ったのである．まさに青天の霹靂であった．早速，セミパラメトリックの立場からこの問題を攻略して，新しい理論を作った．この論文は，*IEEE Trans. Signal Processing*誌で論文賞を頂戴した[11]．

さらに話は続く．ニューロンの発火で，一発の発火の後にどれくらいの時間が発火しにくいか，それはニューロンの種類の持つ特性である．ニューロンのスパイクのデータから，この特性を調べようとすると，一定時間観測を続けるうちに，形のパラメータの値は同じであるが，ニューロンの発火率が変わり，等質のデータが得られない．これはまさに発火率を局外母数とするセミパラメトリックモデルである．京大の大学院学生であった，三浦健一博士が興味を示し，情報幾何に基づいてしっかりとした解析を行って，国際学会NIPS（Neural Information Processing）優秀論文と認定された[8]．

想い出は尽きない．

参考文献

1) J. Neyman and E.L. Scott, Consistent estimates based on partially consistent observation, *Econometrika*, **16**, 1–32, 1948.
2) S. Amari, *Differential-Geometrical Methods in Statistics*, Springer Lecture Notes in Statistics, **28**, 1985.
3) T. Okatani and K. Deguchi, Easy calibration of a multi-projector display system, *International Journal of Computer Vision*, 2009.
4) K. Kanatani, Statistical optimization and geometric inference in computer vision, *Philosophical Trans. Royal Society of London, Ser. A*, **356**, 1303–1320, 1998.
5) J.M. Begun, W.J. Hall, W.M Huang and J.A. Wellner, Information and asymptotic efficiency in parametric-nonparametric models, *Annals of Statistics*, **11**, 432–452, 1983.
6) S. Amari and M. Kawanabe, Information geometry of estimating functions in semi-parametric statistical models, *Bernoulli*, **3**, 29–54, 1997.
7) V.P. Godambe, *Estimating Functions*, Oxford University Press, 1991.
8) K. Miura, M. Okada and S. Amari, Estimating spiking irregularities under changing environments, *Neural Computation*, **18**, 2359–2386, 2006.
9) S. Shinomoto, Y. Miyazaki and S. Koyama, A measure of local variation of inter-spike intervals, *Biosystems*, **79**, 67–72, 2005.
10) P.J. Bickel, C.A.J. Ritov, and J.A. Wellner, *Efficient and Adaptive Estiamtion for Semiparametric Models*, Johns Hopkins University Press, 1994.
11) S. Amari and J-F. Cardoso, Blind source separation-semiparametric statistical approach, *IEEE Trans. on Signal Processing*, **45**, 2692–2700, 1997.

第12章

隠れ変数のあるモデル：emとEMアルゴリズム，非忠実なモデル，Bayes統計

機械学習では現実の世界を把握する上で，確率論的な枠組みを用いるが，確率変数の一部は観測されない状況にあることが多い．潜在変数と呼ぶ観測されない隠れ変数がある場合の統計的推論は，古くから議論されてきた．隠れマルコフモデルにおける，Baum–Welch のアルゴリズムや Viterbi のアルゴリズムは，音声認識その他で多用されている．Dempster, Laird, Rubin[1]は，隠れ変数がある場合の統計的推論を EM アルゴリズムとして一般的に定式化した．その幾何学的な形式は，Csiszar と Tusnady[2]が示した．本章では，その仕組みを情報幾何の立場から明らかにすると共に，関連する統計的推論の話題，さらには Bayes 推論と deep learning に論を進めたい．

12.1 隠れ変数のある統計モデル

確率変数 $\boldsymbol{x}$ がある分布族 $p(\boldsymbol{x},\boldsymbol{\xi})$ に従うとして，観測したデータ $\boldsymbol{x}$ をもとに分布を求めるのが推定である．ところが，確率変数は $\boldsymbol{x}=(\boldsymbol{y},\boldsymbol{z})$ のように 2 つの部分に分割され，$\boldsymbol{y}$ は観測できるものの $\boldsymbol{z}$ は観測できないとしよう．$\boldsymbol{z}$ を潜在変数または隠れ変数という．隠れ変数を含む確率分布がパラメータ $\boldsymbol{\xi}$ を用いて $M=\{p(\boldsymbol{y},\boldsymbol{z},\boldsymbol{\xi})\}$ という分布族に従うとする．このとき，観測できる $\boldsymbol{y}$ だけを取り出した周辺分布は

$$p_Y(\boldsymbol{y},\boldsymbol{\xi})=\int p(\boldsymbol{y},\boldsymbol{z},\boldsymbol{\xi})\,d\boldsymbol{z} \tag{12.1}$$

である．ここから，通常の手続きに従って観測した $\boldsymbol{y}$ を用いて分布のパラメータ $\boldsymbol{\xi}$ を推定すればよい．しかし，多くの場合，元の分布 $p(\boldsymbol{x},\boldsymbol{\xi})=p(\boldsymbol{y},\boldsymbol{z},\boldsymbol{\xi})$ は良い形をしていて推定は簡単であるが，周辺分布は (12.1) の積分を含むため複雑な形になり，推定が困難であるという問題が生ずる．

例えば，混合ガウス分布を考えよう．ガウス分布が k 個あり，j 番目 $(j=1,2,\cdots,k)$ のガウス分布は平均 μ_j 分散 1 であるとしよう（分散も未知母数として良いが，ここでは一番簡単な例を述べる）．j 番目のガウス分布が選ばれて，y がここから発生する確率を w_j とする．このとき $x=(y,z)$ で y が観測され，z は y が何番目のガウス分布から発生したかを示す $\{1,\cdots,k\}$ の値を取る確率変数が観測できない．$z=j$ は j 番目のガウス分布から y が生成されたことを示す．このとき，(y,z) の同時確率分布は簡単なガウス分布である．

$$p(y,z,\boldsymbol{\xi})=\frac{w_z}{\sqrt{2\pi}}\exp\left\{-\frac{1}{2}\left(y-\mu_z\right)^2\right\}. \tag{12.2}$$

z が観測できなければ，y だけの分布はこれを重ね合わせた混合ガウス分布

$$p(y,\boldsymbol{\xi})=\frac{1}{\sqrt{2\pi}}\sum w_j\exp\left\{-\frac{\left(y-\mu_j\right)^2}{2}\right\},\quad \sum w_j=1 \tag{12.3}$$

になる．ここでの未知母数 $\boldsymbol{\xi}$ は w_j と μ_j の全体である．この推定は結構面倒である．隠れ素子（観測されない変数）を含むニューラルネットワーク，隠れマルコフモデルなど，多くのモデルがこの形をしている．

12.2 em アルゴリズム

通常の統計的推論は，観測点に最も近いモデル上の点を求めることになる．しかし，隠れ変数がある場合などは，データから観測点が一つ決まるわけではなくて，その候補となる部分多様体が決まる．そこでは，データ多様体とモデル多様体の 2 つを考え，両者の一番近い点の対を求めることになる．このような設定は，次節で述べる隠れ変数のある場合の EM アルゴリズムの場合だけでなく，deep learning でも現れる．そこで，一般論をまず述べておく．

双対平坦な多様体 S に含まれる 2 つの部分多様体 D と M を考える．2 つの多様体の間の KL ダイバージェンスを

$$KL[D:M] = \min_{p \in D, q \in M} KL[p:q] \tag{12.4}$$

で定義する．また，このときの最小値を達成する $p^* \in D, q^* \in M$ を，最近接点と呼ぶ（確率分布族でない一般の双対平坦空間の場合は，KL ダイバージェンスではなくて，一般の Bregman ダイバージェンスを用いればよい）．

em アルゴリズムは[3]，最近接点を求める逐次アルゴリズムである．

em アルゴリズム

初期段階：M の一点 q_0 を選ぶ．

e ステップ：q_t $(t = 0, 1, 2, \cdots)$ に対し，

$$p_t = \underset{p \in D}{\operatorname{argmin}}\ KL[p:q_t] \tag{12.5}$$

を求める．これは q_t を D に e-射影したものである．

m ステップ：p_t に対し，

$$q_{t+1} = \underset{q \in M}{\operatorname{argmin}}\ KL[p_t:q] \tag{12.6}$$

を求める．これは p_t を M に m-射影したものである．

上記の過程で，KL ダイバージェンスは単調に減少する（正確には非増加）

$$KL[p_t:q_t] \geq KL[p_t:q_{t+1}] \geq KL[p_{t+1}:q_{t+1}]. \tag{12.7}$$

したがって，アルゴリズムは収束する（図 12.1）．しかし，一般には収束点は単一とは限らず，多

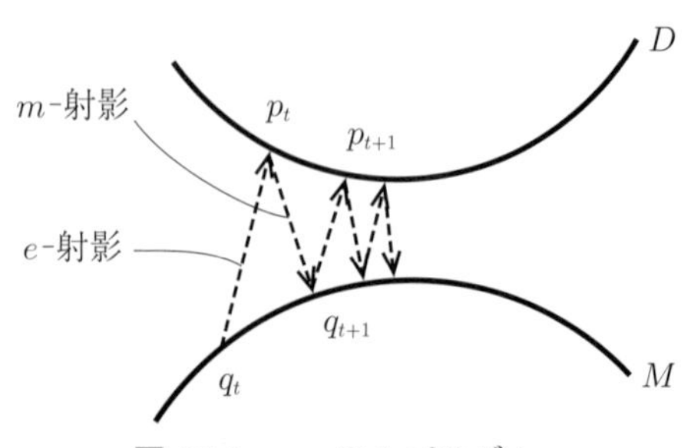

図 12.1　em アルゴリズム．

数ありうる．M が e-平坦で D が m-平坦の場合には，収束点は一意である．

12.3 EM アルゴリズム

隠れ変数 z が分からないならこれを推定し，その推定値を用いて推論するのは単純なアイデアである．Dempster らはこれを **EM**（**expectation-maximization**）アルゴリズムとして定式化した[1]．これを情報幾何の立場から考えたのは，Csiszar と Tusnady であり[2]，甘利たち[4]や Byrne[5]は Boltzmann 機械を用いて同じ考えに行きついている．

EM アルゴリズムでは，まず変数 $\boldsymbol{x} = (\boldsymbol{y}, \boldsymbol{z})$ の確率分布全体の空間 $S = \{p(\boldsymbol{y}, \boldsymbol{z})\}$ を考える．我々の対象であるパラメータ $\boldsymbol{\xi}$ で指定される分布族（モデル多様体）M は S に含まれ，$M = \{p(\boldsymbol{y}, \boldsymbol{z}, \boldsymbol{\xi})\} \subset S$ である．

推定の場合，データ $\boldsymbol{x}$ が観測されたときに，このデータが指定する分布 $\hat{q}(\boldsymbol{x})$（データが多数あればその経験分布，指数型分布族であれば，$\boldsymbol{\eta}$ 座標で考えて十分統計量が指定する分布）をまず考え，これを観測点と呼び，これをモデル M に射影して推定量を求めた．今の場合，$\boldsymbol{x}$ のうちで $\boldsymbol{y}$ はわかるが $\boldsymbol{z}$ は分からない．そこで，$\boldsymbol{y}$ の分布は観測値で定まる $\hat{q}(\boldsymbol{y})$ とし，$\boldsymbol{z}$ の分布は何でも良いような確率分布を考える．すなわち，$q(\boldsymbol{z}|\boldsymbol{y})$ を任意の条件付き確率として，確率分布 $\hat{q}(\boldsymbol{y})q(\boldsymbol{z}|\boldsymbol{y})$ を取り上げ，この分布の全体を**データ多様体**（または**観測多様体**）と呼ぶ．これは観測したデータ $\boldsymbol{y}$ たちが指定する多様体で，

$$D = \left\{\hat{q}(\boldsymbol{y})q(\boldsymbol{z}|\boldsymbol{y})\,;\; q(\boldsymbol{z}|\boldsymbol{y}) \text{ は任意}\right\} \tag{12.8}$$

と書ける（図 12.2）．$\hat{q}(\boldsymbol{y})$ は観測値が定める $\boldsymbol{y}$ の分布，例えば観測値が $\bar{\boldsymbol{y}}$ ならば $\hat{q}(\boldsymbol{y}) = \delta(\boldsymbol{y} - \bar{\boldsymbol{y}})$ である．多数の観測 $\boldsymbol{y}_1, \cdots, \boldsymbol{y}_n$ がある場合，$\hat{q}(\boldsymbol{y})$ はデータの指定する経験分布，または十分統計量の指定する分布とする．この場合 $\boldsymbol{y}_i$ のそれぞれに隠れ変数 $\boldsymbol{z}_i$ が付くから，データの指定する分布の族は

$$\hat{q}(\boldsymbol{y}, \boldsymbol{z}) = \frac{1}{n}\sum \delta(\boldsymbol{y} - \boldsymbol{y}_i)\, q(\boldsymbol{z}|\boldsymbol{y}_i) \tag{12.9}$$

である．データ多様体は q について線形であるから m-平坦である．

観測で分かるのはデータ多様体 D である．そこで $q(\boldsymbol{z}|\boldsymbol{y})$ を与えて決まるデータ多様体の一点と $\boldsymbol{\xi}$ の指定するモデル多様体の一点の間の KL ダイバージェンス

$$L\left[q(\boldsymbol{z}|\boldsymbol{y}), \boldsymbol{\xi}\right] = \int \hat{q}(\boldsymbol{y})q(\boldsymbol{z}|\boldsymbol{y}) \log \frac{\hat{q}(\boldsymbol{y})q(\boldsymbol{z}|\boldsymbol{y})}{p(\boldsymbol{y}, \boldsymbol{z}, \boldsymbol{\xi})}\, d\boldsymbol{y} d\boldsymbol{z} \tag{12.10}$$

を考える．これを最小にする点をそれぞれ $\hat{q}(\boldsymbol{z}|\boldsymbol{y}), \hat{\boldsymbol{\xi}}$ とすれば，これらは 2 つの部分多様体 D と M の間のダイバージェンスを最小にする最近接点である（図 12.2）．しかも，次の 2 つの定理が成立する．

定理 12.1 D と M のダイバージェンスを最小にする $\hat{\boldsymbol{\xi}}$ は，最尤推定に一致する．

定理 12.2 M の一点からデータ多様体 D への e-射影に対して，条件付き分布 $q(\boldsymbol{z}|\boldsymbol{y})$ は不変で，$\boldsymbol{z}$ の条件付き期待値は元のものと同じになる．

証明 KL ダイバージェンスは

$$\begin{aligned} D_{KL}\left[\hat{q}(\boldsymbol{y})q(\boldsymbol{z}|\boldsymbol{y}) : p(\boldsymbol{y}, \boldsymbol{z}, \boldsymbol{\xi})\right] = \int \Big[&\hat{q}(\boldsymbol{y}) \int q(\boldsymbol{z}|\boldsymbol{y}) \log q(\boldsymbol{z}|\boldsymbol{y}) d\boldsymbol{z} \\ &- \hat{q}(\boldsymbol{y}) \int q(\boldsymbol{z}|\boldsymbol{y}) \log p(\boldsymbol{y}, \boldsymbol{z}, \boldsymbol{\xi}) d\boldsymbol{z} + \hat{q}(\boldsymbol{y}) \log \hat{q}(\boldsymbol{y}) \Big] d\boldsymbol{y} \end{aligned} \tag{12.11}$$

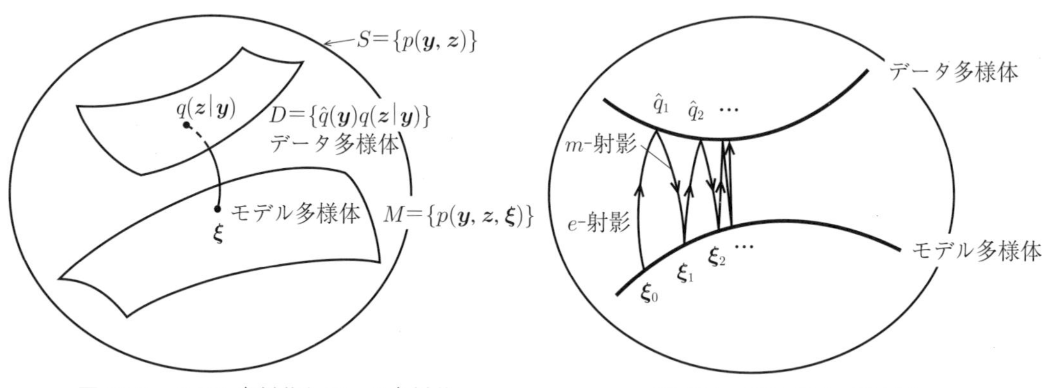

図 12.2　モデル多様体とデータ多様体.　　図 12.3　EM アルゴリズム.

のように書ける．ここで $\hat{q}(\boldsymbol{y})$ を経験分布とすれば，観測データを $D=\{\boldsymbol{y}_1,\cdots,\boldsymbol{y}_n\}$ として，$\hat{q}(\boldsymbol{y})$ に関する積分はデータを代入して和を取ればよい．$q(\boldsymbol{z}|\boldsymbol{y})$ を固定して，上式を最小にする $\boldsymbol{\xi}$ を求める．これは $\hat{q}$ から M への m-射影であり，

$$L(\boldsymbol{\xi}|q)=\int q(\boldsymbol{z}|D)\log p(D,\boldsymbol{z},\boldsymbol{\xi})d\boldsymbol{z} \tag{12.12}$$

を最大化する．$\boldsymbol{\xi}$ で微分すれば，$p(\boldsymbol{y},\boldsymbol{z},\boldsymbol{\xi})=p(\boldsymbol{y})p(\boldsymbol{z}|\boldsymbol{y},\boldsymbol{\xi})$ を用いると，

$$\int\frac{q(\boldsymbol{z}|D)}{p(\boldsymbol{z}|D,\boldsymbol{\xi})}\frac{\partial}{\partial\boldsymbol{\xi}}p(D,\boldsymbol{z},\boldsymbol{\xi})d\boldsymbol{z}=0 \tag{12.13}$$

である．ここで，$\boldsymbol{\xi}$ を固定して $D[q:p]$ を $q(\boldsymbol{z}|\boldsymbol{y})$ について最小化する．$q(\boldsymbol{z}|\boldsymbol{y})$ は $\boldsymbol{z}$ についての確率分布であるから $\int q(\boldsymbol{z}|\boldsymbol{y})d\boldsymbol{z}=1$ という制約条件を付ければ，Lagrange 未定係数 λ を用いて微分することにより，

$$\int\left[\log\frac{q(\boldsymbol{z}|D)}{p(\boldsymbol{z}|D,\boldsymbol{\xi})}-\lambda\right]\delta q(\boldsymbol{z}|D)d\boldsymbol{z}=0 \tag{12.14}$$

が得られる．すなわち，$\boldsymbol{\xi}$ を固定して $D[q:p]$ を最小にする q は $q(\boldsymbol{z}|\boldsymbol{y})=p(\boldsymbol{z}|\boldsymbol{y},\boldsymbol{\xi})$ である．これより，e-射影は条件付き確率を不変に保つことがわかる．

これを (12.11) に代入すれば，KL ダイバージェンスを最小にする $\boldsymbol{\xi}$ は

$$\frac{\partial}{\partial\boldsymbol{\xi}}\int p(D,\boldsymbol{z},\boldsymbol{\xi})d\boldsymbol{z}=\frac{\partial}{\partial\boldsymbol{\xi}}p(D,\boldsymbol{\xi})=0 \tag{12.15}$$

を満たし，最尤推定と一致する．ただし，$p(D,\boldsymbol{\xi})$ は $\boldsymbol{\xi}$ に関して極大点や鞍点を持つかもしれないから (12.15) を満たす $\boldsymbol{\xi}$ は一意とは限らないことに注意．

さらに，このときの $q(\boldsymbol{z}|\boldsymbol{y})$ をもとに観測値 $\boldsymbol{y}_i$ に対する隠れ変数 $\boldsymbol{z}_i$ の値が分布 $\hat{q}(\boldsymbol{z}|\boldsymbol{y}_i)$ に従うと考えれば，それは $\boldsymbol{y}_i$ をもとに観測できなかった $\boldsymbol{z}_i$ の分布を推定することである．$\boldsymbol{z}_i$ 自身の推定値としては分布 $\hat{q}(\boldsymbol{z}|\boldsymbol{y}_i)$ による $\boldsymbol{z}$ の期待値を用いればよい．

推定値を算出する逐次アルゴリズムを考える．初期値として M 上の任意の値 $\boldsymbol{\xi}'$ を選ぶ．このとき，観測データ $\boldsymbol{y}_1,\cdots,\boldsymbol{y}_n$ が定めるデータ多様体に，分布 $p(\boldsymbol{y},\boldsymbol{z},\boldsymbol{\xi}')$ を e-射影すれば，条件付き分布 $\hat{q}(\boldsymbol{z}|\boldsymbol{y})=p(\boldsymbol{z}|\boldsymbol{y},\boldsymbol{\xi}')$ が得られる．こうして D 上の分布 $\hat{q}$ が定まる．次にこの点をモデル多様体に m-射影する．

これは $L(\boldsymbol{\xi}|\hat{q})$ を最大化することであるが，そのために対数尤度 $\log p(\boldsymbol{y},\boldsymbol{z},\boldsymbol{\xi})$ の $\hat{q}$ で期待値を計算する．すなわち，前の推定値 $\boldsymbol{\xi}'$ から新しい $\boldsymbol{\xi}$ を求めるのに

$$L(\boldsymbol{\xi},\boldsymbol{\xi}')=\int p(\boldsymbol{z}|D,\boldsymbol{\xi}')\log p(D,\boldsymbol{z},\boldsymbol{\xi})d\boldsymbol{z} \tag{12.16}$$

をまず計算する．対数尤度の条件付き期待値を計算するプロセスをEステップ（expectation step）と呼ぶ．これは分布 $p(\boldsymbol{y},\boldsymbol{z},\boldsymbol{\xi}')\in M$ を D に e-射影し，それを用いて対数尤度の期待値を取ることである．次は，対数尤度 $L(\boldsymbol{\xi},\boldsymbol{\xi}')$ を $\boldsymbol{\xi}$ について最大化するので，これをMステップ（maximization step）と呼ぶ．これは $\hat{q}$ を M へ m-射影することである．この意味で，EMアルゴリズムは e-射影と m-射影を繰り返すemアルゴリズムと考えて良い（図12.3）[3]．

定理 12.3 e-射影と m-射影の繰り返しでKLダイバージェンスは単調に減少する．したがってEMアルゴリズムは収束する．

ただ，モデル多様体 M は一般に e-平坦ではないから，ここへの m-射影は一意とは限らない．このためアルゴリズムがいつも最尤推定に収束するとは限らない．ダイバージェンスの極小解はいくつかあるかもしれないので注意を要する．

ここで，一番単純な混合ガウス分布のパラメータ推定の例を示す．混合ガウス分布

$$p(y,\boldsymbol{\xi})=\sum_{i=1}^{k}\frac{w_i}{\sqrt{2\pi}}\exp\left\{-\frac{1}{2}(y-\mu_i)^2\right\} \tag{12.17}$$

を考える．未知パラメータ $\boldsymbol{\xi}$ は，$\{w_i,\mu_i;i=1,\cdots,k\}$ である．簡単のため，

$$f(y,\mu_i)=\frac{1}{\sqrt{2\pi}}\exp\left\{-\frac{1}{2}(y-\mu_i)^2\right\} \tag{12.18}$$

とおく．なお，各ガウス分布に異なる未知の分散項 σ_i^2 を導入しても，全く同じように議論できる．この分布で，データ x は (y,z) の組であり，(y,z) の同時分布は $p(y,z,\boldsymbol{\xi})=w_z f(y,\mu_z)$ という簡単な形である．

いま，候補のパラメータが $\boldsymbol{\xi}'$ であるとして，Eステップを実行する．このため，条件付き確率と対数尤度 $l(x,z,\boldsymbol{\xi})=\log p(y,z,\boldsymbol{\xi})$ を求めると，

$$p(z|y,\boldsymbol{\xi}')=\frac{w_z' f(y,\mu_z')}{p(y,\boldsymbol{\xi}')},\quad l(x,z,\boldsymbol{\xi})=\log w_z-\frac{1}{2}(x-\mu_z)^2+c, \tag{12.19}$$

したがってその条件付き期待値は，定数項を省いて

$$L(\boldsymbol{\xi},\boldsymbol{\xi}')=\sum_z p(z|y,\boldsymbol{\xi}')\left\{\log w_z-\frac{1}{2}(y-y_z)^2\right\} \tag{12.20}$$

と書ける．ここまでがEステップである．

Mステップは，$L(\boldsymbol{\xi},\boldsymbol{\xi}')$ を最大化する $\boldsymbol{\xi}$ を求め，$\boldsymbol{\xi}'$ を更新して $\boldsymbol{\xi}$ にすることで終わる．上式を $\boldsymbol{\xi}$ で微分して0と置けば，

$$w_z=\frac{1}{N}\sum p(z|y_i,\boldsymbol{\xi}'),\quad \mu_z=\frac{\sum_i y_i p(z|y_i,\boldsymbol{\xi}')}{\sum_i p(z|y_i,\boldsymbol{\xi}')} \tag{12.21}$$

となる．これが更新の式である．EMアルゴリズムについては文献6,7)などに詳しい．

脳内の神経の発火パターンを $\boldsymbol{x}$ とし，これが外部からの情報 $\boldsymbol{\xi}$ によって確率的に決まるとしよう．その分布を $p(\boldsymbol{x},\boldsymbol{\xi})$ とする．$\boldsymbol{x}$ から $\boldsymbol{\xi}$ を推論したい．しかし，$\boldsymbol{x}$ のすべてが利用できるわけではなく，$\boldsymbol{x}=(\boldsymbol{y},\boldsymbol{z})$ として $\boldsymbol{z}$ が利用できなくなったとしよう．例えば，$\boldsymbol{x}$ は多数のニューロンの発火の分布を示すが，各ニューロンの発火頻度はわかるが，相関もしくは高次相関が利用できない場合である．脳はEMアルゴリズムを用いてこの問題を解くことができる．一部の情報が失われた場合のFisher情報量の損失が大泉らによって詳しく調べられている[8]．

12.4 非忠実なモデルによる推論

統計モデル $M = \{p(\boldsymbol{x}, \boldsymbol{\xi})\}$ があるのにこれを使わず，**非忠実なモデル** $M' = \{q(\boldsymbol{x}, \boldsymbol{\xi})\}$ を用いて推論を行うことがある．これには正しい M を知らない場合や，知っていても M での計算は難しいので簡単なモデル M' を使ってしまう場合などである．脳内での推論ではこのようなことが十分に起こり得る．具体例で説明しよう．

n 個のニューロンが場に並んでいて，刺激 s が生起すると，ニューロン i は $r_i(s)$ の頻度で発火するものとする．$r_i(s)$ はニューロン i の同調曲線（チューニングカーブ）と呼ばれ，刺激 s に対するこのニューロンの応答を表す．一般にはニューロン i の置かれた場所と s との対応が付いていて，刺激 $0 < s < 1$ が来ると $i = ns$ の位置のニューロン i が強く興奮し，その周りのニューロンも興奮するが，位置がずれるにつれ次第に小さくなっていく（図 12.4）．実際のニューロンの応答を興奮頻度 x_i で表す．これらは同時ガウス分布に従うものとし，ニューロン i, j の応答 x_i, x_j の相関を V_{ij} としよう．このとき，確率モデルは

$$p(\boldsymbol{x}, s) = c \exp\left\{-\frac{1}{2}\left\{\boldsymbol{x} - \boldsymbol{r}(s)\right\}' V^{-1}\left\{\boldsymbol{x} - \boldsymbol{r}(s)\right\}\right\} \tag{12.22}$$

と書ける．ただしパラメータ $\boldsymbol{\xi}$ はここでは 1 次元で s と書いた．

興奮パターン $\boldsymbol{x}$ が与えられたとき，確率 (12.22) を最大にする s を求めるのが最尤推定である．しかし，その計算は一般に複雑である．そこで，モデルを簡単化して相関のない，非忠実なモデル

$$q(\boldsymbol{x}, s) = c \exp\left[-\frac{1}{2}\left\{\boldsymbol{x} - \boldsymbol{r}(s)\right\}'\left\{\boldsymbol{x} - \boldsymbol{r}(s)\right\}\right] \tag{12.23}$$

を用いて，これを最大にする s を求めてみよう．このとき，どのくらいの情報損失が起こるだろうか．Wu らは[9]，ある場合に非忠実なモデルを用いても，漸近的には情報損失がないことを導いた．それならば，簡単なモデルを用いて推定を行うのが得である．

話を一般的にして，忠実なモデル M と非忠実なモデル M' とが，共にパラメータ s を持つ曲指数型分布族だとしよう．両者は同じ座標 s で指定され，s が同じ点どうしで対応が付く．M を使って推論しても M' を使って推論しても，漸近的一致推定量が得られる条件は，

$$E_p\left[\frac{d \log q(\boldsymbol{x}, s)}{ds}\right] = 0 \tag{12.24}$$

であるから，M' のパラメータの付け方はこのように調整しておかなければならない．このとき，データの与える $\bar{\boldsymbol{\eta}}$ を M に m-射影すれば真の最尤推定量が，M' に射影すれば非忠実なモデルを用いた推定量となる．M と M' で同じ s どうしを結ぶ m-測地線が M と M' の両方に直交していれば，どちらで推定しようと推定量は同じものになり，情報損失は起こらない．もし，違えば，情報損失が起こる．非忠実なモデルの場合の情報量（誤差の分散行列の逆行列）も，確率を用いて陽に計算できる[8]．非忠実なモデルとして，どのようなものを用いれば情報損失が少ないかがここか

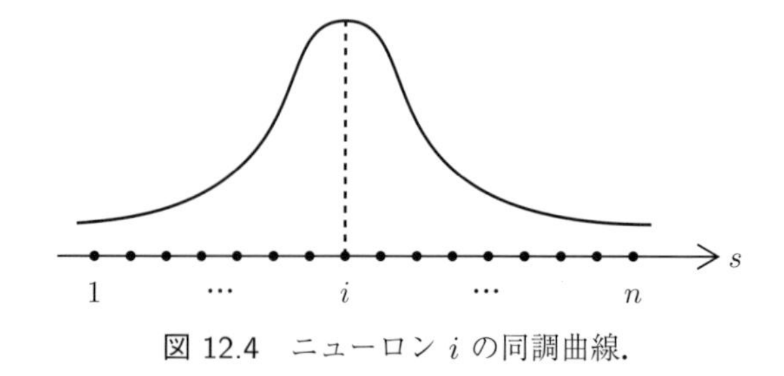

図 12.4　ニューロン i の同調曲線．

らわかる．

12.5 変分 Bayes 法

EM アルゴリズムと一見似ている手法に，変分 Bayes 法がある[6,7,10,11]．これも，隠れ変数がある場合に良く用いられるので，ここで扱うのが良いだろう．しかし，Bayes 統計では，パラメータ $\boldsymbol{\xi}$ の指定する確率分布の族 $p(\boldsymbol{x}|\boldsymbol{\xi})$ に対して，これを指定するパラメータ $\boldsymbol{\xi}$ もまた確率的に決まると考える．その分布を事前分布といい，$\pi(\boldsymbol{\xi})$ と書こう．このとき，パラメータ $\boldsymbol{\xi}$ とデータ $\boldsymbol{x}$ の同時確率分布は

$$p(\boldsymbol{x}, \boldsymbol{\xi}) = \pi(\boldsymbol{\xi}) p(\boldsymbol{x}|\boldsymbol{\xi}) \tag{12.25}$$

と書ける．Bayes 統計では，データ $D = \{\boldsymbol{x}_1, \cdots, \boldsymbol{x}_n\}$ を観測した後で，パラメータ $\boldsymbol{\xi}$ の確率分布はどうなっているかを計算する．すなわち，(12.25) から，事後確率分布

$$p(\boldsymbol{\xi}|\boldsymbol{x}) = \frac{\pi(\boldsymbol{\xi}) p(\boldsymbol{x}|\boldsymbol{\xi})}{p(\boldsymbol{x})}, \quad p(\boldsymbol{x}) = \int \pi(\boldsymbol{\xi}) p(\boldsymbol{x}|\boldsymbol{\xi}) d\boldsymbol{\xi} \tag{12.26}$$

が計算できる．データが多数あるときは，$p(D|\boldsymbol{\xi}) = \prod p(\boldsymbol{x}_i|\boldsymbol{\xi})$ とし，$p(\boldsymbol{\xi}|D)$ を計算する．

Bayes 統計は，最尤推定 $\hat{\boldsymbol{\xi}}_{\mathrm{mle}}$ のようにパラメータ $\boldsymbol{\xi}$ を一点で推定するのではなくて分布として求めるため，より精密な推論ができると見ることもできる．この分布で，最も確率の高いものを選べば，これは

$$\hat{\boldsymbol{\xi}}_{\mathrm{MAP}} = \arg\max_{\boldsymbol{\xi}} p(\boldsymbol{\xi}|D) \tag{12.27}$$

で，事後確率を最大にする推定値（MAP）となる．また，事前分布 $\pi(\boldsymbol{\xi})$ を一様分布とすれば，これは最尤推定に一致する．パラメータ $\boldsymbol{\xi}$ をデータから推定すると $\boldsymbol{x}$ の確率分布が想定できるから，次に出るデータ $\boldsymbol{x}$ の確率を予測できる．このとき，推定した $\hat{\boldsymbol{\xi}}$ を用いて分布 $p\left(\boldsymbol{x}|\hat{\boldsymbol{\xi}}\right)$ を使ってもよいが，Bayes 統計ではモデルを事後分布で平均した**予測分布**

$$p(\boldsymbol{x}|D) = \int p(\boldsymbol{x}|\boldsymbol{\xi}) p(\boldsymbol{\xi}|D) d\boldsymbol{\xi} \tag{12.28}$$

を使うこともできる．

いま，隠れ変数を含む確率モデル $p(\boldsymbol{y}, \boldsymbol{z}|\boldsymbol{\xi})$ があるとしよう．データ $D = \{\boldsymbol{y}_1, \cdots, \boldsymbol{y}_n\}$ を観測した後の事後分布は，隠れ変数とパラメータの両方を含む

$$p(\boldsymbol{z}, \boldsymbol{\xi}|\boldsymbol{y}) = \frac{\pi(\boldsymbol{\xi}) p(\boldsymbol{y}, \boldsymbol{z}|\boldsymbol{\xi})}{\int \pi(\boldsymbol{\xi}) p(\boldsymbol{y}, \boldsymbol{z}|\boldsymbol{\xi}) d\boldsymbol{\xi} d\boldsymbol{z}} \tag{12.29}$$

の形で書ける．データ $\boldsymbol{y}$ が多数あるときは，$\boldsymbol{y}$ の代わりに D を代入するが，このとき $\boldsymbol{y}_1, \cdots, \boldsymbol{y}_n$ に対応して隠れ変数も $\boldsymbol{z}_1, \cdots, \boldsymbol{z}_n$ のように多数あることに注意．ここで，分母の項 $p(\boldsymbol{y}) = \int \pi(\boldsymbol{\xi}) p(\boldsymbol{y}, \boldsymbol{z}|\boldsymbol{\xi}) d\boldsymbol{z} d\boldsymbol{\xi}$ は $\boldsymbol{y}$ の周辺分布で，計算が困難なことが多い．変分 Bayes 法では，真の事後分布の計算を避けて，その代わりに近似を使う．すなわち，$\boldsymbol{z}$ と $\boldsymbol{\xi}$ の同時確率分布で計算が比較的容易なものとして，新しいパラメータ $\boldsymbol{\zeta}$ で指定される分布族 $Q = \{q(\boldsymbol{z}, \boldsymbol{\xi}, \boldsymbol{\zeta})\}$ で，扱いやすい分布族を仮想的に考える．記号が煩雑になるのを避けるため，$\boldsymbol{\xi}$ を省略して書くことにする．また，すべてはデータ D をもとにする条件付き確率であるが，これも省略して書く．

変分 Bayes 法は，真の事後分布の代わりに，モデル Q に属する分布で，真のものに最も近いものを採用し，これを事後分布の近似とする．したがって，それはモデル Q の選び方に依存する．多くの場合，パラメータ $\boldsymbol{\xi}$ と隠れ変数 $\boldsymbol{z}$ の同時確率分布として，データで条件づけられたときに独

立であるような分布モデルを Q として採用する．これは計算が便利であるからであるが，多くの場合これで良い近似が得られる．真の事後分布 $p(\boldsymbol{z},\boldsymbol{\xi}|D)$ を Q に属する分布で近似するのに，KL ダイバージェンス

$$D_{KL}\left[q(\boldsymbol{z},\boldsymbol{\xi}):p(\boldsymbol{z},\boldsymbol{\xi}|D)\right] \tag{12.30}$$

を基準として用いる．最尤推定では，その逆である $D_{KL}[p:q]$ を用いてこれを最小化した．しかし，これは計算が困難である．特に，Q として独立な分布を用いたときには，(12.30) を用いると計算が楽になる．このとき，得られる分布 $\hat{q}(\boldsymbol{z},\boldsymbol{\xi})$ は，真の条件付き分布から Q への e-射影である．

与えられた確率分布 $p(\boldsymbol{z},\boldsymbol{\xi})$ を独立分布の族（正確にはパラメータ $\boldsymbol{\zeta}$ で指定される独立な事後分布の族）$Q=\{q_z(\boldsymbol{z})q_\xi(\boldsymbol{\zeta})\}$ へ e-射影すると何が得られるか，答だけを述べておく．変分法で計算すればよい．簡単のため，条件 D を外して書く．

定理 12.4　同時確率分布 $p(\boldsymbol{z},\boldsymbol{\xi})$ を，独立な確率分布の作る族 $Q=\{q_z(\boldsymbol{z})q_\xi(\boldsymbol{\xi})\}$ へ e-射影する．このとき KL ダイバージェンス $D_{KL}[q_z(\boldsymbol{z})q_\xi(\boldsymbol{\xi}):p(\boldsymbol{z},\boldsymbol{\xi})]$ を最小にする点 q_z と q_ξ は，c_z を規格化定数として

$$q_z(\boldsymbol{z})=c_z\exp\left\{-D_{KL}\left[q_\xi(\boldsymbol{\xi}):p(\boldsymbol{z},\boldsymbol{\xi})\right]\right\}, \tag{12.31}$$

$$q_\xi(\boldsymbol{\xi})=c_z\exp\left\{-D_{KL}\left[q_z(\boldsymbol{z}):p(\boldsymbol{z},\boldsymbol{\xi})\right]\right\} \tag{12.32}$$

で与えられる．一方，m-射影することは $D_{KL}\left[p(\boldsymbol{z},\boldsymbol{\xi}):q_z(\boldsymbol{z})q_\xi(\boldsymbol{\xi})\right]$ を最小にする分布を求めることであり，それは周辺分布で与えられる．

$$q_z(\boldsymbol{z})=\int p(\boldsymbol{z},\boldsymbol{\xi})d\boldsymbol{\xi},\quad q_\xi(\boldsymbol{\xi})=\int p(\boldsymbol{z},\boldsymbol{\xi})d\boldsymbol{z}. \tag{12.33}$$

12.6　Bayes 統計の情報幾何—deep learning に向けて

Bayes 統計では，パラメータ $\boldsymbol{\xi}$ と変数 $\boldsymbol{x}$ の両方を確率変数と考える．したがって，その幾何学は同時確率分布 $p(\boldsymbol{x},\boldsymbol{\xi})$ のなす空間の幾何学である．これまでの情報幾何を素直に用いれば，$\boldsymbol{x}$ と $\boldsymbol{\xi}$ の直積空間上の分布族に計量や接続を導入できる．そうした試みもいくつかあるが，特に目覚ましい成果を生み出すことはなかった．Bayes 統計の情報幾何を考察し，ここから新しい構造を生み出すことは，これからの興味ある研究課題である．

簡単のため，$\boldsymbol{x}$ が指数型分布族に従うモデルを考え，パラメータを $\boldsymbol{\theta}$ とする．

$$p(\boldsymbol{x}|\boldsymbol{\theta})=\exp\left\{\boldsymbol{\theta}\cdot\boldsymbol{x}-\bar{\psi}(\boldsymbol{\theta})-k(\boldsymbol{x})\right\} \tag{12.34}$$

と書ける．$k(\boldsymbol{x})$ は $\boldsymbol{x}$ の空間の測度 $\mu(\boldsymbol{x})$ をこの形に書いたもので，$d\mu(\boldsymbol{x})=\exp\{-k(\boldsymbol{x})\}\,d\boldsymbol{x}$ である．ここで，$\boldsymbol{\theta}$ の事前確率分布を $\pi(\boldsymbol{\theta})$ とすれば，両者の同時確率分布は

$$p(\boldsymbol{x},\boldsymbol{\theta})=\exp\{\boldsymbol{\theta}\cdot\boldsymbol{x}-\psi(\boldsymbol{\theta})-k(\boldsymbol{x})\},\quad \psi(\boldsymbol{\theta})=\bar{\psi}(\boldsymbol{\theta})-\log\pi(\boldsymbol{\theta}) \tag{12.35}$$

の形に書ける．$\boldsymbol{\theta}$ を固定した $\boldsymbol{x}$ の確率分布，すなわち (12.34) 式の条件付き確率分布 $p(\boldsymbol{x}|\boldsymbol{\theta})$ のなすものがモデル分布族で，指数型分布族である．

一方，データ $\boldsymbol{x}$ を観測した後の $\boldsymbol{\theta}$ の事後確率分布は，$\boldsymbol{x}$ の周辺分布による項を加えた新しい $\bar{k}(\boldsymbol{x})$ を用いて

$$p(\boldsymbol{\theta}|\boldsymbol{x})=\exp\left\{\boldsymbol{x}\cdot\boldsymbol{\theta}-\psi(\boldsymbol{\theta})-\bar{k}(\boldsymbol{x})\right\},\qquad \bar{k}(\boldsymbol{x})=k(\boldsymbol{x})+\log p(\boldsymbol{x}) \tag{12.36}$$

となるから，これもまた指数型分布族である．これらは，$\boldsymbol{x}$ の分布空間と $\boldsymbol{\theta}$ の分布空間を双対につ

なぎ，互いに条件付きにすることで，一方から他方に移る．

実は 2 層からなる制約 Boltzmann 機械がこの形をしている．したがって，deep learning で今話題の制約 Boltzmann 機械の理論を Bayes の立場で作ってみたい．その構想を述べておこう．$\boldsymbol{x}$ を入力層の信号，$\boldsymbol{\theta}$ を隠れ層の信号とする，2 層の制約付き Boltzmann 機械（RBM, restricted Boltzmann machine）の同時確率分布は

$$p(\boldsymbol{x}, \boldsymbol{\theta}; W) = \exp\{\boldsymbol{\theta}^T W \boldsymbol{x} - \psi(W)\}, \tag{12.37}$$

$$\boldsymbol{\theta}^T W \boldsymbol{x} = \sum \theta^i W_i^j x_j \tag{12.38}$$

のようにかける．ここで，行列 W が 2 層のニューロン素子を結ぶ結合である．簡単のため，$\boldsymbol{x}$ と $\boldsymbol{\theta}$ の 1 次の項を省いたが，付け加えることは容易である．これにさらに相互結合を含まない二乗項を加えて，ガウス型にすることができる．

さて，上式を見ればわかるように，$W\boldsymbol{x}$ を新しい $\boldsymbol{x}$ とみるか，または $\boldsymbol{\theta}^T W$ を新しい $\boldsymbol{\theta}$ とおけば，この式は標準型の (12.35) に一致する．すなわち，RBM は Bayes 推論の基本式に沿っている．ここで，コントラストダイバージェンス（CD）なども加えて，情報幾何を建設できる（産総研の唐木田君らが研究を進めている[12)]）．これはフィードバック結合を含む脳の回路のモデルとしても役に立つ．

一般の場合として，$\boldsymbol{\theta}$ が次元の低いパラメータ $\boldsymbol{u}$ により決まる曲指数型分布族 $\boldsymbol{\theta} = \boldsymbol{\theta}(\boldsymbol{u})$ を考えれば，パラメータの空間が制約を受け，$\boldsymbol{x}$ と $\boldsymbol{u}$ の次元が異なる．このような仕組みが，例えば脳における推論で使われている可能性がある．すなわち，視覚系を例にとるならば，外界から情報が視覚野に入りニューロンを活性化するとき，脳の活性状態（各ニューロンの活動度 $\boldsymbol{x}$ の分布）は，パラメータ $\boldsymbol{u}$ で指定される．脳における情報処理は，事後分布 $p(\boldsymbol{\theta}(\boldsymbol{u})|\boldsymbol{x})$ を求めることと考えよう．この事後分布に基づいて，推論や行動の決定を行う．高次情報を抽出するのが高次の領野の役割である．しかし，高次領野の情報は視覚野にフィードバックされ，データ $\boldsymbol{x}$ の補完や修正などに使われ，そこでも脳のダイナミックスによる推論が行われる．このようなプロセスを，Bayes 推論の枠組みで 2 つの共役な空間を用いて議論することができるように思う．

終わりの一言

今回は，機械学習の最後として，隠れ変数（潜在変数）を持つ統計モデルについて，EM アルゴリズムと変分 Bayes 法の手法を述べた．どちらも，確率分布の空間における e-射影と m-射影が主役をなす．今では当たり前の，e-射影と m-射影の繰り返しによる KL ダイバージェンスの交互最小化は，Csiszar と Tusnady が最初に提案した[2)]．しかし，これはメジャーの雑誌に載らなかった．Csiszar が言うには，統計の雑誌に投稿したが，EM アルゴリズムを繰返し法で解くなど，計算の手間が大変で意味がないと，採録されなかったという．なお，統計学における情報幾何の応用には，この他に江口真透による一連のロバスト推論や，P. Marriott による混合モデルなど，多くのすばらしい理論があるが，ここでは触れられなかった．

Bayes 推論は自然な枠組みである．しかし，過去に不幸な歴史があり，それが今に時々影を落とす．一つは哲学的な議論であった．確率事象において，パラメータ $\boldsymbol{\theta}$ が始めに決まっていて，それに基づいてデータ $\boldsymbol{x}$ が発生すると考える．事後確率はこれをひっくり返して，データ $\boldsymbol{x}$ が観測されたときに原因にさかのぼってパラメータ $\boldsymbol{\theta}$ の確率を論ずる．

これに対して，因果律を厳格に考える哲学者一派から異議が出された．原因 $\boldsymbol{\theta}$ が一つ決まり，確率的にせよその結果として $\boldsymbol{x}$ が決まるとしよう．このとき，$\boldsymbol{x}$ を観測したからと言って，パラメータ $\boldsymbol{\theta}$ がそれに基づいて決まるわけではない．それはもう決まっている（我々が知ろうと知るまいと）．だから，決まっていることに対して，因果を無視して確率を議論するなど，不当である．こう

して，事後確率を求める Bayes の公式はひところ不当なものとみなされ，姿を消した．これが復権するには年月を要した．

これに加えて，Bayes 推論では，事前分布を恣意的に選べば，どのような結論も導き出せるという問題がある．これを解決するのに，不変な事前分布として，Fisher 計量行列の行列式の平方根 $\sqrt{|G|}$ を使う方法が提案された．これを **Jeffreys の事前分布**というが，そこにも問題が指摘された．さらに，Bayes 推論を行うのに，条件付き確率を計算するためには周辺分布を求めなければならない．これが昔のコンピュータでは計算できなかった．今では，強力なコンピュータのおかげで MCMC などの手法がいくらでも使える．多くの問題で数値計算が可能になったのである．

こうした影が垣間見えるとはいえ，いまは Bayes 推論は計算可能であり，しかもうまく使えば大変有用な手法として定着している．特にパラメータを確率変数とみなすことで，問題を単純化することができる．脳の情報処理は Bayes 推論を行っているのではないかという議論もある．たしかに，事前分布などは長年の経験で学習されて脳に蓄えられ，これが有効に使われていると見ることができる．いまや，Bayes 推論全盛の時代である．しかし，Bayes 推論は新しい手法というわけではない．昔からあったものが，不当な解釈にとらわれることなく有効に使われる．事前分布も経験から得られると考えるだけでなく，データから推論する．すなわち，事前分布にパラメータを導入してこれをハイパーパラメータと呼び，これをデータから推定する手法が使われている．

本章では最後に Bayes 推論の歴史的ないきさつを述べた．かって，Bayes 推論とフレキュエンティスト（Bayes の立場を取らない統計学）の間で不幸な論争があったとはいえ，今さらこの 2 つを対立して考える必要はない．非 Bayes の立場で作り上げた，Fisher 情報量などの統計学の理論の枠組みは，Bayes の立場でもそのまま使える．両者を統合して，情報幾何の手法を用いたい．

参考文献

1) A.P. Dempster, N.M. Laird and D.B. Rubin, Maximum likelihood from incomplete data via the EM algorithm, *J. Royal Statistical Society, B*, **39**, 1–38, 1977.
2) I. Csiszar and G. Tusnady, Information geometry and alternating minimization procedure. In E.F. Dedewicz, *et. al.* (eds.), *Statistics and Decision*, 205–237, Oldenbourg Verlag, 1984.
3) S. Amari, Information geometry of the EM and em algorithms for neural networks, *Neural Networks*, **8**, 1379–1408, 1995.
4) S. Amari, K. Kurata and H. Nagaoka, Information Geometry of Boltzmann Machines, *IEEE Trans. on Neural Networks*, **3**, 260–271, 1992.
5) W. Byrne, Alternating minimization and Boltzmann machine learning, *IEEE Trans. on Neural Networks*, **3**, 612–620, 1992.
6) M.J. Wainwright and M.I. Jordan, Graphical models, exponential families, and variational inference, *Foundations and Trends in Machine Learning*, **1**, 1–305, 2008.
7) C.M. Bishop, *Pattern Recognition and Machine Learning*, Springer, 2006.
8) M. Oizumi, M. Okada and S. Amari, Information loss associated with imperfect observation and mismatched decoding, *Frontiers in Computational Neuroscience*, **5**, 9, 1–13, March 2011, doi: 10.3389/fncom.2011.00009 (www.frontiersin.org).
9) S. Wu, S. Amari and H. Nakahara, Population Coding and Decoding in a Neural Field: A Computational Study, *Neural Computation*, **14**, 999–1026, 2002.
10) A. Honkela, T. Raiko, M. Kuusela M. Tornio and J. Karhunen, Approximate Riemannian conjugate gradient learning for fixed-form variation Bayes, *J. Machine Learning Research*, **11**, 3235–3268, 2010.
11) N. Ueda, R. Nakano and Z. Ghahramani and J.E. Hinton, SMEM algorithm for mixture models, *Neural Computation*, **12**, 2109–2128, 2000.
12) R. Karakida, M. Okada and S. Amari, Dynamical analysis of contrastive divergence learning: Restricted Boltzmann machines with Gaussian visible units, *Neural Networks*, **79**, 78–87, 2016.

第IV部

情報幾何の様々な応用

第IV部では，情報と数理にかかわる様々な分野で情報幾何がどのように活用されているかを眺めることにする．機械学習，信号処理そして近年再活性化してきた多層パーセプトロン，その他である．これらの分野はそれぞれに永い歴史を持ち，しっかりした体系をなして発展しつつある．これらを記述するにはそれぞれ一冊の単行本が必要となる．ここでは，情報幾何の立場から見ると景色がどう見えるか，ここに絞って，機械学習の横道または裏街道といえる話題を提供しよう．情報幾何を用いれば直観的な理解が得られる．これがさらなる発展につながることを願っている．なお，応用の話題はそれぞれに独立しているため，どの章節から読んでも差し支えがない．面倒な所は飛ばしてよい．

第13章

機械学習の情報幾何

人間は，日常の経験から多くのことを学ぶ．これには教師の手引きもあるが，多くの場合特別な教師がいなくても，自然界の構造をいつの間にか会得する．前者が教師付き学習と言うのに対して後者は教師なし学習もしくは自己組織化と言う．この中間に強化学習があり，ここでは教師の直接の指示はないが，しかし結果としての報酬ないし罰が与えられる．機械学習は，データを用いてそこに秘められた外界の情報の仕組みを機械に学習させる広い分野であり，古くは学習によるパターン認識に始まり，いまでは人工知能の中心的なテーマになっている．近年膨大なデータが利用可能になり，これだけを見ても何も分からない．データに埋もれた構造を抽出することが大きな課題である．

本章ではパターンの分類，クラスタ分けに始まり，サポートベクトル機械，確率推論，などに触れる．なお，近年は deep learning が大きな話題となっている．これは多層の機械であり，神経回路モデルである多層パーセプトロンの一般化である．多層パーセプトロンの学習力学と自然勾配学習については，章を改めて紹介する．また，別の章で最近の動向を紹介する．

13.1 画像の分類，検索，認識：クラスタリングの情報幾何

画像データは典型的なビッグデータであり膨大な数の画像がデータベースに納まっていてウェブで利用可能である．画像信号をカテゴリ毎に分類し，各カテゴリについてその代表画像を作成しておくと便利である．カテゴリとして似たものどうしをひとまとめにするのが**クラスタリング**であり，まとめた信号の集まりを**クラスタ**と呼ぶ．クラスタは大分類から小分類まで，階層的に構成されていてよい．クラスタが形成できているときに，画像を一つ与えると，これがどのクラスタに属するかを判定するのが画像検索である．クラスタが一つのカテゴリに対応すれば，これはカテゴリを判定するパターン認識の問題でもある．

信号はいろいろに表現できる．画像ならば，画素ごとに明るさ（色も含めて）を成分とする画像ベクトルとしてよい．画像から特徴を多数測定し，特徴の集まりを画像ベクトルとすることもあろう．また，画像をスペクトル分解し，その成分を集めて特徴としてもよい．一つの画像信号を n 次元ベクトル $\boldsymbol{x}$ で表現しよう．このとき，信号の空間 $X=\{\boldsymbol{x}\}$ をユークリッド空間，$\boldsymbol{x}$ はそのベクトルと考えることが多いが，そうではなくて，X にはその幾何構造に基づくダイバージェンスが別に導入されると考えるのも自然である．ダイバージェンスは確率構造から自然に導かれることもある．$\boldsymbol{x}$ の成分がすべて非負であるとき，これを規格化して確率分布と見たり，直接に正測度と見て，確率分布空間や正測度空間に導入される色々なダイバージェンスを用いることもできる．

本節はクラスタリングと検索にまつわる情報幾何を議論しよう．なお，画像信号は，サイズ合わせや位置合わせのように，変換に関する不変性に基づいて規格化する必要があるが，それは別に行うこととし，ここではふれない．

通常のクラスタリングをハードクラスタリングと呼び，一つの $\boldsymbol{x}$ は一つのクラスタ（カテゴリ）に

属する．$\boldsymbol{x}$ は複数のカテゴリに属して良いこととし，その度合いを確率で表すクラスタリングを**ソフトクラスタリング**と呼ぶ．このとき，各カテゴリ毎に信号の確率分布を定め，信号 $\boldsymbol{x}$ がどのカテゴリに属するかを確率的に決める．これは事後確率分布である．パターン認識はこの立場を取ることが多い．

13.1.1 クラスタの中心

信号の空間 $X = \{\boldsymbol{x}\}$ に，凸関数 ϕ が定義され，ここから2点 $\boldsymbol{x}$ と $\boldsymbol{x}'$ の間にBregmanダイバージェンスが導入されるとしよう．これを

$$D_\phi\left[\boldsymbol{x} : \boldsymbol{x}'\right] = \phi(\boldsymbol{x}) - \phi\left(\boldsymbol{x}'\right) - \nabla\phi\left(\boldsymbol{x}'\right) \cdot \left(\boldsymbol{x} - \boldsymbol{x}'\right) \tag{13.1}$$

と書く．凸関数 ϕ が定義された空間は双対平坦の幾何構造を持ち，ここに2つの双対なアファイン座標系が導入される．すなわち，アファイン座標系と双対アファイン座標系であり，双対な凸関数 ϕ と ψ とが定義される．

あとで指数型確率分布族を導入するので，それとの整合性から，X の要素 $\boldsymbol{x}$ を表すのに双対アファイン座標系 $\boldsymbol{\eta}$ を用い，$\boldsymbol{x}$ 点の座標を $\boldsymbol{\eta} = \boldsymbol{x}$ とする．一方，X のアファイン座標系を $\boldsymbol{\theta}$ と書く．$\boldsymbol{\theta}$ は $\boldsymbol{\eta}$ とLegendre変換で結ばれ，$\boldsymbol{\theta} = \nabla\phi(\boldsymbol{\eta})$ である．$\boldsymbol{\theta}$ と $\boldsymbol{\eta}$ の両方の座標系を併用すると都合が良い．$\boldsymbol{\theta}$ 座標には凸関数 $\psi(\boldsymbol{\theta})$ が定まり，

$$D_\phi[\boldsymbol{\eta} : \boldsymbol{\eta}'] = D_\psi[\boldsymbol{\theta} : \boldsymbol{\theta}']. \tag{13.2}$$

X に N 個の要素からなるクラスタ（信号の集合）$D = \{\boldsymbol{x}_1, \cdots, \boldsymbol{x}_N\}$ が1つ与えられたとしよう．この集合に代表点を定めたい．代表点はどの点から見ても遠くないのが良い．そこで，X の点 $\boldsymbol{\eta}$ を取り，これが集合 D とどのくらい離れているかを，ダイバージェンス $D_\phi\left[\boldsymbol{x}_i : \boldsymbol{\eta}\right]$ の平均値

$$D_\phi[D : \boldsymbol{\eta}] = \frac{1}{N} \sum_{\boldsymbol{x}_i \in D} D_\phi\left[\boldsymbol{x}_i : \boldsymbol{\eta}\right] \tag{13.3}$$

で定める．これを最小にする点 $\boldsymbol{\eta}_D$ を D の **$\boldsymbol{\phi}$ 中心**と呼ぶ．これは，D の各点から $\boldsymbol{\eta}_D$ へのダイバージェンスの和を最小にする点である．ϕ 中心は簡単に求まる．次の定理はBanerjeeら[1)]による．

定理 13.1 信号集合 D の ϕ 中心は，凸関数 ϕ によらず，$\boldsymbol{\eta}$ 座標で書けば

$$\boldsymbol{\eta}_D = \frac{1}{N} \sum \boldsymbol{x}_i \tag{13.4}$$

で与えられる．

証明 (13.3) を $\boldsymbol{\eta}$ で微分すれば

$$\frac{\partial}{\partial \boldsymbol{\eta}} D_\phi[D : \boldsymbol{\eta}] = \frac{1}{N} \sum G^{-1}(\boldsymbol{\eta}) \left(\boldsymbol{x}_i - \boldsymbol{\eta}\right), \qquad G^{-1}(\boldsymbol{\eta}) = \nabla\nabla\phi(\boldsymbol{\eta}). \tag{13.5}$$

$G^{-1}(\boldsymbol{\eta})$ は正定行列であるから，$\nabla D_\phi[D : \boldsymbol{\eta}] = 0$ より (13.4) が得られる．ユークリッド距離に限らず，任意のBregmanダイバージェンスで，双対アファイン座標系を用いると，D の中心は D の点の平均として求まる．

話を少し一般化して，N 個の点が与えられるのではなく，信号 $\boldsymbol{x}$ の確率分布 $p(\boldsymbol{x})$ が与えられたとしよう．この分布の ϕ 中心は

$$D_\phi[p : \boldsymbol{\eta}] = \int D_\phi[\boldsymbol{x} : \boldsymbol{\eta}] p(\boldsymbol{x}) d\boldsymbol{x} \tag{13.6}$$

を最小にする $\boldsymbol{\eta}$ である．同様の計算によって ϕ 中心が

$$\boldsymbol{\eta}_p = \int \boldsymbol{x} p(\boldsymbol{x}) d\boldsymbol{x} \tag{13.7}$$

であることが分かる．

13.1.2 クラスタリング

N 個の信号 $D = \{\boldsymbol{x}_1, \cdots, \boldsymbol{x}_N\}$ が与えられたときに，近い信号どうしをまとめて，全体を m 個の部分集合に分割したい．その一つ一つをクラスタと呼ぶ．ここでは m は固定して考える（いくつに分けるのが良いかもデータに依存する大きな問題であるが，ここでは論じない）．m 個のクラスタを $C = \{C_1, \cdots, C_m\}$ で表し，それらの中心を $\boldsymbol{\eta}_1, \cdots, \boldsymbol{\eta}_m$ とする．また，各 $\boldsymbol{x}_i$ は，そこから各クラスタの中心までのダイバージェンス $D_\phi[\boldsymbol{x}_i : \boldsymbol{\eta}_h]$, $h = 1, \cdots, m$ を計って，一番近いクラスタに入っているとする．このとき，各クラスタ C_h, $h = 1, \cdots, m$ に属する信号からその中心までのダイバージェンスの和を

$$D_\phi[C : D] = \sum_h \sum_{\boldsymbol{x}_i \in C_h} D_\phi[\boldsymbol{x}_i : \boldsymbol{\eta}_h] \tag{13.8}$$

とする．ただし，$\boldsymbol{x}_i \in C_h$ とは

$$\min_k D[\boldsymbol{x}_i : \boldsymbol{\eta}_k] = D[\boldsymbol{x}_i : \boldsymbol{\eta}_h], \tag{13.9}$$

すなわち，$\boldsymbol{x}_i$ に一番近いところにある中心が $\boldsymbol{\eta}_h$ であることを意味する．このとき，総和 (13.8) を最小にするようにクラスタ中心 $\boldsymbol{\eta}_1, \cdots, \boldsymbol{\eta}_m$ を定めたい．各 $\boldsymbol{x}_i$ のクラスタ分けは $\boldsymbol{\eta}_1, \cdots, \boldsymbol{\eta}_m$ から自動的に出る．

クラスタリングのアルゴリズムは，k 平均法として良く知られているが，これはユークリッド距離でなく一般のダイバージェンスの場合にも適用できる[1]．

クラスタリングアルゴリズム

1. 初期段階：初めに m 個のクラスタ中心 $\boldsymbol{\eta}_1, \cdots, \boldsymbol{\eta}_m$ を互いに異なるように勝手に選ぶ．
2. 分類段階：D の各要素 $\boldsymbol{x}_i$ を順番に取り上げ，これがどのクラスタ中心に一番近いかを計算し，一番近いクラスタ C_h に入れる．

$$\boldsymbol{x}_i \in C_h : D_\phi[\boldsymbol{x}_i : \boldsymbol{\eta}_h] = \min_k \{D_\phi[\boldsymbol{x}_i : \boldsymbol{\eta}_k]\} \tag{13.10}$$

3. 更新段階：各信号がどのクラスタに属するかが定まった後に，その構成員の平均として各クラスタ C_h の中心を求め，これを更新したクラスタ中心 $\boldsymbol{\eta}_1, \cdots, \boldsymbol{\eta}_m$ とする．
4. 終了段階：上記を繰り返し，収束した時点で終了する．

これはよく知られたアルゴリズムであり，有限のステップで[1] 解に収束する．しかし，最適解に収束するとは限らない．

13.1.3 分類，検索，ボロノイ図

多数のデータがあるときに，それをクラスタ分けし，クラスタ中心を求めたとしよう．各クラスタはカテゴリを形成すると考える．画像ならば，動物，植物，人物，風景などが大分類のカテゴリになる．各カテゴリはさらに細かく分類されてよい．これは階層的に形成される．新しい信号（画像）が与えられたときに，これがどのクラスタに属するかを調べることは，これを既存のカテゴリに分類することである．また，一つの信号が与えられたときに，それと同じものまたは類似したものがどこにあるかを調べる情報検索は，ここから各クラスタ中心へのダイバージェンスを求めこれを比較することで容易に行える．クラスタ分けが，大分類からより細かい小分類まで階層的にでき

ていれば，検索も階層的にできる．

初めに，中心 $\boldsymbol{\eta}_1$ と $\boldsymbol{\eta}_2$ を持つ 2 つのクラスタ C_1 と C_2 があったときに，与えられた信号 $\boldsymbol{x}$ はどちらに属するかを考えよう．X を 2 つの領域 R_1, R_2 に分割し，その境界を B_{12} とする（図 13.1）．領域 R_1 に属する $\boldsymbol{x}$ は，$D_\phi[\boldsymbol{x}:\boldsymbol{\eta}_1] < D_\phi[\boldsymbol{x}:\boldsymbol{\eta}_2]$ で $\boldsymbol{\eta}_1$ に近く，R_2 では逆であるとする．境界上の信号 $\boldsymbol{x}$ は

$$D_\phi[\boldsymbol{x}:\boldsymbol{\eta}_1] = D_\phi[\boldsymbol{x}:\boldsymbol{\eta}_2] \tag{13.11}$$

を満たすから，これが境界面 B_{12} の方程式である．$\boldsymbol{\eta}_1$ と $\boldsymbol{\eta}_2$ とを双対測地線で結ぶ．その中点として，

$$D_\phi[\boldsymbol{\eta}_{12}:\boldsymbol{\eta}_1] = D_\phi[\boldsymbol{\eta}_{12}:\boldsymbol{\eta}_2] \tag{13.12}$$

を満たす点 $\boldsymbol{\eta}_{12}$ を指定し，この点で双対測地線を垂直によぎる平坦な超平面 B_{12} を考えよう（図 13.1）．ピタゴラスの定理から，この超平面上の点 $\boldsymbol{x}$ について

$$D_\phi[\boldsymbol{x}:\boldsymbol{\eta}_i] = D_\phi[\boldsymbol{x}:\boldsymbol{\eta}_{12}] + D_\phi[\boldsymbol{\eta}_{12}:\boldsymbol{\eta}_i], \quad i = 1, 2 \tag{13.13}$$

が成立する．すなわち，$D_\phi[\boldsymbol{x}:\boldsymbol{\eta}_1] = D_\phi[\boldsymbol{x}:\boldsymbol{\eta}_2]$ である．

定理 13.2 2 つのクラスタ C_1 と C_2 を分ける境界面 B_{12} は，双方の中心を結ぶ双対測地線の中点から垂直に立てた測地超平面である．

平坦な超平面は $\boldsymbol{\theta}$ 座標で表したときに線形に書ける．これを $\boldsymbol{\eta}$ 座標で表せば曲面になる．凸関数 ϕ が

$$\phi(\boldsymbol{\eta}) = \frac{1}{2}\sum \eta_i^2 \tag{13.14}$$

のとき，空間はユークリッド的になり，$\boldsymbol{\theta}$ 座標と $\boldsymbol{\eta}$ 座標は一致する．このとき，B_{12} は $\boldsymbol{\eta}_1$ と $\boldsymbol{\eta}_2$ とを結ぶ直線に直交する超平面になる．これが通常のユークリッド空間における分類である．ϕ ダイバージェンスを用いたクラスタリングと分類，検索はこれを一般化したものであるが，空間がユークリッド的でないため，$\boldsymbol{\theta}$ と $\boldsymbol{\eta}$ 座標を用いて表現することになる．

多数のクラスタがあるとき，空間 X を分割して，C_h の中心に近い点の集まりを領域 R_h としたい．このときの空間の分割を**ボロノイ図**と呼ぶ．2 つのカテゴリ C_i と C_j の境界面は

$$D_\phi[\boldsymbol{x}:\boldsymbol{\eta}_i] = D_\phi[\boldsymbol{x}:\boldsymbol{\eta}_j] \tag{13.15}$$

を満たすから，ボロノイ図は平坦な超平面

$$B_{ij} = \{\boldsymbol{x}\,|D_\phi[\boldsymbol{x}:\boldsymbol{\eta}_i] = D_\phi[\boldsymbol{x}:\boldsymbol{\eta}_j]\} \tag{13.16}$$

で囲まれた領域からなる（図 13.2）．一般のダイバージェンスを用いたボロノイ図を求めるアルゴリズムも良く研究されている[2]．

13.1.4 ダイバージェンスと指数型分布族

信号の空間 $X = \{\boldsymbol{x}\}$ 上に凸関数 $\phi(\boldsymbol{x})$ が定義されている．座標系 $\boldsymbol{\eta}$ を双対アファイン座標系とし，アファイン座標系を $\boldsymbol{\theta}$ とした．$\boldsymbol{\theta}$ と $\boldsymbol{\eta}$ とは Legendre 変換で結ばれているから，

$$\boldsymbol{\theta} = \nabla\phi(\boldsymbol{\eta}), \quad \boldsymbol{\eta} = \nabla\psi(\boldsymbol{\theta}) \tag{13.17}$$

である．

凸関数は指数型分布族と密接に関係する．いま，$\boldsymbol{\theta}$ を自然座標系とする指数型分布族

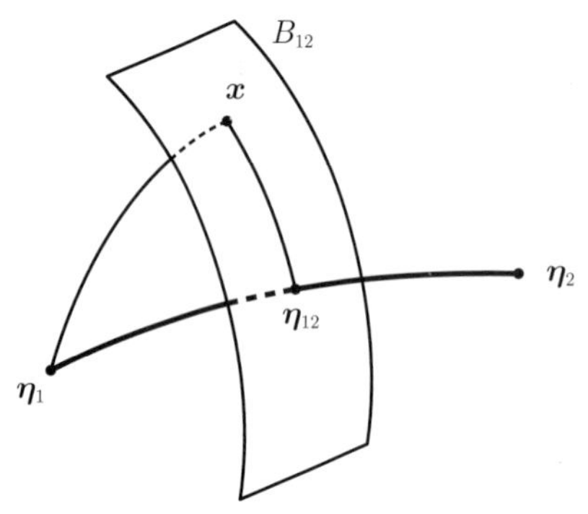

図 13.1　2 つのクラスタ中心を分割する $\boldsymbol{\theta}$ 座標の超平面 B_{12}.

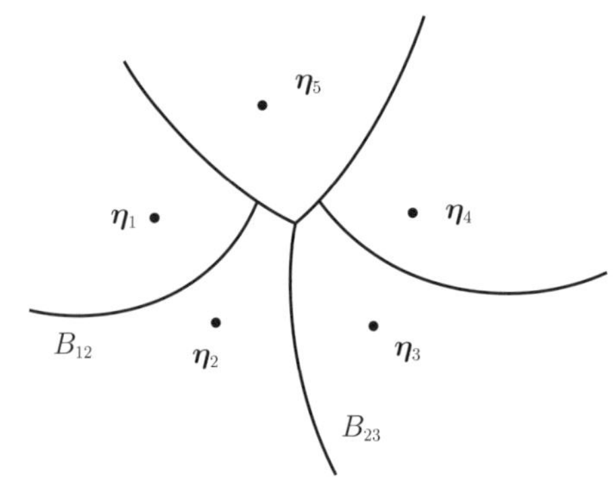

図 13.2　$\boldsymbol{\theta}$-平坦超平面を用いたボロノイ図.

$$p(\boldsymbol{x}, \boldsymbol{\theta}) = \exp\{\boldsymbol{\theta} \cdot \boldsymbol{x} - \psi(\boldsymbol{\theta})\} \tag{13.18}$$

を考えよう．$\psi(\boldsymbol{\theta})$ がキュムラント母関数で凸関数である．(13.18) の確率密度関数はある基礎となる測度 $\mu(\boldsymbol{x})$ に関するものと考える．このとき，双対アファイン座標は $\boldsymbol{x}$ の期待値 $\boldsymbol{\eta} = E_{\boldsymbol{\theta}}[\boldsymbol{x}]$ である．双対アファイン座標で表した 2 つの点 $\boldsymbol{\eta}_1 = \boldsymbol{x}_1$, $\boldsymbol{\eta}_2 = \boldsymbol{x}_2$ を考えると，2 点間の双対ダイバージェンス $D_\phi[\boldsymbol{x}_1 : \boldsymbol{x}_2]$ が得られる．逆に双対ダイバージェンスをもとに，$\boldsymbol{x}$ を確率変数とする分布族

$$p(\boldsymbol{x}, \boldsymbol{\theta}) = \exp\{-D_\phi[\boldsymbol{x} : \boldsymbol{\eta}] + \phi(\boldsymbol{x})\} \tag{13.19}$$

を作ってみよう．$\boldsymbol{\eta}$ は (13.17) で結ばれた $\boldsymbol{\theta}$ の関数で

$$-D_\phi[\boldsymbol{x} : \boldsymbol{\eta}] + \phi(\boldsymbol{x}) = \boldsymbol{\theta} \cdot \boldsymbol{x} - \psi(\boldsymbol{\theta}) \tag{13.20}$$

であるから，これは (13.18) と一致する．次の定理は Banerjee らが導いた[1]．

定理 13.3　指数型分布族と凸関数 ϕ から導かれるダイバージェンスは 1 対 1 に対応する.

すなわち，凸関数から導かれるダイバージェンスを論ずるとき，いつも基礎に指数型分布族が存在し，$\boldsymbol{x}$ はそこから得られるデータと考えてよい.

13.1.5　パターン認識とソフトクラスタリング

信号がいくつかのカテゴリに分かれ，一つのカテゴリ C_h の信号は確率分布 $p_h(\boldsymbol{x})$ に従うとしよう．ここで，確率分布は $p_h(\boldsymbol{x})$ は，$\boldsymbol{x}$ から $\boldsymbol{\eta}_h$ へのダイバージェンスを用いて

$$p_h(\boldsymbol{x}) = \exp\{\phi(\boldsymbol{x})\}\exp\{-D_\phi[\boldsymbol{x} : \boldsymbol{\eta}_h]\} = \exp\{\boldsymbol{\theta}_h \cdot \boldsymbol{x} - \psi(\boldsymbol{\theta}_h)\} \tag{13.21}$$

と書けるとする．このとき，$\boldsymbol{x}$ の確率は $\boldsymbol{\eta}_h$ を中心に分布し，$\boldsymbol{x}$ が $\boldsymbol{\eta}_h$ から離れるにつれ小さくなる.

Bayes の立場を取り，カテゴリ C_h の事前確率を π_h としよう．このとき，信号 $\boldsymbol{x}$ の出現する確率密度は

$$p(\boldsymbol{x}; \boldsymbol{\xi}) = \sum_h \pi_h \exp\{\boldsymbol{\theta}_h \cdot \boldsymbol{x} - \psi(\boldsymbol{\theta}_h)\} \tag{13.22}$$

のように，指数型分布族の混合分布で表せる．この分布を決めるパラメタ $\boldsymbol{\xi}$ は，事前分布 $\{\pi_h\}$ および m 個のクラスタ中心 $\boldsymbol{\theta}_h$（またはその双対座標 $\boldsymbol{\eta}_h, h = 1, \cdots, m$）からなる.

信号の集合 $D = \{\boldsymbol{x}_1, \cdots, \boldsymbol{x}_N\}$ が与えられたときに，これが m 個のクラスタからなる分布 (13.22)

から発生したものと考えて，これを発生するクラスタ $C_1, \cdots, C_m$ の中心 $\boldsymbol{\theta}_1, \cdots, \boldsymbol{\theta}_m$ と，カテゴリの事前分布 $\pi_1, \cdots, \pi_m$ を求めたい．データ D だけが与えられ，各 $\boldsymbol{x}_i$ がどのカテゴリであるかわからないときは，これは教師信号なしの学習問題と考えてよいが，これは統計学の見地からすれば，観測データ D から確率分布 (13.22) のパラメータを推定する問題である．このとき，最尤推定は次式で与えられる．

$$\hat{\boldsymbol{\xi}} = \arg\max \sum_{i=1}^{N} \log p(\boldsymbol{x}_i, \boldsymbol{\xi}). \tag{13.23}$$

$\boldsymbol{x}$ に対して各カテゴリに属する確率分布が定まれば，信号 $\boldsymbol{x}$ の**ソフト分類**ができる．ソフト分類とは，$\boldsymbol{x}$ が各カテゴリに属する確率を与えることである．これは，Bayes の定理を用いて，$\boldsymbol{x}$ が C_h に属する事後確率

$$p(C_h | \boldsymbol{x}) = \frac{\pi_h p(\boldsymbol{x}, \boldsymbol{\theta}_h)}{\sum \pi_h p(\boldsymbol{x}, \boldsymbol{\theta}_h)} \tag{13.24}$$

を計算すれば良い．こうして，$\boldsymbol{x}$ に対してそれがクラスタ C_h に属する確率が求まる．データ D をもとに，最尤推定に対応する各カテゴリの確率分布を与えることをソフトクラスタリングと呼ぶ．

ソフトクラスタリングのアルゴリズム

1. 初期段階：事前分布 π_h と各クラスタ C_h の中心のアファイン座標 $\boldsymbol{\theta}_h$ を互いに異なるように定める．
2. クラスタ形成段階：現在のパラメータから，各 $\boldsymbol{x}_i$ について，それが C_h に属する事後確率 $p(C_h | \boldsymbol{x}_i)$ を計算する．
3. パラメータの更新段階：事後確率を用いて，事前確率を

$$\pi_h = \frac{1}{N} \sum_i p(C_h | \boldsymbol{x}_i) \tag{13.25}$$

で定め，また各クラスタ C_h の中心を，対数尤度が最大になるように定める．
4. 終了段階：上記の手続きが収束した段階で終了する．

データが逐次与えられる場合には，オンライン学習版が同様に作れる．

上記のアルゴリズムは，隠れ変数を含む場合の EM アルゴリズムになっている．この場合，$\boldsymbol{x}_i$ がどのクラスタから発生したかが観測されない隠れ変数である．3. の最大化のプロセスは通常厄介であるが，今の場合は双対座標 $\boldsymbol{\eta}$ を用いれば，簡単にできる．すなわちカテゴリ C_h の中心 $\boldsymbol{\eta}_h$ は，条件付き確率 $p(\boldsymbol{x} | C_h)$ を用いて

$$\boldsymbol{\eta}_h = \sum \boldsymbol{x}_i p(\boldsymbol{x}_i | C_h) \tag{13.26}$$

で与えられる．

パターン分類やボロノイ図も同様に扱える．2 つのカテゴリ C_i と C_j を考えると，このとき信号 $\boldsymbol{x}$ がどちらのカテゴリに属するかは，事後確率分布 $p(C_i|\boldsymbol{x}), p(C_j|\boldsymbol{x})$ で与えられる．つまりソフト分類である．これをハード分類にしてどのカテゴリかを決めるとすれば，事後確率 $p(C_h | \boldsymbol{x})$ が最大なカテゴリを選ぶのが，決定誤差を最小にする．このとき，2 つのカテゴリ C_i と C_j の境界面は

$$p(C_i|\boldsymbol{x}) = p(C_j|\boldsymbol{x}) \tag{13.27}$$

で決まる．

定理 13.4 ソフトクラスタリングで，2つのカテゴリのハード境界は，クラスタ中心を結ぶ双対測地線に直交する平坦超平面で与えられ，その面が測地線を切る $\boldsymbol{\eta}_{ij}$ 点は，$\boldsymbol{\eta}_i$ と $\boldsymbol{\eta}_j$ とを結ぶ双対測地線上で

$$\pi_i D_\phi [\boldsymbol{x} \,|\boldsymbol{\eta}_i] = \pi_j D_\phi [\boldsymbol{x} \,|\boldsymbol{\eta}_j] \tag{13.28}$$

である．

これを用いて，ソフトクラスタリングから，ボロノイ図が描ける．これは確定的でありハードな分類である．

13.1.6 トータル Bregman ダイバージェンス

分類，認識，検索などにダイバージェンスを用いることは自然であるが，どのダイバージェンスを使うとよいかは，それぞれの信号の性格によってまちまちであろう．ここでは，与えられたダイバージェンスを少し変形して，新しいダイバージェンスを作ることを考えよう．これが**トータル Bregman ダイバージェンス**（以下 tBD と記す）である．

凸関数 $\phi(\boldsymbol{\eta})$ が与えられたときに，ここから 2 点 $\boldsymbol{\eta}$ と $\boldsymbol{\eta}'$ の間の Bregman ダイバージェンスが (13.1) で作れた．これは，図で書けば，凸関数 ϕ に対して $\boldsymbol{\eta}'$ 点で接線（一般の次元では接超平面）を引き，$\boldsymbol{\eta}$ 点において凸関数 $\phi(\boldsymbol{\eta})$ と接線（接超平面）の高さがどのくらいずれるか，そのずれを計ったものである（図 13.3）．すなわち，ϕ とその線形近似の高さの差で測る．高さの代わりに $(\boldsymbol{\eta}, \phi(\boldsymbol{\eta}))$ 点から，接線（接超平面）へ垂線を引き，その長さで計ってみよう（図 13.3）．これは常に正であり，しかも縦軸を含めた座標軸全体を回転しても長さが変わらない．

線形回帰の問題で，回帰直線への高さのずれの二乗を最小にする通常の最小二乗でなく，回帰直線への垂直のずれを最小化するものをトータル最小二乗法と呼ぶ．これにあやかって，B. Vemuri らはこれをトータル Bregman ダイバージェンス（tBD）と呼んだ[3]．いま，関数 $\phi(\boldsymbol{\eta})$ のスケールは自由に選べると考え，定数 c を用いて凸関数 $c\phi(\boldsymbol{\eta})$ を用いる．このとき，tBD，すなわち接線への垂直の長さは，簡単な計算によって

$$tBD_\phi [\boldsymbol{\eta} : \boldsymbol{\eta}'] = \frac{\phi(\boldsymbol{\eta}) - \phi(\boldsymbol{\eta}') - \nabla\phi(\boldsymbol{\eta}') \cdot (\boldsymbol{\eta} - \boldsymbol{\eta}')}{w(\boldsymbol{\eta}')}, \tag{13.29}$$

$$w(\boldsymbol{\eta}') = \sqrt{1 + c^2 \|\nabla\phi(\boldsymbol{\eta}')\|^2} \tag{13.30}$$

となることがわかる．したがって，凸関数 ϕ からスケール c を用いて定義される tBD_ϕ は，

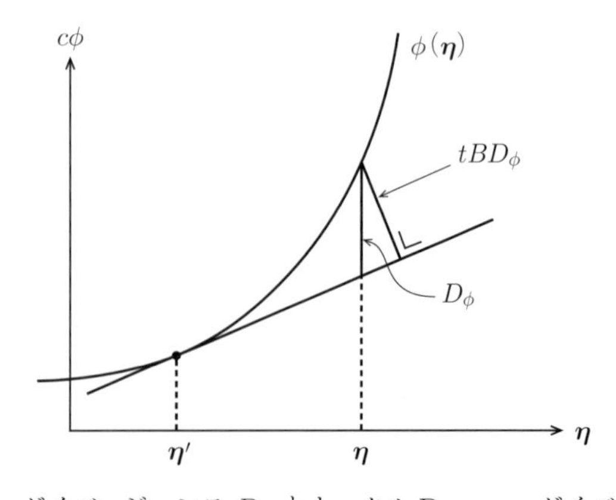

図 13.3 Bregman ダイバージェンス D_ϕ とトータル Bregman ダイバージェンス tBD_ϕ.

$$tBD_{c\phi}\left[\boldsymbol{\eta}:\boldsymbol{\eta}'\right]=\frac{1}{w\left(\boldsymbol{\eta}'\right)}D_{\phi}\left[\boldsymbol{\eta}:\boldsymbol{\eta}'\right] \tag{13.31}$$

である．これは前に述べた，ダイバージェンスの**共形変換**である．スケール c を小さくすれば，これは元のダイバージェンスに近づき，$c=0$ で元のものに一致するから，c を導入した効果を考えながら都合のよい c を選ぶことにする．

tBD_{ϕ} の長所の一つに**頑健性**がある．集合 $D=\{\boldsymbol{x}_1,\cdots,\boldsymbol{x}_N\}$ の中心を考えよう．tBD_{ϕ} による中心は，

$$w_i=\sqrt{1+c^2\|\nabla\phi(\boldsymbol{x}_i)\|^2} \tag{13.32}$$

として，

$$\boldsymbol{\eta}_{tD}=\frac{1}{\sum w_i}\sum w_i\boldsymbol{x}_i \tag{13.33}$$

で求まる．ここで，集合 D に，新しく大きいデータ $\boldsymbol{x}$ が一つ混入したときの影響を調べよう．このとき，D は $D'=\{\boldsymbol{x}_1,\cdots,\boldsymbol{x}_N,\boldsymbol{x}\}$ になり，中心は変化するから，その変化分を $\delta\boldsymbol{\eta}$ と書こう．信号の数 N は十分大きいものとする．とてつもなく大きな $\boldsymbol{x}$（これを**外れ値**，**アウトライアー**と呼ぶ）が一つ混入しても，中心の変化 $\delta\boldsymbol{\eta}$ が有限で抑えられるとすれば，中心は $\boldsymbol{x}$ の混入に関して頑健であるといえる．見やすくするため，D の中心 $\boldsymbol{\eta}_{tD}$ を $\boldsymbol{x}^*$ と置く．

$$\delta\boldsymbol{\eta}=\frac{1}{N}\boldsymbol{z}\left(\boldsymbol{x}^*,\boldsymbol{x}\right) \tag{13.34}$$

と書いて，$\boldsymbol{z}\left(\boldsymbol{x}^*,\boldsymbol{x}\right)$ を**影響関数**と呼ぶ．これは一つのデータ $\boldsymbol{x}$ によって $\boldsymbol{x}^*$ がどのくらい影響を受けるかを示す．$|\boldsymbol{x}|\to\infty$ となっても $|z(\boldsymbol{x}^*,\boldsymbol{x})|<M$ となるような M があれば，頑健である．

定理 13.5　tBD_{ϕ} は頑健である．

証明　$\boldsymbol{x}$ が混入したとき，新しい中心 $\bar{\boldsymbol{x}}^*$ は，$w_{N+1}=w(\boldsymbol{x})$ として

$$\frac{1}{N+1}\sum\frac{D_{\phi}\left(\bar{\boldsymbol{x}}^*:\boldsymbol{x}_i\right)}{w_i}+\frac{1}{N+1}\frac{D_{\phi}\left[\bar{\boldsymbol{x}}^*:\boldsymbol{x}\right]}{w_{N+1}} \tag{13.35}$$

を最小化する．N が大きいとして，$\bar{\boldsymbol{x}}^*=\boldsymbol{x}^*+\delta\boldsymbol{\eta}$ をテイラー展開すれば

$$\boldsymbol{z}\left(\boldsymbol{x}^*,\boldsymbol{x}\right)=\frac{1}{w(\boldsymbol{x})}G^{-1}\left\{\nabla\phi(\boldsymbol{x})-\nabla\phi\left(\boldsymbol{x}^*\right)\right\}, \tag{13.36}$$

$$G=\frac{1}{N}\sum\frac{1}{w_i}\nabla\nabla\phi\left(\boldsymbol{x}^*\right) \tag{13.37}$$

となる．しかるに $\nabla\phi(\boldsymbol{x})/w(\boldsymbol{x})$ は $\boldsymbol{x}$ をいくら大きくしても有界である．従って，$\boldsymbol{z}\left(\boldsymbol{x}^*,\boldsymbol{x}\right)$ は有界である．

Vemuri らは，tBD を用いて MRI 画像の解析を行い，良好な結果を得ている[3]．同じく Liu ら[4]は，画像の検索に用いている．これを簡単に説明しよう．図 13.4 に示すような画像が多数与えられたとしよう．ここでは画像の輪郭を抽出し，輪郭の部分部分をガウス分布で近似する．すると，一つの画像はガウス分布の和で表せる．

いま，平均 $\boldsymbol{\mu}$，共分散行列 V のガウス分布を

$$p\left(\boldsymbol{x};\boldsymbol{\mu},V\right)=\frac{1}{2\pi\sqrt{|V|}}\exp\left\{-\frac{1}{2}\left(\boldsymbol{x}-\boldsymbol{\mu}\right)'V^{-1}(\boldsymbol{x}-\boldsymbol{\mu})\right\} \tag{13.38}$$

のように書き，画像を

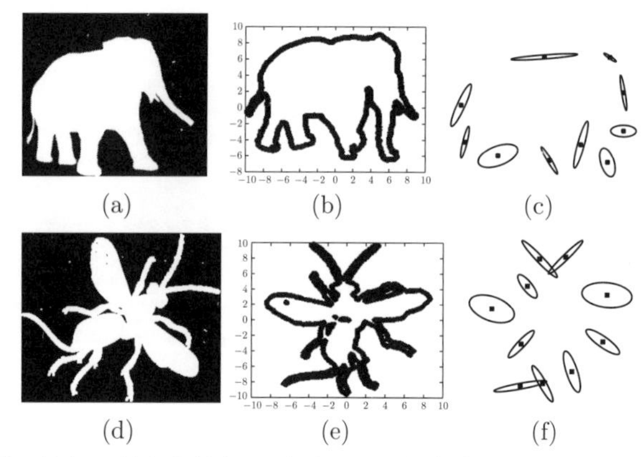

図 13.4　画像（左）の輪郭を抽出し（中），これを多数のガウス分布で近似（右）[4]．

$$p(\boldsymbol{x}) = \sum a_i p\left(\boldsymbol{x}, \boldsymbol{\mu}_i, V_i\right) \tag{13.39}$$

で表現する．2 つの画像（ガウス分布）$p_1(\boldsymbol{x})$ と $p_2(\boldsymbol{x})$ のダイバージェンスを，ここではユークリッド距離を用いて

$$D\left[p_1(\boldsymbol{x}) : p_2(\boldsymbol{x})\right] = \int \left\{p_1(\boldsymbol{x}) - p_2(\boldsymbol{x})\right\}^2 d\boldsymbol{x} \tag{13.40}$$

で定める．しかし，ここから tBD を導くと，それは

$$tBD\left[p_1(\boldsymbol{x}) : p_2(\boldsymbol{x})\right] = \frac{\int \left|p_1(\boldsymbol{x}) - p_2(\boldsymbol{x})\right|^2 d\boldsymbol{x}}{\sqrt{1 + 4\int \left|p_2(\boldsymbol{x})\right|^2 d\boldsymbol{x}}} \tag{13.41}$$

のようになる．

これを用いて，クラスタを構成し，検索を行う．これにはいくつかの有名な画像データベースを用いている．現在あるいろいろな手法と比べ，この手法はほぼ最高の結果を示すだけでなく，計算にかかる時間が非常に少ないという．

tBD は，もとのダイバージェンスを (13.31) によって変換する．これは点 $\boldsymbol{\eta}'$ に応じてダイバージェンスを拡大縮小するものだから，共形変換をもたらす．tBD は共形幾何の良い応用例でもある．

13.2　サポートベクトル機械

線形識別や線形回帰は，パターン認識や関数回帰の最も簡単な手法であるが，ちょっとした工夫で，これを非線形に拡張できる．いま，n 次元のベクトルであるパターン信号 $\boldsymbol{x} = (x_1, \cdots, x_n)$ を考えよう．これは n 次元ユークリッド空間 $\boldsymbol{R}^n$ の要素である．これを非線形に変換してもっと次元の高い N 次元の空間 $\boldsymbol{R}^N$ に埋め込んでみよう[5]．式で書けば，N 次元の点を $\boldsymbol{z} = (z_1, \cdots, z_N)$ で表し，N 個の関数 $s_i(\boldsymbol{x}), i = 1, \cdots, N$ を用いて，

$$z_i = s_i(\boldsymbol{x}), \quad \boldsymbol{z} = \boldsymbol{s}(\boldsymbol{x}) \tag{13.42}$$

とする．$\boldsymbol{s}(\boldsymbol{x})$ を用いると，$\boldsymbol{R}^n$ を $\boldsymbol{R}^N$ に写像できる．$\boldsymbol{s}$ は連続で単射とすれば，これは，$\boldsymbol{R}^n$ を高次元の空間 $\boldsymbol{R}^N$ に埋め込むことである．$\boldsymbol{s}$ が非線形であれば，$\boldsymbol{R}^n$ の像は $\boldsymbol{R}^N$ の中で曲がった n 次元曲面をなす（図 13.5）．

空間の次元を上げればそれだけ自由度が増える．しかも $\boldsymbol{R}^N$ で線形の手法も，$\boldsymbol{R}^n$ で見れば非線形であるから，世界が大きく広がる．**カーネル関数**という手法を用いれば[6~9]，N が無限大の場合

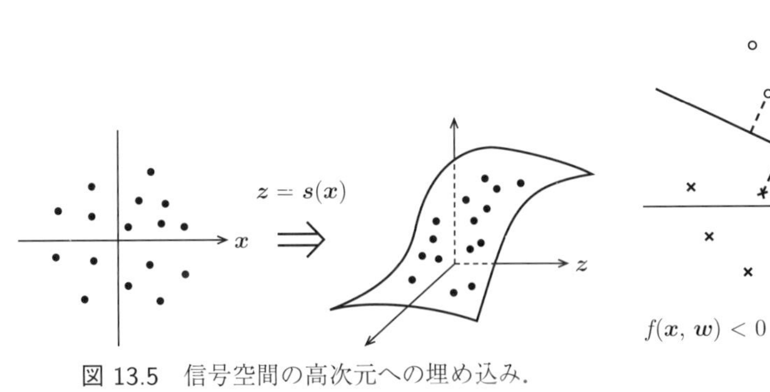

図 13.5　信号空間の高次元への埋め込み．

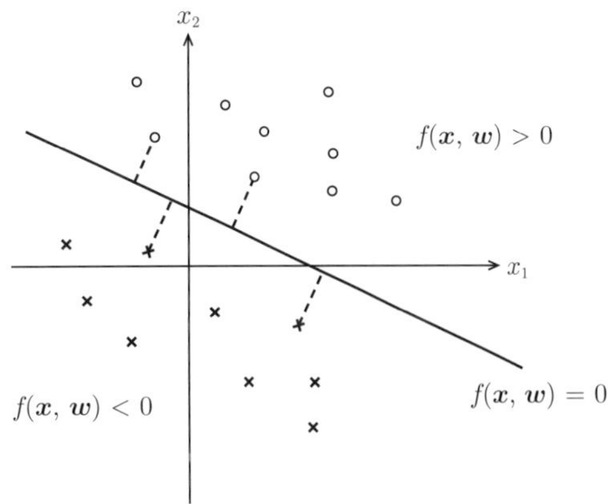

図 13.6　線形識別関数とサポートベクトル（○と×）．

にも計算が可能になる．これが**サポートベクトル機械**である．

13.2.1　線形識別機械

まず，パターン $\boldsymbol{x}$ を線形関数で分類する機械，線形識別機械から始めよう．これは単純パーセプトロンと呼ばれるもので，

$$f(\boldsymbol{x}, \boldsymbol{w}) = \boldsymbol{w} \cdot \boldsymbol{x} + b \tag{13.43}$$

という線形関数を用いる．$\boldsymbol{w} = (w_1, \cdots, w_n)$ は係数となるベクトルで，重みベクトルという．パターンは 2 つのクラス C_+ と C_- のどちらかに属するとし，与えられた $\boldsymbol{x}$ に対して，$y = f(\boldsymbol{x}, \boldsymbol{w})$ が正ならば C_+ に，負ならば C_- に分類する．

このような分類器を作るために，訓練用のデータとして，C_+ のパターンと C_- のパターン

$$C_+ = \left\{\boldsymbol{x}_1^+, \cdots, \boldsymbol{x}_{k_1}^+\right\}, \quad C_- = \left\{\boldsymbol{x}_1^-, \cdots, \boldsymbol{x}_{k_2}^-\right\} \tag{13.44}$$

の $k_1 + k_2$ 個を用いる．C_+ のパターンに対しては正解として $y = 1$ が対応し，C_- に対しては $y = -1$ が対応する．パターンは $\boldsymbol{R}^n$ の点であるが，(13.43) の線形関数 f はその値の正負によって $\boldsymbol{R}^n$ を正の領域と負の領域に 2 分割する（図 13.6）．C_+ と C_- のパターンが**線形分離可能**とは，この 2 つを分離する超平面 $f(\boldsymbol{x}, \boldsymbol{w})$ が存在し，

$$f\left(\boldsymbol{x}_i^+, \boldsymbol{w}\right) > 0, \quad f\left(\boldsymbol{x}_j^-, \boldsymbol{w}\right) < 0 \tag{13.45}$$

が成立することである．このような $\boldsymbol{w}$ と b の組を訓練データをもとに探せばよい．これには，パーセプトロンの学習法がよく知られている．

線形分離可能なときに，分離超平面は一つではなく，たくさん存在してよい．その中では，なるべく余裕をもった超平面，つまり少しずらしてもなおかつ分離できるものを選びたい．そのために，**マージン（余裕）**という概念を導入する．

まず，線形関数 f の正負だけが問題だから，$(\boldsymbol{w}, b)$ に正の定数 c を掛けた $(c\boldsymbol{w}, cb)$ は同じ性能の識別式である．だから，正負のパターンすべての $\boldsymbol{x}_i$ に対して

$$|\boldsymbol{w} \cdot \boldsymbol{x}_i + b| \geq 1, \quad \min_i |\boldsymbol{w} \cdot \boldsymbol{x}_i + b| = 1 \tag{13.46}$$

という条件を付けて，不定性を解消する．さらに，正しい識別を与える $(\boldsymbol{w}, b)$ でも b をずらしていくと識別超平面は平行に移動し，ついに超平面に引っかかる点が現れる．これは $|\boldsymbol{w} \cdot \boldsymbol{x}_i + b|$ が最

小となる $\boldsymbol{x}_i$ である．点 $\boldsymbol{x}$ から超平面への距離は

$$d = \frac{|\boldsymbol{w} \cdot \boldsymbol{x} + b|}{|\boldsymbol{w}|} \tag{13.47}$$

であるから，(13.46) 式より，識別超平面までの距離が最も小さい $\boldsymbol{x}_i$（(13.46) 式で等号が成立する点）をとると（これは一つとは限らない），この点からの距離は $1/|\boldsymbol{w}|$ となる．これを識別機械 $(\boldsymbol{w}, b)$ のマージンという．また，このようなパターン $\boldsymbol{x}_i$ のことを**サポートベクトル**と呼ぶ．これより遠くにある点は実はあってもなくてもよいので，識別超平面はサポートベクトルだけで決まってしまう．しかも，図 13.6 からもわかるようにこれはごく少数個のパターンである．つまり，識別超平面の決定に必要なパターンは，実は少数個である．

以上を式にしよう．問題は

$$\text{制約条件} \quad y_i\,(\boldsymbol{w} \cdot \boldsymbol{x}_i + b) \geq 1 \tag{13.48}$$

の下で，マージンを最大にするもの，すなわち

$$\text{目的関数} \quad |\boldsymbol{w}|^2 \tag{13.49}$$

を最小にする $(\boldsymbol{w}, b)$ を求めることになる．

ここで，制約条件に対応した Lagrange 未定係数 $\boldsymbol{\alpha} = (\alpha_i)$ を用いると，問題はラグランジュアン

$$L(\boldsymbol{w}, b, \boldsymbol{\alpha}) = \frac{1}{2}|\boldsymbol{w}|^2 - \sum \alpha_i y_i\,(\boldsymbol{w} \cdot \boldsymbol{x}_i + b) \tag{13.50}$$

の最小化に帰する．ここから，L を b と $\boldsymbol{w}$ で偏微分してそれらを 0 と置けば，最適化の条件

$$\sum_i \alpha_i y_i = 0, \quad \boldsymbol{w} = \sum_i \alpha_i y_i \boldsymbol{x}_i \tag{13.51}$$

が得られる．

これを (13.48) に代入すれば，問題は Lagrange 未定係数に対応する双対変数 α_i で書けて，

$$\text{制約条件} \quad \alpha_i \geq 0, \quad \sum \alpha_i y_i = 0 \tag{13.52}$$

の下で $\boldsymbol{\alpha}$ の 2 次関数

$$\max_{\{\boldsymbol{\alpha}\}} \sum \alpha_i - \frac{1}{2} \sum \alpha_i \alpha_j y_i y_j \boldsymbol{x}_i \cdot \boldsymbol{x}_j \tag{13.53}$$

を最大化する問題に帰着する．ここで，Lagrange 未定係数の意味から，サポートベクトル以外のパターン $\boldsymbol{x}_i$ は制約条件に引っかかることはなく，そのような $\boldsymbol{x}_i$ に対しては $\alpha_i = 0$ となることがわかる．上記の 2 次関数の制約付き最適化問題を解くアルゴリズムはよく知られている．

こうして $\boldsymbol{\alpha}$ が求まれば，識別関数は (13.51) より

$$f(\boldsymbol{x}, \boldsymbol{w}) = \sum \alpha_i y_i \boldsymbol{x}_i \cdot \boldsymbol{x} + b \tag{13.54}$$

と書ける．ここで，$\boldsymbol{x}_i$ がサポートベクトルでなければ α_i は 0 だから，識別関数はサポートベクトルだけを用いて書けることがわかる．

ここでは，2 分割識別で線形分離可能な場合を扱った．しかし，数理計画法でよく知られているスラック変数 ξ_i を導入すれば，ソフトマージンを定義して線形分離可能でない場合にもこの手法を適用することができる．また，2 分割ではなくて，出力 y をアナログ値にして，線形回帰の問題とすることもできる．これらはここでは述べないが，その幾何学は同じである．

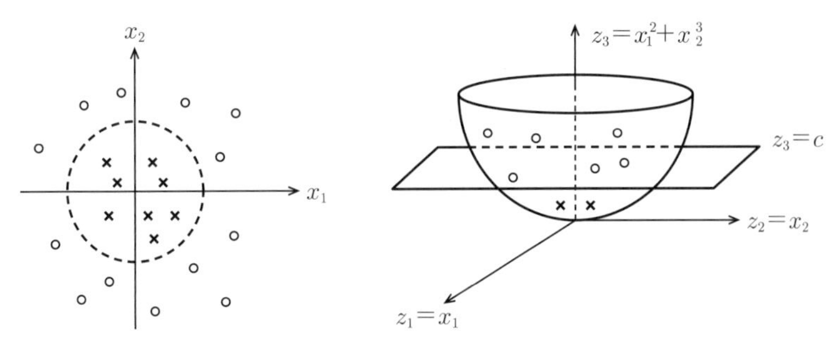

図 13.7　高次元での線形識別関数は低次元では曲面になる．

13.2.2　高次元への埋め込み

線形では，識別能力が限られているから，$\boldsymbol{x}$ を (13.42) により高次元に写像して $\boldsymbol{z} = \boldsymbol{s}(\boldsymbol{x})$ とし，高次元の空間で線形識別を行うとよい．これがなぜうまくいくかを易しい例で見よう．2 次元のパターン $\boldsymbol{x} = (x_1, x_2)$ を

$$z_1 = x_1, \quad z_2 = x_2, \quad z_3 = x_1^2 + x_2^2 \tag{13.55}$$

により 3 次元に埋め込むと，もとの $\boldsymbol{x}$ の 2 次元平面は，$\boldsymbol{R}^3$ では 2 次曲面（放物面）になる（図 13.7）．ここで識別関数

$$f(\boldsymbol{x}, \boldsymbol{w}) = w_1 z_1 + w_2 z_2 + w_3 z_3 + b \tag{13.56}$$

を考えれば，識別の境界面はこの曲面 (13.56) を平面で切るものであり，切り口は $\boldsymbol{R}^2$ では曲線になる．このときの識別面（この場合は識別線）は 2 次曲線であるから多様な識別関数が構成できる．例えば，$x_1^2 + x_2^2 - c$ の正負に応じて $\boldsymbol{x}$ を識別する問題が難なく解ける．

$\boldsymbol{z}$ での線形識別問題は，関数 $\boldsymbol{z} = \boldsymbol{s}(\boldsymbol{x})$ を用いて

$$f(\boldsymbol{z}, \boldsymbol{w}) = \boldsymbol{w} \cdot \boldsymbol{s}(\boldsymbol{x}) + b = \sum \alpha_i y_i \boldsymbol{s}(\boldsymbol{x}_i) \cdot \boldsymbol{s}(\boldsymbol{x}) + b \tag{13.57}$$

のように書ける．これはデータ $\boldsymbol{x}$ を次元を上げて非線形に写像して $\boldsymbol{s}(\boldsymbol{x})$ とし，その上で線形識別するもので，パーセプトロンの能力を上げる手法としてよく知られている[5)]．多層パーセプトロンはその一つである．多層パーセプトロンの場合，非線形関数 $\boldsymbol{s}(\boldsymbol{x})$ もニューロン素子で実現し，これも学習で決めるように話が進んだ．しかし多層パーセプトロンでは極小解の問題があり，さらにパラメータ空間が特異点を含むなどの種々の問題がある．これについては後の節で述べる．非線形関数 $\boldsymbol{s}(\boldsymbol{x})$ を固定すれば，識別関数は $\boldsymbol{w}$ については線形であり，このような問題がないので常に解が求まる．ただ，次元 N を大きく上げないとよい性能が得られないが，次元を上げると計算量が増えて手に負えなくなる．まして，N を無限大にするなど論外と考えられた．これを解決したのがカーネルトリックであった[9~12)]．

13.2.3　カーネル法

式 (13.57) を見るとわかるように，識別関数 $f(\boldsymbol{z}, \boldsymbol{w})$ は $\boldsymbol{z}$ の空間では，2 つのパターン $\boldsymbol{z}_i$ と $\boldsymbol{z}$ の内積，すなわち $\boldsymbol{x}$ の言葉では $\boldsymbol{s}(\boldsymbol{x}_i)$ と $\boldsymbol{s}(\boldsymbol{x})$ の内積で書ける．しかし，N が大きいと $\boldsymbol{s}(\boldsymbol{x})$ を求めること自体が大変である．ここで $\boldsymbol{x}$ と $\boldsymbol{x}'$ に対して，それを埋め込んだ高次元空間での内積を

$$K(\boldsymbol{x}, \boldsymbol{x}') = \boldsymbol{s}(\boldsymbol{x}) \cdot \boldsymbol{s}(\boldsymbol{x}') = \sum s_i(\boldsymbol{x}) s_i(\boldsymbol{x}') \tag{13.58}$$

と置く．これは，$\boldsymbol{x}$ と $\boldsymbol{x}'$ の 2 つのベクトルの対称関数である．しかも，任意の係数列 $c_1, \cdots, c_N$

に対して，非負性

$$\sum c_i c_j K(\boldsymbol{x}_i, \boldsymbol{x}_j) \geq 0, \qquad \text{等号はすべての } c_i \text{ が } 0 \text{ のとき} \tag{13.59}$$

を満たしている．行列でいえば，正定値（正確には非負）の行列に対応する．$K(\boldsymbol{x}, \boldsymbol{x}')$ は無限次元の行列のようなもので，通常の行列 $K(i, j)$ に対応して，インデックス i, j の代わりにベクトル $\boldsymbol{x}, \boldsymbol{x}'$ が行と列を表すと考えればよい．

対称行列の場合，その固有値と固有ベクトルを考えることができる．K は無限次元であるから，和が積分になって

$$\int K(\boldsymbol{x}, \boldsymbol{x}') k_i(\boldsymbol{x}') d\boldsymbol{x}' = \lambda_i k_i(\boldsymbol{x}) \tag{13.60}$$

という固有方程式が現れる．固有値が λ_i，固有ベクトル（固有関数）が $k_i(\boldsymbol{x})$ である．固有ベクトルは互いに直交するから，規格化しておけば

$$\int k_i(\boldsymbol{x}) k_j(\boldsymbol{x}) d\boldsymbol{x} = \delta_{ij} \tag{13.61}$$

これを用いると $K(\boldsymbol{x}, \boldsymbol{x}')$ は

$$K(\boldsymbol{x}, \boldsymbol{x}') = \sum \lambda_i k_i(\boldsymbol{x}) k_i(\boldsymbol{x}') \tag{13.62}$$

のように展開できる．この式を (13.58) と比べてみよう．

$$s_i(\boldsymbol{x}) = \frac{1}{\sqrt{\lambda_i}} k_i(\boldsymbol{x}) \tag{13.63}$$

とおけば，(13.62) は (13.58) になる．だから元の非線形関数 $s_i(\boldsymbol{x})$ は，カーネル関数 K の固有関数 $k_i(\boldsymbol{x})$ を固有値の平方根で割ったものに等しい．

$\boldsymbol{R}^N$ での最適な線形識別関数は，重み

$$\boldsymbol{w} = \sum \alpha_i y_i \boldsymbol{s}(\boldsymbol{x}_i) \tag{13.64}$$

を用いて (13.57) 式のように書ける．(13.58) を用いれば，これはカーネルを用いて

$$f(\boldsymbol{x}, \boldsymbol{w}) = \sum \alpha_i y_i K(\boldsymbol{x}_i, \boldsymbol{x}) + b \tag{13.65}$$

と表せば良い．だから，$\boldsymbol{R}^N$ での線形識別関数を計算するのに，写像 $\boldsymbol{s}$ を用いて高次元（無限次元かもしれない）の $\boldsymbol{z} = \boldsymbol{s}(\boldsymbol{x})$ を計算をしなくて良い．これが**カーネルトリック**と呼ばれるもので，無限次元の空間に写像する場合にも，具体的な写像 $\boldsymbol{s}$ は用いずに，サポートベクトル $\boldsymbol{x}_i$ を用いた K の計算だけで済む．これなら N が無限大でもよい．何とも便利なものである．

それならば，カーネル関数 $K(\boldsymbol{x}, \boldsymbol{x}')$ から出発すればよい．K が正定値のカーネル関数となる条件は，マーサー条件と呼ばれている．このとき，K の固有関数を固有値の平方根で割った関数を，埋め込み関数に用いた写像を用いるわけだが，特にそれが何であるかを言う必要もない．

カーネルとしてよく用いられるのは，σ を定数とするガウスカーネル

$$K(\boldsymbol{x}, \boldsymbol{x}') = \exp\left\{-\frac{|\boldsymbol{x} - \boldsymbol{x}'|^2}{\sigma^2}\right\}, \tag{13.66}$$

p 次の多項式カーネル

$$K(\boldsymbol{x}, \boldsymbol{x}') = (\boldsymbol{x} \cdot \boldsymbol{x}' + 1)^p \tag{13.67}$$

などである．ガウスカーネルのときは，固有関数は

$$k_{\boldsymbol{\omega}}(\boldsymbol{x}) = \exp\{-i\boldsymbol{\omega}\cdot\boldsymbol{x}\} \tag{13.68}$$

の形になる．インデックスとして $\boldsymbol{\omega}$ を用いた．これはフーリエ展開の関数系に相当している．多項式カーネルは有限次元で，$\boldsymbol{x}$ のある次数までの多項式 $k_i(\boldsymbol{x})$ を固有関数系としている．

カーネル法は，データ $\boldsymbol{x}$ が数値で表される $\boldsymbol{R}^n$ のベクトルの場合に限らず，遺伝子情報のような記号列のときにも使えるから，大変便利であり，これにより応用がバイオインフォーマティックスなどの分野に一挙に広がった．

13.2.4 埋め込みが生み出すリーマン計量

埋め込みによって，$\boldsymbol{R}^n$ は高次元空間 $\boldsymbol{R}^N$ の曲面になる．このとき，元の空間の 2 点 $\boldsymbol{x}$ と $\boldsymbol{x}'$ は，埋め込んだ先では 2 点 $\boldsymbol{s}(\boldsymbol{x})$ と $\boldsymbol{s}(\boldsymbol{x}')$ になるから，距離が変わってくる．そこで，微小な 2 点 $\boldsymbol{x}$ と $\boldsymbol{x}+d\boldsymbol{x}$ の間の距離がどう変わるかを計算してみよう．$\boldsymbol{s}(\boldsymbol{x})$ と $\boldsymbol{s}(\boldsymbol{x}+d\boldsymbol{x})$ の間のユークリッド距離の二乗は

$$ds^2 = |\boldsymbol{s}(\boldsymbol{x}+d\boldsymbol{x}) - \boldsymbol{s}(\boldsymbol{x})|^2 = \sum\left\{\frac{\partial}{\partial x_i}\boldsymbol{s}(\boldsymbol{x})\cdot\frac{\partial}{\partial x_j}\boldsymbol{s}(\boldsymbol{x})\right\}dx_i dx_j \tag{13.69}$$

である．したがって，高次元空間への埋め込みがもたらすリーマン距離は計量行列 g_{ij} を用いて

$$g_{ij}(\boldsymbol{x}) = \left(\frac{\partial}{\partial x_i}\boldsymbol{s}(\boldsymbol{x})\right)\cdot\left(\frac{\partial}{\partial x_j}\boldsymbol{s}(\boldsymbol{x})\right) \tag{13.70}$$

と書ける．これは，カーネル関数 K を用いれば

$$g_{ij}(\boldsymbol{x}) = \frac{\partial^2}{\partial x_i \partial x'_j}K\left(\boldsymbol{x},\boldsymbol{x}'\right)\Big|_{\boldsymbol{x}'=\boldsymbol{x}} \tag{13.71}$$

である．

$$dV(\boldsymbol{x}) = \sqrt{|g_{ij}(\boldsymbol{x})|}dx_1\cdots dx_n \tag{13.72}$$

は，計量 g_{ij} を持つリーマン空間の体積要素，すなわち，$\boldsymbol{x}$ 点から各成分をそれぞれ dx_i だけ増やして作る微小立方体の体積を表す．これを見ると，各点での体積は $\sqrt{|g_{ij}(\boldsymbol{x})|}$ 倍に拡大されて，高次元の空間に埋め込まれていることが分かる．埋め込まれた $\boldsymbol{R}^N$ は曲がっているから，計量は一般にリーマン的である．

サポートベクトル機械で線形識別の性能が上がったのは，$\boldsymbol{R}^n$ を非線形に変形して高次元空間に埋め込んだからであった．それでは，識別面の境界付近にあるサポートベクトルの近傍を拡大するように，関数 $\boldsymbol{s}$ を変えてみたらもっと性能が良くなるかもしれない．

文献 13, 14) では，サポートベクトル $\boldsymbol{x}_i^*$ を求めて，その付近で体積が

$$\sigma(\boldsymbol{x}) = \sum e^{-\kappa_i|\boldsymbol{x}-\boldsymbol{x}_i^*|} \tag{13.73}$$

倍に拡大するように，埋め込み関数を変えることを試みた．ここに $\sigma(\boldsymbol{x})$ は各点 $\boldsymbol{x}$ 毎の拡大の係数であり，κ は拡大の度合を表す定数である．後に文献 15) は，サポートベクトル自体を使うのではなくて，(13.57) の識別関数

$$f(\boldsymbol{z},\boldsymbol{w}) = \sum \alpha_i y_i K\left(\boldsymbol{x}_i,\boldsymbol{x}\right) + b \tag{13.74}$$

の値を使って拡大を考えればよいことを示した．なるほど，識別の境界面では $f=0$ であり，境界面付近をとくに拡大すればよいのだから，拡大率を

$$\sigma(\boldsymbol{x}) = \exp\left[-\kappa\left\{f(\boldsymbol{x})\right\}^2\right] \tag{13.75}$$

で定めるのが自然である．

拡大を実行するには埋め込み関数 $\boldsymbol{s}$ を変えればよいのだが，$\boldsymbol{s}$ を使わないとするとこのままではやりにくい．そこで，カーネル関数の拡大を考える．各点での拡大率 $\sigma(\boldsymbol{x})$ を用いて，カーネル $K(\boldsymbol{x},\boldsymbol{x}')$ を，

$$\tilde{K}(\boldsymbol{x},\boldsymbol{x}') = \sigma(\boldsymbol{x})\sigma(\boldsymbol{x}')K(\boldsymbol{x},\boldsymbol{x}') \tag{13.76}$$

に変えてみよう．これを**カーネルの共形変換**と呼ぶ．このとき，リーマン計量は g_{ij} から，(13.71) を用いて計算すれば

$$\begin{aligned}\tilde{g}_{ij}(\boldsymbol{x}) &= \sigma^2(x)g_{ij}(\boldsymbol{x}) + \sigma_i(\boldsymbol{x})\sigma_j(\boldsymbol{x})K(\boldsymbol{x},\boldsymbol{x}) \\ &\quad + \sigma(\boldsymbol{x})\left\{\sigma_i(\boldsymbol{x})K_j(\boldsymbol{x},\boldsymbol{x}) + \sigma_j(\boldsymbol{x}')K_i(\boldsymbol{x},\boldsymbol{x})\right\}\end{aligned} \tag{13.77}$$

に変わることが分かる．ただし，$\sigma_i = \frac{\partial}{\partial x_i}\sigma(\boldsymbol{x})$, $K_i(\boldsymbol{x},\boldsymbol{x}) = \frac{\partial}{\partial x_i}K(\boldsymbol{x},\boldsymbol{x}')|_{\boldsymbol{x}'=\boldsymbol{x}}$．とくにガウスカーネルのように $K_i(\boldsymbol{x},\boldsymbol{x}) = 0$ が成立していれば

$$\tilde{g}_{ij}(\boldsymbol{x}) = \{\sigma(\boldsymbol{x})\}^2 g_{ij}(\boldsymbol{x}) + \sigma_i(\boldsymbol{x})\sigma_j(\boldsymbol{x}) \tag{13.78}$$

となる．

いくつかの例題で，サポートベクトルをカーネル $K(\boldsymbol{x},\boldsymbol{x}')$ を用いて計算し，そのうえで (13.75) の識別関数 f を用いて共形変換したカーネルを用いて，問題を再計算する．この結果識別率が数パーセントから十数パーセント良くなることが確かめられている[13~15]．

13.3 確率推論，グラフィカルモデル，信念伝播

機械学習では確率的な事象を扱うことが多い．確率変数の間の関係をグラフで表したものが**グラフィカルモデル**である．このモデルで，いくつかの確率変数の値が観測されたときに，観測されていない変数の値を確率に基づいて推論するのが**確率推論**である[16]．本節は確率推論に用いる**信念伝播法**（BP, belief propagation）の情報幾何を述べよう[17]．確率推論においては，各変数は周りの状況を見ながら，自分の値についてこう思うという‘信念’を構成する．自分の信念を枝でつながっている周囲の変数に伝播する一方，周囲の変数が発する信念を受けとり，全体が調和するように信念を変更していく．結果として，全員が合意した解を構成する手法である．

13.3.1 確率のグラフィカルモデル

n 個の確率変数 $x_1,\cdots,x_n$ があり，これらは互いに関連しているとしよう．つまり，一つの変数 x_i は，他のいくつかの変数 $x_{i_1},\cdots,x_{i_k}$ の影響を受けて確率的に決まるとする．このとき，変数の部分集合 $X_i = \{x_{i_1},\cdots,x_{i_k}\}$ を x_i の親変数の集合という．親子関係をグラフで表そう．各変数を頂点で表し，x_j が x_i の親であるときに，x_j から出て x_i へ至る枝を付けると，グラフができ上がる．これが，確率構造のグラフ表現である（図 13.8）．グラフには枝に向きを付けた有向グラフと向きを付けずに両方向につなぐ無向グラフがある．

頂点 x_i の確率分布は親の変数の値に依存するから，条件付き確率 $p(x_i|X_i)$ で表すことができる．このとき，全体の変数の同時確率分布は

$$p(x_1,\cdots,x_n) = \prod_{i=1}^{n} p(x_i|X_i) \tag{13.79}$$

のように条件付き確率の積の形で表される[18,19]．

このような確率構造はランダム確率場とも呼ばれ，確率的な因果関係を表すマルコフ連鎖を拡張

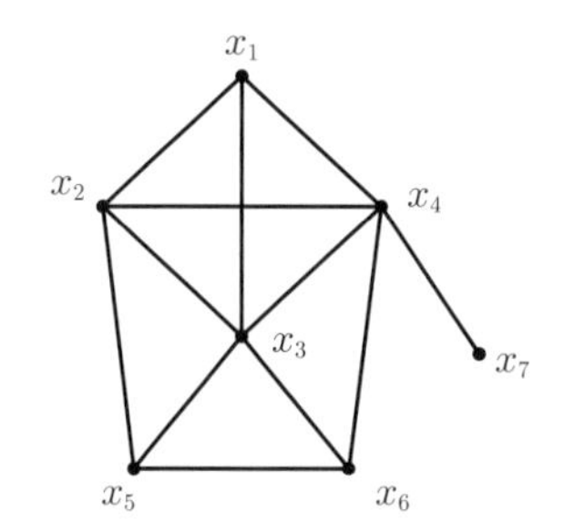

図 13.8　グラフィカルモデル．

したものである．ベイジアンネットワークとも呼ぶ．このとき，グラフの頂点の部分集合で，完全グラフをなすものを，クリークと呼ぶ．完全グラフとは，その頂点どうしをつなぐ枝がすべて存在するグラフのことである．図 13.8 でいえば，$\{x_1, x_2, x_3, x_4\}, \{x_4, x_7\}, \{x_3, x_5, x_6\}$ などはクリークをなすが，$\{x_1, x_2, x_3, x_5\}$ などはそうではない．このとき，L 個のクリークがあったとし，X_r, $r = 1, 2, \cdots, L$, をクリークの確率変数の集まりとする．すると，全体の確率分布は 1 変数の関数 $\tilde{\phi}_i(x_i), i = 1, \cdots, n$, とクリークに対応する関数 $\phi_r(X_r), r = 1, \cdots, L$, を用いて

$$p(x_1, \cdots, x_n) = c \prod \tilde{\phi}_i(x_i) \phi_r(X_r) \tag{13.80}$$

のように分解できることが知られている[18,19]．c は規格化定数である．

いま，確率変数の全体が $X = \{x_1, \cdots, x_n\}, Y = \{y_1, \cdots, y_k\}$ の 2 種類から成り，変数 $y_1, \cdots, y_k$ の値は観測できたとしよう．それを基に観測されない $x_1, \cdots, x_n$ の値が何であるかを推測したい．これが確率推論である．推論は，$\boldsymbol{x} = (x_1, \cdots, x_n)$ についての条件付き確率 $p(\boldsymbol{x}|Y)$ に基づいて行う．ただし観測された $Y = \{y_1, \cdots, y_k\}$ の値は以後は固定したものとし，条件付き確率 $p(\boldsymbol{x}|Y)$ を簡単のため単に $q(\boldsymbol{x})$ と表す．ここで未知の $\boldsymbol{x}$ の値についての推論を行う．簡単のため，各変数 x_i は 1 か -1 の 2 値を取るものとする．

$q(\boldsymbol{x}) = p(\boldsymbol{x}|Y)$ の値を最大にする $x_1, \cdots, x_n$ の組が最尤推定であるが，これを求めるには一般に計算量が大きい組合せ問題を解かなければならない．ここでは，各 x_i について，それが 1 である確率と -1 である確率を比較して，大きいほうの値を割り当てる．すなわち，x_i の期待値

$$\eta_i = E[x_i] = \mathrm{Prob}\{x_i > 0\} - \mathrm{Prob}\{x_i < 0\} \tag{13.81}$$

を計算し，これが正なら $x_i = 1$，負なら $x_i = -1$ とする推定，$\hat{x}_i = \mathrm{sgn}(\eta_i)$ を採用する．こうすれば，$\hat{x}_i$ が正解を与える確率は誤る確率よりも常に大きい．だからこの方式は，各変数の誤り率の和を最小にする推定といえる．

こうなると，問題はグラフ構造が与えられ，(13.80) の形で表された $q(\boldsymbol{x})$ において，各変数 x_i の期待値

$$\eta_i = E[x_i] = \sum_{\boldsymbol{x}} x_i q(\boldsymbol{x}) \tag{13.82}$$

を求めることに帰着する．これは簡単そうで実は大変な計算が必要になる．定義通りに

$$\eta_i = E[x_i] = \sum_{x_1, x_2, \cdots, x_n} x_i q(x_1, \cdots, x_n) \tag{13.83}$$

を計算するには $x_1, x_2, \cdots, x_n$ のすべての組合せに対して $x_i q(\boldsymbol{x})$ を足さなくてはならない．これは 2^n 個の項を含むから，n が大きいときはとてもやりきれない．そこで，何かうまい計算法を考えることになる．

確率分布 $q(\boldsymbol{x})$ が (13.80) の形をしているなら，それは

$$q(\boldsymbol{x}) = \exp\left\{\sum h_i x_i + \sum_r c_r(\boldsymbol{x}) - \psi\right\} \tag{13.84}$$

のように表せる．ここで指数の中身を見よう．クリークに番号を付け，r 番目のクリークを C_r で表す．これが確率変数 $X_r = \{x_{r_1}, \cdots, x_{r_s}\}$ よりなれば，

$$c_r(\boldsymbol{x}) = \log \phi_r(x_{r_1}, \cdots, x_{r_s}) \tag{13.85}$$

である．ψ は規格化定数であり，

$$h_i = \frac{1}{2} \log \frac{\tilde{\phi}_i(x_i = 1)}{\tilde{\phi}_i(x_i = -1)}. \tag{13.86}$$

確率分布 $q(\boldsymbol{x})$ から，その変数の期待値 $\boldsymbol{\eta} = E[\boldsymbol{x}]$ を求めるのに，物理学では**平均場近似**という手法を開発した[20,21]．それを述べる前に幾何学的な枠組みを明らかにしておこう．

13.3.2 期待値と分布の射影

ここで考察する確率分布は (13.84) である．しかし，これを拡張し，各クリークに対応する新しいパラメータ $\boldsymbol{v} = (v_1, \cdots, v_L)$ を導入し，

$$p(\boldsymbol{x}, \boldsymbol{\theta}, \boldsymbol{v}) = \exp\left\{\boldsymbol{\theta} \cdot \boldsymbol{x} + \sum v_r c_r(X_r) - \psi(\boldsymbol{\theta}, \boldsymbol{v})\right\} \tag{13.87}$$

のような確率分布の族 $\tilde{M}$ を考える (図 13.9)．これは指数型分布族であり，$\boldsymbol{\theta}$ と $\boldsymbol{v}$ が自然パラメータである．だからこれは $n+L$ 次元の双対平坦な空間をなしている．ここで $\boldsymbol{\theta} = \boldsymbol{h}, \boldsymbol{v} = \mathbf{1} = (1, \cdots, 1)$ とおけば，これは我々が対象としている確率分布 (13.84) の $q(\boldsymbol{x})$ である．また，$\boldsymbol{\theta}$ は自由とし，単に $\boldsymbol{v} = 0$ とおけば，独立な確率分布の集まりである．この族は，クリークによる高次の相互作用を $\boldsymbol{v}$ の値に応じて強めたり弱めたりするもので，$\boldsymbol{v} = 0$ ならば相互作用がなく，独立の分布になる．

独立な分布の集まりは，この空間の部分空間である．これを

$$M_0 = \{p_0(\boldsymbol{x}, \boldsymbol{\theta}) = \exp\{\boldsymbol{\theta} \cdot \boldsymbol{x} - \psi(\boldsymbol{\theta})\}\} \tag{13.88}$$

とおこう．独立の分布ならば，$\boldsymbol{x}$ の期待値は各成分毎に別々に計算すればよく，

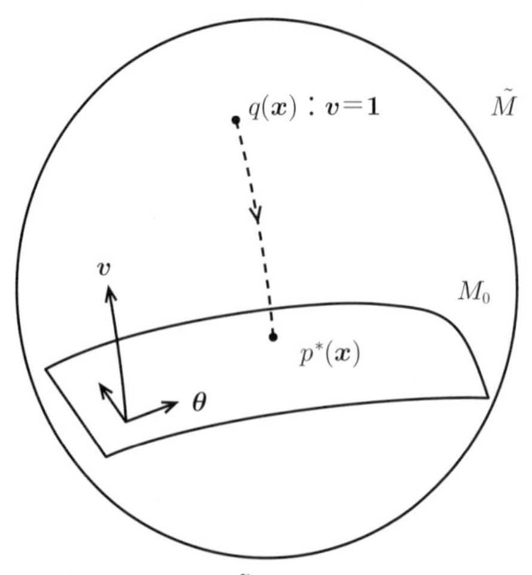

図 13.9　拡大したモデル $\tilde{M}$ と $q(\boldsymbol{x})$ の M_0 への m-射影．

$$\eta_i = E[x_i] = \frac{e^{\theta_i} - e^{-\theta_i}}{e^{\theta_i} + e^{-\theta_i}} = \tanh(\theta_i) \tag{13.89}$$

である．

$q(\boldsymbol{x})$ と同じ平均値を持つ独立な分布を考えよう．これを求めるために q を M_0 に m-射影してみよう．この射影を $\Pi_0 q$ とすれば，これは q と $\Pi_0 q \in M_0$ を結ぶ m-測地線が M_0 と直交する点である．しかも，これは q から M_0 への KL ダイバージェンスを最小にする点でもある（図 13.9），

$$\Pi_0 q = \underset{p \in M_0}{\arg\min}\, KL[q : p] \tag{13.90}$$

このとき，次の定理が成立する．

定理 13.6 m-射影は各変数 x_i の期待値を変えない．

証明 q の M_0 への m-射影を $p^* = \Pi_0 q$ とおく．p^* は M_0 に属する．p^* 点における M_0 の接ベクトルは，$\boldsymbol{\eta}^* = E_{p^*}[\boldsymbol{x}]$ として (13.88) を用いれば

$$\frac{\partial}{\partial \boldsymbol{\theta}} \log p(\boldsymbol{x}, \boldsymbol{\theta}^*) = \boldsymbol{x} - \boldsymbol{\eta}^* \tag{13.91}$$

である．$\boldsymbol{\theta}^*$ は p^* の $\boldsymbol{\theta}$ 座標である．一方，q と p^* とを結ぶ m-測地線の接ベクトルは，

$$t(\boldsymbol{x}) = \frac{q(\boldsymbol{x}) - p^*(\boldsymbol{x})}{p^*(\boldsymbol{x})} \tag{13.92}$$

である．この 2 つが直交するから

$$\langle t(\boldsymbol{x}), \boldsymbol{x} - \boldsymbol{\eta}^* \rangle_{p^*} = \sum_{\boldsymbol{x}} (\boldsymbol{x} - \boldsymbol{\eta}^*) \{q(\boldsymbol{x}) - p^*(\boldsymbol{x})\} = 0, \tag{13.93}$$

これより

$$E_q[\boldsymbol{x}] = E_{p^*}[\boldsymbol{x}] \tag{13.94}$$

が成立する．

$\boldsymbol{x}$ の期待値を求めるには，m-射影を実行すればよい．しかし，この計算は容易でなく，近似でよいから簡単な計算法が必要である．統計物理学は平均場近似という手法を編み出した．話を簡単にするために，統計物理学で良く用いられる，2 次の相互作用のみを含む分布

$$q(\boldsymbol{x}) = \exp\left\{\boldsymbol{h} \cdot \boldsymbol{x} + \sum w_{ij} x_i x_j - \psi(\boldsymbol{h}, \boldsymbol{W})\right\} \tag{13.95}$$

を考える．これはスピンのモデルであるが，神経回路の工学モデルでは Boltzmann 機械として知られている．

$\boldsymbol{x}$ の期待値を求めるには，q から M_0 への m-射影，すなわち q から M_0 への KL ダイバージェンス $KL[q : M_0]$ を最小にする点を求めればよかった．M_0 が e-平坦であるから，これは一意に決まる．しかし，計算が容易でない．そこで，KL ダイバージェンスを逆にして，$KL[M_0 : q]$ を最小にする分布 $\hat{p} \in M_0$ を求めてみよう．これは q から M_0 への e-射影である[21]．この計算は次のようにすればよい．まず，$KL[p : q]$ を計算する．

$$KL[p(\boldsymbol{x}, \boldsymbol{\theta}) : q(\boldsymbol{x})] = E_p\left[(\boldsymbol{\theta} \cdot \boldsymbol{x} - \psi_{\boldsymbol{\theta}}) - \left(\boldsymbol{h} \cdot \boldsymbol{x} + \sum w_{ij} x_i x_j - \psi(\boldsymbol{h}, W)\right)\right]. \tag{13.96}$$

ここで，$\boldsymbol{\eta} = E_{p(\boldsymbol{x}, \boldsymbol{\theta})}[\boldsymbol{x}]$ とおき，さらに $p(\boldsymbol{x})$ が独立分布であることを考慮すれば，$E_p[x_i x_j] = \eta_i \eta_j$ がわかる．したがって，上式の右辺は

$$\boldsymbol{\theta}\cdot\boldsymbol{\eta}-\psi(\boldsymbol{\theta})-\boldsymbol{h}\cdot\boldsymbol{\eta}-\sum w_{ij}\eta_i\eta_j+\psi \tag{13.97}$$

となる．これを $\boldsymbol{\eta}$ で微分して（$\boldsymbol{\theta}$ は $\boldsymbol{\eta}$ の関数であることに注意），それを 0 とおく．

$$\frac{\partial}{\partial\eta_i}\left\{\boldsymbol{\theta}\cdot\boldsymbol{\eta}-\psi(\boldsymbol{\theta})\right\}=\tanh^{-1}(\eta_i) \tag{13.98}$$

に注意すれば，$\Pi_0 q$ を与える η_i は

$$\eta_i=\tanh\left(\sum w_{ij}\eta_j+h_i\right) \tag{13.99}$$

の解である．この解は一意とは限らない．

残念なことにここから得た $\boldsymbol{x}$ の期待値は元のものとは違うから，これは近似である．さらに厄介なことに，M は e-平坦ではあるが m-平坦ではないために，e-射影は一意に決まるとは限らず，多数の解を持つことがあり，極大になってしまうこともある[22]．物理学では，平均場近似を改良するいろいろな試みが行われた．これから述べる人工知能分野から出た信念伝播法[16]も，その一つと考えてもよい．

13.3.3 信念伝播法

信念伝播法の情報幾何[17]では，各クリーク C_r を一つずつ切り離して取り上げ，相互作用が一つしかない要素モデル

$$M_r=\left\{p\left(\boldsymbol{x},\boldsymbol{\theta}_r\right)=\exp\left\{(\boldsymbol{h}+\boldsymbol{\theta}_r)\cdot\boldsymbol{x}+c_r(\boldsymbol{x})-\psi\left(\boldsymbol{\theta}_r\right)\right\}\right\},\qquad r=1,\cdots,L \tag{13.100}$$

を考える．これはクリーク C_r に対して $v_r=1$ と置き，他の $v_{r'}$ をすべて 0 と置いたモデルである．すると，このようなモデルがクリークの数 L だけできる．クリークが一つしかないのなら，そのモデルで $\boldsymbol{x}$ の期待値を求めることは簡単にできる．つまり M_r の点から M_0 への m-射影は困難なく行える．そこで，この L 個の部分モデル $M_1,\cdots,M_L$ が協調して，M_0 を道具として使って，$\boldsymbol{x}$ の期待値（の近似値）を求める方策である．

少し整理しておこう．まず，すべての分布に項 $\boldsymbol{h}\cdot\boldsymbol{x}$ が入ってくるから，これを外して（$\boldsymbol{h}=0$ と置くのと同じ）考え，あとでこの項を加えることにする．数学的にはすべての確率分布を共通の分布 $\exp\{\boldsymbol{h}\cdot\boldsymbol{x}\}$ に対する密度関数と考えることである．このとき，目的の分布は

$$q(\boldsymbol{x})=\exp\left\{\sum c_r(\boldsymbol{x})-\psi\right\}, \tag{13.101}$$

クリーク C_r を 1 個含むモデル M_r は

$$M_r: p\left(\boldsymbol{x},\boldsymbol{\theta}_r\right)=\exp\left\{\boldsymbol{\theta}_r\cdot\boldsymbol{x}+c_r(\boldsymbol{x})-\psi_r\left(\boldsymbol{\theta}_r\right)\right\}, \tag{13.102}$$

独立な分布 M_0 は

$$M_0: p(\boldsymbol{x},\boldsymbol{\theta})=\exp\left\{\boldsymbol{\theta}\cdot\boldsymbol{x}-\psi_0(\boldsymbol{\theta})\right\} \tag{13.103}$$

と書ける．すべてが (13.87) 式の $\tilde{M}$ の e-線形部分空間である．

モデル M_r は，1 個クリーク C_r だけを相互作用として持ち，これで $q(\boldsymbol{x})$ を近似する．このために他の相互作用はすべてまとめて線形項 $\boldsymbol{\theta}_r\cdot\boldsymbol{x}$ で近似することになる．すなわち，$\boldsymbol{\theta}_r$ は $c_r(\boldsymbol{x})$ 以外の $c_{r'}(\boldsymbol{x}), r'\neq r$, の和をまとめて線形近似したものといえる．一方，独立分布は，すべての相互作用の和を線形項 $\boldsymbol{\theta}\cdot\boldsymbol{x}$ で置き換えている．

このとき，どの M_r における $\boldsymbol{x}$ の期待値も一致し，これが独立な分布 M_0 での期待値に等しければ，すべての部分モデルの言い分が相互に矛盾をきたさない．M_r の分布で期待値を取る演算を E_r と書けば

$$E_r[\boldsymbol{x}] = E_0[\boldsymbol{x}], \quad r = 1, \cdots, L \tag{13.104}$$

が成立するような協調した分布を各 M_r および M_0 で考えたい．この期待値が，真の分布 $q(\boldsymbol{x})$ での期待値と一致すればそれが本当の期待値であるが，もしだめでもそのよい近似を与えるようになればよい．

この理想を達成するために，次の手順を考える．

1. $t=0$ で，$\boldsymbol{\theta} = \boldsymbol{\theta}_r = 0$ の初期値から出発する．

2. ステップ t での各モデルの値 $\boldsymbol{\theta}^t, \boldsymbol{\theta}_r^t$ を，次の手順で $\boldsymbol{\theta}^{t+1}$, $\boldsymbol{\theta}_r^{t+1}$ に更新する．

(a) M_r での分布 $p_r\left(\boldsymbol{x}, \boldsymbol{\theta}_r^t\right)$ を M_0 に m-射影する．このとき M_0 で得られる $\boldsymbol{\theta}$ の値を $\tilde{\boldsymbol{\theta}}_r^t$ と書く．得られた M_0 の $\boldsymbol{\theta}$ 座標 $\tilde{\boldsymbol{\theta}}_r^t$ から，元々 M_r にあった線形項 $\boldsymbol{\theta}_r^t$ を引いたもの

$$\boldsymbol{\xi}_r^t = \tilde{\boldsymbol{\theta}}_r^t - \boldsymbol{\theta}_r^t \tag{13.105}$$

は，M_r の相互作用項 $c_r(\boldsymbol{x})$ を M_0 に m-射影したものと考えてよい．

(b) $\boldsymbol{\xi}_r^t$ は，モデル M_r が発する，自分の非線形項 $c_r(\boldsymbol{x})$ を線形化すれば $\boldsymbol{\xi}_r^t$ になるという信念を表す．これをすべての r について加えた

$$\boldsymbol{\theta}^{t+1} = \sum \boldsymbol{\xi}_r^t \tag{13.106}$$

は，各 M_r が持つ相互作用 $c_r(\boldsymbol{x})$ を M_0 に射影したものの和である．こうして各モデルの信念が統合されて $\boldsymbol{\theta}^{t+1}$ になった．モデル M_r は自分の非線形項は正しい $c_r(\boldsymbol{x})$ を使い，他の $c_{r'}(\boldsymbol{x})$, $r' \neq r$, については $M_{r'}$ の信念 $\boldsymbol{\xi}_{r'}^t$ を借用して新しい $\boldsymbol{\theta}_r^{t+1}$ を

$$\boldsymbol{\theta}_r^{t+1} = \boldsymbol{\theta}^{t+1} - \boldsymbol{\xi}_r^t = \sum_{r' \neq r} \boldsymbol{\xi}_{r'}^t \tag{13.107}$$

で作る．

これを繰り返すことによって，最後に $(\boldsymbol{\theta}^*, \boldsymbol{\theta}_r^*)$ に収束したとしよう．このとき，(13.105) と (13.107) から

$$p_0\left(\boldsymbol{x}, \boldsymbol{\theta}^*\right) = \Pi_0 p_r\left(\boldsymbol{x}, \boldsymbol{\theta}_r^*\right) \tag{13.108}$$

が成立する．すなわち収束した M_r の分布は，すべて m-射影で M_0 の $p_0\left(\boldsymbol{x}, \boldsymbol{\theta}^*\right)$ に写り，同じ $\boldsymbol{x}$ の期待値を与える．

13.3.4 信念伝播法の収束先

信念伝播法の収束先はどこであろうか．

定理 13.7 アルゴリズムの収束先，$(\boldsymbol{\theta}^*, \boldsymbol{\theta}_r^*)$ は，次の 2 つの条件を満たす．

$$m\text{-条件：} p_0\left(\boldsymbol{x}, \boldsymbol{\theta}^*\right) = \Pi_0 p_r\left(\boldsymbol{x}, \boldsymbol{\theta}_r^*\right),$$

$$e\text{-条件：} \boldsymbol{\theta}^* = \frac{1}{L-1} \sum \boldsymbol{\theta}_r^*.$$

証明 m-条件は，(13.105) と (13.107) から得られる．これは，アルゴリズムが収束したとき，各モデル M_r での分布は M_0 の収束した分布に m-射影で写り，$\boldsymbol{x}$ の期待値が等しいことを言っている．一方，e-条件は (13.107) を (13.106) に代入して得られる．(13.106) からわかるように，更新の各段階で，これが成立するように $\boldsymbol{\theta}_r$ から新しい $\boldsymbol{\theta}$ を定める．

この 2 つの条件が意味するところを幾何学で見よう．それには，各モデルでの収束先の分布を結

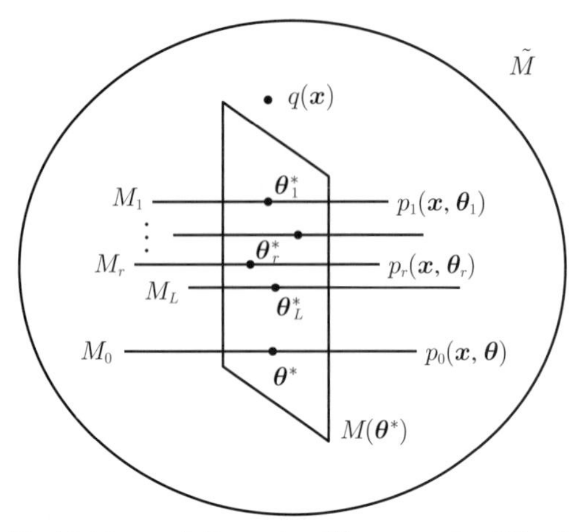

図 13.10 m-条件：$p_1(\boldsymbol{x}, \boldsymbol{\theta}_1^*), \cdots, p_L(\boldsymbol{x}, \boldsymbol{\theta}_L^*)$ と $p_0(\boldsymbol{x}, \boldsymbol{\theta}^*)$ は $M_1, \cdots, M_L, M_0$ に直交する同一 m-平坦空間 $M(\boldsymbol{\theta}^*)$ に含まれる．

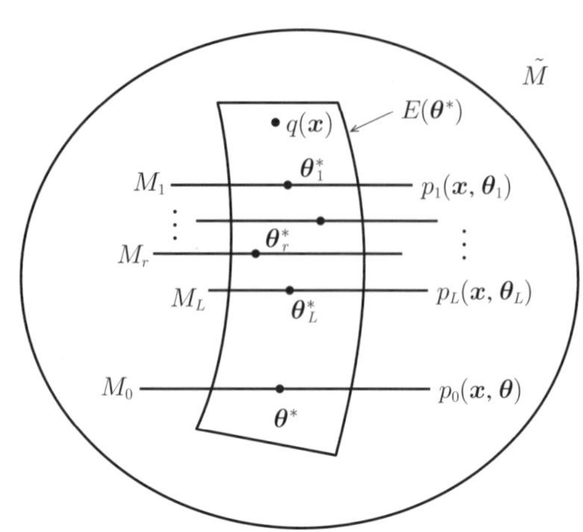

図 13.11 e-条件：$p_0(\boldsymbol{x}, \boldsymbol{\theta}^*), \cdots, p_L(\boldsymbol{x}, \boldsymbol{\theta}_L^*)$ の張る e-平坦空間 $E(\boldsymbol{\theta}^*)$ は $q(\boldsymbol{x})$ を含む．

ぶ m-平坦な部分多様体（図 13.10）を

$$M^* = \left\{p(\boldsymbol{x}) \middle| p(\boldsymbol{x}) = \sum t_r p_r(\boldsymbol{x}, \boldsymbol{\theta}_r^*) + \left(1 - \sum t_r\right) p_0(\boldsymbol{x}, \boldsymbol{\theta}^*)\right\} \tag{13.109}$$

とする．また，これらの分布を結ぶ e-平坦な多様体（図 13.11）を

$$E^* = \left\{\log p(\boldsymbol{x}) = t_0 \log p_0\left(\boldsymbol{x}, \boldsymbol{\theta}^*\right) + \sum t_r \log p\left(\boldsymbol{x}, \boldsymbol{\theta}_r^*\right) \middle| \sum t_r = 1\right\} \tag{13.110}$$

とする．このとき，両条件はそれぞれ

m-**条件**：M^* は部分モデル M_0 に直交する．

e-**条件**：E^* は真の分布 $q(x)$ を含む．

と言い換えてよい．事実，収束先は

$$p_0\left(\boldsymbol{x}, \boldsymbol{\theta}^*\right) = \exp\left\{\sum \boldsymbol{\theta}_r^* \cdot \boldsymbol{x} - \psi_0\right\}, \tag{13.111}$$

$$p_r\left(\boldsymbol{x}, \boldsymbol{\theta}_r^*\right) = \exp\left\{\sum_{r' \neq r} \boldsymbol{\xi}_{r'}^* \cdot \boldsymbol{x} + c_r(\boldsymbol{x}) - \psi_r\right\} \tag{13.112}$$

と書け，

$$q(\boldsymbol{x}) = \exp\left\{\sum c_r(\boldsymbol{x}) - \psi_q\right\} \tag{13.113}$$

であるから，この命題が成立する．

M^* が q を含めば，q を m-射影したものが M_0 における $p_0\left(\boldsymbol{x}, \boldsymbol{\theta}^*\right)$ であるから，正しい答えが得られる．しかし，一般に，これは成立しない．ただ，次の事実が知られている．

定理 13.8 グラフが樹状のとき，すなわち閉路を持たなければ，M^* は q を含む．このとき，

$$\log q(x) = \sum \log p_r\left(\boldsymbol{x}, \boldsymbol{\theta}_r^*\right) - (L-1) \log p_0\left(\boldsymbol{x}, \boldsymbol{\theta}^*\right) \tag{13.114}$$

で，アルゴリズムは正しい答えを与える．

信念伝播アルゴリズムは，情報幾何の立場から上のように見るのが本質を突いていて分かりやす

いと思えるが，世の中はそうでもない．教科書[7]にある元の形のほうが分かりやすいと感じる人も多いので，ここで対応を記しておこう．簡単のため，クリークが 2 変数をつなぐ枝のみからなるものとする．このとき，BP アルゴリズムは，点 x_i の**信念** $b_i(x_i)$ と，点 x_i から x_j に枝 (i,j) を通して伝わる**メッセージ**を $m_{ij}(x_j)$ とからなる．信念はメッセージから

$$b_i(x_i) = \frac{1}{Z}\tilde{\phi}_i(x_i) \prod_{k \in N(i)} m_{ki}(x_i) \tag{13.115}$$

で作られる．ただし Z は規格化定数で，$N(i)$ は点 x_i に枝でつながっている隣接点の集合を指す．通常の BP アルゴリズムは，ステップ t でのメッセージを

$$m_{ij}^{t+1}(x_j) = \frac{1}{Z}\sum_{x_i} \tilde{\phi}_i(x_i)\phi_{ij}(x_i, x_j) \prod_{k \in N(i)-j} m_{ki}^t(x_i) \tag{13.116}$$

により更新し，これにより新しい信念 b_i を計算する．

各量は，我々の言葉で書けば，次のような対応関係にある．

$$\theta_i = \frac{1}{2}\log \prod_{k \in N(i)} \frac{m_{ki}(x_i = 1)}{m_{ki}(x_i = -1)}, \tag{13.117}$$

$$\theta_{r,i} = \frac{1}{2}\log \prod_{k \in N(i)-j} \frac{m_{ki}(x_i = 1)}{m_{ki}(x_i = -1)}. \tag{13.118}$$

アルゴリズムとしては全く同じものであるから，どちらが分かり易いかは趣味の問題ともいえる．しかし，情報幾何を用いれば見通しが良く，理論的な解析も進むし，アルゴリズムの拡張が可能になる．

13.3.5 信念伝播の凹凸計算法（CCCP）

BP アルゴリズムの計算は，最終的には m-条件と e-条件を満たす分布の組 $(\boldsymbol{\theta}^*, \boldsymbol{\theta}_r^*)$ を求めることにあった．情報幾何によるアルゴリズムは実質的には通常のものと同じで，その解釈を明確にしただけともいえる．BP アルゴリズムは，(13.106) に見るように，各ステップで e-条件が満たされるように $\boldsymbol{\theta}_r$ の組を選びつつ，その上で m-条件を満たすようにこれらの値を m-射影で更新していく．それならば，各ステップでまず m-条件が満たされるような $\boldsymbol{\theta}$ と $\boldsymbol{\theta}_r$ の組を選びつつ，その後で e-条件を満たすように変数を変えていく手法があっても良いはずである．

ここで，BP アルゴリズムとは逆に，各ステップで m-条件を満たしたままで，e-条件を満たすように未知変数を更新するアルゴリズムを考えよう．これは次のようになる．

$t = 0$ での初期値として任意の $\boldsymbol{\theta}^0$ を M_0 に設定する．$t = 0, 1, 2, \cdots$ として，ステップ t での M_r の分布 $p_r(\boldsymbol{x}, \boldsymbol{\theta}_r^t)$ は，これを M_0 に m-射影したものが M_0 の分布 $p_0(\boldsymbol{x}, \boldsymbol{\theta}^t)$ になるように決める．すなわち

1. M_0 の点 $\boldsymbol{\theta}^t$ に対して，各 M_r の分布 $p_r(\boldsymbol{x}, \boldsymbol{\theta}_r^t)$ は

$$p_0\left(\boldsymbol{x}, \boldsymbol{\theta}^t\right) = \Pi_0 \exp\left\{\boldsymbol{\theta}_r^t \cdot \boldsymbol{x} + c_r(\boldsymbol{x}) - \psi_r\right\} \tag{13.119}$$

を満たすように $\boldsymbol{\theta}_r^t$ を定める．

2. 各 M_r での $\boldsymbol{\theta}_r^t$ を統合し，次のステップの M_0 での $\boldsymbol{\theta}$ の値を

$$\boldsymbol{\theta}^{t+1} = \sum_r \left(\boldsymbol{\theta}^t - \boldsymbol{\theta}_r^t\right) = L\boldsymbol{\theta}^t - \sum_r \boldsymbol{\theta}_r^t \tag{13.120}$$

に更新する．

同種のアルゴリズムが，全く別の考えで提案された．Yuille らの **CCCP** (Convex-Concave Computational Procedure）である[23,24]．若い人は CCCP といっても何も連想しないだろうが，年寄りはこれをロシア語読みしてエスエスエスエル，つまりソ連邦のことと感ずるのが面白い．上記の情報幾何による方法は，以下に述べる CCCP を簡略化し計算の手間を省いたものになっている．

信念伝播法については，物理学との関連でも解釈できて，これがベーテ自由エネルギー $F(\boldsymbol{\theta}, \boldsymbol{\xi}_1, \cdots, \boldsymbol{\xi}_L)$ のような関数の極値を求めることになることが示されている[25]．しかし，これは凸関数ではないため，アルゴリズムは収束するとは限らない．そこで，F を 2 つの凸関数の差に分解する，すなわち凸関数と凹関数の和に分解するのが Yuille らのアイデアである[23]．一般に変数 $\boldsymbol{z}$ の関数 $F(\boldsymbol{z})$ は凸関数と凹関数を用いて

$$F(\boldsymbol{z}) = F_{\text{convex}}(\boldsymbol{z}) + F_{\text{concave}}(\boldsymbol{z}) \tag{13.121}$$

のような分解がいつも可能である（一意ではない）．このとき，ステップ t での $\boldsymbol{z}$ の値 $\boldsymbol{z}^t$ を

$$\nabla E_{\text{convex}}\left(\boldsymbol{z}^{t+1}\right) = -\nabla E_{\text{concave}}\left(\boldsymbol{z}^t\right) \tag{13.122}$$

により更新するのが CCCP アルゴリズムである．これは F の極値に常に収束する．Yuille らは，これをグラフィカルモデルに適用し，BP とは別のアルゴリズムを導いた．こちらは BP とは違い，常に収束するし，収束先は BP の答えと同じである．しかし，収束の条件がこちらのほうがよいといわれている[23,24]．

このアルゴリズムは，我々のアルゴリズムの 1 の段階で 1 ステップ先の $\boldsymbol{\theta}$ を用いることにし，$\boldsymbol{\theta}_r^t$ を求めるのに 2 の段階で得られる $\boldsymbol{\theta}^{t+1}$ を使う次のアルゴリズムになっている：

1. $\Pi_0 p_r(\boldsymbol{x}, \boldsymbol{\theta}_r^{t+1}) = p_0\left(\boldsymbol{x}, \boldsymbol{\theta}^{t+1}\right)$.
2. $\boldsymbol{\theta}^{t+1} = L\boldsymbol{\theta}^t - \sum \boldsymbol{\theta}_r^{t+1}$.

このとき，$\boldsymbol{\theta}_r^{t+1}$ は $\boldsymbol{\theta}^{t+1}$ の関数であるから，これを解くには上記の 1, 2 で表された非線形の方程式を各ステップ t 毎に解かねばならない．そのための繰り返しループが必要である．これが内部ループで，1 ステップ毎に内部ループを回して収束した答えを求める．これがすむと，t を一つ増やしてあらためて 1, 2 を繰り返す．これを外部ループという．このように，更新に 2 つのループを回すため，更新に計算量が多く必要になる．

CCCP はこの複雑な 2 重ループを回すアルゴリズムであった．しかし，情報幾何で見れば，我々のアルゴリズムで解いても答えは同じである．ただ，両アルゴリズムでは収束域が違い，元のほうが良い場合があるといわれている．

情報幾何では，この他いろいろな加速法や，誤差の解析，さらにアルゴリズムの収束条件と安定性などが議論できるが，詳細は文献 17) に譲る．なお，文献 26) も参照されたい．

終わりの一言

機械学習はビッグデータ時代の情報科学の華と言えるまでに成長した[8]．これは，人工知能で古くから研究されていたテーマである．例題をもとに，その奥に潜む構造をいかに抽出できるかが問題であった．しかし，始めのころは例題をもとに論理的な関数関係を帰納する研究が主で，不可能なものは不可能であって理論がそれほどうまくは構成できなかった．具体的な学習機械としては，古くからパーセプトロンがあったが，その能力は限られている．

信号 $\boldsymbol{x}$ を高次元の空間に非線形に写像し，ここで線形識別を実行するというアイデアは，ロシアのグループに由来する[5]．彼らは埋め込み関数として記号 Φ を用いたため，これは Φ 関数法として良く知られていた．ただ，計算上の都合から，あまり高次の空間には埋め込めない．このため，埋め込み関数を固定するのではなくて可変にし，これも学習で求めるという考えが出た．多層パーセ

プトロンはまさにこれを実行している．中間層のニューロンが埋め込み関数 $s_i(\boldsymbol{x}, \boldsymbol{v}_i)$ を計算する．ただし，$\boldsymbol{v}_i$ は可変なパラメータである．これを用いて，最後の出力層のニューロンが最終の答である識別関数

$$y = \sum w_i s_i(\boldsymbol{x}, \boldsymbol{v}_i) \tag{13.123}$$

を計算するのが多層パーセプトロンである．ただ，この場合識別関数はパラメータ $\boldsymbol{v}_i$ を非線形に含むため，非線形関数の最適化になり，極小解や特異点の存在など，困難も含むことになる．

Vapnik はこうしたロシア学派で活躍した人物である．彼は，データをもとに確率分布を推定するときに，真の分布への収束が一様でないことに着目し，識別機械の族の能力を表す VC（Vapnik–Cherbonenkis）次元というものを導入して，学習識別の理論を築いた．当時西側の科学とは隔絶していたロシアでは，学習識別や制御に関する独自の理論体系の建設が進んでいた．私の学習機械に関する論文もロシアで紹介され，西側では日本だけでこのような研究が行われていると評価された．後に Tsypkin の学習機械に関する本が英訳されて[27]，さらにその日本語訳が現れ，ここに甘利の理論なるものが紹介されていて，驚いたものである．

それはさておき，パーセプトロンなどの識別機械の VC 次元の計算などの議論は進んだが，多くの識別機械の族では VC 次元は単にパラメータの数の 2 倍になって，面白くない．そこで Vapnik が考えたのが，パーセプトロンの重みの大きさに制約を加えるなどの工夫である．これが，サポートベクトル機械へと拡大し，さらにカーネルトリックが現れて，一気にブレークした．

いまや，これは学習機械の標準的な手法となり，一世を風靡している．しかし，肝心のカーネル関数をどう設計するか，この機械における訓練誤差と汎化誤差の関係など，まだ未解決の問題も多い．カーネル共形変換は，与えられた識別機械の改良を示すものではあるが[13~15]，設計の一般論にはほど遠い．幾何学的な理論が待たれる．

学習は，限られた数の例題をもとに，その奥に潜む構造を求めることである．例題だけを完全に解こうとすると，この限られた例題だけにはうまく対処するが，これから出てくる新しい例題にはうまく対応できなくなる．例題に対してどのくらいうまく対処するか，そのときの誤差を訓練誤差と呼び，後者のこれから出るであろう例題全体に対する期待誤差を汎化誤差と呼ぶ．学習機械について，訓練誤差と汎化誤差の関係がどうなっているかが注目を集めた[28~30]．これは統計的学習理論と呼ばれる．また，Vapnik による一般理論があり，これは学習の収束の非一様性に着目して mini-max 基準を導入したものである[31]．

それに加えて，サポートベクトル機械が登場し，カーネルトリックによって複雑な計算が可能になった．Boosting は，多数の弱学習機械を利用しながら，学習で高性能を出そうというもので，これも大きく注目を集めている．グラフィカルモデルにおける確率推論の手法として信念伝播法が登場し，機械学習の有力な道具となった．信念伝播法は誤り訂正符号（LDPC 符号）の復号化にも使われ，携帯電話などで役に立っている[26]．これを情報幾何の観点で眺めると，話の見通しが良くなるだけでなく，性能の解析ができる．それだけでなく，その構造がわかるので，さらに新しいアルゴリズムを出せる．

30 年以上も昔，情報幾何で精力的に活躍していたデンマークの S. Lauritzen 教授が，グラフィカルモデルが面白い，研究の主題を情報幾何からこちらに移すと述べて，情報幾何から去っていった．彼はその後グラフィカルモデルで指導的な活躍を果たしてきた．これを残念に思ったのだが，なんと世の中はつながっていて，情報幾何とグラフィカルモデルが遭遇することになったのである．応用面ではデータマイニング，とくにゲノムにかかわる生体情報への応用が盛んで，機械学習はまさに花盛りである．

ところで，ここ 10 年ほどで，また異変が起こった．deep learning が登場し，花形となっている．これにより捨て去られたと思われた多層パーセプトロンが復活したのである．これが数多くの実用

的なパターン認識のコンテストで優勝し，いまや機械学習の花形となった．次章では多層パーセプトロンの学習力学を調べるが，deep learning の情報幾何がこれから開拓されるであろう．私も老骨に鞭打ってこれからやってみたい．

参考文献

1) A. Banerjee, S. Merugu, I.S. Dhillon and J. Ghosh, Clustering with Bregman divergences, *J. Machine Learning Research*, **6**, 1705–1749, 2005.
2) J.-D. Boissonnat, F. Nielsen and R. Nock, Bregman voronoi diagrams, *Discrete and Computational Geometry*, **44**, 281–307, 2010.
3) B.C. Vemuri, M. Liu, S. Amari and F. Nielsen, Total Bregman divergence and its applications to DTI analysis, *IEEE Trans. on Medical Imaging*, **30**, 475–483, 2010.
4) M. Liu, B.C. Vemuri, S. Amari and F. Nielsen, Shape retrieval using hierarchical total Bregman soft clustering, *IEEE Trans. on Pattern Analysis and Machine Intelligence*, 2012.
5) M. Aizerman, E. Braverman, and L. Rozonoer, "Theoretical foundations of the potential function method in pattern recognition learning". *Automation and Remote Control* **25**: 821–837, 1964.
6) C.M. Bishop, *Pattern Recognition and Machine Learning*. Springer 2006.
7) 麻生秀樹，津田宏治，村田昇，『パターン認識と学習の統計学』，岩波書店，2003.
8) 村田昇，『情報理論の基礎』，サイエンス社，2005（新版：2008）.
9) 赤穂昭太郎，『カーネル多変量解析—非線形データ解析の新しい展開』，岩波書店，2008.
10) C. Cortes and V. Vapnik, Support vector networks. *Machine learning*, **20**, 273–297, 1995.
11) B. Schölkopf, *Support Vector Learning*. Oldenbourg, 1997.
12) J. Shawe-Taylor and N. Cristianini. *Kernel Methods for Pattern Analysis*. Cambridge University Press, 2004.
13) S. Amari and S. Wu, Improving support vector machine classifiers by modifying kernel functions, *Neural Networks*, **12**, pp.783–789, 1999.
14) S. Wu and S. Amari, Conformal Transformation of Kernel Functions: A Data-Dependent Way to Improve Support Vector Machine Classifiers, *Neural Processing Letters*, **15**, pp.59–67, 2002.
15) P. Williams, S. Wu and J. Feng, Two scaling methods to improve performance of the support vector machine. In Support Vector Machines: Theory and Applications, Ed., L. Wang, 205–218, Springer, 2005.
16) J. Pearl, *Probabilistic Reasoning in Intelligent Systems*. Morgan Kaufmann, 1988.
17) S. Ikeda, T. Tanaka and S. Amari, Stochastic reasoning, free energy, and information geometery, *Neural Computation*, **16**, 1779–1810, 2004.
18) S. Lauritzen, *Graphical Models*. Oxford University Press, 1996.
19) M.J. Wainwright and M.I. Jordan, Graphical models, exponential families, and variational inference, *Foundations and Trends in Machine Learning*, **1**, 1–305, 2008.
20) M. Opper and D. Saad (eds.), *Advanced Mean Field Methods: Theory and Practice*. MIT Press, 2001.
21) T. Tanaka, Information geometry of mean field approximation, *Neural Computation*, **12**, 1951–1968, 2000.
22) S. Amari, S. Ikeda and H. Shimokawa, Information geometry of α-projection in mean field approximation. In M. Opper and D. Saad (eds.), *Advanced Mean Field Methods: Theory and Practice*, 241–257. MIT Press, 2001.
23) A. Yuille, CCCP algorithms to minimize the Bethe and Kikuchi free energies: Convergent alternatives to belief propagation, *Neural Computation*, **14**, 1691–1722, 2002.
24) A.L. Yuille and A. Rangarajan, The concave-convex procedure. *Neural Computation*, **15**, 915–936, 2003.
25) J.S. Yedidia, W.T. Freeman and Y. Weiss, Generalized belief propagation. In T.K. Leen, T.G. Dietrich and V. Tresp (eds.), *Advances in Neural Information Processing Systems*, **13**, 689–695, MIT Press, 2001.
26) S. Ikeda, T. Tanaka and S. Amari, Information Geometry of Turbo and Low-Density Parity-Check Codes, *IEEE Transactions on Information Theory*, Vol.**50**, No.6, pp.1097–1114, 2004.
27) Y.Z. Tsypkin, *Foundations of the Theory of Learning Systems*, Academic Press (English translation from Russian), 1973.
28) S. Amari, N. Fujita and S. Shinomoto, Four types of learning curves, *Neural Computation*, **4**, 605–618, 1992.
29) S. Amari and N. Murata, Statistical theory of learning curves under entropic loss criterion, *Neural Computation*, **5**, 140–153, 1992.
30) S. Amari, A Universal Theorem on Learning Curves, *Neural Networks*, **6**, **2**, 161–166, 1993.
31) V.N. Vapnik, *Statistical Learning Theory*. John Wiley, 1998.

第14章

学習の力学と特異点：
多層パーセプトロンと自然勾配学習法

オンライン学習では，系のパラメータが逐次的に更新され改良されていく．学習の時間経過，すなわち力学過程を知りたいが，非線形力学であるため一般的にはその特性を解析することは難しい．本章では多層パーセプトロンを例にとって，その学習の様相を明らかにする．学習はリーマン空間の中で行われるため，自然勾配を用いた学習法が有効である．特に多層パーセプトロンは特異構造が網の目のように張り巡らされているため，自然勾配学習法が威力を発揮する．

多層パーセプトロンは1950年代末，脳の仕組みがまだよくわかっていなかった時代に，脳をモデルとした学習機械として提案され，一世を風靡した[1]．しかし，その後のコンピュータの躍進と，それに支えられた人工知能やパターン認識技術の発展によって，情報工学の分野では振り向かれなくなったかに見えた．ところが1980年代に入って，認知科学が並列分散処理を標榜して脳のモデルと接近し，バックプロパゲーション（誤差逆伝播）学習が提案されると[2]，パーセプトロンが万能学習機械のモデルであることから再び勢いを回復し，工学における学習の標準的な手法の一つとして定着した．しかし，機械学習が進展するとサポートベクトル機械やBoostingなどの手法が現れ，パーセプトロンはその場を失ったかに見えた．しかるにここ10年ほどの間に，層を多数重ねるdeep learningがすばらしい性能を発揮し始め，超多層のパーセプトロンが今や再び注目されている．機械学習の分野で完全に復活したといってよい．

パーセプトロンは特異構造を持つモデルであることが分かり，その解析を通じて統計学の分野にも新しい発展をもたらした[3]．統計学のモデルと見た場合，パーセプトロンは特異構造を含んでいる．これまで統計学は，特異構造を含まない「性質の良い」モデルを主に扱ってきた．そこではCrámer–Rao定理を中心とするきれいな体系が整えられてきた．情報幾何もこの枠組みから生まれたといえる．しかし，特異構造は幾何学にとって避けて通れない大きなテーマである．パーセプトロンの栄枯盛衰を眺めることから始めよう．

14.1　学習機械：多層パーセプトロン—その栄枯盛衰

パーセプトロンは，1950年代に脳をモデルとした学習機械としてRosenblatt[1]が提案した．単純パーセプトロンから始めよう．もっとも簡単な1個の人工ニューロンを考える（図14.1）．これは，入力情報 $\boldsymbol{x} = (x_1, \cdots, x_n)$ を受け取り，答えとして0か1の信号 y を出す．計算の仕方は，各入力 $x_i, i = 1, \cdots, n,$ に重み w_i を掛けて重み付きの和を取り，これが閾値 h より大きいか小さいかで1か0を出力する簡単なものである．式で書けば，$1(u)$ を u が正なら1，負なら0のHeaviside関数として，$\boldsymbol{w} = (w_1, \cdots, w_n)$ のときに

$$y = 1\left(\sum w_i x_i - h\right) = 1\left(\boldsymbol{w} \cdot \boldsymbol{x} - h\right) \tag{14.1}$$

となる．各入力信号 x_i も0か1の値を取れば，これは論理関数とみなせる．

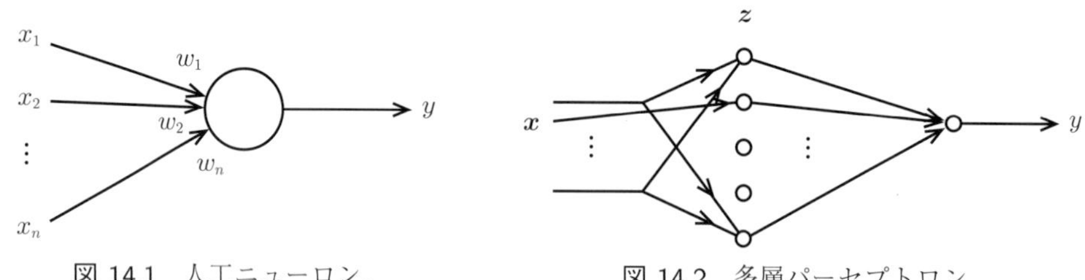

図 14.1　人工ニューロン．　　図 14.2　多層パーセプトロン．

この素子でパターンの識別を行う．いま，多数のパターン $\boldsymbol{x}_1, \cdots, \boldsymbol{x}_N$ があり，C_1 と C_0 の 2 群に分けられているとする．C_0 に属するパターンを入力したときに $y=0$ を，C_1 に属するパターンを入力したときに $y=1$ を出力するとき，このニューロンは正しい識別をすると考える．もちろん，正しい識別ができるためには，$\boldsymbol{x}$ の空間に超平面 $f(\boldsymbol{x}) = \boldsymbol{w} \cdot \boldsymbol{x} - h$ があって，C_0 のパターンに対しては $f(\boldsymbol{x}) < 0$, C_1 のパターンに対しては $f(\boldsymbol{x}) > 0$ となっていなければいけない．このとき 2 群のパターンは線形分離可能と言い，これを満たす重み $\boldsymbol{w}$ と閾値 h をうまく見つければ，正しい識別ができる．

話を見やすくするため，もう一つ新しい変数 x_0 を導入するが，実はこれは定数で，$x_0 = 1$ である．対応する重みを $w_0 = -h$ と置けば，重み付き和から閾値を引いたものが

$$\boldsymbol{w} \cdot \boldsymbol{x} = \sum w_i x_i - h \tag{14.2}$$

のように簡単な内積表示で済む．パーセプトロンの素晴らしさは，2 群のパターンが線形分離可能ならば，学習によって正しい $\boldsymbol{w}$（$w_1, \cdots, w_n$ と h）を自動的に見つけ出せるというところにある．

パーセプトロンの収束定理

C_0, C_1 の 2 群のパターンが線形分離可能ならば，有限回の学習によって，正しい答を出す機械が得られる．その学習法は，入力 $\boldsymbol{x}$ に対して正解を出すならば $\boldsymbol{w}$ を変えず，誤りを出力するならば，c を正の定数として，$\boldsymbol{w}$ を

$$\boldsymbol{w} \to \boldsymbol{w} \pm c\boldsymbol{x} \tag{14.3}$$

のように変えればよい．ただし，C_1 のパターンを誤ったときは $+$, C_0 のパターンを誤ったときは $-$ の符号を取るものとする．

この収束定理は，当時として驚くべきもので，証明されるまでに何年もかかっている．読者には良い演習問題であろう[4)]．n 入力の論理関数は全部で 2^{2^n} 個ある．単純パーセプトロンは特別な論理関数しか実現できず，その個数は $2^{n^2/2}$ 程度である．だから，極めて限られた論理関数しかこれで実現できず，その能力は限られていて，識別するパターン群が線形分離でなければ駄目である．しかし，学習能力があることが強みとなる．そこで，この不備を補うため入力の前処理を行う．前処理によって，パターン $\boldsymbol{x}$ を別の次元，例えば次元の高いベクトル $\boldsymbol{z}$ に変換する．$\boldsymbol{z}$ の空間で見たときに C_0 と C_1 とが線形分離可能であれば，この $\boldsymbol{z}$ を単純パーセプトロンに入力して学習すればうまくいく．どうすれば，線形分離可能になるだろうか．Rosenblatt[1)]の驚くべきアイデアは，この変換機をランダムな重みを持つニューロンで作ることであった．十分多数のニューロンを前段階として配置し（図 14.2），入力 $\boldsymbol{x}$ に対する重みを各ニューロンでランダムに決める．ニューロンの数が十分大きければ，どんなパターンの集合 C_0, C_1 でも，線形分離可能な $\boldsymbol{z}$ パターンに変換できる．

このとき，パーセプトロンは図 14.2 のように，層状の機械となる．入力層，パターンを変換する中間層（隠れ層ともいう），そして答えを出す出力層からなる．出力層は多数のニューロンからなっていてもよい．また，中間層は，何層にも多重になっていてもよい．Rosenblatt はこれにフィード

バックをかけたものも考えている[1)]．彼が海難事故で没したのは誠に残念な出来事であった．

Rosenblatt の考えは，良く見ると SVM（サポートベクトル機械）そのものである．ただし今の SVM は，次元を上げる変換にニューロンを使うのではなくて，カーネルを用いて議論を進め，$\boldsymbol{z}$ を直接に扱うことをしない．これで，高次元の呪縛から逃れる．

アナログパーセプトロン

中間層のニューロンにも学習能力を持たせれば，次元をそれほど上げなくても，都合のよい変換機ができると思われる．しかし，その学習法が思いつかず，これが多層パーセプトロンの泣き所であった．パーセプトロンは，2 値変数を使う論理機械である．この考えを改め，入出力はアナログ変数でもよいとして見よう．すると，1 個のニューロンの動作は

$$y = \varphi(\boldsymbol{w} \cdot \boldsymbol{x}) \tag{14.4}$$

のように書ける．ここで，$\varphi(u)$ はシグモイド型の関数で，$\varphi(-\infty) = 0, \varphi(\infty) = 1$ で，単調連続で微分可能な関数とする．良く用いられるのは

$$\varphi(u) = \frac{1}{1 + \exp(-u)} \tag{14.5}$$

であるが，これ以外でもよい．

m 個の中間素子を持つ多層パーセプトロンの入出力関係を

$$y = \sum v_j \varphi\left(\boldsymbol{w}_j \cdot \boldsymbol{x}\right) \tag{14.6}$$

と書こう．ここで，$\boldsymbol{w}_j$ は，入力 $\boldsymbol{x}$ から第 j 番目の中間層のニューロンへの重みベクトル（閾値もここに入れてある），$z_j = \varphi\left(\boldsymbol{w}_j \cdot \boldsymbol{x}\right)$ が第 j 番目の中間層の素子の出力，v_j はこれが出力ニューロンへ入るときの重みである．さらに，出力ニューロンは線形としている．シグモイド関数を使って非線形にしてよいのだが，それは出力 y を単に非線形にスケール変換するだけであるから，ここでは線形ニューロンを使う．また，出力ニューロンは 1 個のみ，多層と言っても中間層は 1 層しかない．ただ，一般化は容易である．

多層パーセプトロンで，中間層を含めてうまい学習法が考案できないだろうか．離散の論理関数の場合はこれは難問であった．しかしアナログニューロンの場合は簡単である．いま，入力信号 $\boldsymbol{x}$ に対する真の解（教師信号として与えられる）を $y(\boldsymbol{x})$ としよう．このとき，パーセプトロンの現在のパラメータをまとめてベクトル $\boldsymbol{\xi} = (\boldsymbol{w}_1, \cdots, \boldsymbol{w}_m; v_1, \cdots, v_m)$ とすれば，出力は

$$y(\boldsymbol{x}, \boldsymbol{\xi}) = \sum v_j \varphi\left(\boldsymbol{w}_j \cdot \boldsymbol{x}\right) \tag{14.7}$$

と書ける．パーセプトロンの動作を評価するのに，教師信号と自分の出力の差の二乗である二乗誤差

$$l(\boldsymbol{x}, \boldsymbol{\xi}) = \frac{1}{2}\left|y(\boldsymbol{x}) - y(\boldsymbol{x}, \boldsymbol{\xi})\right|^2 \tag{14.8}$$

を用いてみよう（実はもっと一般の誤差関数を使ってよい）．すると，学習法として，時間 t でのパラメータ $\boldsymbol{\xi}_t$ を，次の時間 $t+1$ では

$$\boldsymbol{\xi}_{t+1} = \boldsymbol{\xi}_t - \eta \frac{\partial l\left(\boldsymbol{x}_t, \boldsymbol{\xi}_t\right)}{\partial \boldsymbol{\xi}} \tag{14.9}$$

に変える勾配法が考えられる．学習係数 η は小さな定数でもよいし，η_t にして時間と共に変化してもよい．さらに，この定数を学習によって決めていくこともできるだろう．この理論は IEEE の雑誌に掲載されたが[5)]，査読者の一人は，‘too mathematical’ の一語で，掲載不可というコメントを寄こした．これが，当時の工学の世界であった．

その後パーセプトロン熱は冷める．理由として，Minsky と Papert の著書[4)]が挙げられる．彼ら

は並列学習機械のモデルとして多層パーセプトロンを取り上げた．ただし，2 値の論理機械である．入力として画面上に描いた幾何学的な図形を用い，その概念判別がどのくらい可能かを議論した．例えば，図形が連結か否かを判別する機械である．この他，凸図形であるか否かというものもあるし，図形の Betti 数の計算もあった．彼らは多くの例で，計算量の意味で計算がうまくいかないことを示した．すなわち，中間層に必要な素子の数が指数的に増大すること，重みの大きさが指数的に増大すること，などである．世の中では，これを持ってパーセプトロンの欠陥が明らかになり，顧みられなくなったという．こうして，神経学習の理論研究は暗黒期に入ったというのであるが，これは欧米の独りよがりであろう．日本やロシアでは学習機械の研究が着々と進行していた[6]．

コネクショニズムの台頭

欧米で闇を切り裂いたのは，コネクショニズムである．それまで，人工知能と認知科学が手を携えて，記号を主体とする論理計算によって知能の仕組みが解明できるとしてきたものが，突如として，並列分散の情報処理こそが認知と知能の基礎にあると，方針を転換したのである．その中でも目玉として出てきたのが多層パーセプトロンの学習である．Rumelhart らがこれをひっさげて華々しく活躍した[2]．彼らのアイデアは，入出力をアナログにすること，これにより損失関数として微分可能な (14.8) を用い，この勾配を計算してパラメータの学習を行うことである．これは私の論文[5]と全く同じ考えであるが，私の論文は早すぎたのであろうか，欧米の神経回路網研究の暗黒期に埋もれて顧みられず，わずかにロシアでは評判になっていたという（Vapnik 談）[6]．

コネクショニズムの勃興で神経回路モデルのルネッサンスが始まり，多層アナログパーセプトロンの学習法が，**確率降下法**として再発見される[2]．後に，同種のものは Werbos[7]が出していて，またこれに近いアイデアは Le Cun も提出したとされたが，私の論文にまで遡ることはなかった．ただ，この種の勾配学習のアイデアは他にもいくつかあったようである．Rumelhart らのアイデアの秀逸だった点は，多層構造の機械で，関数 (14.8) のパラメータによる微分を実行すると，関数の繰り返し構造の微分により，微係数が多層構造の各素子について，出力から順に遡って計算できることである．これは，パラメータを修正するための誤差信号が回路を遡って伝播していくように見える．それで，これを**誤差逆伝播法**（error-back-propagation）と名付け，人々を魅了した．多くのシミュレーションが行われ，1980 年代後半のニューロブームの主役を演じた．

しかし，問題点も明らかになってきた．万能学習機械である点は良い．だが，誤差関数の期待値 $L(\boldsymbol{\xi}) = E\left[l(\boldsymbol{x}, \boldsymbol{\xi})\right]$ は，パラメータ $\boldsymbol{\xi}$ の多峰関数であり，極小解がたくさんあってどこに落ち込むか保証できない．この難点を解決するために生まれたアイデアの一つが SVM である．これは初期の単純パーセプトロンと同じで中間層の素子を固定するが，その代わりに多数の素子，多くの場合無限個の素子を使う．ただし無限個の素子を陽に扱うのではなくて，計算にカーネルトリックを用いて困難を切り抜ける．これには極小解がなくて大変に有効であり，現在も標準的な方法の一つとされる．極小解が多数ある難点を克服するために考え出されたもう一つのアイデアが，弱学習機械を多数集めて融合する，Boosting である．

パーセプトロンの他の困難は，学習の収束が遅いことである．コンピュータが速くなったとはいえ，当時はまだ遅かった．したがって，コンピュータを用いて学習を実行すると，初めのうちは誤差が順調に減ってくる．そのうち減りが少なくなる．学習の回数 t を横軸に，期待誤差 $L\left(\boldsymbol{\xi}_t\right)$ を縦軸に書いた学習曲線を見ると，あるところで誤差がほとんど減らなくなるプラトーが現れる（図 14.3）．ここで収束したと思ってあきらめてはいけない．粘り強く学習を一晩続けると，何と誤差が減り始める．これが何回か続く．この原因は，中間素子の対称性（素子の番号の付け替えに関する不変性）に起因し，対称性の破壊に時間がかかることが分かった．ここに特異構造が現れる．

deep learning：パーセプトロンの逆襲

パーセプトロンはその万能性にもかかわらず，学習の遅いことなど種々の問題点が明らかになり，

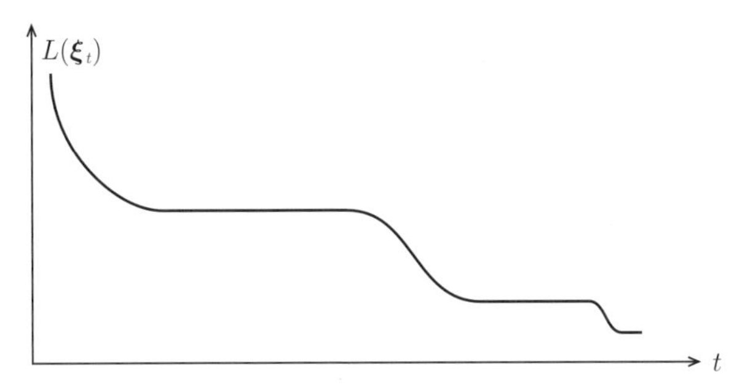

図 14.3　学習曲線とプラトー．

機械学習の世界ではサポートベクトル機械など，より効率の良い新しい手法に関心が移って行った．ところがここ10年程の間に異変が起きた．多層パーセプトロン，例えば10層など層を多重に重ねた学習機械が，音声や画像など多くの応用分野で次々とこれまでの手法を打ち破る性能をあげ始め，チャンピオン機械になった．これを deep learning 機械と言う．福島の提案したネオコグニトロンの再来とも言える．パターン認識などでは，人間の性能を凌駕する成績を示した．

その秘密の一端は，ただ誤差逆伝播学習を繰り返すのではなく，各層の間で入力データに基づく自己組織化学習（教師なし学習）を事前に行い，教師あり学習のための初期値を整えておくことにあるという．このために，Hinton らは各層間に制約付き Boltzmann 機械を用いて自己組織学習を行う．また，Bengio らはオートエンコーダーと呼ぶフィードバック結合をもつ回路を用いる．Schmidhuber らは再帰結合の神経回路網を用いても良い性能を挙げると言っている．こうした学習が，コンピュータの性能の格段の向上と，膨大な量の学習データが利用できるようになったことで実現した．

層を多数積み上げることで，入力データの隠された構造が次々と抽出されてくるという，その仕組みはいまだに明らかではない．しかし，種々の工夫を加えて，大規模なデータと計算のもとでこれが実現できるという．学界は目下 deep learning が熱い注目を集め，大わらわである．

14.2　多層パーセプトロンの空間の特異構造

14.2.1　ニューロ多様体の特異点

多層パーセプトロンを統計モデルと見よう．これには，出力にガウス誤差を加え，

$$y = \varphi(\boldsymbol{x}, \boldsymbol{\xi}) + n \tag{14.10}$$

とする．n はガウス雑音である．この機械は入力信号を出力信号に確率的に変換する確率機械と見ることができる．その時の出力信号 y の入力信号 $\boldsymbol{x}$ を条件とする条件付き確率は

$$p(y|\boldsymbol{x}, \boldsymbol{\xi}) = c\exp\left[-\frac{1}{2\sigma^2}\left\{y - \varphi(\boldsymbol{x}, \boldsymbol{\xi})\right\}^2\right] \tag{14.11}$$

のように書ける．ここで，σ^2 はガウス誤差の分散で，上式はパラメータ $\boldsymbol{\xi}$ に指定された，y の条件付き確率である．入力列 $\boldsymbol{x}_1, \cdots, \boldsymbol{x}_N$ と対応する教師信号列 $y_1, \cdots, y_N$ が例題として与えられたときに，学習は，このデータを用いてパラメータ $\boldsymbol{\xi}$ を逐次的に推定する問題と見て良い．確率分布の全体は，$\boldsymbol{\xi}$ を座標系とする双対接続の空間をなす．ここからが幾何学の出番である．しかし，今の場合雑音項をガウス分布にしたため，空間の3次テンソル T_{ijk} が0になり，自己双対になって単なるリーマン空間である．多層パーセプトロンのなす多様体を**ニューロ多様体**と呼ぼう．

ニューロ多様体を，パラメータ $\boldsymbol{\xi}$ を大域的な座標系とするパラメータ空間 M と見れば，何の問

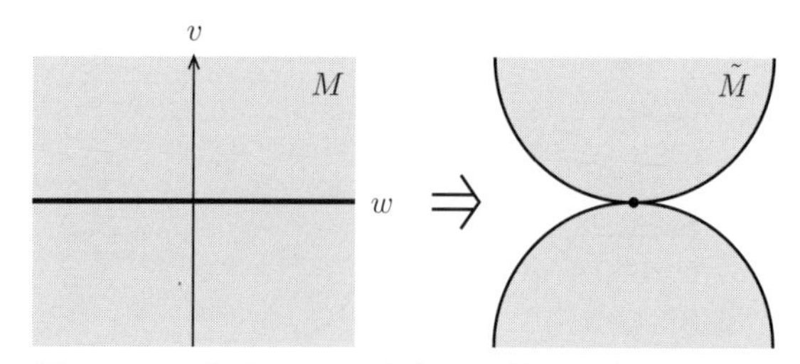

図 14.4　2 次元 (w, v) 平面で w 軸を 1 点に縮める．

題も生じないように見える．しかし，パラメータ空間の 1 点 $\boldsymbol{\xi}$ は，入出力関数 $f(\boldsymbol{x}, \boldsymbol{\xi})$ を表す．ここで，2 つの異なるパラメータ $\boldsymbol{\xi}_1$ と $\boldsymbol{\xi}_2$ が，

$$f(\boldsymbol{x}, \boldsymbol{\xi}_1) = f(\boldsymbol{x}, \boldsymbol{\xi}_2) \tag{14.12}$$

となって同じ入出力関数を表しているとなると問題である．この場合，ニューロ多様体のパラメータ空間に同値関係 $\approx$ を導入し，(14.12) 式が成立する場合に $\boldsymbol{\xi}_1 \approx \boldsymbol{\xi}_2$ とする．この同値関係で同値なものは同じとみなし，商空間 $\tilde{M} = M/\approx$ を構成する．一般の入出力関係 $y = f(\boldsymbol{x})$ を表す関数 $f(\boldsymbol{x})$ 全体の空間

$$F = \left\{ f(\boldsymbol{x}) \middle| E\left[\{f(\boldsymbol{x})\}^2\right] < \infty \right\} \tag{14.13}$$

を考え，パーセプトロンが実現する関数 (14.7) の全体，すなわちニューロ多様体の商空間 $\tilde{M}$ をその部分空間と見よう．ニューロ多様体 $\tilde{M}$ は特異点を含み，厳密な数学の意味ではこれらの点を除かない限り多様体にはならない．特異点では，接空間を線形空間として構成できない．

簡単な例題を使ってこれを見よう．一番単純な，1 入力 1 中間層素子のパーセプトロンは，入出力関数として

$$y = f(x, w, v) = v\varphi(wx) \tag{14.14}$$

を持つ．パラメータ $\boldsymbol{\xi}$ は 2 次元で $\boldsymbol{\xi} = (w, v)$．だから，パラメータの空間 M は通常の 2 次元平面である．しかし，その動作つまり入出力関数で考えると，$v = 0$ となる横軸上の点では，w が何であっても $f(x, w, 0) = 0$ で，関数としてどれも同じである．だから，$(w, 0)$ と言う形の点がすべて同値でこれが 1 点に縮められる．同値類で割った商空間は，横軸を 1 点に縮めたもので，図 14.4 のようになるだろう．ニューロ多様体 $\tilde{M}$ は，2 次元平面をこの同値類で割ったもので，2 つの 2 次元平面を 1 点で結んだものになる．これが特異点である．

話を少し広げて，中間層の素子を 2 個含むモデル

$$f(\boldsymbol{x}, \boldsymbol{\xi}) = v_1\varphi(\boldsymbol{w}_1 \cdot \boldsymbol{x}) + v_2\varphi(\boldsymbol{w}_2 \cdot \boldsymbol{x}) \tag{14.15}$$

を考えよう．ここでは，中間層の 2 つの重みベクトル $\boldsymbol{w}_1$ および $\boldsymbol{w}_2$，さらに出力ニューロンの受ける重み v_1, v_2 がパラメータであり，$\boldsymbol{\xi} = (\boldsymbol{w}_1, \boldsymbol{w}_2, v_1, v_2)$．ここで 2 種類の同値類が現れる．一番目は前と同じで，どちらかの v_i が 0 のときである．$v_i = 0$ ならこの項は消えるから，$\boldsymbol{w}_i$ が何であっても動作は同じである．これは前に述べた 1 中間層素子のときと同じ仕掛けで，中間層素子が一つ不要になる縮退である．もう一つは $\boldsymbol{w}_1 = \boldsymbol{w}_2$ のときである．このとき，2 つの素子は同一の出力を出すから，最後の答えは $v_1 + v_2$ の値に依存して決まり，$v_1 + v_2 = c$ であれば，v_1 と v_2 の間での c の値の配分はどうでもよい．つまり，$v_1 + v_2 = c$ を満たす線上での $\boldsymbol{\xi}$ は，みな同値になる．これらを一つの式で表せば，パラメータが一意的に決まらない関数を表す M の特異領域は

$$R = \{\boldsymbol{\xi} \mid v_1 v_2 |\boldsymbol{w}_1 - \boldsymbol{w}_2| = 0\} \tag{14.16}$$

となる．上式を満たす $\boldsymbol{\xi}$ の集合 R がパラメータ空間で考えた特異領域をなす．（この他に，φ が奇関数であれば $(\boldsymbol{w}, v)$ と $(-\boldsymbol{w}, -v)$ とが同値になるが，これは特異構造を作らないのでここでは論じない．）

14.2.2 特異モデルの幾何学

特異点を含むモデルの解析には高度の数学が必要である．ここではそれを避け，直観的に述べるに留めたい．統計学の伝統的なモデル S は，n 次元のパラメータ $\boldsymbol{\xi}$ によって指定される確率変数 $\boldsymbol{x}$ の確率密度関数 $p(\boldsymbol{x}, \boldsymbol{\xi})$ の全体を対象とし，次の正則条件を満たす．

1) $\boldsymbol{\xi}$ は n 次元ユークリッド空間の開集合に属する．

2) Fisher 情報行列が存在して，正則である．

このとき，モデル S は $\boldsymbol{\xi}$ を（局所）座標系とする多様体をなし，各点 $\boldsymbol{\xi}$ の接空間は，n 個の確率変数

$$u_i(\boldsymbol{x}, \boldsymbol{\xi}) = \frac{\partial \log p(\boldsymbol{x}, \boldsymbol{\xi})}{\partial \xi^i} \tag{14.17}$$

で張られる確率変数の線形空間である．

以上の条件のもとで，Crámer–Rao の定理を中核とする，統計学の漸近理論の体系が築かれた．しかし，パーセプトロンを初めとする応用上重要な多くのモデルで正則条件が成立しない．このとき，特異性が現れ，通常の理論が成り立たない．特異モデルを厳密に議論するには解析学からの多くの準備が必要である．ここでは，何が起こっているのかを直観的に垣間見るが，詳しい理論は文献 3) を参照されたい．

特異性を持つモデルは，多層パーセプトロンだけではない．古くから，混合モデル，例えば混合ガウス分布が特異性を持つことが知られていた．この他，ナイル河問題とも呼ばれる変化点モデル，隠れマルコフモデル，時系列の ARMA モデル，回帰分析の混合ガウス回帰モデルなどが特異性を持つ．ここでは，例として混合ガウス分布を扱う．

混合型モデル

混合ガウス分布の族 M で，x の確率分布が

$$p\,(x, v, \mu) \sim vN(\mu, 1) + (1-v)N(0, 1) \tag{14.18}$$

となるものを考えよう．M は 2 つのガウス分布 $N(0,1)$ と $N(\mu,1)$ の混合分布から成り，パラメータは $\boldsymbol{\xi} = (v, \mu)$, $0 \le v \le 1$, である．少し一般化して

$$p\,(x, v, \mu_1, \mu_2) \sim vN\,(\mu_1, 1) + (1-v)N\,(\mu_2, 1) \tag{14.19}$$

とすれば，もう少し面白い状況が分かるが，それはあとで触れる．このモデルでは，異なるパラメータが同じ分布を指定することが起こるため，パラメータの同定不可能性が現れる．すなわち，図 14.5 (a) のパラメータの空間で，$\mu = 0$ の軸上では v がどの値であっても分布は $N(0,1)$ である．また，$v = 0$ の軸上では μ が何であっても分布は $N(0,1)$ である．したがって，これらの 2 直線上にあるパラメータはすべて同じ分布を示すから，これらの点は同値で

$$f_0(x) = N(0,1) = \frac{1}{\sqrt{2\pi}} \exp\left\{-\frac{1}{2}x^2\right\} \tag{14.20}$$

に等しい．この 2 直線がパラメータ空間 M の特異領域をなす．同値のものを一つにまとめた商空間 $\tilde{M} = M/\approx$ は，この 2 直線を 1 点にまとめるから，図 14.5 (b) のように見える．この点が特異点である．

特異点 $f_0(x)$ における接ベクトルを考えよう．特異点 $f_0(x)$ から出発し，$N(\mu,1)$ の成分が立ち

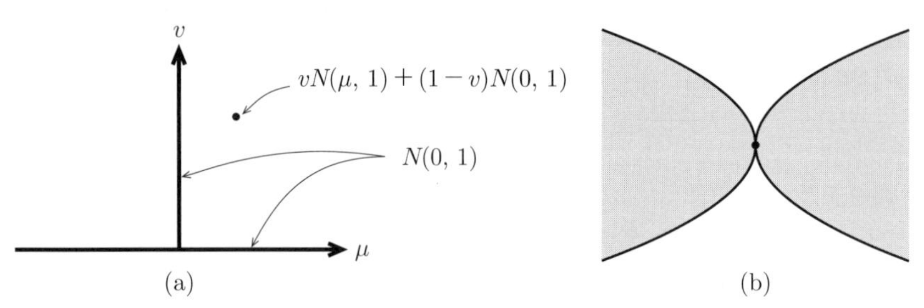

図 14.5　混合ガウス分布の特異領域.

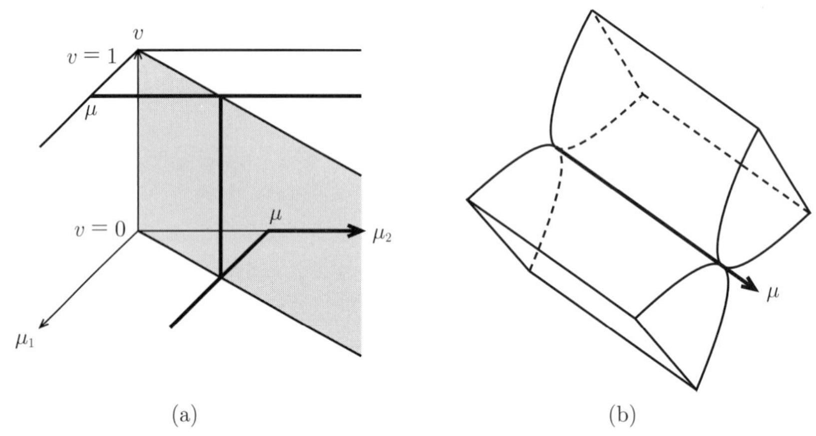

図 14.6　(14.19) 式のモデルの特異領域.

上がる方向は，M ではパラメータ t を用いて $\boldsymbol{\xi}(t)=(t,\mu)$, $0\le t$ という曲線で表せる．ここでは，μ を固定して考えているから，この曲線に沿って $N(\mu,1)$ の混合の度合 v が 0 から t まで増大する．この方向の接ベクトルは，確率変数で表示して

$$u(x,\mu)=\frac{d}{dt}\log p\left\{x,\boldsymbol{\xi}(t)\right\}\big|_{t=0}=\exp\left\{\mu x-\frac{1}{2}\mu^2\right\}-1 \tag{14.21}$$

である．これは μ 毎に違う．これはどの μ のところで v を 0 から立ち上げるかで，接ベクトルが違うからである．接ベクトルを定数倍した $cu(x,\mu)$, $c>0$, も接ベクトルであるから，その集合はコーンをなすが，線形空間にはならない．μ と μ' を異なる値とすると，$c_1u\left(x,\mu\right)+c_2u\left(x,\mu'\right)$ を接ベクトルとする曲線 $\boldsymbol{\xi}(t)$ は存在しない．

接ベクトル全体の次元はいくつであろうか．$\mu_1,\cdots,\mu_m$ を異なる値とするとき，m 個の関数 $\exp\left(\mu_1x\right),\exp\left(\mu_2x\right),\cdots,\exp\left(\mu_mx\right)$ は関数の空間で 1 次独立である．これが任意 m について成立するので，この全体は有限次元に収まらない．パラメータが有限個なのに，なぜこのようなことが生ずるのであろうか．その秘密は特異点にある．$v=0$ の特異点で，どの $N(\mu,1)$ 成分を増やしても接ベクトルが得られるが，それらは皆違う．μ は連続パラメータであるから，このような接ベクトルは無限個あって，1 次独立である．つまり，$v=0$ で特異領域が μ をパラメータとする連続領域をなし，そのどこからも接ベクトルが立ち上がるので無限次元が現れる．

ここで，少し拡大したモデル (14.19) を見よう．このモデルでは，各 μ に対して，$\mu_1=\mu_2=\mu$ もしくは，$v=0$ で $\mu_2=\mu$，同じく $v=1$ で $\mu_1=\mu$ という 3 つの線が，同一の分布 $N(\mu,1)$ を表し，同定不能である（図 14.6 (a)）．これを同値類とすると，商空間は，これを一点に縮めたものである．このような同値の領域が各 μ ごとに存在して，それが連続につながっている．その全体が特異領域である．商空間 $\tilde{M}$ で考えれば，各 μ に対応する特異点は分布 $N(\mu,1)$ に対応し，これが

連続につながって線になっている（図 14.6 (b)）．これが $\tilde{M}$ における特異点の集合である．特異点における接ベクトルは各 μ 毎にコーンをなし，無限次元である．

14.2.3 特異モデルにおける対数尤度比と最尤推定量

(14.18) のモデルに戻り，真の値が特異点 $f_0(x)$ にある時の最尤推定を考える．観測されたデータ $D=\{x_1,\cdots,x_N\}$ に対して，対数尤度比

$$L(\boldsymbol{\xi})=\sum_{i=1}^{N}\log\frac{f\left(x_i,\boldsymbol{\xi}\right)}{f_0\left(x_i\right)} \tag{14.22}$$

を考えよう．これを最大にする $\boldsymbol{\xi}$ が最尤推定量である．特異点の近傍の $\boldsymbol{\xi}$ のうち，特定の μ を固定し，これに対応する接ベクトル方向をまず考える．$N(\mu,1)$ 方向の成分が立ち上がる曲線を $\boldsymbol{\xi}(t,\mu)$ として，この線上での最尤推定量 $\hat{v}(\mu)$ を計算しよう．t を微小として

$$l\left\{D,\boldsymbol{\xi}(t)\right\}=\sum\log p\left\{x_i,\boldsymbol{\xi}(t)\right\} \tag{14.23}$$

を展開すれば，

$$l(D,t,\mu)=l(D,0,\mu)+l'(D,0,\mu)t+\frac{1}{2}l''(D,0,\mu)t^2 \tag{14.24}$$

となる．ここで大数の法則により，$l''(D,0,\mu)/N$ はこの方向の Fisher 情報量 $\left.g_{vv}(\mu)\right|_{v=0}$ に収束する．また，

$$\frac{1}{\sqrt{N}}l'(D,0,\mu)=\frac{1}{\sqrt{N}}\sum_{i=1}^{N}u\left(x_i,\mu\right) \tag{14.25}$$

は，中心極限定理により，平均 0，分散 $g_{vv}(\mu)$ のガウス分布である．確率変数

$$\tilde{u}(x,\mu)=\frac{u(x,\mu)}{\sqrt{g_{vv}(\mu)}} \tag{14.26}$$

は各 μ に対して平均 0，分散 1 のガウス分布である．

(14.24) を t で微分して 0 と置けば，μ を固定した曲線上 $\boldsymbol{\xi}(t,\mu)$ での最尤推定は $\hat{v}_\mu=-l'(D,0,\mu)/l''(D,0,\mu)$ となる．これを (14.24) に代入すれば，

$$l\left(D,\hat{v}_\mu,\mu\right)=l(D,0,\mu)+\frac{1}{2}u(D,\mu)^2,\quad u(D,\mu)=\frac{1}{\sqrt{N}}\frac{\sum u(x_i,\mu)}{\sqrt{g_{vv}(\mu)|_{v=0}}} \tag{14.27}$$

が得られる．最尤推定量は，$l\left(D,\hat{v}_\mu,\mu\right)$ を最大にする μ の値 $\hat{\mu}$ とそこでの $\hat{v}_{\hat{\mu}}$ である．これより次式を得る．

$$\hat{\mu}=\arg\max u(D,\mu)^2,\quad L\left(D,\hat{\boldsymbol{\xi}}\right)=\max_{\mu}\left\{u(D,\mu)\right\}^2. \tag{14.28}$$

$u(x,\mu)$ は，1 次元の場 μ 上で定義されたガウス分布の場で，その分散は 1，$u\left(x,\mu_1\right)$ と $u\left(x,\mu_2\right)$ の共分散は $\sigma^2_{\mu_1\mu_2}=E\left[u\left(x,\mu_1\right)u\left(x,\mu_2\right)\right]$ である．だから，この特異分布モデルの対数尤度比の分布は，ランダムガウス確率場の最大値 (14.28) の二乗の分布になる．いま，場 μ でほぼ独立なものが，$u\left(x,\mu_1\right),\cdots,u\left(x,\mu_m\right)$ の m 個とれたとしよう．このとき極限極値分布の理論により，

$$E\left[\max_{\mu}\left\{u(x,\mu)\right\}^2\right]=2\log m \tag{14.29}$$

であることが分かっている．したがって，このモデルにおける対数尤度比は，N が増えるにつれて，確率場において独立なものがどのくらいの数とれるかという計算に帰着する．正則なモデルにおい

ては，パラメータ $\boldsymbol{\xi}$ の次元を d とすると，これは自由度 d の χ^2 分布に従い，その期待値が d である．特異の場合，これはそう簡単には計算できないが，混合ガウス分布の場合は $\log\log N$，パーセプトロンの場合は $\log N$ のオーダーになることが福水によって証明された[3,8]．これは N と共に無限大に発散する．これにより，推定や検定の漸近的な特性は，Crámer–Rao 則に従う正規な場合とは大変違ったものになる．

14.2.4 特異モデルとモデル選択（AIC と MDL）

(14.16) の特異領域 R では，パラメータ $\boldsymbol{\xi}$ を変化させても関数 $f(\boldsymbol{x},\boldsymbol{\xi})$ または条件付き確率 $p(y|\boldsymbol{x},\boldsymbol{\xi})$ の値が変わらない方向がある．パラメータ空間 M での Fisher 情報量は

$$g_{ij}(\boldsymbol{\xi}) = E\left[\frac{\partial \log p(y|\boldsymbol{x};\boldsymbol{\xi})}{\partial \xi_i}\frac{\partial \log p(y|\boldsymbol{x};\boldsymbol{\xi})}{\partial \xi_j}\right] \tag{14.30}$$

であるから，特異領域 R 上では $g_{ij}(\boldsymbol{\xi})$ が正定値行列にならず，縮退する．したがって，Crámer–Rao の定理や対数尤度比についての定理など，統計学の漸近理論がここでは成立しない．同値類で割った商空間 $\tilde{M}$ には特異点が現れる．真の値が特異領域にあるとき，最尤推定量は一致推定量にはなるが，それはガウス分布には漸近しない．

特異点の近傍における最尤推定量や尤度比統計量の振舞いは，AIC, BIC, MDL などのモデル選択基準にどう影響するかを考えよう．

多層パーセプトロンで，中間層の素子を m 個と想定して，入出力データ $(\boldsymbol{x}_1, y_1), \cdots, (\boldsymbol{x}_N, y_N)$ から学習によってパラメータ $\hat{\boldsymbol{\xi}}$ を求める．ここで m をいくつに定めたら良いかという問題が生ずる．m の小さいモデルは m の大きいモデルに含まれるから，m の大きいものを取っておけば良さそうであるが，大きすぎるモデルを用いると過適合（オーバーフィッティング）が起こり，かえって良くない．$\hat{\boldsymbol{\xi}}$ は与えられた学習データにはうまく合って，これらのデータに対する誤差（訓練誤差）は小さくなるものの，新しいデータ $(\boldsymbol{x}, y)$ の振舞いを予測したときの誤差（汎化誤差）はかえって増えてしまう．そこで，データをもとに，汎化誤差が最小になるように m を決めたい．これが**モデル選択**である．赤池の提案した **AIC**（赤池情報量規準）[9]，Bayes 推論の **BIC**（Bayes 情報量基準），Rissanen の最小記述長の **MDL** など[11]，いろいろな基準が提案され，いろいろな場合にシミュレーションが行われたが，どれが良いか決着がつかなかった．

これにはモデルの特異性が関係している．パーセプトロンや混合分布などの統計モデルは階層的な構造を持つ特異モデルであり，従来の統計的手法が使えない．それなのに，AIC, BIC, MDL は最尤推定量が Fisher 情報行列の逆行列を分散行列とするガウス分布に漸近するという想定で導かれた．これは成立しないため，特異モデルの場合に新しい計算と補正が必要になる．そのためには特異モデルでの推定量の振舞いが必要になる．ここでは，AIC の場合を簡単に触れよう．

モデル選択では，いくつかの統計モデルの中で，観測されたデータから真の確率分布に近い分布を推定値として出すモデルを求めたい．そこで，モデル M を用いた最尤推定 $\hat{\boldsymbol{\xi}}_M$ が与える分布 $p\left(\boldsymbol{x}, \hat{\boldsymbol{\xi}}_M\right)$ が，KL ダイバージェンスで計って真の分布 $q(\boldsymbol{x})$ にどのくらい近いか，

$$KL\left[q(\boldsymbol{x}) : p\left(\boldsymbol{x}, \hat{\boldsymbol{\xi}}_M\right)\right] = -H\left[q(\boldsymbol{x})\right] - \int q(\boldsymbol{x}) \log p\left(\boldsymbol{x}, \hat{\boldsymbol{\xi}}_M\right) d\boldsymbol{x} \tag{14.31}$$

で評価する．2 つのモデル M と M' を比較するのに，右辺第 1 項の $H[q]$ は同じであるから，第 2 項を比べることになる．ただし，$\hat{\boldsymbol{\xi}}_M$ はデータ D に依存する確率変数である．そこで (14.31) の右辺の第 2 項

$$l_{\text{gen}}\left(\hat{\boldsymbol{\theta}}_M\right) = -E\left[\log p\left(\boldsymbol{x}, \hat{\boldsymbol{\xi}}_M\right)\right] \tag{14.32}$$

を仮に汎化誤差と呼ぶ．ここで，E は，新しいデータ $\boldsymbol{x}$ について真の分布 $q(\boldsymbol{x})$ を用いた期待値で

ある．しかし，真の分布は分からないから，これを経験分布

$$\hat{q}(\boldsymbol{x}) = \frac{1}{N}\sum \delta\left(\boldsymbol{x} - \boldsymbol{x}_i\right) \tag{14.33}$$

で置き換えて，計算できる量（経験誤差）

$$l_{\text{train}}\left(\hat{\boldsymbol{\xi}}_M\right) = -E_{\hat{q}}\left[\log p\left(\boldsymbol{x}, \hat{\boldsymbol{\xi}}_M\right)\right] = -\frac{1}{N}\sum\left[\log p\left(\boldsymbol{x}_i, \hat{\boldsymbol{\xi}}_M\right)\right] \tag{14.34}$$

で代用するが，両者の違いを評価し，補正をする必要がある[9]．

モデル M が正則であれば，よく知られた計算によって

$$l_{\text{gen}} = l_{\text{train}} + \left(\hat{\boldsymbol{\xi}}_M - \boldsymbol{\xi}_0\right) G \left(\hat{\boldsymbol{\xi}}_M - \boldsymbol{\xi}_0\right) \tag{14.35}$$

が導出できる．ただし，ここでは $\boldsymbol{\xi}_0$ を真の値とした．この右辺第 2 項の補正項は，データ D に依存する確率変数であるが，その期待値は，p をパラメータ $\boldsymbol{\xi}$ の次元として，p/N に収束する．したがって AIC として，l_{gen} を求めるのに l_{train} を補正した

$$\text{AIC} = 2Nl_{\text{train}} + 2p \tag{14.36}$$

が得られた[9]．2 つの階層的なモデルがある場合，AIC の小さいほうを選ぶのがこの基準である．しかし，モデル M が特異であればこの議論が使えない[10]．$\hat{\boldsymbol{\xi}}_M$ はガウス分布に従わず，G^{-1} は発散する．

Rissanen は，観測データを記述するのにモデルを用い，データを一番よく縮約するモデルを求めた．もちろん，真の分布がわかっていれば，この確率を用いてデータを縮約するのが良い．しかしこれができないとなると，最尤推定量 $\hat{\boldsymbol{\xi}}$ を用いて，その分布によりデータ D を符号化して圧縮する．このとき，符号化に使った最尤推定量を一定の精度で保持する必要がある．全体の記述長を最小にする最小記述長

$$\text{MDL} = 2Nl_{\text{train}} - p\log N \tag{14.37}$$

という基準を提案した[11]．これは，漸近的にはベイズ推定で提案されていた BIC と同じものである．AIC と MDL は，サイズ（パラメータ数 p）の大きなモデルにかける罰金項の係数をパラメータ当たり $2/N$ にするか $\log N/N$ かと言うことで，AIC のほうが N が大きくなるにつれて小さい罰金項を用いている．このため，もしパラメータの数をこれで推定するとすれば，実際よりは少し多めに出る場合がある．これに対して，MDL は N を大きくしていけば，正しいパラメータ数が得られるようになるので，MDL のほうが一致性があってよい，という議論がある．しかし，推定した確率分布で見れば，AIC も一致性があるし，こちらのほうは汎化誤差を基準にしているので，誤差が小さいという判断もできる．

AIC と MDL どちらが良いか，いろいろなモデルでシミュレーションを繰り返したが，結果は様々で結論が出なかった．良く調べてみると，どちらもその導出には，正則な確率分布を用いている．しかし，多くの階層モデル，例えば多層パーセプトロンは特異構造を持っている．したがって，推定量に漸近的なガウス分布を想定し，Fisher 情報行列を用いた AIC や MDL の評価はここでは使えない[10]．多層パーセプトロンで特異性を考慮して AIC を計算すれば，それは $\log N/N$ に比例する罰金項を用いることになる．

14.3 確率降下法と自然勾配学習法

14.3.1 確率降下学習

確率変数 $\boldsymbol{x}$ を受けて，これに適合するように学習する機械を考えよう．学習機械はパラメータ $\boldsymbol{\xi}$

で指定された関数 $f(\boldsymbol{x}, \boldsymbol{\xi})$ を持ち，これが入力 $\boldsymbol{x}$ に対する回答を出す．機械は例題を受けて学習し，最適な $\boldsymbol{\xi}$ の値を定める．確率変数 $\boldsymbol{x}$ を機械 $\boldsymbol{\xi}$ で処理するときの損失関数 $l(\boldsymbol{x}, \boldsymbol{\xi})$ が与えられるとすれば，学習機械 $\boldsymbol{\xi}$ の性能は，損失の $\boldsymbol{x}$ についての期待値

$$L(\boldsymbol{\xi}) = E\left[l(\boldsymbol{x}, \boldsymbol{\xi})\right] \tag{14.38}$$

で与えられる．これを最小にする $\boldsymbol{\xi}$ を求めたい．しかし，入力 $\boldsymbol{x}$ の確率分布 $q(\boldsymbol{x})$ は未知であるから，その代わりに観測されるデータ $\boldsymbol{x}_1, \cdots, \boldsymbol{x}_N$ についての平均値

$$L_{\mathrm{tr}}(\boldsymbol{\xi}) = \frac{1}{N}\sum_{i=1}^{N} l\left(\boldsymbol{x}_i, \boldsymbol{\xi}\right) \tag{14.39}$$

を $L(\boldsymbol{\xi})$ の代用とする．これは損失をデータについて平均したもの，つまりその経験分布による期待値である．これを訓練誤差と言う．学習機械はこれを最小にする $\boldsymbol{\xi}$ を求める．この他，損失に正則化の項または Bayes の事前分布による補正項を加えてもよい．

確率分布のパラメータを推定する学習機械ならば，確率分布族として $p(\boldsymbol{x}, \boldsymbol{\xi})$ を用い，データから推定値 $\hat{\boldsymbol{\xi}}$ を求める．このとき損失関数は対数尤度を負にした

$$l(\boldsymbol{x}, \boldsymbol{\xi}) = -\log p(\boldsymbol{x}, \boldsymbol{\xi}) \tag{14.40}$$

を用いる．訓練誤差に対応するものは

$$L_{\mathrm{tr}}[\boldsymbol{\xi}] = -\frac{1}{N}\sum \log p\left(\boldsymbol{x}_i, \boldsymbol{\xi}\right) \tag{14.41}$$

で，データの対数尤度の符号を負にしたものである．だから，これを最小にする $\hat{\boldsymbol{\xi}}$ は最尤推定量である．

信号 $\boldsymbol{x}$ を受けて，出力信号 y を出す回帰問題では，確率信号は $(\boldsymbol{x}, y)$ の対である．学習機械として，回帰関数 $f(\boldsymbol{x}, \boldsymbol{\xi})$ を考え，出力 y は，ある関数を用いて

$$y = f(\boldsymbol{x}, \boldsymbol{\xi}) \tag{14.42}$$

で書けると想定する．このとき，損失関数として二乗誤差

$$l(\boldsymbol{x}, y; \boldsymbol{\xi}) = \frac{1}{2}\left|y - f(\boldsymbol{x}, \boldsymbol{\xi})\right|^2 \tag{14.43}$$

を考えれば，これを最小にすることは誤差の二乗平均を最小にする $\boldsymbol{\xi}$ を求めることである．とくに，観測信号 y が真の回帰関数 $f\left(\boldsymbol{x}, \boldsymbol{\xi}_0\right)$ に誤差が加わった

$$y = f\left(\boldsymbol{x}, \boldsymbol{\xi}_0\right) + \varepsilon \tag{14.44}$$

で与えられ，誤差 $\boldsymbol{\varepsilon}$ は平均 0 のガウス分布とすれば，確率の立場から言えば，これは $(\boldsymbol{x}, y)$ の同次確率分布を求める推定の問題になる．ただし，入力データの分布 $q(\boldsymbol{x})$ は度外視し，条件付き分布

$$p(y|\boldsymbol{x}; \boldsymbol{\xi}) = c\exp\left\{-\frac{|y - f(\boldsymbol{x}, \boldsymbol{\xi})|^2}{2\sigma^2}\right\} \tag{14.45}$$

を定める $\boldsymbol{\xi}$ を求める．

観測したすべてのデータを用いて観測損失を最小化するのが，バッチ処理である．これに対して，データ $\boldsymbol{x}_t$ が一つ来るごとに現在の推定値 $\boldsymbol{\xi}_t$ を更新して新しい $\boldsymbol{\xi}_{t+1}$ を作るのが**オンライン学習**である．これに損失関数の勾配を用いる

$$\boldsymbol{\xi}_{t+1} = \boldsymbol{\xi}_t - \eta\nabla l\left(\boldsymbol{x}_t, \boldsymbol{\xi}_t\right) \tag{14.46}$$

の方式を**確率降下法**と言う．∇ は $\boldsymbol{\xi}$ についての勾配である．η は学習係数でこれは時間 t に依存してもよい．$\boldsymbol{\xi}$ の一回一回の変更は，そのときに出る $\boldsymbol{x}_t$ に依存して確率的に決まるので，一回一回では，$L(\boldsymbol{\xi})$ が減る方向に動くわけではないが，平均としては L の減る方向に進む．このとき，学習定数を例えば $\eta_t = \frac{1}{t}$ のように選べば，確率 1 で最適点に収束することが，**確率近似法**として知られている．

確率降下学習法は多層パーセプトロンを含む機械学習法として 1967 年に提案され（文献 5)），その動作特性の解析も行われている．その後，この学習法は誤差逆伝播法の名で独立に提案され，1980 年代のニューロブームの主役を担った．

14.3.2 自然勾配

関数 $L(\boldsymbol{\xi})$ を考えるとその勾配 $\nabla L(\boldsymbol{\xi})$ は，明らかに関数の値の増える方向を向いている．事実，テイラー展開からも

$$L(\boldsymbol{\xi} + d\boldsymbol{\xi}) = L(\boldsymbol{\xi}) + \nabla L(\boldsymbol{\xi}) \cdot d\boldsymbol{\xi} \tag{14.47}$$

であるから，$d\boldsymbol{\xi}$ を $\nabla L(\boldsymbol{\xi})$ 方向に選べば，

$$L(\boldsymbol{\xi} + d\boldsymbol{\xi}) \geq L(\boldsymbol{\xi}) \tag{14.48}$$

は明らかである．では，関数の値が最も急に変化するのは，どの方向であろうか．ユークリッド空間で正規直交座標系を採用している限り，∇L が最急方向である．しかし，これは一般には成立しない．

パラメータ $\boldsymbol{\xi}$ は，リーマン空間の座標系であるとする．ここで方向ベクトル $\boldsymbol{a}$ を取り，ε を小さい定数として，$\boldsymbol{\xi}$ を $\boldsymbol{\xi} + \varepsilon\boldsymbol{a}$ へと変えてみる．このとき，どの方向 $\boldsymbol{a}$ を選べば $L(\boldsymbol{\xi})$ の変化が最大になるだろうか．変化を比べるためには，どの方向に対しても $\boldsymbol{a}$ の大きさを一定にそろえておかなければフェアでない．そこで $\boldsymbol{a}$ の長さをリーマン計量で計り，

$$\|\boldsymbol{a}\|^2 = a^i a^j g_{ij} \tag{14.49}$$

が一定という条件のもとで，L の変化

$$\Delta L = \varepsilon \nabla L(\boldsymbol{\xi}) \cdot \boldsymbol{a} \tag{14.50}$$

を最大にする方向を求める．

Lagrange の未定係数法を使えば，

$$\delta \left\{ \nabla L(\boldsymbol{\xi}) \cdot \boldsymbol{a} - \frac{\lambda}{2} g_{ij} a^i a^j \right\} = \{ \nabla L(\boldsymbol{\xi}) - \lambda G \boldsymbol{a} \} \cdot \delta \boldsymbol{a} = 0 \tag{14.51}$$

より，最急変化の方向は

$$\boldsymbol{a} \propto G^{-1} \nabla L(\boldsymbol{\xi}) \tag{14.52}$$

で与えられる．

$$\tilde{\nabla} L(\boldsymbol{\xi}) = G^{-1}(\boldsymbol{\xi}) \nabla L(\boldsymbol{\xi}) \tag{14.53}$$

を**自然勾配**と呼ぶ[12)]．リーマン勾配と言ってもよい．ユークリッド空間で正規直交座標系を用いていれば G は単位行列であるから，$\nabla L(\boldsymbol{\xi})$ が最急方向である．

学習に自然勾配を用いた学習法

$$\boldsymbol{\xi}_{t+1} = \boldsymbol{\xi}_t - \eta_t \tilde{\nabla} l\left(\boldsymbol{x}_t, \boldsymbol{\xi}_t\right) \tag{14.54}$$

を**自然勾配学習法**と呼ぶ．これは真の最急降下法である．これは，多層パーセプトロンの学習だけでなく，独立成分分析の学習，強化学習のポリシー勾配学習など，広く使われている．最近の deep learning でも使われ出した．これは次節で述べるように，特異点を含むモデルにおける学習で特に威力を発揮する．

しかし，自然勾配学習法では，リーマン計量行列 G の逆行列を毎回求めねばならない．特に確率分布が分かっていない状況で G を求めること，またその逆行列の計算は計算量の観点からも手間がかかる．そこで提案されたのが，G^{-1} の計算を逐次的に行う**適応的自然勾配学習法**で[13)]，

$$G_{t+1}^{-1} = (1+\varepsilon_t)\, G_t^{-1} - \varepsilon_t G_t^{-1} \nabla l\,(\boldsymbol{x}_t, \boldsymbol{\xi}_t)\, \nabla l\,(\boldsymbol{x}_t, \boldsymbol{\xi}_t)^T\, G_t^{-1} \tag{14.55}$$

により，G^{-1} をデータを用いて更新する．これは，Kalman フィルターの計算のときに用いられた方法で，$G\,(\boldsymbol{\xi}_t + d\boldsymbol{\xi})^{-1}$ のテイラー展開を利用している．適応的自然勾配学習法について，多層パーセプトロンの場合に文献 13, 14) でその性能が具体的に調べられ，通常の誤差逆伝播学習と比べてその驚くほどの効果が確かめられている．

なお，推定に用いるときには，オンライン学習はデータ $\boldsymbol{x}_t$ は一度学習に用いれば，これは捨て去られ後は用いない．このため，バッチ学習に比べてオンライン学習は効率が落ちると一般的には考えられている．ところが学習係数を $1/t$ に選べば，驚くことに，目標とする $\boldsymbol{\xi}_0$ が固定されている場合，得られる逐次推定量は Fisher 有効であることが証明されている[12)]．

定理 14.1　学習係数を $\eta_t = 1/t$ にとる自然勾配学習法は，Fisher 有効である．

オンライン学習では，η_t を確率近似法の条件

$$\sum_t \eta_t > 0, \quad \sum \eta_t^2 < \infty \tag{14.56}$$

を満たすようにとると，$\boldsymbol{\xi}_t$ が最適点収束することが保証される．しかし，最適点 $\boldsymbol{\xi}_0$ は時間と共に変動する場合もあるから，通常は η_t を小さな定数に取る．また，最適点が動いた場合には，η_t を大きく取り，最適点に近づいたときには小さくする，「学習法の学習」という戦略がある．これには，自然勾配学習に加えて，α, β を定数として

$$\eta_{t+1} = \eta_t \exp\left\{\alpha\left[\beta l\left(\boldsymbol{x}_t, \hat{\boldsymbol{\xi}}_t\right) - \eta_t\right]\right\} \tag{14.57}$$

とする学習法が提案されている[12)]．

その動作を解析するために，誤差の推定量

$$e_t = \frac{1}{2}\,(\boldsymbol{\xi}_t - \boldsymbol{\xi}_0)^T\, G\,(\boldsymbol{\xi}_t - \boldsymbol{\xi}_0) \tag{14.58}$$

を定義する．すると，連続時間を用いて，

$$\frac{d}{dt}\eta_t = \alpha\beta\eta_t e_t - \alpha\eta_t^2, \tag{14.59}$$

$$\frac{d}{dt}e_t = -2\eta_t e_t \tag{14.60}$$

が得られる．$\boldsymbol{\xi}_0$ が固定していれば，η_t, e_t は共に 0 に収束する．詳しい解析は文献 12) を見られたい．

バッチ処理の場合でも，データをすべて用いて計算するときに，逐次的に

$$\hat{\boldsymbol{\xi}}_{t+1} = \hat{\boldsymbol{\xi}}_t - \eta_t \nabla L_{\mathrm{tr}}\left(\hat{\boldsymbol{\xi}}_t\right) \tag{14.61}$$

のように推定を行うことができる．ここでも自然勾配学習法が有効である．

14.4　多層パーセプトロンの学習力学

特異領域は学習の動特性に大きな影響を及ぼす．多層パーセプトロンで，中間層の素子が 2 個の場合，入出力関係は

$$y = f(\boldsymbol{x}, \boldsymbol{\xi}) + n = v_1 \varphi(\boldsymbol{w}_1 \cdot \boldsymbol{x}) + v_2 \varphi(\boldsymbol{w}_2 \cdot \boldsymbol{x}) + n \tag{14.62}$$

となる．パラメータは $\boldsymbol{\xi} = (\boldsymbol{w}_1, \boldsymbol{w}_2, v_1, v_2)$ であるが，特異領域

$$R = \{\boldsymbol{\xi} \mid v_1 v_2 |\boldsymbol{w}_1 - \boldsymbol{w}_2| = 0\} \tag{14.63}$$

を持つ．このモデルの通常の確率降下法の学習方程式で，特異点の近くでのダイナミックスを解析し，特異点が学習の軌道にどのような影響を与えるかを調べよう[14~16]．なお，中間層の素子が 2 個の場合は簡単すぎて一般性がないと思うかもしれないが，中間層の素子が多数ある場合も，特異性が現れるのは，2 個の素子の重み $\boldsymbol{w}_1$ と $\boldsymbol{w}_2$ が等しくなる場合（素子融合による特異点）と $v_i = 0$ となる場合（素子消失による特異点）の 2 つが通常である．3 個の素子もしくはそれ以上の素子で $\boldsymbol{w}_i$ が同時に等しくなるという多重に縮退した場合もあり得るが，それはまれであるから，とりあえず 2 個の素子で重みベクトルが一致する場合，またはどれか 1 個の素子の v_i が 0 になる場合を調べておけばよい．

学習で更新するパラメータは $\boldsymbol{\xi} = (\boldsymbol{w}_1, \boldsymbol{w}_2, v_1, v_2)$ である．通常の勾配学習は

$$\boldsymbol{\xi}_{t+1} = \boldsymbol{\xi}_t - \eta \frac{\partial l(\boldsymbol{x}_t, y_t, \boldsymbol{\xi}_t)}{\partial \boldsymbol{\xi}} \tag{14.64}$$

という確率差分方程式である．ここで，解析を容易にするために，連続時間の方程式を用いることにする．入力 $\boldsymbol{x}_t$ がある確率分布からランダムに発生するものとすると，確率項はその期待値を取って，平均学習方程式

$$\dot{\boldsymbol{\xi}}(t) = -\eta \left\langle \frac{\partial l(\boldsymbol{x}, y, \boldsymbol{\xi}(t))}{\partial \boldsymbol{\xi}} \right\rangle \tag{14.65}$$

が得られる．$\langle\ \rangle$ は入力信号 $\boldsymbol{x}$ と教師信号 y についての期待値である．ここで，$\boldsymbol{x}$ の確率分布はガウス分布 $N(0,1)$ を仮定する．さらに，非線形のシグモイド関数として，誤差積分関数

$$\varphi(u) = \sqrt{\frac{2}{\pi}} \int_0^u \exp\left\{-\frac{s^2}{2}\right\} ds \tag{14.66}$$

を用いる．これも，式を解析的に求めるための細工である．

学習方程式の解の挙動に特異点がどう影響するかを解析する[14~16]．特異点の近傍での学習状況を明らかにするには，座標変換をして

$$\boldsymbol{u} = \boldsymbol{w}_2 - \boldsymbol{w}_1, \quad \boldsymbol{s} = \frac{v_1 \boldsymbol{w}_1 + v_2 \boldsymbol{w}_2}{v_1 + v_2}, \tag{14.67}$$

$$z = \frac{v_1 - v_2}{v_1 + v_2}, \quad r = v_1 + v_2 \tag{14.68}$$

と置く．この座標系では，特異領域 R は $\boldsymbol{u} = 0, \quad z = \pm 1$ になる．

平均学習方程式を新しい座標系で書くには (14.65) を新しい座標系 $\boldsymbol{\zeta} = (\boldsymbol{u}, z, \boldsymbol{s}, r)$ で書き直す．座標変換 (14.67), (14.68) のヤコビ行列を T とすれば，学習方程式は

$$\dot{\boldsymbol{\zeta}} = -\eta T T^T \left\langle \frac{\partial l(\boldsymbol{x}, y, \boldsymbol{\xi}(\boldsymbol{\zeta}))}{\partial \boldsymbol{\zeta}} \right\rangle \quad (\text{上付の } T \text{ は転置を表す．}) \tag{14.69}$$

となる．特異領域 R を $R_1 = \{\boldsymbol{u} = 0\}$，$R_2 = \{z = \pm 1\}$ の 2 つに分ける．R_1 は 2 個の中間層の

素子の一致する場合であり，R_2 はどちらかの素子で，出力層へ入るときの重みが 0 になる場合である[14~16]．

特異点の近傍，すなわち $\boldsymbol{u}=0$ もしくは $z=\pm 1$ の近くで，パラメータ $\boldsymbol{\zeta}$ を用いて書いた出力関数 $f(\boldsymbol{x},\boldsymbol{\zeta})$ がどう振る舞うかを調べておこう．関数 $f(\boldsymbol{x},\boldsymbol{\zeta})$ は

$$f(\boldsymbol{x},\boldsymbol{\zeta}) = \frac{1}{2}r(1+z)\varphi\left\{\boldsymbol{x},\boldsymbol{s}+\frac{1}{2}(z-1)\boldsymbol{u}\right\} + \frac{1}{2}r(1-z)\varphi\left\{\boldsymbol{x},\boldsymbol{s}+\frac{1}{2}(z+1)\boldsymbol{u}\right\} \tag{14.70}$$

になる．これを $\boldsymbol{u}$ についてテイラー展開すれば，$\boldsymbol{u}$ の 3 乗以上の項は省略して

$$f(\boldsymbol{x},\boldsymbol{\zeta}) = r\varphi(\boldsymbol{x},\boldsymbol{s}) + \frac{1}{8}r\left(1-z^2\right)\boldsymbol{u}^T J\boldsymbol{u}, \quad J=\frac{\partial^2\varphi(\boldsymbol{x},\boldsymbol{s})}{\partial\boldsymbol{s}\partial\boldsymbol{s}} \tag{14.71}$$

となる．これを使って，平均学習方程式を具体的に書き直すことができる．

ところが，変数 $\boldsymbol{s},r$ に関する方程式は特異性を含まない普通の形をしていて，これらの変数はすぐに安定平衡状態に近づく．その形を具体的に書くこともできるが，わずらわしいだけなので省略しよう．問題となるのは，特異領域の近傍での学習における $\boldsymbol{u},z$ の振舞いである．他のパラメータは収束したものとし，これらの変数の方程式を具体的に書くと

$$\dot{\boldsymbol{u}} = 2\left(1-z^2\right)H\boldsymbol{u}, \tag{14.72}$$

$$\dot{z} = -\frac{z\left(1-z^2\right)}{r^2}\boldsymbol{u}^T H\boldsymbol{u} - \frac{2z(z+1)}{r^2}\boldsymbol{u}^T H\boldsymbol{u} \tag{14.73}$$

のようになる．ただし

$$H=\frac{r}{4}\left\langle (y-f(\boldsymbol{x},\boldsymbol{y}))\frac{\partial^2\varphi}{\partial\boldsymbol{s}\partial\boldsymbol{s}}\right\rangle \tag{14.74}$$

で，r は v_1+v_2 の収束した値である．方程式をつぶさに調べれば，特異領域 $R=R_1\cup R_2$ では，$\dot{\boldsymbol{\zeta}}=0$ が成立し，これが学習方程式の平衡点であることが分かる．しかし，その安定性を調べるには H の固有値を調べなければならない．計算を進めると，平衡点の安定性に関わる次の定理が得られる[14~16]．

定理 14.2　教師信号の持つ真の解が特異領域上にあるとき，R_1 は安定平衡点の集まりである．真の解が特異領域上にないとき，H の固有値によって次の 3 つの場合に分かれる．

1)　固有値が正と負の値を持つ場合：特異点はすべて不安定．

2)　固有値が 2 つとも負の場合：R_1 のうち，$|z|<1$ を満たす部分が安定．

3)　固有値が 2 つとも正の場合：R_1 のうち，$|z|>1$ を満たす部分が安定．

さらに，R_1 の特異点の近傍の解析を進める．エネルギー関数 $h(\boldsymbol{u})=0.5|\boldsymbol{u}|^2$ を導入しよう．これは，現在の状態 $\boldsymbol{\zeta}$ が特異領域 R_1 からどのくらい離れているかを計る量である．これを微分すると

$$\dot{h}(\boldsymbol{u}) = \boldsymbol{u}^T\dot{\boldsymbol{u}} = \frac{2r^2\left(z^2-1\right)}{z\left(z^2+3\right)}\dot{z} \tag{14.75}$$

が得られる．この方程式は積分できて，積分曲線は c を任意定数として

$$h(\boldsymbol{u}) = \frac{2r^2}{3}\log\frac{\left(z^2+3\right)^3}{|z|}+c \tag{14.76}$$

である．これが，学習の解の軌道であり，特異領域 R_1 の近傍での学習のダイナミックスを記述する．

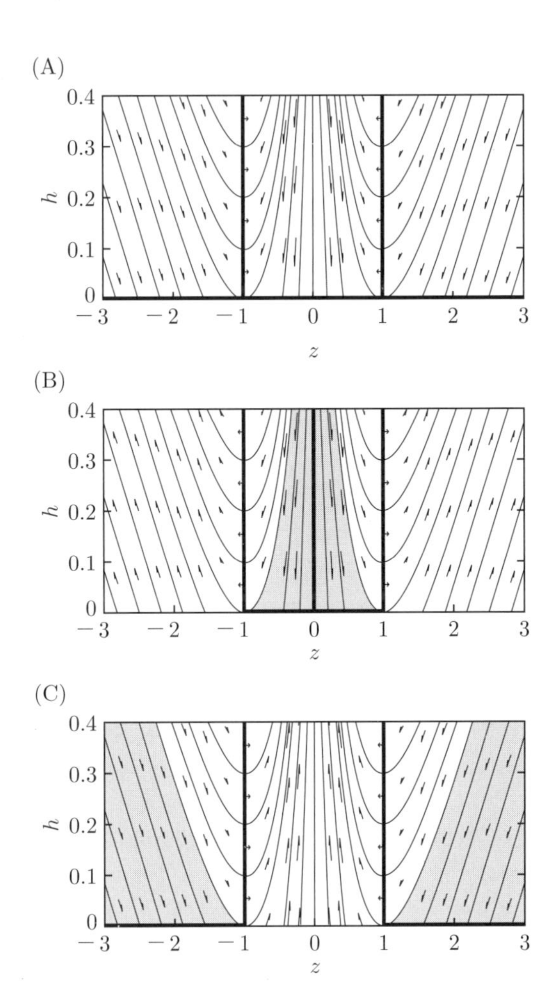

図 14.7 特異領域の近傍における学習の軌道：(A) 真の解が特異領域にあるとき，(B) $|z| < 1$ が安定領域であるとき，(C) $|z| > 1$ が安定領域であるとき．

ここで，もう一つの特異領域 R_2 の近傍も併せて，$R_1 \cap R_2$ の近傍では，

$$\dot{h} = \frac{r^2\left(z^2 - 1\right)}{z\left(z^2 + 1\right)}\dot{z} \tag{14.77}$$

が成立する．したがって，解の軌道は次の定理で与えられる．

定理 14.3 特異領域 R_1 の近傍では，学習方程式の軌道は

$$h(\boldsymbol{u}) = \frac{r^2}{3}\log\frac{\left(z^2 + 3\right)^2}{|z|} + c. \tag{14.78}$$

さらに，$R_1 \cap R_2$ の近傍では

$$h(\boldsymbol{u}) = r^2\log\left(|z| + \frac{1}{|z|}\right) + c. \tag{14.79}$$

解の軌道を 3 つの場合に分けて図 14.7 に与える．(A) は，真の解が特異領域上にある場合で，この場合，学習する生徒のパーセプトロンは実は 1 個の中間素子を持てば十分であった．解の軌跡は図 14.7 (A) に示すように，真の解のどこかへ収束していく．ただし，収束の速度は大変遅い．これ

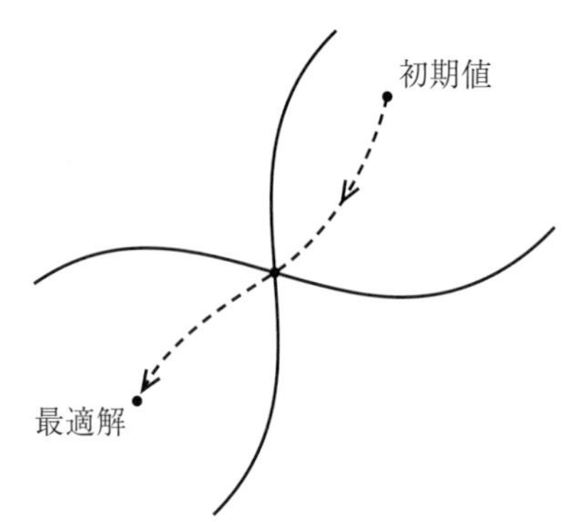

図 14.8　特異点を経由する学習軌道.

は，自然勾配学習法を使うと著しく改善される．真の解が特異集合上にはなく，これを実現するのに中間素子 2 個が必要な場合を考えよう．このとき，行列 H の固有値の正負によって，3 つの場合に分かれる．固有値が正と負の 1 つずつのときは，R_1 は不安定である．したがって，解はここへは近づかないから，心配はいらない．他の 2 つの場合は固有値の符号が一致している．このとき，固有値が 2 つとも負ならば，R_1 上で $|z|<1$ の区間が安定になる．したがって図 14.7 (B) に見るように，解軌道は初期値がある範囲にある場合，一度は R_1 の安定領域に入る．学習は入力 x が確率的に出現するので確率的な変動を伴う．このため，学習により $\boldsymbol{\xi}_t$ は R_1 の $|z|<1$ の領域上をランダムウォークをする．実際は，$\boldsymbol{u}$ が 0 から少しずれたところで微小ではあるが系統的な流れの成分が生じ，区間の両端に行く．ここを超えると R_1 は不安定である．したがって，特異領域から急速に出ていく．H の固有値が共に正である場合は，図 14.7 (C) のように，R_1 の $|z|>1$ の領域が安定で，一度ここに入ってから，ランダムウォークで $|z|=1$ の区間に到達し，ここから出ていく．これらの場合，特異領域のアトラクターは有限の測度の収束域を持ち，一度ここに入ってから出ていくという意味で Milnor attractor[17)] になっている．これが人々を悩ませたプラトーと呼ばれる現象の本体である．

学習が遅滞するのに 2 つの場合があった．一つは真のモデルと生徒のモデルとで中間素子の数が違い，真のモデルのほうが少ない数の素子で実現できて，生徒は無駄な素子を含んでいる場合である．このとき，真の分布は特異領域にある．通常の誤差逆伝播学習では，パラメータが特異領域に入るまで大変時間がかかった．自然勾配学習法ではこれが解消し，真の解が特異領域にある場合でも，通常の速度で特異領域に落ち込む．この場合の解析が Cousseau らによって与えられている[15)]．もう一つは，真の分布は通常の領域にあるにも関わらず，学習の軌跡が特異点に引き込まれ，ここから抜け出すのに時間がかかる場合である．例えば，商空間が図 14.8 のようであったとしよう．真の解と，初期値とが特異点をまたいで異なる領域にあれば，学習は必然的に特異点を超えることになる．通常の学習ではここで遅滞が起こる[14, 16)]．自然勾配学習法でも特異点を越えるが，それは通常の場合と同じ速度で難なく越えるから，遅滞が起こらない．この場合の解析は，これから行うべき課題である．

14.5　Bayes 推論と特異点：代数幾何による解析

これまで，特異モデルにおける対数尤度比と最尤推定量の奇妙な振舞いを見てきた．Bayes 推論は，事前分布を用いてデータからパラメータの事後確率分布を計算する．これを最大にするのが MAP 推定量 $\hat{\boldsymbol{\xi}}_{\mathrm{MAP}}$ である．しかし Bayes 推論の性能は事前分布に依存するため，良い事前分布を用いることができれば性能が上がる．正則なモデルで，パラメータ空間上の滑らかな事前分布 $\pi(\boldsymbol{\xi})$ を選べば，π として何を選ぼうとその効果は観測数 N とともに減少し，MAP 推定量は最尤推定量に収束する．

ところが特異モデルでは，パラメータ空間上の滑らかな事前分布 $\pi(\boldsymbol{\xi})$ は，商空間 $\tilde{M}$ 上の滑らかな事前分布と一致しない．特異領域では，一つの同値類上は $\boldsymbol{\xi}$ が違っても分布は同じである．同じ分布を与える $\boldsymbol{\xi}$ は無限個あるから，商空間の事前分布は無限個の点の重みを加えたものになる．このため，パラメータ空間上の滑らかな分布は商空間上では特異点に事前確率が集中する特異分布となる．したがって，Bayes 推論は特異領域に有利に作用する．特異領域は階層モデルで次数の少ないモデルに対応するため，AIC や MDL のように次数に応じた罰金項を付けなくても自然にモデル選択が行えて，次数の多くないモデルが選択される．しかし，この選択が最適という保証はない．

パーセプトロンなどにおける学習は，入力 $\boldsymbol{x}$ に対して，出力 $y = f(\boldsymbol{x}, \boldsymbol{\xi})$ を出す関数のパラメータ $\boldsymbol{\xi}$ をデータから学習で求めることであった．データ $D_N = \{(\boldsymbol{x}_1, y_1), \cdots, (\boldsymbol{x}_N, y_N)\}$ に基づく予測分布（新しい入力 $\boldsymbol{x}$ に対する条件付きの y の分布）$p(y|\boldsymbol{x})$ が Bayes の定理を用いて求まる．ここで，すべての量は入力 $\boldsymbol{x}$ の条件付きだから，簡単のため $\boldsymbol{x}$ を省略して単に y の分布 $p(y)$ と書くことにする．データ D_N を用いた $\boldsymbol{\xi}$ の事後分布は

$$p(\boldsymbol{\xi}|D_N) = \frac{1}{Z(D_N)} \pi(\boldsymbol{\xi}) \prod p\left(y_i, \boldsymbol{\xi}\right), \tag{14.80}$$

である．ここで，

$$Z\left(D_N\right) = \int \pi(\boldsymbol{\xi}) \prod_{i=1}^{N} p\left(y_i|\boldsymbol{\xi}\right) d\boldsymbol{\xi} \tag{14.81}$$

は D_N の確率であり，(14.80) における正規化定数に相当する．学習後に現れる次のデータ（新しいデータ）を $y_{N+1}, \boldsymbol{x}_{N+1}$ とすれば，

$$Z\left(D_{N+1}\right) = \int \pi(\boldsymbol{\xi}) \prod_{i=1}^{N+1} p\left(y_i|\boldsymbol{\xi}\right) d\boldsymbol{\xi} \tag{14.82}$$

を用いて予測分布は

$$p\left(y_{N+1} \left| D_N \right.\right) = \frac{Z\left(D_{N+1}\right)}{Z\left(D_N\right)} \tag{14.83}$$

のように Z を用いて書ける．

Bayes 推論における学習結果の性能は，真の分布 $q(y|\boldsymbol{x})$ と予測分布 $p\left(y \left| \boldsymbol{x}, D_N \right.\right)$ がどのくらい離れているかで評価できる．これが汎化誤差 $l_{\mathrm{gen}}\left(D_N\right) = KL\left[q(y) : p\left(y \left| D_N \right.\right)\right]$ である．これは，データ D_N に依存するから確率変数である．l_{gen} を評価するため，尤度比統計量

$$L_N(\boldsymbol{\xi}) = \frac{1}{N} \sum_{i=1}^{N} \log \frac{q\left(y_i\right)}{p\left(y_i, \boldsymbol{\xi}\right)} \tag{14.84}$$

を使う．これを用いれば，予測分布は

$$p\left(\boldsymbol{\xi} \left| D_N \right.\right) = \frac{\pi(\boldsymbol{\xi})}{Z_0\left(D_N\right)} \exp\left\{-N L_N(\boldsymbol{\xi})\right\} \tag{14.85}$$

のように書ける．ただし，

$$Z_0\left(D_N\right) = \int \exp\left\{-N L_N(\boldsymbol{\xi}) \pi(\boldsymbol{\xi}) d\boldsymbol{\xi}\right\} \tag{14.86}$$

と置いた．ここで，確率的複雑さと呼ばれる量を $F\left(D_N\right) = -\log Z_0\left(D_N\right)$ で定義する．このとき，

汎化誤差は

$$l_{\text{gen}}(D_N) = -E_{y_{N+1}}\left[\log \frac{Z_0(D_{N+1})}{Z_0(D_N)}\right] \tag{14.87}$$

と書ける．よって，データについて期待値を取れば

$$L_{\text{gen}} = E\left[F(D_{N+1}) - F(D_N)\right] \tag{14.88}$$

となる．したがって，こうした量を計算するのには，確率的複雑さ F の期待値 $E[F(D_N)]$ が，N を大きくしたときに漸近的にどう振る舞うかを見ればよい．

正則モデルにあっては，これは簡単で前と同じような漸近展開の手法を用いて，$E[F] \sim p \log N$ となる．したがって，$L_{\text{gen}} = p/N$ が言える．しかし，特異モデルにあっては，これが成立しない．

渡辺の理論はこれを計算するもので[18~20]，広中の特異点の解消理論を駆使し，さらに佐藤の代数解析を用いて計算する．ここではとても紹介することはできないが，これがオーダー 1 の確率変数 R を用いて，$F(D_T) \sim \lambda \log N + R$ と書けることを導いた．λ は有理数である．この λ の計算に，広中の特異点解消定理，佐藤の代数解析を用いるので，代数幾何の高度な理論が必要になってくる．これを用いて，渡辺は特異性を含むモデルにも使える WAIC を提唱し，モデル選択の決定版になっている[21]．

終わりの一言

本章では，多層パーセプトロンの学習にかかわるいろいろな側面を扱った．一つは，これがリーマン空間であることから，学習の軌道はリーマン空間上を走る．そのため，通常の勾配を用いた確率降下法ではなくて，自然勾配を用いた最急降下法が効果を発揮する．とくに，パーセプトロンの空間は特異領域を含み，これが網の目のように張り巡っている．ここでは，リーマン計量 G が特異となり，G^{-1} が発散する．しかし特異領域では損失 L の勾配が 0 であるから，その近傍で $G^{-1}\nabla L$ は通常の値をとる．このため，自然勾配学習法がうまくいく．

自然勾配学習法で G^{-1} を計算するのは通常困難である．このため，G^{-1} を推定しながら計算する，適応的自然勾配学習法を提唱した．しかし，さらに進んで $G^{-1}\nabla L$ を直接に求める計算法があって然るべきだと感じている．最近の Ollivier の TANGO がこれである[22]．自然勾配法に関して，いくつかの近似計算法が提唱されている．Ollivier のものが優れている[23]．deep learning のときに，これが使えればよい．deep learning の情報幾何が建設されるとよいが，これはこれからの若い研究者の仕事であろう．私もやってみたい．最近の研究[24]では，出力素子が 2 以上のときは，Milnor 型の特異構造は起こらないことがわかってきた．

特異統計モデルの解析は数学的には難しい．この章では多くの話題を扱ったため，丁寧な説明はできなかった．読者はこんな話題があるということで納得し，詳しくは文献 3, 4, 9, 12, 17, 18) などに当たってほしい．

パーセプトロンの学習則は，私が大学院を修了して九大に勤めた 1960 年代の仕事である．それから紆余曲折があり，1980 年代 Rumelhart たちの論文の校正刷りを読んで私の考えと同じであることに驚き，21 世紀に入って今また deep learning の時代にこれが復活したことに驚いている．この間に何年の月日が流れたことだろう．パーセプトロンそのものは，60 年以上の歳月を経て，何度も復活した．これは脳の情報処理のある種の本質をとらえたモデルだからであろう．

深層学習理論の最近の驚くべき発展については次章で述べる．

参考文献

1) F. Rosenblatt, *Principles of Neurodynamics*, Spartan, 1961.
2) D.E. Rumelhart, G.E. Hinton and R.J. Williams, Learning representations by back-propagating errors, *Nature* **323** (6088): 533–536, 1986.
3) 福水健次，栗木哲，竹内啓，赤平昌文，『特異モデルの統計学』，岩波統計科学のフロンティア，7, 2004.
4) M. Minsky and S. Papert, *Perceptron – An Essay in Computational Geometry*, MIT Press, 1969.
5) S. Amari, A Theory of Adaptive Pattern Classifiers. *IEEE Trans.*, **EC-16**, **3**, 299–307, 1967.
6) Y.Z. Tsypkin, *Foundations of the Theory of Learning Systems*, Academic Press (English translation from Russian), 1973.
7) P.J. Werbos, Beyond Regression, New Tools for Prediction and Analysis in the Behavioral Sciences, PhD thesis, Harvard University, 1974.
8) K. Fukumizu, Likelihood ratio of unidentifiable models and multilayer neural networks, *Annals of Statistics*, **31**, 833–851, 2003.
9) H. Akaike, A new look at the statistical model identification, *IEEE Trans. AC*, **19**, 716–723, 1974.
10) 甘利俊一，「赤池情報量規準 AIC—その思想と新展開」，室田一雄，土屋隆編『赤池情報量規準 AIC—モデリング・予測・知識発見』，共立出版，52–78, 2007.
11) J. Rissanen, *Stochastic Complexity in Statistical Inquiry*, World Scientific, 1989.
12) S. Amari, Natural Gradient Works Efficiently in Learning, *Neural Computation*, Vol.**10**, No.2, pp.251–276, 1998.
13) S. Amari, H. Park and T. Ozeki, Singularities Affect Dynamics of Learning in Neuromanifolds, *Neural Computation*, **18**, 1007–1065, 2006.
14) H. Wei, J. Zhang, F. Cousseau, T. Ozeki and S. Amari, Dynamics of Learning Near Singularities in Layered Networks, *Neural Computation*, **20**, 813–843, 2008.
15) F. Cousseau, T. Ozeki and S. Amari, Dynamics of Learning in Multilayer Perceptrons Near Singularities, *IEEE Transactions on Neural Networks*, **19**, 8, 1313–1328, 2008.
16) H. Wei and S. Amari, Dynamics of learning near singularities in radial basis function networks, *Neural Networks*, **21**, 989–1005, 2008.
17) J. Milnor, On the concept of attractor, *Communications of Mathematical Physics*, **99**, 177–195, 1985.
18) 渡辺澄夫，『代数幾何と学習理論』，森北出版，2006.
19) S. Watanabe, Algebraic analysis for nonidentifiable learning machines, *Neural Computation*, **13**, 899–933, 2001.
20) S. Watanabe, Algebraic geometrical methods for hierarchical learning machines, *Neural Networks*, **14**, 1409–1060, 2001.
21) Sumio Watanabe, A Widely Applicable Bayesian Information Criterion, *Journal of Machine Learning Research*, **14**, 867–897, 2013.
22) Y. Ollivier, True Asymptotic Natural Gradient Optimization, arXiv:1712.08449, 2017.
23) Y. Ollivier, Riemannian metrics for neural networks I: feedforward networks, *Information and Inference*, **4**, 108–153, 2015.
24) S. Amari, T. Ozeki, R. Karakida, Y. Yoshida and M. Okada, Dynamics of learning in MLP: Natural gradient and singularity revisited, *Neural Computation*, **30**, 1–33, 2018.

第15章

深層学習の発展と統計神経力学

深層学習は世を席巻している．これはコンピュータのすさまじいまでの計算力と大量のデータが利用可能になったことで成功した，いわば力ずくの賜物で，その原理的な可能性が明らかになったとは言い難かった．あえていえば，私[1)]や Tsypkin[2)]が 1960 年代に機械学習の手法として提唱した確率勾配降下学習法に依然として依拠していて，それに福島[3)]の用いたコンボリューション法，階層を飛ばして結合する Resnet, ReLU 出力関数など，多くの工夫を加えたものである．もちろん，敵対的ネットワークや敵対的例題などの新しい傑作もある．

しかるに今，深層学習の仕組みと能力に迫る新しい発展が起こっている．その全貌を紹介するには私では力不足であり，また時期尚早でもある．しかし，ここでその一端を紹介するのは，私の責任であると感じる．これには，私[4〜6)]と Rozonoer[7)]らが始めたランダム結合の神経回路が関係するからである．Fisher 情報量を通じて情報幾何ともかかわってくる．本章はページ数も限られており，大まかな紹介にとどまるが，詳しくはこれから怒涛の如く発展していくであろう，AI のこの分野の世界の動向に注目してほしい．

15.1　ランダム結合の深層回路

入力信号を n 次元の $\boldsymbol{x}$，出力信号 y は簡単のため 1 次元，層を L 層積み上げた，図 15.1 のような深層回路を考える．ここで，l 層への入力（これは $l-1$ 層からの出力）を $\overset{l-1}{\boldsymbol{x}}$ とし，その入出力関係を

$$\overset{l}{\boldsymbol{x}} = \varphi\left(\overset{l}{W} \cdot \overset{l-1}{\boldsymbol{x}} + \overset{l}{\boldsymbol{b}}\right) \tag{15.1}$$

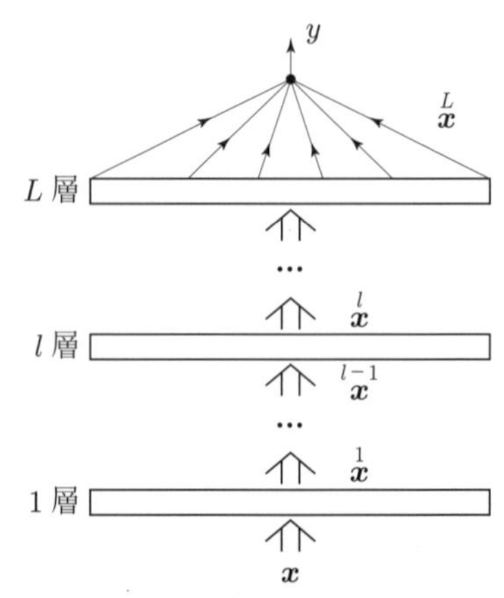

図 15.1　L 層の多層パーセプトロン．

のように書く．ここで，$\overset{l}{W}=\left(\overset{l}{w}{}^{i}_{j}\right)$ は $l-1$ 層の素子 j から l 層の素子 i への結合の重み，$\overset{l}{b}_i$ はバイアスである．最後の層（L 層）からは最終出力 y が重みベクトル $\overset{L+1}{\boldsymbol{w}}$ を用いて線形に出るものとする，

$$y=\overset{L+1}{\boldsymbol{w}}\cdot\overset{L}{\boldsymbol{x}}. \tag{15.2}$$

簡単のため，すべての層のニューロン数は同じで m であるとするが，もちろん一般化は容易である．

すべての可変なパラメータをまとめて

$$\boldsymbol{\theta}=\left(\overset{l}{W},\overset{l}{\boldsymbol{b}}\right),\quad l=1,\cdots,L+1 \tag{15.3}$$

と書こう．回路全体の入出力関係は (15.1), (15.2) から決まるが，これをまとめて

$$y=f(\boldsymbol{x},\boldsymbol{\theta}) \tag{15.4}$$

のように書く．実際の出力は，これに平均 0，分散 1 のガウス雑音が加わったと考えれば，入出力関係は入力 $\boldsymbol{x}$ の下での出力 y の確率分布

$$p(y|\boldsymbol{x};\boldsymbol{\theta})=\exp\left[-\frac{1}{2}\{y-f(\boldsymbol{x},\boldsymbol{\theta})\}^2\right] \tag{15.5}$$

で書ける．ここから，入出力を確率変数と考えた時の，パラメータ空間 $S=\{\boldsymbol{\theta}\}$ の Fisher 情報行列が計算できる．確率の log である対数尤度は誤差 $e(\boldsymbol{x},\boldsymbol{\theta})$ の 2 乗の (1/2) 倍の符号を変えたものである．

$$e(\boldsymbol{x},\boldsymbol{\theta})=y-f(\boldsymbol{x},\boldsymbol{\theta}), \tag{15.6}$$

$$\log p(y|\boldsymbol{x},\boldsymbol{\theta})=-\frac{1}{2}e(\boldsymbol{x},y,\boldsymbol{\theta})^2. \tag{15.7}$$

ランダム結合の回路とは，すべての結合の重み $\overset{l}{W}{}^{j}_{i}$ をランダムで平均 0，分散 $1/m$ のガウス分布に従うように決めたものである．分散を $1/m$ の大きさにしたのは，各ニューロンは m 個の素子からの出力を足し合わせるから，一個一個の寄与を小さくしておくと良い．バイアス $\overset{l}{b}_i$ もやはり独立のガウス分布とする．

ランダム結合の回路など架空のもので，実際の役に立たない，また初期値をランダムに選んでも学習をすればもはやランダムではないという意見はもっともに見える．しかし，次節で述べる結果は，素子数 m が十分に大きい時には，ランダム回路の近傍に正解があるという驚くべきものであった．

15.2 学習とカーネル

学習は，負の対数尤度である**損失関数**

$$L(\boldsymbol{x},y;\boldsymbol{\theta})=\frac{1}{2}e\left(\boldsymbol{x},y,\boldsymbol{\theta}\right)^2 \tag{15.8}$$

を減らすように，その勾配の逆方向にパラメータを変えていく．ここではバッチ学習を考えよう．

η を学習率として，パラメータ $\boldsymbol{\theta}$ の学習は

$$\Delta\boldsymbol{\theta}=-\eta\frac{\partial L}{\partial\boldsymbol{\theta}}=\eta e\frac{\partial}{\partial\boldsymbol{\theta}}f(\boldsymbol{x},\boldsymbol{\theta}) \tag{15.9}$$

のように進んでいく．

一回一回の学習は差分であるが，ここでは見やすくするために連続時間 t を用いて書こう．

$$\dot{\boldsymbol{\theta}}_t = \eta e \partial_{\boldsymbol{\theta}} f(\boldsymbol{x}, \boldsymbol{\theta}). \tag{15.10}$$

ただし $\dot{\boldsymbol{\theta}}$ は $\boldsymbol{\theta}$ の時間微分，$\partial_{\boldsymbol{\theta}} = \partial/\partial\boldsymbol{\theta}$．バッチ処理では N 個の入出力の例題 $\{(y_1, \boldsymbol{x}_1), \cdots, (y_N, \boldsymbol{x}_N)\}$ を一括して処理する．だから，パラメータの学習は

$$\dot{\boldsymbol{\theta}}_t = \eta \langle e \partial_{\boldsymbol{\theta}} f(\boldsymbol{x}, \boldsymbol{\theta}_t) \rangle_{\text{emp}} \tag{15.11}$$

のように入力の経験分布

$$p_{\text{emp}}(\boldsymbol{x}, y) = \frac{1}{N} \sum_{i=1}^{N} \delta(\boldsymbol{x} - \boldsymbol{x}_i) \, \delta(y - y_i) \tag{15.12}$$

を用いる $(\boldsymbol{x}, y)$ のサンプル平均 $\langle \quad \rangle_{\text{emp}}$ で書ける．

学習によって，回路の入出力関係を表す関数 $f(\boldsymbol{x}, \boldsymbol{\theta})$ がどう変わっていくかを見よう．これは，

$$\dot{f}(\boldsymbol{x}, \boldsymbol{\theta}_t) = \partial_{\boldsymbol{\theta}} f(\boldsymbol{x}, \boldsymbol{\theta}_t) \cdot \dot{\boldsymbol{\theta}}_t \tag{15.13}$$

であるが，(15.11) を用いれば

$$\dot{f}(\boldsymbol{x}, \boldsymbol{\theta}_t) = -\eta \langle \partial_{\boldsymbol{\theta}} f(\boldsymbol{x}, \boldsymbol{\theta}_t) \cdot \partial_{\boldsymbol{\theta}} f(\boldsymbol{x}', \boldsymbol{\theta}_t) \, e(\boldsymbol{x}', y', \boldsymbol{\theta}_t) \rangle_{\text{emp}} \tag{15.14}$$

のように書ける．$\langle \quad \rangle_{\text{emp}}$ は $(\boldsymbol{x}', y')$ についての学習用例題についての平均である．ここで関数 $f(\boldsymbol{x}, \boldsymbol{\theta})$ の勾配ベクトルを

$$J(\boldsymbol{\theta}, \boldsymbol{x}) = \partial_{\boldsymbol{\theta}} f(\boldsymbol{x}, \boldsymbol{\theta}), \tag{15.15}$$

さらに，$\cdot$ をベクトル J の内積として

$$\Theta_{\boldsymbol{\theta}}(\boldsymbol{x}, \boldsymbol{x}') = J(\boldsymbol{x}, \boldsymbol{\theta}) \cdot J(\boldsymbol{x}', \boldsymbol{\theta}) \tag{15.16}$$

と置こう．すると学習は関数 $f(\boldsymbol{x}, \boldsymbol{\theta})$ の言葉では

$$\dot{f}(\boldsymbol{x}, \boldsymbol{\theta}_t) = -\eta \langle \Theta(\boldsymbol{x}, \boldsymbol{x}') \, e(\boldsymbol{x}', y', \boldsymbol{\theta}_t) \rangle_{\text{emp}} \tag{15.17}$$

のように書ける．真の関数を $f^* = f(\boldsymbol{x}, \boldsymbol{\theta}^*)$ と書けば，学習方程式は

$$\dot{f} = -\eta \langle \Theta(\boldsymbol{x}, \boldsymbol{x}') (f - f^*) \rangle_{\text{emp}} \tag{15.18}$$

のような簡単な形になる．

$\Theta(\boldsymbol{x}, \boldsymbol{x}')$ は $\boldsymbol{\theta}_t$ に依存するが，これは二つの入力信号 $\boldsymbol{x}$, $\boldsymbol{x}'$ の関数である．これを Jacot[8] らは **neural tangent kernel**（NTK，接神経核）と呼んだ．学習は f だけを見れば，関数空間 $f(\boldsymbol{x})$ での線形方程式になる[8,9]．

15.3 接神経核（NTK）理論

NTK 理論は，学習の方程式をパラメータ $\boldsymbol{\theta}$ の学習から目的関数 f の学習に置き換え，関数の空間で議論する．しかし，(15.18) に見るように，カーネル $\Theta(\boldsymbol{x}, \boldsymbol{x}')$ はパラメータ $\boldsymbol{\theta}$ に依存しているから，これでは元の木阿弥でせっかくの良さが出ないと思うかもしれない．ところが，次の驚異の理論が示された[8,9]．

定理 15.1 m が十分に大きいときは，学習の過程で任意の t に至るまで，カーネル $\Theta(\boldsymbol{x}, \boldsymbol{x}')$ はほとんど変わらず，ランダムに定められた重みから作る初期カーネル $\Theta_0(\boldsymbol{x}, \boldsymbol{x}')$ を用いて学習のプロセスを記述してよい．

こうなると，学習の方程式 (15.18) は線形になり，陽に解ける．さらに，学習の最適解 $\boldsymbol{\theta}_t$ は t を大きくしても，初期値 $\boldsymbol{\theta}_0$ の近傍で見つかる[8,9]．このことは，任意のランダムに定めた初期値 $\boldsymbol{\theta}_0$ の近傍に最適解 $\boldsymbol{\theta}^*$ があることを保証している．ランダムな初期値はどこにでもあるから，こんな不思議なことが可能なのだろうか．

深層回路網のパラメータ空間 S では，二つの異なるパラメータ $\boldsymbol{\theta}$ と $\boldsymbol{\theta}'$ が，同じ関数を表す，すなわち

$$f(\boldsymbol{x}, \boldsymbol{\theta}) = f(\boldsymbol{x}, \boldsymbol{\theta}') \tag{15.19}$$

となる特異点が至る所にあった．つまり特異構造が網の目のようにパラメータ空間を覆っていて，任意のランダムに選ばれた初期値の近傍で，どんなパラメータ $\boldsymbol{\theta}^*$ でもこれとほぼ等価なものがあるということになるらしい．これは N に比べて m が十分に大きいことが関係する．これに関する理論が，いずれ出てくるだろう．

ランダム回路のカーネル $\Theta_0(\boldsymbol{x}, \boldsymbol{x}')$ は具体的に計算できるが，ここでは省略する．

15.4 深層学習にかかわる驚異の発見

これまでの学習理論では，パラメータの数 P（$\boldsymbol{\theta}$ の次元）は固定で，学習サンプル数 N が十分大きいときの学習の特性を調べた．通常の統計学の漸近理論も同様である．ところが，P が十分に大きい（N よりも大きい）とすると，今までと違った様相が現れる．以下にそれを述べる．

15.4.1 極小解に捉われない：

深層学習のような非線形の損失関数を最小にする確率勾配降下学習法は，損失関数に極小解が多数あって，学習はここに捉われるから使いものにならないとされた．ところがこの常識を打ち破る議論ができる．パラメータ数 P をデータ数 N よりさらに大きくすれば，どの極小解でもその損失の値（経験誤差）は 0 にまで下がり，大域解と同等になる．つまり，学習が極小解に捉われて，進まないということがなくなる．たとえば Kawaguchi ら[10]はランダム結合の回路において以下の定理を証明した．

定理 15.2 素子数 m を十分に大きく取れば（すなわち P が十分に大きいとき），ほとんどの局所解は大域解と同等の損失値を持つ．したがって，どの極小解に収束しても**訓練誤差**は 0 になり，大域解と同等の特性を持つ．

この定理を直感的に説明しよう．いま，極小解があったとする．このとき，新しいパラメータを一つ加えれば，ほとんどの場合このパラメータによって極小状態は解消され，極小値は下がりまた新しい極小解が現れる．パラメータをさらに増やしてこれを繰り返せば，パラメータ数の増加とともに，どんどん極小値は下がっていく．しかし，0 より下へはいけないから，ほとんどの極小値が 0 になる．これをきちんと証明したのが上記の定理である．

15.4.2 過学習と汎化誤差

パラメータ数が十分大きければ極小解はなく，訓練誤差はほぼ 0 になることは分かった（図 15.2）．これは深層学習の数々の例で示されてきたことである．しかし，パラメータ数を増やすと，**汎化誤**

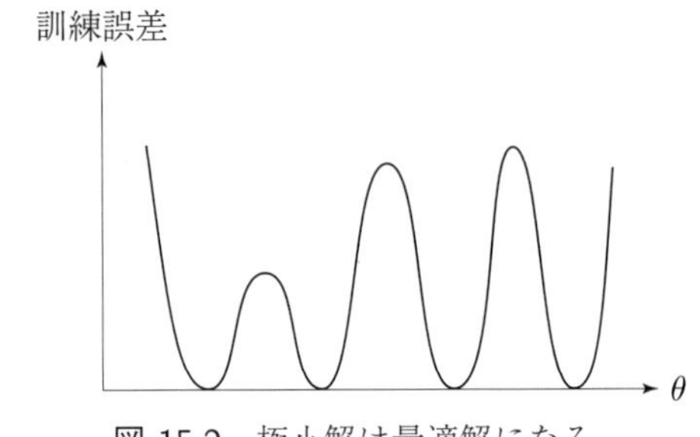

図 15.2　極小解は最適解になる．

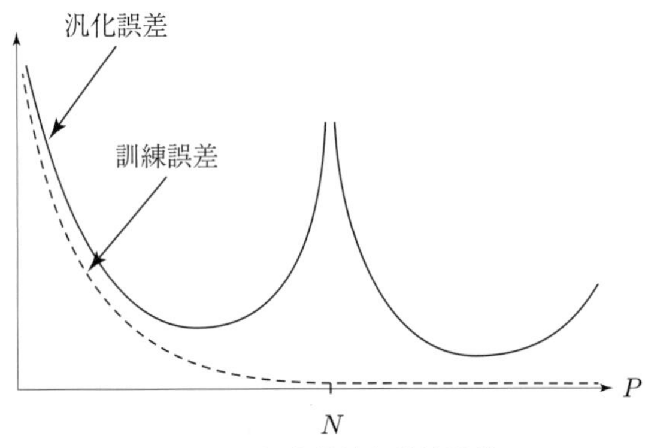

図 15.3　汎化誤差と訓練誤差．

差はあるところまでは減るが**過学習**が起こり，汎化誤差はかえって増えてしまうことが良く知られている．AIC などのモデル選択は，与えられた N に対して最適なパラメータ数のモデルを求めるものであった．しかし，これは $N > P$ の通常の規範の下で成立することである．サポートベクトル機械のように，無限次元の空間に $\boldsymbol{x}$ を一度写像し，この入力をカーネル関数を使って処理するときにはこれは当てはまらない．

$P > N$ の時の汎化誤差について，理論が少しずつできてきた．たとえば，単純な線形回帰問題で，説明変数の数 P を大きくすると，一度下がった汎化誤差は P を大きくしていくとあるところから上がってしまう，しかし，さらに N 以上に大きくしていくとまた下がるという理論がある[11, 12)]．汎化誤差曲線が 2 度目の降下を示すダブル U 型になるという．図 15.3 にその様子を示す．

深層学習でパラメータ数が多いときの汎化誤差のすっきりした議論はまだこれからであるが，実際上，パラメータ数を大きくしてもうまくいくという了解がある．しっかりした理論が出るのはこれからだと期待できる．

15.4.3　なぜ多層が必要なのか？

中間層一層の浅層回路網でも，素子数を十分に大きく取れば，いかなる関数をも近似できることは古くから知られていた．では，多層にするとそれ以上にどのようなメリットがあるのか，これについては理論が少しある．多層にすれば，表現できる関数の数が指数関数的に増大することである．信号空間の伝播の立場から言えば，層を増やすとカオス的状態が出現し，空間の曲率が指数的に増大する．これについてはランダム神経回路の立場から後節で触れよう．

15.5　ランダム回路網の信号伝播

層を上がるにつれて，入力信号 $\boldsymbol{x}$ はどのように変換されていくか，これを調べよう．まず，**活動度**

$$\overset{l}{A} = \frac{1}{m}\sum \overset{l}{x}_i{}^2 \tag{15.20}$$

を調べる．層 l が上がるにつれてこれがどう発展していくか，そのダイナミクスを考えよう．$\overset{l}{A}$ は

$$\overset{l}{A} = \frac{1}{m}\sum\left\{\varphi\left(\overset{l}{\boldsymbol{w}}_i\cdot\overset{l-1}{\boldsymbol{x}} + \overset{l}{b}_i\right)\right\}^2 \tag{15.21}$$

のように書ける．ところが，

$$\overset{l}{u}_i = \overset{l}{\boldsymbol{w}}_i\cdot\overset{l-1}{\boldsymbol{x}} + b_i \tag{15.22}$$

は多数の独立なガウス分布確率変数の重み付き和で，中心極限定理によって，平均 0，分散

$$\overset{l}{\sigma}{}^2 = \overset{l}{A} + \sigma_b^2 \tag{15.23}$$

のガウス分布になる．その関数である独立な $\varphi(u_i)$ の平均は，大数の法則によって，その期待値に収束する．

ここで，関数

$$\chi_0(A) = \int\left\{\varphi\left(\sigma_A^2 v\right)\right\}Dv, \tag{15.24}$$

$$Dv = \frac{1}{\sqrt{2\pi}}\exp\left\{-\frac{v^2}{2}\right\}dv \tag{15.25}$$

を定義すれば，活動度 $\overset{l}{A}$ が計算できる[13, 14]．

定理 15.3　活動度は層を上がるにつれて

$$\overset{l}{A} = \chi_0\left(\overset{l-1}{A}\right) \tag{15.26}$$

のように発展する．

出力関数 $\varphi(u)$ を与えれば，$\overset{l}{A}$ は具体的に計算できる．その結果，活動度は層が進むにつれて，平衡活動度

$$\bar{A} = \chi_0\left(\bar{A}\right) \tag{15.27}$$

に急速に収束する．これは，l が大きい l 層では信号 $\overset{l}{\boldsymbol{x}}$ は活動度がほぼ $\bar{A}$ に等しい曲面の付近に集中していることを意味する．

ランダム結合の回路網は，結合 $\overset{l}{W}$ と $\overset{l}{\boldsymbol{b}}$ の成分がすべて独立な確率分布で指定される．この分布をもとに回路を作れば，それらは無数にあって，一つ一つが全く違う結合の重みを持つ．だから，その動作は一個一個で全く違う．しかし，個別の信号の変換ではなくて，活動度のようなマクロな量に着目すれば，ランダムに作られたどの神経回路にも共通に成立する巨視的な法則が得られる．NTK カーネルもこのような量である．これを研究するのが**統計神経力学**である．

l 層で入力信号が $d\boldsymbol{x}$ だけ離れた二つの信号 $\boldsymbol{x}$ と $\boldsymbol{x}' = \boldsymbol{x} + d\boldsymbol{x}$ があったとしよう．これらの信号の違いは層が進むにつれてどう発展していくだろうか．$d\boldsymbol{x}$ は，各層の信号空間のベクトルと見てよい．信号変換のヤコビ行列

$$\overset{l}{B}{}_i^j = \frac{\partial \overset{l}{x}_j}{\partial \overset{l-1}{x}_i} = \varphi'\left(\overset{l}{u}_j\right)\overset{l}{w}{}_i^j \tag{15.28}$$

を定義すれば，$\boldsymbol{dx}$ は次の層では

$$d\boldsymbol{x}' = \overset{l}{B}\, d\boldsymbol{x} \tag{15.29}$$

だけ離れる．

微小信号 $\boldsymbol{dx}$ がどう発展していくかは，ランダムに作られた回路ごとに違っている．しかし，微小信号をその大きさ（ユークリッド距離の二乗）

$$ds^2 = d\boldsymbol{x}' \cdot d\boldsymbol{x}' \tag{15.30}$$

で見ると，これはマクロな量で，ほとんどすべての回路に共通な性質を持つ．これを計算するには

$$ds'^2 = \sum_{j,i,k} \overset{l}{B}{}^j_i \overset{l}{B}{}^j_k dx^i dx^k \tag{15.31}$$

を計算すればよく，大数の法則を用いて

$$ds'^2 = \sum_{i,k} \mathrm{E}\left[\overset{l}{B}{}^j_i \overset{l}{B}{}^j_k\right] dx_i dx_k \tag{15.32}$$

のように期待値で置き換えればよい．ところが，次の分解が成立する．

$$\mathrm{E}\left[\overset{l}{B}{}^j_i \overset{l}{B}{}^j_k\right] = \mathrm{E}\left[\left\{\varphi'\left(\overset{l}{u}{}_j\right)\right\}^2 \overset{l}{w}{}^j_i \overset{l}{w}{}^j_k\right] \mathrm{E}\left[\overset{l}{w}{}^j_i \overset{l}{w}{}^j_k\right]. \tag{15.33}$$

これは最初の項で $\varphi\left(\overset{l}{u}{}_j\right)$ の $\overset{l}{u}{}_j$ 自体が多数の w_j の重みつき和になっているので，これ自体が平均化されるからである（議論をもっと厳密にできるが，ここでは平均場近似ということで切り抜けておこう）．この結果，期待値を二つの期待値の積に分解できた．

ここで新しい関数

$$\chi_1(A) = \int \left\{\varphi'\left(\sigma_A v\right)\right\}^2 Dv \tag{15.34}$$

を定義すれば，次の定理のようになる．

定理 15.4　微小信号の大きさは

$$ds'^2 = \chi_1 ds^2 \tag{15.35}$$

のように発展する．

これを空間の計量の言葉で述べよう．$l-1$ 層の信号の空間で，2 点間の微小距離を測る計量は，リーマン計量

$$ds^2 = \sum \overset{l-1}{g}{}_{ij}\, dx^i dx^j \tag{15.36}$$

である．このとき層が進むにつれて計量は

$$\overset{l}{g}_{ij}(\boldsymbol{x}) = \chi_1\left(\overset{l-1}{A}\right) \overset{l-1}{g}{}_{ij} \tag{15.37}$$

のように発展する．初めの計量がユークリッド的

$$\overset{1}{g}_{ij} = \delta_{ij} \tag{15.38}$$

であれば，層が進んでも計量の大きさが χ_1 の積によって変わるだけで，δ_{ij} の部分は変化しない．

(15.37) のような計量の変化を**共形変換**という．共計変換は，接空間の大きさを変えるが形は変えない．つまり，信号空間は，局所的に拡大縮小するだけで形を変えない．接空間で直交する二つのベクトルは，変換後も直交している．

拡大率 χ_1 は重要な意味を持つ．これが 1 より小さいと，信号はどんどん縮んでしまう．逆に 1 より大きいとどんどん拡大する．ところが，信号の空間は有界である．信号空間に曲線を考えよう．信号の差が拡大していけば，この曲線はぐにゃぐにゃに曲がるしかない．曲がり曲がって空間を埋め尽くす．カオスダイナミクスである．カオスの端（edge of chaos）で，興味深い情報処理が行われるという説がある．

層が進むにつれて信号の空間がどう発展していくか，計量だけでなくその全貌を知りたい．それには，空間の曲率を調べることである．さらに微小でない空間の 2 点を取り，その間の距離がどう発展していくかを調べることもできる．これらは，漸近理論であり，パラメータ数 P を先に無限大にするか，層の数 L を先に無限大にするかで結果が違う．一様収束が成立しないからである．現実はともに有限であるから，漸近理論には注意が必要である．こうした議論の一端は，Pool らの論文に触発されて[13]，私の引退後の論文[14]に書いておいたのでそれを参照されたい．まだ多くの研究が必要と思う．

15.6　Fisher 情報量

Fisher 情報量は（信号空間ではなくて）パラメータ空間 S の計量を定め，パラメータ推定の精度を決める基本的な情報量である．学習にあっては，その逆行列を用いた**自然勾配学習法**が Fisher 有効な推定量を与えることを見た．

Fisher 情報行列 G は対数尤度の微分（勾配）であるスコアの 2 次モーメントであるが，簡単な計算によってこれは回路の出力関数を用いて，$\partial_i = \partial/\partial\theta_i$ として

$$G_{ij} = E\left[\partial_i f(\boldsymbol{x}, \boldsymbol{\theta})\partial_j f(\boldsymbol{x}, \boldsymbol{\theta})\right] \tag{15.39}$$

で与えられる．

いま，l 層の一つの素子 $\overset{l}{\boldsymbol{w}}$ と k 層の素子 $\overset{k}{\boldsymbol{w}}$ の間の Fisher 情報量を考えよう（バイアス項についても同様）．これは

$$E\left[\partial_{\overset{l}{\boldsymbol{w}}} f \partial_{\overset{k}{\boldsymbol{w}}} f\right] \tag{15.40}$$

と書ける．そこで f の $\overset{l}{\boldsymbol{w}}$ による微分を計算しよう．

$f(\boldsymbol{x}, \boldsymbol{\theta})$ は階層に沿って，関数の関数の関数 $\cdots$ という入れ子構造をしているから，その微分は一層ごとのヤコビ行列 $\overset{l}{B}$ の積になり，最後に $\overset{l}{\boldsymbol{x}}$ がつく．

$$\partial_{\overset{l}{\boldsymbol{w}}} f = \overset{L+1}{B}\overset{L}{B} \cdots \overset{l}{B}\overset{l}{\boldsymbol{x}}. \tag{15.41}$$

だから，その積である Fisher 情報を計算すればこれはまた，多数の独立な確率変数の和であるから，ここで大数の法則が使える．つまり，和を期待値で置き換えてよい．ところが，$k \neq l$ の場合は，k と l が違うところで，この積には $\overset{k}{\boldsymbol{w}}$ などが一次で入ってきていて，その期待値は 0 になる．大数の法則で，期待値からのずれは，$O(1/\sqrt{m})$ であり，この項は m が大きくなれば 0 に収束する．つまり層が違えば，対応する Fisher 情報行列の成分は 0 に近づく．さらに，同じ層の中でも，素子が違えば，その間の Fisher 情報量は 0 に近づくことが，同様の議論でいえる[15]．

定理 15.5　ランダム結合の回路において，Fisher 情報行列は素子毎のブロック対角部分が主要項で，残りの成分は $(1/\sqrt{m})$ で 0 に近づく．

自然勾配を計算するのに，素子毎にブロック対角化したFisher情報行列を用いてよいことは，フランスの微分幾何学者であるYann Ollivierが長大な論文を著して主張した[16]．ランダム神経回路ではこれが理論的な根拠を持ったのである．さらにOllivierらは，素子毎のブロック対角行列を一つ取れば，これは重みとバイアスのクロス成分だけを非対角部分に付け加えた対角行列で良いと主張し，膨大なシミュレーションでその効果を示している[17]．これは，通常の勾配法の計算のわずか2倍の手間で自然勾配法が実現できて，効率が格段に上がることを主張している．

甘利らは[15]，各素子に入る入力が平均0で独立なガウス分布であるという想定の下で，Fisher情報量を計算し，Ollivierらの主張を少し修正して，さらにランク1の行列を加えればFisher情報行列が得られることを示した．あとはシミュレーションでその性能を確かめるのみである．

ところが私のだらしないことで，シミュレーションでこれを確認することができない．なにしろ，シミュレーションを行ったのは30年以上も前，それ以来コンピュータの計算は止めてしまい，今は全くできない．他の研究者がこれを試すことを願うだけである．

15.7 Fisher情報行列の固有値の分布

Fisher情報行列は$P \times P$行列であり，(15.39)のように入力$\boldsymbol{x}$について期待値を取る．この期待値を観測されたN個の例題についての平均値（経験分布による期待値）で置き換えた

$$\hat{G} = \langle \partial_{\boldsymbol{\theta}} f(\boldsymbol{x}, \boldsymbol{\theta}) \partial_{\boldsymbol{\theta}} f(\boldsymbol{x}, \boldsymbol{\theta}) \rangle_{\mathrm{emp}} \tag{15.42}$$

が経験Fisher情報行列で，Nが大きくなればこれは真のFisher情報行列Gに収束する．$J(\boldsymbol{x}, \boldsymbol{\theta}) = \partial_{\boldsymbol{\theta}} f(\boldsymbol{x}, \boldsymbol{\theta})$を$P$次元の縦ベクトルとし，$N$個の入力$\boldsymbol{x}_1, \cdots, \boldsymbol{x}_N$について，これを横にずらりと並べて，$P \times N$の行列を作り，

$$F = \left[J\left(\boldsymbol{x}_1, \boldsymbol{\theta}\right), \cdots, J\left(\boldsymbol{x}_N, \boldsymbol{\theta}\right) \right] \tag{15.43}$$

としよう．この時，経験Fisher情報行列は

$$\hat{G} = \frac{1}{N} F F^T \tag{15.44}$$

と書ける．これはランクが$\min\{P, N\}$であるから，PがNより大きければ縮退している．

$P > N$として，$\hat{G}$の固有値を$\lambda_1, \cdots, \lambda_N$としよう．固有値の平均は，

$$\bar{\lambda} = \frac{1}{N} \sum \lambda_i \tag{15.45}$$

である．これは，

$$\sum \lambda_i = \mathrm{tr}\left(\hat{G}\right) \tag{15.46}$$

であるから，再び大数の法則を用いれば

$$\mathrm{tr}\left(\hat{G}\right) = O(1). \tag{15.47}$$

すなわち，固有値はすべて正であるから，それぞれは平均として極めて小さいことが分かる．では，その分散を計算してみよう．

固有値の2乗の和は

$$\sum \lambda_i^2 = \mathrm{tr}\left(\hat{G}^T \hat{G}\right) \tag{15.48}$$

となる．これを計算するには少しテクニックがいるが，実は統計神経力学で既に計算してある量で，

二つの入力 $\boldsymbol{x}, \boldsymbol{x}'$ に対する L 層の出力 $\overset{L}{\boldsymbol{x}}, \overset{L}{\boldsymbol{x}}'$ の相関を求める必要がある．これは Schoenholz ら[18]が提出した素晴らしい理論であり，その後の多くの発展がある．もっとも，初期の甘利の統計神経力学でも[5]，距離の法則としてこの種の計算を行っている．技術的になるので本稿では省略する．結論を述べる．以下は Karakida らの得た結論である[19, 20]．

定理 15.6 経験 Fisher 情報行列の固有値の平均は $O(1/m)$ であるが，固有値の分散は $O(1)$ である．すなわち，固有値のほとんどは極めて小さいが，ごく少数の固有値が極めて大きな値を取る．

より詳しく言えば，m 個の $O(m)$ の固有値が存在して，それ等の大きな固有値の固有ベクトルの空間は $\partial_{\boldsymbol{\theta}} E\left[J(\boldsymbol{x}, \boldsymbol{\theta})\right]$ で張られる．

Fisher 情報行列は，真の解のところでは，損失関数の Hessian に等しい．だから，損失関数の地形図（ランドスケープ）は，固有値の分布が示す通り，多くの方向で極めて平坦で，少数個の方向で極めて急峻である．この小さい固有値の方向で学習が極めて遅くなる．Karakida らは，最終層の出力を平均が 0 になるように補正するだけで，大きな固有値が小さくなり，この結果大きな学習率を取ることができて，学習が高速に収束することを示した[20]．もちろん，自然勾配法を用いれば，各方向で等方的に収束が起こり，学習の収束は極めて速い．

この結果を NTG を用いた関数空間における学習に当てはめよう．興味あることに，NTG は行列 F を用いて

$$\Theta\left(\boldsymbol{x}, \boldsymbol{x}'\right) = \frac{1}{N} F^T F \tag{15.49}$$

のように書ける．これはパラメータについては内積を取って消去したカーネル行列である．その固有値は G の固有値と同じであるから，きわめて少数個の固有値が大きい値を取る．この結果，NTG での学習の収束は，やはり小さな固有値の方向で極めて遅い．この状況を改善すれば，学習が高速で行える．

自然勾配法は，パラメータの学習法として (15.10) の代わりに自然勾配

$$\dot{\boldsymbol{\theta}} = -\eta \hat{G}^{-1} \partial_{\boldsymbol{\theta}} L = -\eta \hat{G}^{-1} F e \tag{15.50}$$

を使う．これを用いて関数 $f(\boldsymbol{x}, \boldsymbol{\theta})$ の学習を書けば，カーネルが単位行列に等しくなり，学習の高速化が実現できる．ミニバッチ $(\boldsymbol{x}_1, \cdots, \boldsymbol{x}_N)$ を用いた場合で考えよう．$P > N$ ならば，$\hat{G}$ は特異であるから $\hat{G}^{-1}$ の代わりに一般逆行列を用いる必要がある．このとき，

$$\dot{\boldsymbol{\theta}} = -\eta J \boldsymbol{\Theta}^{-1} e \tag{15.51}$$

で自然勾配学習が実現できる．$N \ll P$ ならば，これはきわめて効率的な自然勾配学習の実行法である[21, 22]．

終わりの一言

深層学習について，新しい理論の胎動が始まったように思う．とくに，パラメータ数の極めて大きいときの漸近理論とランダム神経回路が注目を浴びている．ランダムにパラメータを選べば，その近傍に正解があること，すなわちランダムに選んだ回路の近傍ですべての関数を表現できるという発見は素晴らしい．パラメータの一個一個は $O(1/\sqrt{m})$ のごく小さな変動しかしなくても，極めて多数のパラメータが変動すれば大きな効果を持ち，任意の関数を十分に近似できる．

ランダム回路を提唱してきた私としては，統計神経力学がここで役に立つことはうれしい．本章は紙数の関係もあり，また詳しく述べるには大変複雑でもあるので，概略に留めた．しかし，理論は

急展開中である．関心のある読者は，ぜひ arXiv に続々と現れる新しい論文に着目してほしい[23, 24]．私としてはこれを連続の神経場に拡張し，深層ランダム神経場の学習理論に挑んでみたい．

参考文献

1) S. Amari, Theory of adaptive pattern classifiers, *IEEE Trans.*, **EC-16**, **3**, pp.299–307, 1967.
2) Y.Z. Tsypkin, Adaptation, training and self-organization in automatic control systems, *Avtomatika I Telemehkanika*, **27**, pp.23–61, 1966 (in Russian).
3) K. Fukushima, Neocognitron: A self-organizing neural network model for a mechanism of pattern recognition unaffected by shift in position, *Biological Cybernetics* **36**, pp.93–202, 1980.
4) S. Amari, Characteristics of randomly connected threshold-elements networks and network systems, *Proc. IEEE*, **59**, pp.35–47, 1971.
5) S. Amari, A method of statistical neurodynamics, *Kybernetik*, **14**, pp.201–215, 1974.
6) S. Amari, S. Yoshida and K. Kanatani, A mathematical foundation for statistical neurodynamics, *SIAM J. App. Math.*, **33**, 95–126, 1977.
7) L.I. Rozonoer, Random logical nets, I, II, III, *Avtomat. Telemekhan.*, Nos.5–7; pp.137–147, 99–109, 127–136; 1969 (in Russian).
8) A. Jacot, F. Gabriel and C. Hongler, Neural tangent kernel: Convergence and generalization in neural networks, *NIPS*, **31**, 2018.
9) J. Lee, et al., Wide neural networks of any depth evolve as linear models under gradient descent, arXiv: 1902.06720v3, 2019.
10) K. Kawaguchi, J. Huang and L.P. Kaelbling, Effect of depth and width on local minima in deep learning, *Neural Computation*, **31**, pp.1462–1498, 2019.
11) M. Belkin, D. Hsy and J. Xu, Two models of double descent for weak features, arXiv:1903.07571v1, 2019.
12) T. Hastie, A. Montanari, S. Rosset and R.J. Tibshirani, Surprises in high-dimensional least squares interpolation, arXiv:1903.08560v3, 2019.
13) B. Poole, S. Lahiri, M. Raghu, J. Sohl-Dickstein and S. Ganguli, Exponential expressivity in deep neural network through transient chaos, *NIPS*, **29**, pp.3360–3368, 2016.
14) S. Amari, R. Karakida and M. Oizumi, Statistical neurodynamics of deep networks: geometry of signal space, *Nonlinaer Theory and Its Applications*, **10**, 1–15, 2019.
15) S. Amari, R. Karakida and M. Oizumi, Fisher information and natural gradient learning of random deep networks, *Proc. ISTAT*, pp.694–702, 2019.
16) Y. Ollivier, Riemannian metrics for neural networks, I: Feedforward networks, *Information and Inference*, **4**, 108–153, 2015.
17) G. Marceau-Caron and Y. Ollivier, Practical Riemannian neural networks, arXiv:1602.08007, 2016.
18) S.S. Schoenholz, G. Glimer, S. Ganguli and J. Sohl-Dickstein, Deep information propagation, *ICLR*, 2017.
19) R. Karakida, S. Akaho, and S.-i. Amari, Universal statistics of fisher information in deep neural networks: Mean field approach, *AISTATS*, pp.1032–1041, 2019.
20) R. Karakida, S. Akaho, and S. Amari, The normalization method for alleviating pathological sharpness in wide neural networks, arXiv preprint arXiv:1906.02926, 2019.
21) G. Zhang, J. Martens and R. Grosse, Fast convergence of natural gradient descent for overparametrized neural networks, arXiv:1905.10961, 2019.
22) T. Cai, R. Gao, J. Hou, S. Chen, D. Wong and D. Hi, A Gram-Gauss-Newton method learning: Overparametrized deep neural networks for regression problems, arXiv:1905.11675, 2019.
23) Z. Allen-Zhu, Y. Li and Y. Liang, Learning and generalization in overparameterized neural networks, going beyond two layers, arXiv:1811.04918v5, 2019.
24) B. Bailey, Z. Ji, M. Telgarsky and R. Xian, Approximation power of random neural networks, arXiv: 1906.07709v1, 2019.

第16章

Wasserstein距離の情報幾何

情報幾何は不変性を基本原理として確率分布の間に距離またはダイバージェンスを導入する．その代表的な構造が Fisher 情報計量であり，そこから得られるリーマン距離，さらに KL ダイバージェンスがある．二つの確率分布を考え，その一方を他方に移動するとしよう．この分布移動を輸送問題として考え，移動コストの最小値を分布間の距離とする考えは自然である．これには 250 年近く前，フランスの数学者 Monge に始まる理論がある．これは分布として堆積している物資を他の分布まで動かすのに，そのコストで分布間の距離を定義する仕組みである．

分布は空間 X の上に定義されているとしよう．$x \in X$ として，分布 $p(x)$ は総量が 1 に規格化されていれば，確率分布である．物資を x から y に動かすコストは，x と y の距離に依存する．不変な幾何学は，X 自体を変換して 2 点間の距離を変えても，分布間の距離は不変である．つまり，X の距離によらない理論を作り上げてきた．しかし，現実の応用にあたって，X の内部の距離が重要という場面も多い．輸送問題がまさにこれである．

画像は 2 次元平面上の分布と考えられるから，二つの画像の比較でも画素間の距離が重要であろう．分布間の距離を輸送問題として解析するのが，Wasserstein 幾何である．純粋数学としても，また応用の分野でも注目されている[1~3]．本章では，Wasserstein 幾何を情報幾何の方法を用いて考察する．

16.1 Wasserstein 距離

距離空間 X を考えよう．たとえば，2 次元のユークリッド空間を考えればよい．この上の物資の分布 $p(x)$ と $q(x)$ を考えよう（図 16.1）．簡単のため，これは総量が 1 に規格化された確率分布であるとし，X の 2 点 x, y の間に距離 $d(x, y)$ が定まっているものとする．分布 p を q に移すには，p に従って積まれている物資を移して q のような分布になるようにすればよいが，移動にはコストがかかる．x 点から y 点に物資を移すコストは距離，またはその関数（例えば距離の二乗）で，これを $m(x, y)$ と置く．

輸送計画とは，x 点にある物資のうちの $P(x, y)$ を y 点に移す，$X \times X$ の分布 $P(x, y)$ である．

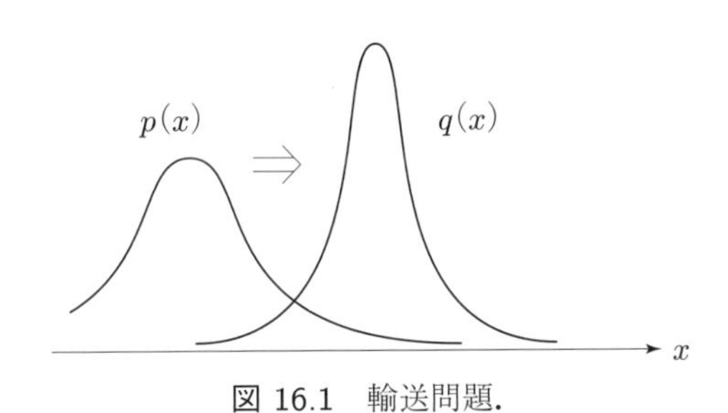

図 16.1　輸送問題.

この分布も総量が1であるから確率分布である．ただし，分布 p を分布 q に移すのであれば，送り側の条件と受け側の条件

$$\int P(x,y)dy = p(x), \tag{16.1}$$

$$\int P(x,y)dx = q(y) \tag{16.2}$$

を満たさなければならない．このときの輸送コストは，$M = m(x,y)$ として，

$$\langle P, M\rangle = \int P(x,y)m(x,y)dxdy \tag{16.3}$$

である．p を q に移すという条件 (16.1)，(16.2) の下で，コストの一番安い輸送プランを求める．これが最適輸送計画 P^* で

$$P^*(x,y) = \arg\min\langle P, M\rangle, \tag{16.4}$$

その時のコスト

$$C(p,q) = \min\langle P, M\rangle \tag{16.5}$$

を p と q の間の **Wasserstein 距離**という．

一般の距離空間 X の下で，Wasserstein 距離が定義する分布空間の幾何構造，とくに Ricci 曲率などを用いる研究が純粋数学の分野で大きく発展した．たとえば Villani[1)] が有名である．

16.2 エントロピー制約を付けた Wasserstein 距離

Wasserstein 距離を応用に使うときに問題になるのは，計算法である．X が1次元のユークリッド空間 $\boldsymbol{R}^1$ の場合を除けば，この問題は解析的には解けない．X が有限個の離散点 $X = \{0, 1, \cdots, n\}$ からなるときに，X 上の分布 $\boldsymbol{p} = (p_0, p_1, \cdots, p_n)$ は離散分布，$\boldsymbol{q}$ も同じで，次の線形計画問題 (LP) を解くことになる：

$$\min \sum P_{ij} m_{ij}, \tag{16.6}$$

$$制約条件\ \sum_j P_{ij} = p_i,\ \sum_i P_{ij} = q_j. \tag{16.7}$$

P_{ij} が輸送計画で，i 点の物資を j 点に移す量，m_{ij} は輸送コストである．画像の問題でも，数値的に解くときには画面を画素に刻んで，有限個の離散問題とする．

LP 問題は解の一意性が必ずしも保証されない．さらに，解である最適輸送計画 P^* は $\boldsymbol{p}$ と $\boldsymbol{q}$ に関して連続ではなくなるときがある．また，画像のような大規模な系では，LP を解くのは計算量が多くて困難である．これらの難点を救うために，M. Cuturi[4)] は正則化項としてエントロピーを加え，**エントロピー規制輸送問題**を考えた．

λ を規制の強さとして，コストとして正規化項を加えた

$$\langle P, M\rangle + \lambda H(P) \tag{16.8}$$

を考える．ここに $H(P)$ はエントロピー

$$H(P) = -\sum_{i,j} P_{ij} \log P_{ij} \tag{16.9}$$

である．λ が0なら元の問題であり，λ が大きくなれば，輸送計画 P のエントロピーがある程度大

きいことを要請する．これを解くには，制約条件 (16.2)，(16.3) および $\sum P_{ij} = 1$ に対応するラグランジュの制約定数 α_i, β_j, μ を導入して，

$$L(P) = \langle P, M\rangle + \lambda H(P) - \sum_{i,j} \alpha_i P_{ij} - \sum_{i,j} \beta_j P_{ij} + \mu \sum_{i,j} P_{ij} \tag{16.10}$$

を最小化する P^* を求めればよい．記号が煩わしくなるのを避けるために，ラグランジュ未定計数を α_i, β_j, μ の代わりに $\lambda\alpha_i$, $\lambda\beta_j$, $\lambda\mu$ を用いよう．すると，L を P_{ij} で微分して

$$\frac{1}{\lambda}\frac{\partial L}{\partial P_{ij}} = \frac{1}{\lambda} m_{ij} + \log P_{ij} - \alpha_i - \beta_j + \mu = 0 \tag{16.11}$$

を得る．ここから最適輸送計画が求まる[5,6]．

定理 16.1 $\boldsymbol{p}$ を $\boldsymbol{q}$ に移す最適輸送計画は

$$P_{ij}^* = \exp\left\{-\frac{1}{\lambda} m_{ij} + \alpha_i + \beta_j - \mu\right\}, \tag{16.12}$$

ただし，α_i, β_j, μ は制約条件から $\boldsymbol{p}, \boldsymbol{q}$ の関数として定まる．

16.3 最適輸送計画の多様体

$(\boldsymbol{p}, \boldsymbol{q})$ を与えれば，最適計画 P^* が決まる．一方，輸送計画 P は $X \times X$ 上の確率分布であり，その全体 $\{P = (P_{ij})\}$ は $(n+1)^2 - 1$ 次元の多様体である．これは確率単体 $S_{(n+1)^2-1}$ で，指数型分布族をなすから e-平坦である．

最適輸送計画の全体はその部分空間であり，$(\boldsymbol{p}, \boldsymbol{q})$ を座標系として持つ．実はこれは e-平坦な部分空間であり，それ自体指数型分布族をなす．これを示そう．始点と終点を結ぶ枝は $(n+1)^2$ 個あるから i と j を結ぶ枝を (i, j) とし，x はこれらの枝を示すとしよう．$(n+1)^2$ 個の変数

$$\delta_{ij}(x) = \begin{cases} 1, & x = (i, j) \\ 0, & x \neq (i, j) \end{cases} \tag{16.13}$$

を導入しよう．$P(x)$ は $x = (i, j)$ のとき P_{ij} の値を取る x の確率分布とする．すると最適計画の全体は，次の定理の形にまとめられる[5,6]．

定理 16.2 最適計画のなす空間は指数型分布族で，

$$P^*(x) = \exp\left\{\sum \left(-\frac{m_{ij}}{\lambda} + \alpha_i + \beta_j\right) \delta_{ij}(x) - \psi\right\}. \tag{16.14}$$

ここに α_i，β_j は e-座標系で，これと双対な m 座標系が p_i, q_j である．

これは，制約条件式 (18.7) から直ちにわかる．ポテンシャル関数 $\psi(\boldsymbol{\alpha}, \boldsymbol{\beta})$ は規格化乗数に対応し，

$$\sum_{i,j} P_{ij}^* = 1 \tag{16.15}$$

から求まる．

一方双対ポテンシャルは次の定理で与えられる[6]．

定理 16.3 双対ポテンシャル $\varphi(\boldsymbol{p}, \boldsymbol{q})$ は規制コスト関数 $C(\boldsymbol{p}, \boldsymbol{q})$ である．

これは驚くべき結果であるが，Legendre の式 $\varphi(\boldsymbol{p}, \boldsymbol{q}) = \boldsymbol{\alpha} \cdot \boldsymbol{p} + \boldsymbol{\beta} \cdot \boldsymbol{q} - \psi(\boldsymbol{\alpha}, \boldsymbol{\beta})$ と ψ を定義す

る $\sum P_{ij}=1$ を用いて計算すれば示せる．

16.4 エントロピー制約が与えるダイバージェンス

Cuturi は，計算のしやすいエントロピー規制のコスト関数 $C(\boldsymbol{p},\boldsymbol{q})$ を用いてこれをダイバージェンスとして使い，画像などの多くの問題を解き素晴らしい成果を得た．もちろん，λ を 0 に近づければ，コスト関数は Wasserstein 距離に近づく．しかし，多くの問題で λ を 0 にするよりは，少し大きい値の方が良い結果を与えることを示し，エントロピー制約の重要性を示した．

しかし $C(\boldsymbol{p},\boldsymbol{q})$ をダイバージェンスのように考えるのは $\lambda=0$ 以外では問題がある．$C(\boldsymbol{p},\boldsymbol{q})$ はダイバージェンスの要件を満たさないからである．$C(\boldsymbol{p},\boldsymbol{q})$ は正とは限らない．さらに $C(\boldsymbol{p},\boldsymbol{p})$ が 0 でないばかりか，$\boldsymbol{p}$ を与えた時に $C(\boldsymbol{p},\boldsymbol{q})$ を最小にする $\boldsymbol{q}$ は，$\boldsymbol{q}=\boldsymbol{p}$ ではない．だから，$C(\boldsymbol{p},\boldsymbol{q})$ をもとにこれを補正して，正しいダイバージェンスを作る必要がある[7,8]．

まず，$\boldsymbol{p}$ を与えた時に $C(\boldsymbol{p},\boldsymbol{q})$ を最小にする $\boldsymbol{q}$ を求めよう．そのために，以下の線形演算子 $K=\left(K_{i|j}\right)$ を定義しておく．

$$\tilde{K}_{ij}=\exp\left\{-\frac{m_{ij}}{\lambda}\right\} \tag{16.16}$$

とおいて

$$K_{i|j}=\frac{\tilde{K}_{ij}}{\sum_i \tilde{K}_{ij}}. \tag{16.17}$$

定理 16.4　$\boldsymbol{p}$ を与えた時に $C(\boldsymbol{p},\boldsymbol{q})$ は

$$\boldsymbol{q}=K\boldsymbol{p} \tag{16.18}$$

の時に最小値を取る．

証明　最小値を $\boldsymbol{q}^*$ としよう．これは

$$\partial_{\boldsymbol{q}} C\left(\boldsymbol{p},\boldsymbol{q}^*\right)=0 \tag{16.19}$$

を満たす．この式は $\boldsymbol{\beta}=0$ と等価であるから，$\boldsymbol{p}$ から $\boldsymbol{q}^*$ への最適計画は

$$P_{ij}^*=\exp\left\{-\frac{m_{ij}}{\lambda}+\alpha_i-\psi\right\}=\tilde{K}_{ij}\exp\left\{\alpha_i-\psi\right\}, \tag{16.20}$$

これに

$$\sum_j P_{ij}^*=p_i \tag{16.21}$$

を合わせれば

$$P_{ij}^*=K_{i|j}p_i. \tag{16.22}$$

これを用いれば

$$\sum_i P_{ij}^*=q_j^* \tag{16.23}$$

より定理が得られる[7]．

演算子 K は，$\boldsymbol{p}$ をぼかして一様分布に近づける．すなわち，拡散演算子とみなせる．逆に K^{-1} は

逆拡散で，分布をシャープにする．これを利用すれば，新しいダイバージェンスを次のように $C(\boldsymbol{p},\boldsymbol{q})$ から作ることができる[7]．

$$D[\boldsymbol{p}:\boldsymbol{q}]=C\left(\boldsymbol{p},K^{-1}\boldsymbol{q}\right)-C\left(\boldsymbol{p},K^{-1}\boldsymbol{p}\right). \tag{16.24}$$

これはダイバージェンスではあるが，Bregman 型には書けないから，ここから得られる計量と接続は，双対平坦ではない．

もう一つ，もっと簡単にダイバージェンスを得る方法がある．これは文献 8) で本格的に研究されたもので，

$$\tilde{D}[\boldsymbol{p}:\boldsymbol{q}]=C(\boldsymbol{p},\boldsymbol{q})-\frac{1}{2}\left\{C(\boldsymbol{p},\boldsymbol{p})+C(\boldsymbol{q},\boldsymbol{q})\right\} \tag{16.25}$$

と置けばよい．すこし工夫すると，これがダイバージェンスの条件を満たすことが分かる．

16.5 パターンの集まりの中心：形と位置の分離定理

ダイバージェンスを用いて，種々の情報処理を行うことができる．ここでは，画像パターンを 2 次元空間上の分布 $\boldsymbol{p}=p(\boldsymbol{x}),\ \boldsymbol{x}\in\boldsymbol{R}^2$ とみて，いくつかのパターン $S=\{\boldsymbol{p}_1,\cdots,\boldsymbol{p}_m\}$ があった時に，それらの中心（barycenter）となるパターンを求めてみよう．いくつかのパターンがあるときに，中心パターンとして，それらのパターンに共通の形が抽出できれば素晴らしい．

いま，S の各パターンから，あるパターン $q(x)$ へのダイバージェンスの和

$$F(\boldsymbol{q})=\sum_{i=1}^{m}D\left[\boldsymbol{p}_i:\boldsymbol{q}\right] \tag{16.26}$$

を考え，これを最小にする $\boldsymbol{q}^*$ を S の中心と定義しよう．

パターン間のユークリッド距離の二乗

$$D[\boldsymbol{p}:\boldsymbol{q}]=\sum\left(p_i-q_i\right)^2 \tag{16.27}$$

をダイバージェンスとすれば，中心はまさしく重心，つまり平均

$$\boldsymbol{q}^*=\frac{1}{m}\sum\boldsymbol{p}_i \tag{16.28}$$

で与えられる．これだと，たとえ同じ形のパターンでも，その位置がずれているものが多数あるときに，その中心を求めれば，位置ずれが邪魔して中心パターンは元の形とは程遠く，ぼけて広がったものになる．KL ダイバージェンスや Hellinger 距離などを用いて中心を求めても共通の形は抽出できない．Cuturi[4] は，エントロピー制約のコスト関数 $C(\boldsymbol{p},\boldsymbol{q})$ をダイバージェンスの代わりに用いて，形の抽出ができることを示し，この分野を活性化した．コスト関数でもこれだけよいのだから，我々の定義した真のダイバージェンスを用いれば，もっと性能が良い[7,8]．

2 次元画像に話を絞り，パターンを 2 次元画面上の分布 $p(\boldsymbol{x})$ とする．計算は 2 次元平面を画素に刻んで離散分布で行う．このときエントロピー制約付きのコスト関数やそこから得られるダイバージェンスを用いれば，パターンの位置と形が分離して，共通の形が抽出できることを示そう．まずパターン $p(\boldsymbol{x})$ の重心を

$$\boldsymbol{\xi}_p=\int\boldsymbol{x}p(\boldsymbol{x})d\boldsymbol{x} \tag{16.29}$$

で定義する．

次に，パターン $p(\boldsymbol{x})$ の平行移動を定義する．パターンを画面上で $\boldsymbol{d}$ だけ移動したものを

$$T_{\boldsymbol{d}}\boldsymbol{p} = p(\boldsymbol{x} - \boldsymbol{d}) \tag{16.30}$$

としよう．$T_{\boldsymbol{d}}$ は位置を $\boldsymbol{d}$ だけ移動する演算子である．S の n 個のパターンのそれぞれに対して，その重心がすべて 0 に来るように

$$\bar{\boldsymbol{p}}_i = T_{\boldsymbol{\xi}_{p_i}}\boldsymbol{p} = p\left(\boldsymbol{x} - \boldsymbol{\xi}_{p_i}\right) \tag{16.31}$$

のように平行移動しよう．この時，移動したパターン $\bar{\boldsymbol{p}}_1, \cdots, \bar{\boldsymbol{p}}_m$ はすべて重心の位置が同じである．

2 次元平面での 2 点間の移動コストを距離の二乗にとる．この時次の分離定理が知られている[7)]．

定理 16.5　二つのパターン $p(\boldsymbol{x})$ を $q(\boldsymbol{x})$ を考え，それぞれの重心の位置を $\boldsymbol{\xi}_p, \boldsymbol{\xi}_q$ とする．$q(\boldsymbol{x})$ をその重心が $p(\boldsymbol{x})$ の重心と一致するように平行移動したパターンを $\bar{q}(\boldsymbol{x})$ とする．この時，$\boldsymbol{p}$ から $\boldsymbol{q}$ へのコスト関数は，形の変化のコスト関数と，重心移動のコストとの和

$$C[\boldsymbol{p} : \boldsymbol{q}] = C\left[\boldsymbol{p} : \bar{\boldsymbol{q}}\right] + \left|\boldsymbol{\xi}_p - \boldsymbol{\xi}_q\right|^2 \tag{16.32}$$

のように分解できる．C から得られる $D, \tilde{D}$ についても同じ分解が成立する．

証明　$\boldsymbol{p}$ から $\boldsymbol{q}$ への移動は，まず $\boldsymbol{p}$ を $\bar{\boldsymbol{q}}$ に重心を変えることなく形を変えるように移動し，さらに $\boldsymbol{q}$ を $\bar{\boldsymbol{q}}$ に形を変えることなく平行移動すればよい．輸送プラン $P(\boldsymbol{x}, \boldsymbol{y})$ で，$\boldsymbol{y}$ の平行移動によるコスト $\langle M, P\rangle$ の変化を考えると，パターン $\boldsymbol{p}$ と $\boldsymbol{q}$ の移動コストは (16.32) の分解が可能である．一方，P の平行移動はエントロピーを変えない．これより定理を得る[7)]．

これを用いれば，次の定理が成立する．

定理 16.6　パターンの集まり $S = \{\boldsymbol{p}_1, \cdots, \boldsymbol{p}_m\}$ の中心 $q(\boldsymbol{x})$ は，これらのパターンを平行移動してすべてのパターンが重心を共有するように移動したのち，それらのパターンの中心の形を求め，そのパターンをすべてのパターンの重心の重心に置いたものに等しい．

証明は簡単である．これで Cuturi の驚くべき結果のトリックが分かった．なおダイバージェンス D を用いれば，得られた重心のパターンはもっと鮮明になる．

終わりの一言

Wasserstein 幾何はずっと時代を遡る数学の話題であった．これが線形計画問題として認識され，Kantorovich が整備してノーベル経済学賞を受けた．さらに距離空間 X が一般化されるにつれて数学でも注目され，近年の流行のテーマとなっている．ここでは分布（パターン）間の距離構造から，それが定義する幾何学に関心が移り，それがリーマン構造やフィンスラー構造を持つことが議論され，さらに曲率とくに Ricci 曲率に関心が集まり，数学として論ずることに注目が集まっている．

一方応用に目を転ずれば，分布をパターンとみた場合，その定義域である X は通常は距離空間である．応用上は画像ならば 2 次元平面 $\boldsymbol{R}^2$ であるが，ボルツマン機械のように n 立体 $\{0,1\}^n$ で定義されるものもある．いずれにせよ，こうしたパターン間のダイバージェンスとして，X の距離構造を反映した Wasserstein 距離もしくはそこから得られる規制 Wasserstein ダイバージェンスを用いるのは自然な話である．しかし，計算上の制約があったが，Cuturi によるエントロピー規制 Wasserstein コスト関数の提案以来，応用分野が拡大し，いまや大きな話題となっている．画像処理はもとより，深層学習の分野での応用も注目されつつある．

本章では情報幾何の立場から，Wasserstein 幾何を扱った．もちろん W 幾何は分布間の距離が情報幾何の意味で不変ではないから，情報幾何とは大きく違う．しかし情報幾何を用いて W 幾何を研究できる．それを試みたのが本章で，私の引退後の仕事である．なお，ここで定義した Wasserstein

ダイバージェンスを用いて，統計学を建設することが考えられる．たとえば，データの観測経験分布から，モデルへの射影でKLダイバージェンスの代わりにWダイバージェンスを用いたら，どんな推定量が得られるだろうか．ガウス分布の平均と分散に対してこれを試みると，一致推定量が得られるが，これはFisher efficientではない．では，これにはどんなメリットがあるのだろう．Wasserstein統計学はこれからぜひ試みてみたい話題である．

参考文献

1) C. Villani, *Topics in Optimal Transportation*, AMS, 2013.
2) F. Santambrogio, *Optimal Transport for Applied Mathematician*, Birkhauser, 2015.
3) G. Peyre and M. Cuturi, Computational Optimal Transport, arXiv:1803.00567, 2018.
4) M. Cuturi, Sinkhorn distances: Lightspeed computation of optimal transport, *NIPS*, **26**, pp.2292–2300, 2013.
5) M. Cuturi and G. Peyre, A smoothed dual approach for variational Wasserstein problems, *SIAM J. on Imaging Sciences*, **9**, pp.320–343, 2016.
6) S. Amari, R. Karakida and M. Oizumi, Information geometry connecting Wasserstein distance and Kullback-Leibler divergence via the entropy-relaxed transportation problem, *Information Geometry*, **1**, pp.13–37, 2018.
7) S. Amari, R. Karakida, M. Oizumi and M. Cuturi, Information geometry for regularized optimal transport and barycenters of patterns, *Neural Computation*, **31**, pp.827–848, 2019.
8) J. Feydy, T. Séjourné, F-X. Vialard, S. Amari, A. Trouvé, G. Peyré, Interpolating between Optimal Transport and MMD using Sinkhorn Divergences. In *Proc. AISTATS'19*, 2019.

第17章

信号処理と最適化の情報幾何

本章では主成分分析，独立成分分析，さらにはスパース信号分解などの信号処理の話題と，線形計画法や半正定値計画法などの最適化問題を情報幾何の立場から眺める．

線形空間において，信号の基底を変えればその表現は変わる．例えば，時間の関数である信号 $x(t)$, $0 \le t \le 1$ を考えよう．これは時間を離散化すれば，ベクトル $\boldsymbol{x}$ で表せるが，フーリエ変換，ウェーブレット変換などによって基底が変わり，その表現が変わる．画像信号 $s(x, y)$ も同じでいろいろな表現があり，うまい表現を使うと情報圧縮符号化，画像修復などがやりやすい．まず，信号 $\boldsymbol{x}$ を相関のない成分に分解する主成分分析から話を始めよう．

17.1　主成分分析

17.1.1　信号の線形表現と分解：主成分分析

ベクトル信号 $\boldsymbol{s} = (s_1, \cdots, s_n)$ をもとに，ベクトル信号 $\boldsymbol{x} = (x_1, \cdots, x_m)$ が，次の線形変換で生成されたと考えよう．

$$\boldsymbol{x} = A\boldsymbol{s} + \boldsymbol{\varepsilon}. \tag{17.1}$$

A は $m \times n$ 行列で，$\boldsymbol{\varepsilon}$ は雑音項（これを無視するときもある）である．$m = n$ ならば A は正方行列である．$\boldsymbol{s}$ はある確率分布に基づいて生成されるとし，従って $\boldsymbol{x}$ も確率変数とする．$\boldsymbol{x}$ が多数観測されたときに，そこから元の信号 $\boldsymbol{s}$ に関する情報を知りたい．

確率変数 $\boldsymbol{x}$ が平均 0，分散行列 V_X の分布に従っているとしよう．平均は 0 でなくてもよいが，その際は原点をずらして 0 になるように補正しておく．このとき，$\boldsymbol{x}$ を縦ベクトルとすると，分散行列は

$$V_X = E\left[\boldsymbol{x}\boldsymbol{x}^T\right] \tag{17.2}$$

である．いま，直交変換 O を用いて $\boldsymbol{x}$ を $\boldsymbol{s} = O\boldsymbol{x}$ に変換してみる．$\boldsymbol{s}$ の分散行列は

$$V_S = E\left[\boldsymbol{s}\boldsymbol{s}^T\right] = OV_XO^T \tag{17.3}$$

であるから，これが対角行列になれば，$\boldsymbol{s}$ の成分は無相関である．すなわち，(17.1) は成分が無相関の $\boldsymbol{s}$ を変換して $\boldsymbol{x}$ が生成されたと見なせる．いま，行列 V_X の固有値を大きい順に $\lambda_1 > \lambda_2 > \cdots > \lambda_n$ とし，対応する固有ベクトルを $\boldsymbol{o}_1, \cdots, \boldsymbol{o}_n$ とする．この固有ベクトルを横に並べて直交行列 $O = [\boldsymbol{o}_1 \cdots \boldsymbol{o}_n]$ を作ると，V_S は

$$V_S = \begin{bmatrix} \lambda_1 & & \\ & \ddots & \\ & & \lambda_n \end{bmatrix} \tag{17.4}$$

のように対角行列になる（固有値が重複する場合は，この固有値に対応する固有ベクトルは一意に

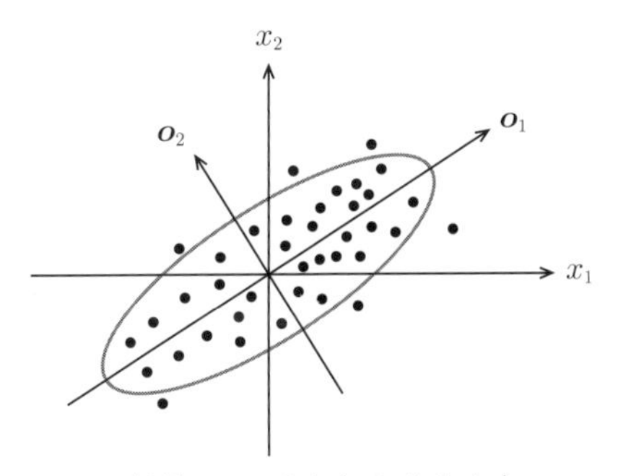

図 17.1　信号 $\boldsymbol{x}$ の分布と主成分方向 $\boldsymbol{o}_1, \boldsymbol{o}_2$.

決まらず，対応する固有部分空間が定まるのみであるが，この問題にはここではふれない).

$\boldsymbol{s}$ の各成分 s_i は無相関，$E[s_i s_j] = 0\ (i \neq j)$ であり，ガウス分布ならば，無相関であれば独立である．$\boldsymbol{s}$ の各成分の分布を見れば，固有値の大きい成分，例えば s_1, s_2 などは幅広く分布していて，固有値の小さいものに対応する s_i は狭い．これを $\boldsymbol{x}$ で見れば，固有値の大きい $\boldsymbol{o}_1$ 方向（これを**第 1 主成分**と呼ぶ）に広く分布し，その次が**第 2 主成分**方向 $\boldsymbol{o}_2$ で，順に小さくなる（図 17.1).

$$\boldsymbol{x} = \sum_{i=1}^{n} s_i \boldsymbol{o}_i, \quad \tilde{\boldsymbol{x}} = \sum_{i=1}^{k} s_i \boldsymbol{o}_i \tag{17.5}$$

とすると，$\tilde{\boldsymbol{x}}$ は $\boldsymbol{x}$ で固有値の大きい順に k 個の成分を使い，あとは捨てたものである．すなわち k 個の固有ベクトル $\boldsymbol{o}_1, \cdots, \boldsymbol{o}_k$ の張る部分空間を考え，$\boldsymbol{x}$ をこの部分空間に射影する．こうしても，$\boldsymbol{x}$ と $\tilde{\boldsymbol{x}}$ とはそれほど違わないであろう．事実，余分の成分を捨てることによる誤差の大きさは

$$E\left[|\boldsymbol{x} - \tilde{\boldsymbol{x}}|\right]^2 = \sum_{i=k+1}^{n} \lambda_i \tag{17.6}$$

にすぎない．こうすれば‘無駄’な成分を切り捨て，$\boldsymbol{x}$ の低次元化に成功する．これが主成分分析の効能の一つである．

各成分のスケールを変えて，$s'_i = s_i/\sqrt{\lambda_i}$ としてみる．このとき，$\boldsymbol{s}'$ の分散行列は $V_{S'} = E\left[\boldsymbol{s}'\boldsymbol{s}'^T\right] = I$ となる（I は単位行列)．これを信号 $\boldsymbol{x}$ の**白色化**と呼ぶ．この用語は，$\boldsymbol{x}$ が時間信号 $x(t)$ であったとき，これを線形変換（線形のフィルターを通す）により，時間相関のない白色雑音にすることからきている．白色化した後で，信号 $\boldsymbol{s}'$ をさらに新しい直交変換 U を用いて $\boldsymbol{s}'' = U\boldsymbol{s}'$ と変換してみても，U は直交行列であるから $E\left[\boldsymbol{s}''\boldsymbol{s}''^T\right] = UIU^T = I$ であるので，$\boldsymbol{s}''$ の分散行列は I である．だから，信号のスケールが自由に選べるとすると，白色化は一意に決まらない．これは心理学などで問題になっていた，**因子の回転不定性**と呼ばれる問題である．この原因は信号のガウス性にある．ガウス信号では，無相関ならば独立であった．もし信号 $\boldsymbol{x}$ がガウス分布でなければ，無相関だけでなく独立性を要求することで，不定性が解消する．これが後に述べる独立成分分析である．

17.1.2　主成分分析と学習のダイナミックス

分散行列 V_X は多くの場合，観測された多数の $\boldsymbol{x}$，すなわち $\boldsymbol{x}_1, \cdots, \boldsymbol{x}_N$ から求める．経験分散行列

$$\hat{V}_X = \frac{1}{N} \sum \boldsymbol{x}_i^T \boldsymbol{x}_i \tag{17.7}$$

を V_X の推定値と考え，その固有値と固有ベクトルを求めて固有方向を定める．データ $\boldsymbol{x}_i$ が逐次

的に与えられるときに，学習の手法を使ってもよい．まず，第 1 主成分 $\boldsymbol{w} = \boldsymbol{o}_1$ を学習により求めよう．これには，線形ニューロン $y = \boldsymbol{w} \cdot \boldsymbol{x}$ を考える．$\boldsymbol{w}$ を単位ベクトルとすれば，y は $\boldsymbol{x}$ を $\boldsymbol{w}$ 方向に射影したものである．$\boldsymbol{x}$ を $y\boldsymbol{w}$ で近似するときの誤差である損失関数

$$l = \frac{1}{2} |\boldsymbol{x} - y\boldsymbol{w}|^2 \tag{17.8}$$

の期待値を最小にする $\boldsymbol{w}$ が第 1 主成分 $\boldsymbol{o}_1$ である．勾配法を用いて，$\Delta \boldsymbol{w} \propto -\nabla l(\boldsymbol{x}, \boldsymbol{w})$ とし，$|\boldsymbol{w}|^2 = 1$ に注意して計算すれば，学習はデータ $\boldsymbol{x}(t)$ が入る毎に $\boldsymbol{w}$ を

$$\boldsymbol{w}(t+1) = \boldsymbol{w}(t) + y(t)\boldsymbol{x}(t) - y^2(t)\boldsymbol{w}(t) \tag{17.9}$$

と変えればよい．これはニューロンの学習の一種であり，甘利が指摘し[1)]，後に Oja によって基礎が築かれた[2)]．

k 個の固有ベクトルの張る部分空間を直接に求めることもできる．いま，k 個の固有ベクトルを固有値の大きい順に並べてできる $n \times k$ 行列を $W = [\boldsymbol{o}_1 \cdots \boldsymbol{o}_k]$ とする．これは，固有値の大きい k 個の固有ベクトルの張る k 次元の部分空間を定める．このとき，$y_i = \boldsymbol{o}_i \cdot \boldsymbol{x}$ と置けば，$\boldsymbol{x}$ をこの部分空間に射影したものは

$$\tilde{\boldsymbol{x}} = WW^T\boldsymbol{x} = \sum y_i \boldsymbol{o}_i \tag{17.10}$$

である．そこで，射影による切り捨て誤差

$$L(W) = \frac{1}{2} E\left[\left|\boldsymbol{x} - WW^T\boldsymbol{x}\right|^2\right] \tag{17.11}$$

を最小にする k 個の固有ベクトルの張る部分空間 W を求めたい．前と同様に L を W で微分すれば，勾配法による学習を連続時間で書いて，微分方程式

$$\dot{W}(t) = V_X W(t) - W(t)W(t)^T V_X W(t) \tag{17.12}$$

が得られる[3)]．ここで，$\dot{W}(t) = (d/dt)W(t)$ である．この微分方程式を離散化し，学習の形に直せば

$$\boldsymbol{w}_i(t+1) - \boldsymbol{w}_i(t) = y_i(t)\boldsymbol{x}(t) - \sum_j y_j^2(t)\boldsymbol{w}_j(t), \quad i = 1, \cdots, k \tag{17.13}$$

となる．

方程式 (17.12) は，最大固有値に対応する k 個の固有ベクトルの張る部分空間 W に収束する．ただこれは最大固有値の部分空間を与えるが，各列が第 1 主成分 $\boldsymbol{o}_1$，第 2 主成分 $\boldsymbol{o}_2$，$\cdots$ に対応するわけではなく，W の列全体でこの部分空間を張るにすぎない．

W の各列が各主成分になるようにするアルゴリズムは，Xu によるちょっとした工夫で得られた[4)]．そこでは $d_1 > d_2 > \cdots > d_k > 0$ なる対角成分を持つ対角行列 $D = \mathrm{diag}\,(d_i)$ を用い，(17.12) を

$$\dot{W}(t) = V_X W(t)D - W(t)DW(t)^T V_X W(t) \tag{17.14}$$

のように修正する．すると縮退がとけて，D の対角成分の大きさの順に，W の列が第 1 主成分から順に求まる．

最大ではなくて最小の固有値に対応する固有ベクトルが求めたいときもある．これは逆行列 V_X^{-1} の主成分である．V_X^{-1} の主成分を求めるには，(17.8) の L を最大にすれば良い．例えば第 1 最小成分 $\boldsymbol{o}_n$ を求めるには，$\partial L/\partial \boldsymbol{w}$ を最大にするのだから，(17.9) の $\Delta \boldsymbol{w}$ の符号を変えて学習すれば良さそうである．ところが，やってみるとうまくいかない．最小成分（または k 個の最小成分の張る部分空間）を求める方法は謎であった．

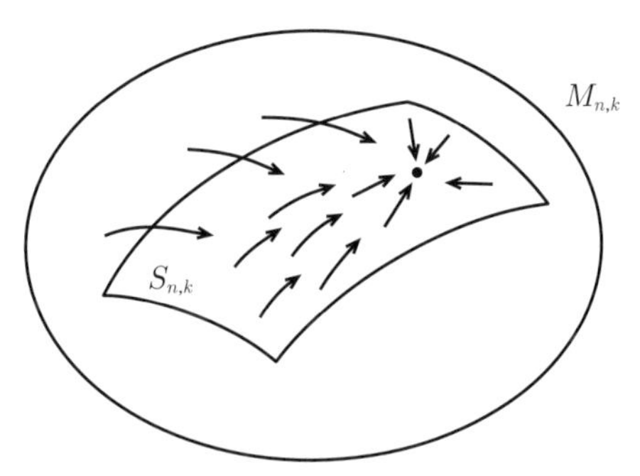

図 17.2　$n \times k$ 行列空間 $M_{n,k}$ の中で，力学系のフローが $S_{n,k}$ に流れ込めば $S_{n,k}$ は安定多様体となり，ここから出れば不安定となる．

k 個の直交する単位ベクトルからなる行列 W は，k 次元の部分空間とそれを張る正規直交基底を定める．このような行列の全体を $n \times k$ **Stiefel 空間** $S_{n,k}$ と呼ぶ．これは $n \times k$ 行列の作る空間 $M_{n,k}$ の部分空間である．力学系の方程式 (17.12) は Stiefel 空間 $S_{n,k}$ 上で定義されるが，これを $M_{n,k}$ 上に拡大し，その上での方程式とみることができる．$S_{n,k}$ 上の点に誤差が加わって $W(t)$ が $S_{n,k}$ からずれた場合，方程式 (17.12) のままでは，ずれが拡大していく恐れがある（図 17.2）．学習の場合はもとより，数値計算でも誤差は必ず現れる．

最大固有値の主成分を求めるアルゴリズム (17.12) または (17.14) は，実はずれを自動的に減らす．すなわち方程式 (17.12) を $M_{n,k}$ に拡大しても，その内部で $S_{n,k}$ は力学系の安定部分多様体であることが示せる．しかるに，符号を逆転した

$$\dot{W}(t) = -V_X W(t) + W(t)W(t)^T V_X W(t) \tag{17.15}$$

では，$M_{n,k}$ の中で $S_{n,k}$ は不安定部分多様体で，解軌道はここから離れていく．主成分を求めるのに，(17.12) が安定であることは幸運だった．それならば主成分もしくは最小成分を求めるのに，$S_{n,k}$ に属する $W(t)$ の代わりに，$M_{n,k}$ に属する勝手な $n \times k$ 行列 $M(t) = [\boldsymbol{m}_1(t) \cdots \boldsymbol{m}_k(t)]$ を考えよう．ここで

$$\dot{M}(t) = V_X M(t)^T M(t) - M(t)M(t)^T V_X M(t), \tag{17.16}$$

$$\dot{M}(t) = -V_X M(t)^T M(t) + M(t)M(t)^T V_X M(t) \tag{17.17}$$

と置く．ここに (17.16) は V_X の主成分を求める方程式，(17.17) は最小成分を求める方程式である[5]．この方程式で，$M(t)$ を特異値分解すると

$$M(t) = W(t)DU \tag{17.18}$$

のように書ける．ここで $W(t) \in S_{n,k}, U$ は $k \times k$ 直交行列，D は対角行列で共に t によらない．従って $S_{n,k}$ 上で，この方程式を書けば

$$\dot{W}(t) = \pm \left\{ V_X W D - W D W^T V_X W \right\} \tag{17.19}$$

になっていることがわかる．D と U は方程式 $M(t)$ の不変量であるから，$M(t)$ の初期値を例えば $M(0) = \mathrm{diag}\,[d_i]$ から出発すればよい．

$n = k$ の場合，これは **Brockett 流**となり[6]，$f(M(t)) = \mathrm{tr}\left\{ M(t)M(t)^T V_X \right\}$ を損失関数とする勾配流になる．

17.2 独立成分分析

17.2.1 独立成分の混合

(17.1) 式において，信号 $\boldsymbol{s}$ の各成分は独立と想定し，$\boldsymbol{x}$ の各成分はそれらを線形結合で混合したものと考える．例えば，パーティ会場で何人かが話をしている．i 番目の人の話す音声信号を $s_i(t)$ とし，それらは独立とする．部屋にはマイクがいくつかあり，各人の話が混合して拾われる．j 番目のマイクが拾う信号は

$$x_j(t) = \sum A_{ji} s_i(t), \quad \boldsymbol{x}(t) = A\boldsymbol{s}(t) \tag{17.20}$$

で，混合の係数 A_{ji} は各人の場所とマイクの位置によって決まる（図 17.3）．これは未知である．このとき，混合した信号 $x_j(t), j = 1, \cdots, m$ だけを観測して，各人の話 $s_i(t), i = 1, \cdots, n$ が復元できるかという問題である．

いま簡単のため，$m = n$ とする．$m > n$ の場合は，主成分分析を行って $\boldsymbol{x}$ の次元を n に下げればよい．$m < n$ の場合は，スパース信号処理の工夫がいる．また，観測は離散時間で行われているとし，$t = 1, 2, \cdots, T$ は離散とする．正方行列 A は正則とし，その逆行列を A^{-1} とする．とりあえず，雑音項 $\boldsymbol{\varepsilon}$ はないものとする．

A が分かっていれば，$\boldsymbol{x}$ を

$$\boldsymbol{y}(t) = A^{-1}\boldsymbol{x}(t) \tag{17.21}$$

と変換すれば，$\boldsymbol{y} = \boldsymbol{s}$ となり，各成分が独立になる．そこで，W を適当に定め，各 $\boldsymbol{x}(t)$ を $\boldsymbol{y}(t) = W\boldsymbol{x}(t)$ と変換し，その成分が独立かどうかを判定する．$W = A^{-1}$ なら独立になる．独立でなければ独立に近づくように W を変えていけばよい．独立性をどう判定するか，ここから話を進めるが，その前に，不定性の話を少しだけ書いておかなければならない．信号 $\boldsymbol{s}$ について，どの成分が 1 番目でどれが 2 番目か，その順番を入れ替えても，独立なものは独立のままである．また，各 s_i のスケールを勝手に変えても，それは独立のままである．したがって独立成分分析では，$\boldsymbol{y} = W\boldsymbol{x}$ によって独立なものが得られたとしても，その成分の順番は勝手だし，スケールもどうでもよい．だから独立性を回復する W には，これだけの不定性がある[7,8]．

17.2.2 独立性の基準と勾配法

各 s_i の確率分布を $r_i(\boldsymbol{s})$ とする．これは未知である．また，話を簡単にするために $E[s_i] = 0$ になるように原点を調整しておく．$\boldsymbol{s}$ の確率分布は

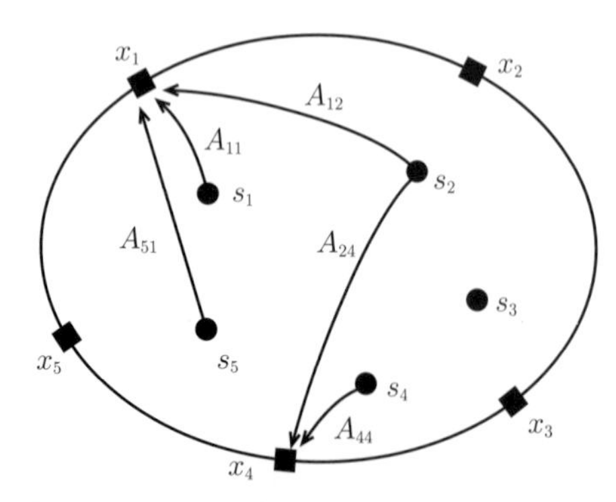

図 17.3　5 人の話者と 5 個のマイクロフォン．

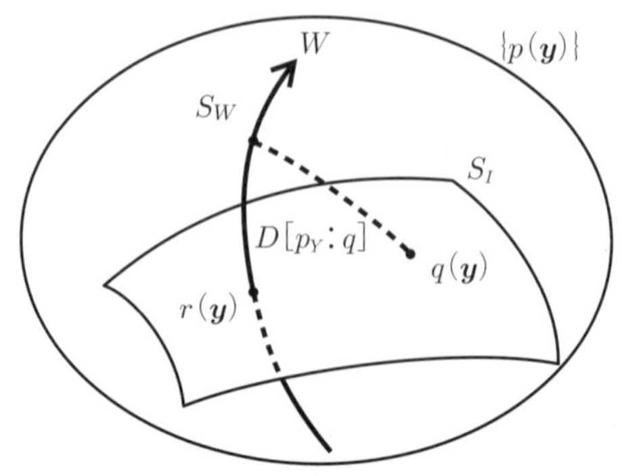

図 17.4　W による多様体 S_W と独立分布多様体 S_I は直交する．

$$r(\boldsymbol{s}) = \prod r_i(s_i) \tag{17.22}$$

と積の形に書ける．勝手な W を用いて，(17.21) によって $\boldsymbol{y}$ を作ったとしよう．$\boldsymbol{y}$ の確率分布を $p_Y(\boldsymbol{y}; W)$ と書くと，これは W に依存し，

$$p_Y(\boldsymbol{y}; W) = |WA|^{-1}\, r\left(A^{-1}W^{-1}\boldsymbol{y}\right). \tag{17.23}$$

とくに，$W = A^{-1}$ のときは，$\boldsymbol{y} = \boldsymbol{s}$ で $\boldsymbol{y}$ の分布は $r(\boldsymbol{y})$ となり，独立な分布である．そこで，分布 $p_Y(\boldsymbol{y})$ から分布 $r(\boldsymbol{y})$ までの KL ダイバージェンスを用いて，独立性からの乖離の度合とすればよい．しかし，r が未知であるという問題が残る．それならば，勝手な独立の分布

$$q(\boldsymbol{y}) = \prod q_i(y_i) \tag{17.24}$$

を選んで，$p_Y(\boldsymbol{y})$ から $q(\boldsymbol{y})$ までのダイバージェンス

$$D[p_Y : q] = \int p_Y(\boldsymbol{y}) \log \frac{p_Y(\boldsymbol{y})}{q(\boldsymbol{y})} d\boldsymbol{y} \tag{17.25}$$

を最小にする W を求めることにしてみよう．

ここで情報幾何が登場する．ベクトル $\boldsymbol{y}$ の確率分布の全体からなる空間 $S = \{p(\boldsymbol{y})\}$ を考えよう．この中に独立な確率分布全体の作る空間

$$S_I = \left\{p(\boldsymbol{y}) \middle| p(\boldsymbol{y}) = \prod p_i(y_i),\ p_i \text{は任意}\right\} \tag{17.26}$$

がある．$r(\boldsymbol{y})$ も $q(\boldsymbol{y})$ もここに含まれる．これは，e-平坦な部分多様体をなす．一方，W をパラメータとする $p_Y(\boldsymbol{y}, W)$ のなす多様体

$$S_W = \{p_Y(\boldsymbol{y}, W)\} \tag{17.27}$$

を考えると，これは平坦ではないが，分布 $r(\boldsymbol{y})$ で S_I と交わる．だから，$W = A^{-1}$ で，$D[p_Y(\boldsymbol{y}, W) : r(\boldsymbol{y})] = 0$ でこれは最小になる．ところで，$D[p_Y : q]$ はどうだろう．図 17.4 には，S_W と S_I とが直交するように書いてある．事実，両者は直交することが確かめられる．もし，S_W が m-平坦なら，ピタゴラスの定理によって，ダイバージェンス $D[p_Y : q]$ は，$q \in S_I$ が何であれ $W = A^{-1}$ で最小値を取るが，S_W は m-平坦ではないのでこうは都合良くいかない．しかし直交はしているのだから，$W = A^{-1}$ で極値を取る．ただ，極小のこともあるが，極大，もしくは鞍点かもしれない．それは q として何を取るかによる．q が r に近ければ問題はない．もっと詳しくいうと，それは S_W の m-曲率に関係する．図 17.4 を参照されたい．

勾配法により W を変えていくのなら，現在の W_t を勾配法によって，

$$W_{t+1} = W_t - \varepsilon \frac{\partial}{\partial W} D[p_Y(\boldsymbol{y}) : q(\boldsymbol{y})] \tag{17.28}$$

と変えれば良い[9]．$p_Y(\boldsymbol{y})$ から $q(\boldsymbol{y})$ への KL ダイバージェンスは

$$D_{KL}[p_Y(\boldsymbol{y}) : q(\boldsymbol{y})] = \int p_Y(\boldsymbol{y}) \log \frac{p_Y(\boldsymbol{y})}{q(\boldsymbol{y})} d\boldsymbol{y} \tag{17.29}$$

$$= -H(Y) - E[\log q(\boldsymbol{y})] \tag{17.30}$$

と書ける．$H(Y)$ は $\boldsymbol{y}$ のエントロピーで W の関数，$E[q(\boldsymbol{y})]$ は $q(\boldsymbol{y})$ の期待値である．$\boldsymbol{y} = W\boldsymbol{x}$ と変換した $\boldsymbol{y}$ のエントロピーは，$\boldsymbol{x}$ のエントロピー $H(X)$ を用いて

$$H(Y) = H(X) + \log|W| \tag{17.31}$$

と書ける．W を $W + dW$ に変えたときの $H(Y)$ の変化は

$$\log |W + dW| - \log |W| = \mathrm{tr}\left(dWW^{-1}\right) \tag{17.32}$$

のように計算できる．一方，$\log q(\boldsymbol{y})$ のほうは W の微小変化 dW に対して

$$d \log q_i(\boldsymbol{y}) = \frac{q_i'(y_i)}{q_i(y_i)} dy_i \tag{17.33}$$

と書ける．ここで

$$\varphi_i(y_i) = \frac{-q_i'(y_i)}{q_i(y_i)} \tag{17.34}$$

と置く．さらに $d\boldsymbol{y} = (dW)\boldsymbol{x}$ を用いると，

$$d \log q(\boldsymbol{y}) = -\boldsymbol{\varphi}(\boldsymbol{y})^T dWW^{-1}\boldsymbol{y} \tag{17.35}$$

となる．

したがって，(17.29) の D_{KL} を減少させるオンライン学習は，損失関数を

$$l(\boldsymbol{y}, W) = -H(Y) - \log q(\boldsymbol{y}) \tag{17.36}$$

と置いて，その変化

$$dl(\boldsymbol{y}, W) = -\mathrm{tr}\left(dWW^{-1}\right) + \boldsymbol{\varphi}(\boldsymbol{y})^T dWW^{-1}\boldsymbol{y} \tag{17.37}$$

を計算し，l を減らす方向に W を変えて行けばよい．W の変化 dW を

$$dX = dWW^{-1} \tag{17.38}$$

で計ってみよう．こうすると，

$$dl = -\mathrm{tr}(dX) + \boldsymbol{\varphi}(\boldsymbol{y})^T dX\boldsymbol{y} \tag{17.39}$$

が得られる．成分で書けば，l の dX 方向の微分（勾配）は dX を用いて

$$\frac{dl}{dX_{ij}} = -\delta_{ij} + \varphi_i(y_i)\, y_j \tag{17.40}$$

だから

$$\Delta X_{ij} = -\varepsilon\left(\delta_{ij} - \varphi_i(y_i)\, y_j\right), \quad \Delta X = -\varepsilon\left(I - \boldsymbol{\varphi}(\boldsymbol{y})\boldsymbol{y}^T\right) \tag{17.41}$$

のように変えれば良い．これを (17.38) より W の変化に直せば，学習規則

$$\Delta W = -\varepsilon\left(I - \varphi(\boldsymbol{y})\boldsymbol{y}^T\right) W \tag{17.42}$$

が得られる[10)]．

ここで，損失関数 $l(W)$ を W で微分した勾配を用いるのでなく，$dX = dWW^{-1}$ に直して dX の変化で勾配を計算するトリックを用いた．正則行列 W の全体のなす空間 $Gl(n)$ の空間を考えたときに，点 W での微小変化 dW を相対変化 $dX = dWW^{-1}$ で計る[*1)]．また，dW の長さの二乗を dX に移して

$$\langle dW, dW \rangle = \mathrm{tr}\,(dXdX) \tag{17.43}$$

で計る．これは $Gl(n)$ のリー群としての構造に適合したリーマン計量である．いま，W 点とその微

*1） dX は積分できない．すなわち $\int dWW^{-1}$ は積分経路に依存するから $X = \int dX$ のような X は W の関数として存在しない．このような量を**非ホロノーム**という．

小変化した $W+dW$ に，共に右から W^{-1} を掛けてみよう．これらは原点（単位行列）I とその微小変化 $I+dX$ に移る．原点での接ベクトル dX の計量を $\langle dX, dX\rangle = \mathrm{tr}\,(dX\,dX)$ で定義し，W 点の変化 dW の場合もこれを原点に移した dX の計量で定義する．これが，$Gl(n)$ の不変なリーマン計量（Killing 計量）である．ここでの学習法は，この計量を用いた自然勾配法になっている．

勾配法を用いる学習法は，Bell & Sejnowski が考案した[9]．しかし，自然勾配法ではないため，式が複雑であり，性能も劣っていた．自然勾配法は計算の手間から見ても優れている[10]．自然勾配学習法はリー群の不変性を基礎にするだけあって，数々の良い性質を持っている．例えば，W が何であっても，学習によらず，その収束の性質は一様である．なお，これ以外にもキュムラントを損失関数に用いるなど，多くのアルゴリズムが知られている[7,8]．しかし，いずれも W による勾配を用いるのではなく，dX を用いた自然勾配法にするのが良い．

17.2.3 推定関数とセミパラメトリックモデル

KL ダイバージェンスによるアルゴリズムは，分布 $r_i(\boldsymbol{s})$ が未知なので，勝手な独立分布 $q_i(y_i)$ を用いている．関数 $\boldsymbol{\varphi}(\boldsymbol{y})$ は仮に選んだ $q_i(s_i)$ から (17.34) で出てくる．関数 $\boldsymbol{\varphi}$ の選び方によっては，アルゴリズムは真の $W=A^{-1}$ 収束しないことがある．実をいうと，真の r_i と仮に定めた q_i とで，4 次のキュムラントの符号が一致しないとおかしなことが起こるという観測がある．

そこで，独立成分分析を統計学の立場でより一般的に考える．観測データ $\boldsymbol{x}(1),\cdots,\boldsymbol{x}(T)$ は，確率分布

$$p(\boldsymbol{x}, W, r_i) = \prod_i r_i\left(\sum_i W_{ij}x_j\right) \tag{17.44}$$

に従うとして，ここから W（もしくはその逆行列）を推定する問題である．しかし，分布 (17.44) は未知の母数として W の他に n 個の関数 $r_1(s),\cdots,r_n(s)$ を含む．これは，前に論じたセミパラメトリック統計問題である．

これを解くのに推定関数行列 $F(\boldsymbol{x}, W)$ を考える．これは，真の W を用いて $\boldsymbol{x}$ の期待値をとったときに，

$$E_W\left[F\left(\boldsymbol{x}, W'\right)\right]\begin{cases} =0, & W'=W, \\ \neq 0, & W'\neq W \end{cases} \tag{17.45}$$

を満たす関数である．ただし W の不定性より，$W'\neq W$ とは，$\boldsymbol{y}=W'\boldsymbol{x}$ では $\boldsymbol{y}$ が独立にならないことを意味するものとする．

情報幾何により推定関数を求めると，有効な推定関数の全体は，任意関数 $\boldsymbol{\varphi}(\boldsymbol{y})$ を含む

$$F(\boldsymbol{x}, W) = F(\boldsymbol{y}) = I - \boldsymbol{\varphi}(\boldsymbol{y})\boldsymbol{y}^T, \tag{17.46}$$

およびその線形変換で与えられることがわかる[11]．これ以外の推定関数はこれより効率が劣るから，これだけを考えれば良い．これを用いた推定は，推定方程式

$$\sum_{t=1}^{T} F(\boldsymbol{y}(t)) = \sum_{t=1}^{T} F\left\{W\boldsymbol{x}(t)\right\} = 0 \tag{17.47}$$

を解いて得られる．

ここでは学習型の逐次的な推定を考え，

$$W_{t+1} = W_t - \varepsilon_t F\left(\boldsymbol{x}_t, W_t\right) \tag{17.48}$$

でデータ $\boldsymbol{x}_t=\boldsymbol{x}(t)$ が来るごとに W を更新する方式を考える．ところで，F が推定関数なら，そ

れを線形に変換した

$$\tilde{F}(\boldsymbol{x}, W) = \boldsymbol{R}(W)F(\boldsymbol{x}, W) \tag{17.49}$$

も推定関数である．ここで，$\boldsymbol{R}$ は行列 F を行列 $\boldsymbol{R}F$ に変換する W のみに依存する可逆な線形変換である．

一般的に $\boldsymbol{R}(W)$ は添字を 4 個持つ 4 階のテンソルで，変換は

$$\tilde{F}_{ij}(\boldsymbol{x}, W) = \sum_{k,l} R_{ijkl}(W)F_{kl}(\boldsymbol{x}, W) \tag{17.50}$$

のように書ける．(17.48) と

$$W_{t+1} = W_t - \varepsilon_t \boldsymbol{R}(W)F \tag{17.51}$$

とでは，W_t が真の W に収束するときに，どちらも同じ W が答である．しかし，この 2 つは収束の速度と安定性で違いが現れる．逐次解を求めるのにニュートン法が収束の速度が速く，しかも局所的には安定である．ニュートン法で推定方程式を解くには，

$$\sum_t F(\boldsymbol{x}_t, W + \Delta W) = \sum F(\boldsymbol{x}_t, W) + \sum \frac{\partial F}{\partial W} \circ \Delta W = 0 \tag{17.52}$$

より，ΔW を求める．

学習は $\Delta X_t = \Delta W_t W_t^{-1}$ を用いて行うから，

$$K = E\left[\frac{\partial F}{\partial X}\right] = E\left[\frac{\partial F}{\partial W}\right] W^T \tag{17.53}$$

という演算子を導入すると，ニュートン法は

$$W_{t+1} = W_t - \varepsilon_t K^{-1}(W_t) F(\boldsymbol{y}_t) \tag{17.54}$$

である．これは $\boldsymbol{R}(W)$ として $K^{-1}(W)$ を用いるもので，定数 α, β により

$$\tilde{F} = I - \alpha \boldsymbol{\varphi}(y)\boldsymbol{y}^T + \beta \boldsymbol{y}\boldsymbol{\varphi}^T(\boldsymbol{y}) \tag{17.55}$$

となる．こうすれば，誤差の解析も可能で，収束の速度も解析的に求まる．これが一般的な学習方式であり，α, β を適応的に選ぶのが良い．詳しくは，文献を参照されたい[11]．

17.3 非負行列分解

独立成分分析は，関係式 $\boldsymbol{x} = A\boldsymbol{s}$ で，$\boldsymbol{s}$ の各成分が独立という仮定の下で多数の観測から行列 A を推定するものであった．A が分かれば同時に $\boldsymbol{s}$ も復元できる．しかし，元となる信号 $\boldsymbol{s}$ の成分が独立でない場合もある．しかし独立でなくても，$\boldsymbol{s}$ の成分が非負であったり，次節で扱うスパースな場合は分解ができる．画像信号では画素の明るさは非負である．$\boldsymbol{s}$ の成分が非負であるとすると，これは A を知るための大きな手掛かりになる[12, 13]．成分が非負の信号 $\boldsymbol{s}$ は空間の第一象限上に分布している．これはコーン（錐）をなす．このコーンを行列 A で変換しても，それはやはりコーンをなす（図 17.5）．だから，多数の $\boldsymbol{x}$ を観測すれば，それらは一つのコーン上にある．このコーンを決定すれば，ここから行列 A がわかる．これが非負行列分解である．

ここで，多数の測定をまとめて行列の形で書いて $X = [\boldsymbol{x}(1) \cdots \boldsymbol{x}(T)]$，また，$\boldsymbol{s}$ のほうも $S = [\boldsymbol{s}(1) \cdots \boldsymbol{s}(T)]$ という行列にしておこう．すると，

$$X = AS \tag{17.56}$$

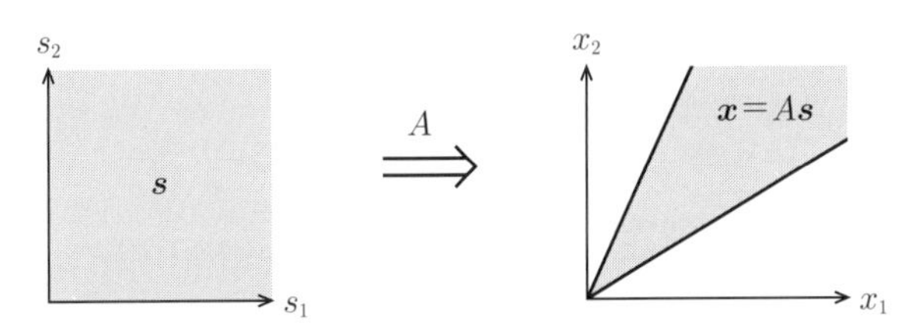

図 17.5　s の第一象限は A で x のコーンに写像される．

となる．ここで，A も要素が非負の行列とすれば，X の要素も非負である．

非負の行列 X が与えられたときに，これを 2 つの非負行列 A, S の積に分解することを**非負行列分解**という[12,13]．まず，2 つの行列 X と AS の違いを行列のダイバージェンス $D[A:B]$ で計ることにする．このとき，損失関数 $L(A,S)$ を

$$L(A,S) = D[X : AS] \tag{17.57}$$

とおく．ダイバージェンスとしては，Frobenius ノルムと呼ばれる，二乗和

$$D[A,B] = \frac{1}{2}\sum_{i,t} |a_{it} - b_{it}|^2 \tag{17.58}$$

を使ってもよいし，KL ダイバージェンス

$$D_{KL}[A,B] = \sum_{i,t}\left\{a_{it}\log\frac{a_{it}}{b_{it}} - a_{it} - b_{it}\right\} \tag{17.59}$$

を使ってもよい．a_{it}, b_{it} はそれぞれ行列 A, B の要素である．もっと一般的に α ダイバージェンス，β ダイバージェンスなどを使うのも良いが，細かい話は省く．

2 変数 A, S の関数である $L(A,S)$ を最小化するのに，**交互最小化**を用いる．すなわち，ステップ t で候補 $\left(A^{(t)}, S^{(t)}\right)$ が与えられたときに，まず $A^{(t)}$ を固定して $L\left(A^{(t)}, S^{(t)}\right)$ を前よりも減少させる S を求め，これを $S^{(t+1)}$ とする．次は，この $S^{(t+1)}$ を使って，$L\left(A^{(t)}, S^{(t+1)}\right)$ を減少させる A を求め，これを $A^{(t+1)}$ と置く．これで計算が一巡し $\left(A^{(t+1)}, S^{(t+1)}\right)$ が求まる．L が減少する方向を求めるには勾配法を使えばよい．しかし，勾配法では非負という制約が入らないので，途中で候補の A や S が負になると困る．そこで，A, S ともに要素が非負であるという制約を考えて，η を定数として**指数型勾配法**という次の更新式を考える．

$$S^{(t+1)} = S^{(t)}\exp\left\{-\eta\frac{\partial L}{\partial S}\right\}, \quad A^{(t+1)} = A^{(t)}\exp\left\{-\eta\frac{\partial L}{\partial A}\right\}. \tag{17.60}$$

これを対数で書けば

$$\log S_{it}^{(t+1)} = \log S_{it}^{(t)} - \eta\frac{\partial L}{\partial S_{it}}, \quad \log A_{it}^{(t+1)} = \log A_{it}^{(t)} - \eta\frac{\partial L}{\partial A_{it}} \tag{17.61}$$

となるから，$\log S$ と $\log A$ に勾配法を用いたことになる．Frobenius ノルムの場合，L の勾配は

$$\frac{\partial L}{\partial A_{it}} = \left[-XS^T + ASS^T\right]_{it}, \quad \frac{\partial L}{\partial S_{it}} = \left[-A^TX + A^TAS\right]_{it} \tag{17.62}$$

である．そこで，いっそのことすべてを対数にして

$$\log A_{it}^{(t+1)} = \log A_{it}^{(t)} + \log\left(XS^T\right)_{it} - \log\left(ASS^T\right)_{it}, \tag{17.63}$$

$$\log S_{it}^{(t+1)} = \log S_{it}^{(t)} + \log\left(A^TX\right)_{it} - \log\left(A^TAS\right)_{it} \tag{17.64}$$

とすることもある．これは，Lee と Seung のアルゴリズムである[12]．同種のアルゴリズムが，種々

のダイバージェンスを用いて書かれ，いろいろな更新式が考えられているが，それについては専門の書物を参照されたい[13]．

17.4 スパース解と圧縮測定（compressed sensing）

元の信号 $\boldsymbol{s}$ の成分の多くが 0 であるとしよう．これを**スパースベクトル**と言う．観測した $\boldsymbol{x}$ から，スパースであることは分かっているが，どの成分が 0 かは分からない，このような信号 $\boldsymbol{s}$ を復元しよう．情報幾何を使うために，信号 $\boldsymbol{s}$ をこれからは $\boldsymbol{\theta}$ と記す．これがアファイン平坦座標となるからである．線形関係 $\boldsymbol{x} = A\boldsymbol{\theta}$ で，$\boldsymbol{x}$ が m 次元，$\boldsymbol{\theta}$ が n 次元であるとし，$m \times n$ 次の係数行列 A は各成分がランダムに作られているとしよう．また，m, n が十分に大きい漸近的な状況を想定する．信号 $\boldsymbol{\theta}$ は n 次元のベクトルであるが，このうち 0 でない値を持つ成分は k 個以内に限られ，残りの成分はみな 0 であるとしよう．このとき $\boldsymbol{\theta}$ は k-スパースであると言う．しかし，どの成分が 0 でどれが 0 でないかはわからない．こうした状況で，$\boldsymbol{x}$ の次元（測定数）m がどのくらいなら，信号 $\boldsymbol{\theta}$ をほとんどの場合ほぼ正しく復元できるのだろう．もとより，$m = n$ で A が既知ならば，行列を逆転すればよく，スパースであってもなくてもこれで十分である．スパースの場合に驚くべき結果が分かってきた．次の事実が知られていて，これにかかわる多くの理論がある．

命題 17.1 m と n が大きいとき，$\boldsymbol{\theta}$ が k-スパースで，$\boldsymbol{x}$ の次元（測定数）が

$$m > 2k \log n \tag{17.65}$$

ならば，$\boldsymbol{\theta}$ をほぼ正しく復元できる．

スパース状況における解析は，統計学，画像復元，独立成分分析，脳における視覚情報の表現など，多くの分野から出てきた問題である[14~17]．そして，n ではなくて $\log n$ に比例する程度の測定で $\boldsymbol{\theta}$ が復元できるという結果は驚くべきものであり，研究が白熱化している．ここでは，圧縮測定そのものについてはこれ以上触れない．多くの解説を参照されたい[14~17]．そのかわり，スパース解を求めるアルゴリズムについて，情報幾何の立場から考える．

17.4.1 線形回帰問題のスパース解

一番単純な，ガウス雑音下での線形回帰問題を考える．A を既知として，観測値 $\boldsymbol{x}$ をもとに誤差の二乗和

$$\psi(\boldsymbol{\theta}) = \frac{1}{2}\sum |\boldsymbol{x} - A\boldsymbol{\theta}|^2 \tag{17.66}$$

を最小にする最小二乗解は，ガウス雑音のもとでは最尤推定と同じである．目的関数は $\boldsymbol{\theta}$ の 2 次関数で，$G = A^T A$ と置けば，c を $\boldsymbol{\theta}$ に関係しない定数として

$$\psi(\boldsymbol{\theta}) = \frac{1}{2}\boldsymbol{\theta}^T G\boldsymbol{\theta} - \boldsymbol{x}^T A\boldsymbol{\theta} + c \tag{17.67}$$

と書ける．$m > n$ ならば G は正則で，(17.67) を $\boldsymbol{\theta}$ で微分して 0 と置き，

$$\boldsymbol{\theta}^* = G^{-1}A^T\boldsymbol{x} \tag{17.68}$$

が解である．$m < n$ のときは，G は特異になる．このときは $\psi(\boldsymbol{s})$ を最小にする解は多数あり，$\boldsymbol{n}$ を $G\boldsymbol{n} = 0$ を満たす G の零ベクトルとすれば，一つの解を $\bar{\boldsymbol{\theta}}$ とすると，$\bar{\boldsymbol{\theta}} + \boldsymbol{n}$ も解である．したがって解の集合は線形部分空間をなす．古典的にはこの場合，多数ある解のうちで二乗ノルム $|\boldsymbol{\theta}|^2$ を最小にする解を使うことが多かった．これは**一般逆行列**

$$A^\dagger = A^T \left(AA^T\right)^{-1} \tag{17.69}$$

を用いて

$$\boldsymbol{\theta}^* = A^\dagger \boldsymbol{x} \tag{17.70}$$

と書ける．しかし，この解はスパースにはほど遠い．

最もスパースな解は，許される $\boldsymbol{\theta}$ のうちで，0 でない成分の数が最小のもの，すなわち $\boldsymbol{\theta}$ の 0-ノルム（$\boldsymbol{\theta}$ のうち 0 でない成分の数 $L_0(\boldsymbol{\theta}) = \sum_i \left|\theta^i\right|^0$）が最小のものである．しかし，この解を求めるには組合せ問題を解かなければならず，n, m が大きいときには計算論的に無理である．そこで，1-ノルム $L_1(\boldsymbol{\theta}) = \sum_i \left|\theta^i\right|$ を最小にするもので代用ができないかという考えが出てきた．これを解くと，多くの問題で最もスパースな解が求まる．そこで，どのような条件のもとで，1-スパース解は 0-スパース解と一致するかが研究された．その結果が圧縮測定であり，$m \approx 2k \log n$ 程度でうまくいくことが示された[18]．

17.4.2 1-ノルム制約条件のもとでの凸関数の最小化

線形回帰問題を拡大し，一般の凸関数 $\psi(\boldsymbol{\theta})$ を制約条件

$$L = \sum \left|\theta^i\right| = c \tag{17.71}$$

のもとで最小化することを考える[19,23]．後でわかるように，制約条件の c が十分に大きければ，何も制約しないことと同じであり，c を小さくするにつれて制約がきつくなり，$c = 0$ に至れば解は $\boldsymbol{\theta} = 0$ になる．c を小さくするにつれ，解がどんどんスパースになっていく様子を見よう．この制約条件付き最小化は，Lagrange の未定係数法を用いて，

$$\psi(\boldsymbol{\theta}) + \lambda L(\boldsymbol{\theta}) \tag{17.72}$$

を最小化する問題として定式化できる．また，$\psi(\boldsymbol{\theta})$ は 2 次関数である必要はなく，一般の凸関数でよい．スパース制約のもとでの凸関数の最小化問題の情報幾何は広瀬と駒木が導入した[19]．

話を分かりやすくするため，過決定といわれる $m > n$ の場合から話を始める[19]．制約条件がなければ，この場合 $\psi(\boldsymbol{\theta})$ を最小にする $\boldsymbol{\theta}$ は一意に決まり，それを $\boldsymbol{\theta}^*$ と書けば $\nabla\psi\left(\boldsymbol{\theta}^*\right) = 0$ を満たす．

ここで情報幾何を導入する．凸関数 $\psi(\boldsymbol{\theta})$ が定義された空間には，双対平坦な構造が入る．そのアファイン座標系は $\boldsymbol{\theta}$ 自身であり，双対アファイン座標はその Legendre 変換

$$\boldsymbol{\eta} = \nabla\psi(\boldsymbol{\theta}) \tag{17.73}$$

である．また，リーマン計量は $\boldsymbol{\theta}$ 座標で $G(\boldsymbol{\theta}) = \nabla\nabla\psi(\boldsymbol{\theta})$，$\boldsymbol{\eta}$ 座標ではその逆行列 G^{-1} になる．2 つのアファイン座標系は双対直交で，ここにピタゴラスの定理と射影定理が成立した．

凸関数から導かれる双対ダイバージェンスは，2 点 $\boldsymbol{\theta}, \boldsymbol{\theta}'$ の間では

$$D\left[\boldsymbol{\theta} : \boldsymbol{\theta}'\right] = \psi(\boldsymbol{\theta}) - \psi\left(\boldsymbol{\theta}'\right) - \nabla\psi\left(\boldsymbol{\theta}'\right) \cdot \left(\boldsymbol{\theta} - \boldsymbol{\theta}'\right) \tag{17.74}$$

のように書ける．だから，点 $\boldsymbol{\theta}$ から最適点 $\boldsymbol{\theta}^*$ へのダイバージェンスは，$\nabla\psi\left(\boldsymbol{\theta}^*\right) = 0$ であることを考えれば，

$$D\left[\boldsymbol{\theta} : \boldsymbol{\theta}^*\right] = \psi(\boldsymbol{\theta}) - \text{const.} \tag{17.75}$$

のように書ける．$\psi(\boldsymbol{\theta})$ を最小にすることは，$\boldsymbol{\theta}$ から $\boldsymbol{\theta}^*$ ダイバージェンスを最小にすることと同じで，双対性より，これは $\boldsymbol{\theta}^*$ から $\boldsymbol{\theta}$ への双対ダイバージェンスを最小にすることである．制約条件

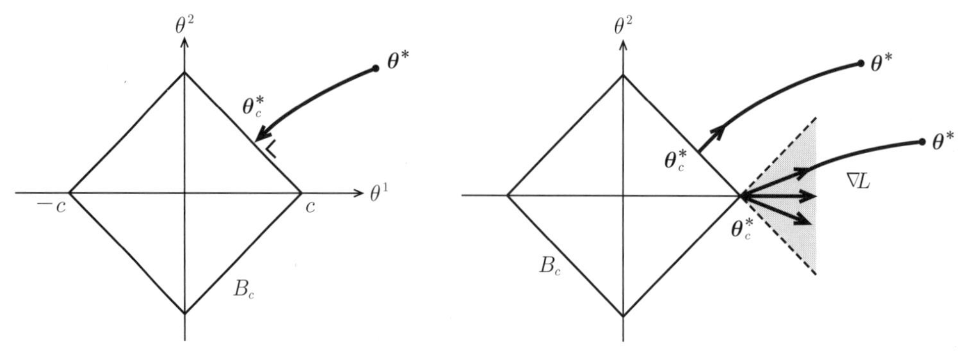

図 17.6　$\boldsymbol{\theta}^*$ を B_c へ双対射影する．　　図 17.7　B_c の劣勾配 ∇L と解軌道．

の定める $\boldsymbol{\theta}$ の領域

$$B_c = \left\{ \boldsymbol{\theta} \left| \sum \left| \theta^i \right| = c \right. \right\} \tag{17.76}$$

は $\boldsymbol{\theta}$ 座標で凸であることに注目しよう．射影定理から，次が導ける（図 17.6）．

> **定理 17.1**　制約 B_c 上で $\psi(\boldsymbol{\theta})$ を最小にする解 $\boldsymbol{\theta}_c^*$ は，$\boldsymbol{\theta}^*$ から B_c への双対射影で与えられ，これは一意的に決まる．

17.4.3　解の解析的な表現

Lagrange 型の表現を用い，(17.72) を微分して 0 と置けば，B_c 上での最適解 $\boldsymbol{\theta}_c^*$ が満たすべき方程式

$$\nabla\psi\left(\boldsymbol{\theta}_c^*\right) = -\lambda\nabla L\left(\boldsymbol{\theta}_c^*\right) \tag{17.77}$$

が得られる．これが $\boldsymbol{\theta}^*$ の B_c への双対射影である．凸胞 B_c は多面体であるから，(17.71) で定まる L は $\theta^i = 0$ となるような成分を含む $\boldsymbol{\theta}$ では微分可能でない．このような場所は，B_c の低次の境界（頂点，エッジ，など；超平面にならない境界）である．一般に B_c が微分可能なときに，その微分 ∇L は B_c の接平面の法線ベクトル（反変表現）である．微分不可能な低次境界においては，ここで凸胞の支持超平面を考え（これは多数ある），その法線を劣勾配と呼ぶ（図 17.7）．劣勾配は多数あるから，その全体のなす集合を劣微分と呼んで ∂L で表す．(17.77) の ∇L はこの意味でよく，双対射影では $\nabla\psi\left(\boldsymbol{\theta}_c^*\right)$ が劣勾配の一つになることを示している．

劣勾配を具体的に計算しよう．そのため，$\boldsymbol{\theta}$ が 0 となる成分と 0 でない成分を分けて考える．$\boldsymbol{\theta}$ の**活添字集合** $A(\boldsymbol{\theta})$ とは，$A(\boldsymbol{\theta}) = \left\{ i \left| \theta^i \neq 0 \right. \right\}$ のことである（以下，$\boldsymbol{\theta}$ は略す）．活添字集合の補集合を $\bar{A}$ と書こう．このとき，L の劣微分を成分で書くと，

$$(\nabla L)_i = \begin{cases} \partial_i L(\boldsymbol{\theta}) = \operatorname{sgn} \theta^i, & i \in A, \\ \varepsilon_i, \quad \varepsilon_i \in [-1, 1], & i \in \bar{A} \end{cases} \tag{17.78}$$

である．ε_i は $[-1, 1]$ の範囲で任意の値をとってよい．

17.4.4　逆射影とスパース解

ここで c を一つ固定して，B_c 上の一点 $\boldsymbol{\theta}$ を考える．$\boldsymbol{\theta}'$ を B_c に双対射影すると $\boldsymbol{\theta}$ になるとき（B_c の外側だけを考える），$\boldsymbol{\theta}'$ を $\boldsymbol{\theta}$ の双対逆写像といい，その全体を

$$\prod\nolimits_c^{-1} \boldsymbol{\theta} = \left\{ \boldsymbol{\theta}' \left| \prod\nolimits_c \boldsymbol{\theta}' = \boldsymbol{\theta} \right. \right\} \tag{17.79}$$

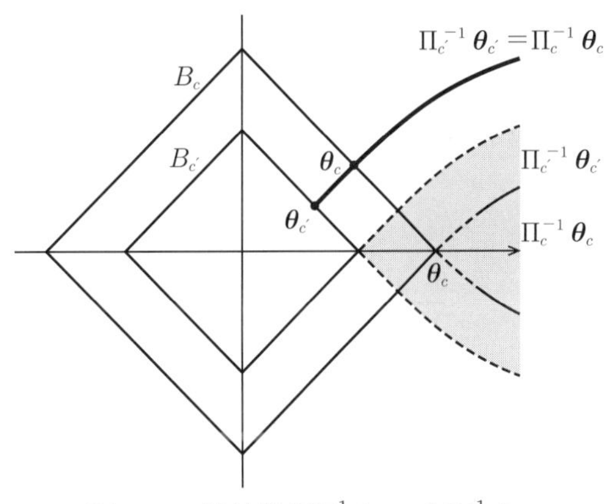

図 17.8　逆射影 $\prod_{c'}^{-1}\boldsymbol{\theta}_{c'}\supset\prod_c^{-1}\boldsymbol{\theta}_c$.

と書く．ただし，$\prod_c\boldsymbol{\theta}'=\boldsymbol{\theta}$ は，$\boldsymbol{\theta}'$ を B_c に双対射影すると $\boldsymbol{\theta}\in B_c$ であることを示し，$\prod_c^{-1}$ はその逆写像である．$\boldsymbol{\theta}^*$ が $\prod_c^{-1}\boldsymbol{\theta}$ に入っていれば，(17.71) の c で制約されているときの最適解はこの $\boldsymbol{\theta}$ に他ならない．$\boldsymbol{\theta}$ の活添字集合 A の補集合 $\bar{A}$ が空集合であるとき，すなわち $\boldsymbol{\theta}$ が B_c の超平面上にあるとき，$\prod_c^{-1}\boldsymbol{\theta}$ は $\boldsymbol{\theta}$ を出発し，B_c に直交する方向へ出ていく双対測地線である（図 17.8）．$\boldsymbol{\theta}$ の活添字集合の補集合 $\bar{A}$ が空集合でないときは，$\prod_c^{-1}\boldsymbol{\theta}$ は $\boldsymbol{\theta}$ を出発し，接線が劣法線と一致する双対測地線の全体であり，これは双対測地線の張るコーンをなす（図 17.8）．

ここで 2 つの $c>c'$ を考えよう．いま，$B_{c'}$ 上で活添字集合が A である点を $\boldsymbol{\theta}_{c'}$ とする．これに対応して，B_c の点 $\boldsymbol{\theta}_c$ が同じ活添字集合 A を持ち，しかもこれが $\prod_{c'}^{-1}\boldsymbol{\theta}_{c'}$ に入っているとする．このとき，次の包含定理が成立する．

包含定理　$c'<c$ で，$\prod_{c'}^{-1}\boldsymbol{\theta}_{c'}$ が同じ活添字集合 A を持つ点 $\boldsymbol{\theta}_c\in B_c$ を含むとき，$\prod_c^{-1}\boldsymbol{\theta}_c$ は $\prod_{c'}^{-1}\boldsymbol{\theta}_{c'}$ を双対平行移動したものである．一般に，$\prod_{c'}^{-1}\boldsymbol{\theta}_{c'}\supset\prod_c^{-1}\boldsymbol{\theta}_c$.

この定理は，スパース解の仕組みを解きほぐす．すなわち，図 17.8 からもわかるように，$\prod_{c'}^{-1}\boldsymbol{\theta}_{c'}$ は B_c 上でこれよりも大きな活添字集合を持った点を含む．したがって，c を小さくしていくにつれて，B_c への射影により A は単調に減り，解はよりスパースになっていく．

この事実は，石川真澄が発見し，ニューラルネットで枝の重みの学習による推定で，1-ノルムによる罰金を付けた解法を提唱した[21]．これは Bayes の立場では，ラプラス分布を事前分布として仮定することに等しい．

17.4.5　解軌道の解析

最適解 $\boldsymbol{\theta}_c^*$ を c の関数と見よう．同じことだが，これを λ の関数 $\boldsymbol{\theta}_\lambda^*$ と見ることもできる．これを解軌道と呼ぶ．このとき，$\lambda=\lambda(c)$ は c により一意に決まり，c の単調減少関数であるから，どちらで考えてもよい．最適解の方程式 (17.77) は

$$\boldsymbol{\eta}_c^*=-\lambda\nabla L\left(\boldsymbol{\theta}_c^*\right) \tag{17.80}$$

と書け，これを c で微分すると，$\dot{}$ を c による微分として

$$G\left(\boldsymbol{\theta}_c^*\right)\dot{\boldsymbol{\theta}}_c^*=-\dot{\lambda}_c\nabla L\left(\boldsymbol{\theta}_c^*\right) \tag{17.81}$$

となる．これは最適解の軌道 $\boldsymbol{\theta}_c^*$ の方向 $\dot{\boldsymbol{\theta}}_c^*$ を示す微分方程式である．ここで ∇L を調べれば，$i\in A$ のとき

$$(\nabla L)_i = \mathrm{sgn}\left(\theta_c^{*i}\right) = s^i \tag{17.82}$$

が成立する．c の減少につれて，$\boldsymbol{\theta}_c^*$ の活添字集合 A が変わらない間は (17.81) が成立しているが，A が変わるところでは $L(\boldsymbol{\theta})$ の微分が行えず，方程式 (17.81) は使えない．A が変わるとき，解軌道 $\boldsymbol{\theta}_c^*$ の方向は不連続に変わる．しかし，解軌道そのものは連続につながり，$\boldsymbol{\theta}^*$ と 0 とを結ぶ．

まず A が変わらない範囲で解軌道 $\boldsymbol{\theta}_c^*$ がどうなっているか考えよう．解軌道を $\boldsymbol{\theta}$ 座標と $\boldsymbol{\eta}$ 座標とで表し，その成分が A に属するか $\bar{A}$ に属するかで分けて

$$\boldsymbol{\theta} = \left(\boldsymbol{\theta}^A, \boldsymbol{\theta}^{\bar{A}}\right), \tag{17.83}$$

$$\boldsymbol{\eta} = \left(\boldsymbol{\eta}^A, \boldsymbol{\eta}^{\bar{A}}\right) \tag{17.84}$$

のように書く．すると次の補題を得る．

補題　解軌道は

$$\boldsymbol{\eta}_c^{*A} = -\lambda(c)\boldsymbol{s}^A, \quad \boldsymbol{\theta}_\lambda^{*\bar{A}} = 0 \tag{17.85}$$

を満たす．ただし，$\boldsymbol{s}^A$ は $\mathrm{sgn}\left(\theta_c^{*i}\right)$ を成分とする符号ベクトル $(i \in A)$ である．

ここから，次の**最小等角度定理**が得られる．これは線形回帰問題で Efron らの提案した LARS[22] の一般化である．

最小等角度定理　活添字集合 A の範囲で，解軌道の方向 $\dot{\boldsymbol{\theta}}_\lambda^*$ は A に属するすべての活添字の $\boldsymbol{\theta}$ 座標軸 $\boldsymbol{e}_i$, $i \in A$ と等角度をなし，$\bar{A}$ に属する添字の座標軸との角度より小さい．

証明　$\dot{\boldsymbol{\theta}}_\lambda^*$ と θ^i 座標軸 $\boldsymbol{e}_i$ のなす角度は

$$\langle \dot{\boldsymbol{\theta}}_\lambda^*, \boldsymbol{e}_i \rangle = \dot{\boldsymbol{\eta}}_\lambda^* \cdot \boldsymbol{e}_i = \dot{\eta}_{\lambda,i}^* \tag{17.86}$$

である．一方，$\dot{\boldsymbol{\eta}}_\lambda^*$ は $\nabla L\left(\boldsymbol{\theta}_c^*\right)$ に比例する．しかるに，A に属する活添字 i については $|s_i| = |\nabla L|_i = 1$ で，i が $\bar{A}$ に属するときは $|\nabla L|_i \in [-1,1]$ であるから，$|\nabla L|_i \le 1$ である．上式で $|\nabla L_i| = 1$ になるのは，i が活添字に変わるときであるから，

$$\left|\langle \dot{\boldsymbol{\theta}}_\lambda^*, \boldsymbol{e}_i \rangle\right| < \left|\langle \dot{\boldsymbol{\theta}}_\lambda^*, \boldsymbol{e}_j \rangle\right|, \quad i \in A, \quad j \in \bar{A}. \tag{17.87}$$

17.4.6 Minkowski 勾配

原点から出発して $\boldsymbol{\theta}^*$ に至る軌道 $\boldsymbol{\theta}_c^*$ が，もしある関数 $f(\boldsymbol{\theta})$ に対して

$$\dot{\boldsymbol{\theta}}_c = -\nabla f\left(\boldsymbol{\theta}_c\right) \tag{17.88}$$

を満たしていれば，これは勾配流である．我々の解軌道は **Minkowski 幾何**での勾配流であることを示す[20]．

関数 $f(\boldsymbol{\theta})$ に対してこの関数の最も急な変化方向は，リーマン空間では自然勾配 $\tilde{\nabla} f = G^{-1}\nabla f$ で与えられることは良く知られている．ユークリッド空間で正規直交座標を取れば，$G = I$ であるから，最急変化方向は単に ∇f で良い．点 $\boldsymbol{\theta}$ とその近くの点 $\boldsymbol{\theta} + \varepsilon\boldsymbol{a}$ を考えたときに，最も急な方向 $\boldsymbol{a}$ は，$\boldsymbol{s}$ の大きさは一定という条件のもとで

$$\boldsymbol{a} = \lim_{\varepsilon \to 0} \arg\max_{\boldsymbol{s}} \left| f\left(\boldsymbol{\theta} + \varepsilon\boldsymbol{s}\right) - f(\boldsymbol{\theta})\right| \tag{17.89}$$

で与えられる．Minkowski 空間で，$\boldsymbol{a}$ の大きさがノルム $\|\boldsymbol{a}\|$ で与えられたとする．ここで L_q ノ

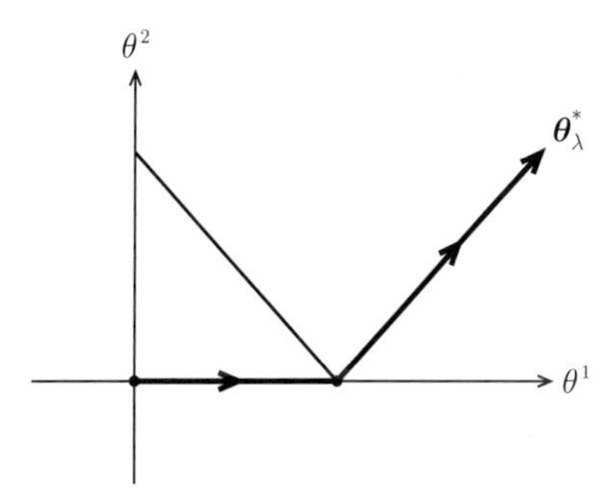

図 17.9　拡張 LARS と Minkowski 勾配流．

ルム $(q > 1)$

$$\|\boldsymbol{a}\|_q = \sum |a_i|^q \tag{17.90}$$

を考えよう．すると，関数 f の最急変化方向は c を定数として

$$a_i = c \mid \partial_i f(\boldsymbol{\theta})|^{\frac{1}{q-1}} \operatorname{sgn}\{\partial_i f(\boldsymbol{\theta})\} \tag{17.91}$$

と書ける．我々は，1-ノルムに関心がある．そこで，q を 1 に近づける極限を考える．このとき，大きさを規定する係数 c を，$c^{-1} = \max\{|\partial_i f|\}$ となるように選んで $q \to 1$ の極限を取れば，$f(\boldsymbol{\theta})$ の 1-ノルムに基づく勾配

$$a_i = \begin{cases} \operatorname{sgn}\{\partial_i f(\boldsymbol{\theta})\}, & |\partial_i f| = \max\{|\partial_1 f|, \cdots, |\partial_n f|\}, \\ 0, & |\partial_i f| \text{ が最大でないとき} \end{cases} \tag{17.92}$$

が得られる[20]．これを $\boldsymbol{a} = \nabla_M f(\boldsymbol{\theta})$ と書き，1-ノルム **Minkowski 勾配**と呼ぶ．この特徴は，微係数の絶対値が最大なもの以外の成分を 0 とすることである．

原点から出発して，関数 $\psi(\boldsymbol{\theta})$ の最急変化方向へ向かう **Minkowski 最急降下法**

$$\boldsymbol{\theta}^{t+1} = \boldsymbol{\theta}^t - \varepsilon \nabla_M \psi\left(\boldsymbol{\theta}^t\right) \tag{17.93}$$

を考えよう．この特徴は，$\nabla_M \psi$ からわかるように，$\psi(\boldsymbol{\theta})$ の微係数 $|\eta_i|$ が一番大きな成分だけを選んで，$\boldsymbol{\eta}$ のこの添字の成分だけを変えていく．$\boldsymbol{\theta}$ で言えば (17.81) からわかるように，すべての成分が変わる．しかし，$\langle \boldsymbol{e}_i, \Delta\boldsymbol{\theta} \rangle$ の角度は，$i \in A$ ならばすべて等しく，$i \in \bar{A}$ ならば角度はこれより大きい．活添字集合を $A = \{i_1^*, \cdots, i_k^*\}$ とする．$\boldsymbol{\theta}$ を変えていくと，各微係数 η_i が変わり，あるところでもう一つの添字 j^* に関する微係数の大きさがこれまでの最大のものと同じになる．すなわち，$|\eta_{j^*}| = \left|\eta_{i_1^*}\right| = \cdots = \left|\eta_{i_k^*}\right|$ となる．このとき，Minkowski 勾配は，新しい j^* を活添字集合に入れ，対応する $\boldsymbol{\theta}$ の成分を同時に増やすことになる．ここで活添字集合が $A = \{i_1^*, \cdots, i_k^*, j^*\}$ に増える．これをさらに繰り返し，活添字集合を一つずつ増やしていく．

これは線形回帰問題で ψ が 2 次関数の場合に Efron らが提唱した LARS（Least Angle Regression）に他ならない（図 17.9）[22,23]．すなわち，Minkowski 勾配流が活添字集合の各座標軸に対して角度が等しく最小になっている．Efron らの場合は，目的関数 $\psi(\boldsymbol{s})$ が 2 次式で基礎となる空間がユークリッド空間であるため，$\boldsymbol{\eta}$ 測地線は $\boldsymbol{\theta}$ 測地線に他ならず，一つの活添字集合 A 内での $\boldsymbol{\theta}$ の変化を逐次的にではなくて，次の活添字集合が出るまで一挙に増やすことができた．このため，効率の良いアルゴリズムが使える．一般の凸関数の場合は，微小なステップで刻まなければならない．このとき，アルゴリズムは

$$\boldsymbol{\eta}^{(t+1),A} = \boldsymbol{\eta}^{(t),A} + \operatorname{sgn}\left(\boldsymbol{\theta}^{(t),A}\right) \Delta t, \tag{17.94}$$

$$\boldsymbol{\eta}^{(t+1),\bar{A}} = \boldsymbol{\eta}^{(t),\bar{A}} + G_{\bar{A}A} G_{AA}^{-1} \mathrm{sgn}\left(\boldsymbol{\theta}^{(t),A}\right) \Delta t \tag{17.95}$$

のようになる．計算法に種々の工夫が必要かもしれない．

これまで，過決定（overdetermined）の場合を扱ってきた．圧縮観測（compressed sensing）に対応する観測数が小さい under-determined の場合は，$\psi(\boldsymbol{\theta})$ は厳密な凸関数ではなくて，広義の凸であり，$\nabla\psi(\boldsymbol{\theta}) = 0$ を満たす解 $\boldsymbol{\theta}^*$ は一意に決まらず，部分空間をなす．その中で 1-ノルムの最小のものを探したい．この場合，G は正定値ではなく半正定値であるからリーマン計量が存在しない．$\boldsymbol{\theta}$ から $\boldsymbol{\eta}$ への変換 (17.73) は存在するが，逆変換は一意ではない．しかし，この場合でも，Lagrange 表現による最適解が満たす方程式 (17.77) はそのまま成立し，これを c で微分し，解軌道を求める方程式を出せば，それは (17.80) と同じである．したがって最小等角度定理が成立する．このため，Minkowski 勾配法 (17.93) または (17.94), (17.95) はそのまま使える．途中の説明で $\boldsymbol{\theta}^*$ を用いたのは便宜上であり，実は必要ない．

17.5 凸計画法の情報幾何

線形計画法に端を発する数理計画法で，凸計画法と呼ばれる広い分野がある．凸関数，凸領域が主役を演じるので，情報幾何の立場で考察するのがふさわしい．ここでは，最適化の内点法[24,25]と情報幾何の関係を述べるが，計算アルゴリズムを具体的に述べることはしない．線形計画法がリーマン空間に関係することもよく知られている[26]．しかし，リーマン計量だけにとどまらず双対幾何の構造を用いることが重要で，Karmarkar の内点法が情報幾何の双対測地線に対応することは以前に田辺と土屋に指摘された[27,28]．また，小原，土屋らは，計算の手間が内点法の解曲線の双対曲率で評価できることを示した[29,30]．

17.5.1 凸領域と最適化問題

いま，$\boldsymbol{\theta}$ を座標系とする空間に，有界な凸領域 Ω が定義されているとしよう．Ω の内部で定義された関数 $\psi(\boldsymbol{\theta})$ で，境界に近づくと無限大に発散する凸関数を**障壁関数**という．点を Ω の内部に閉じ込めておくためにこの関数が役に立つ．凸領域 Ω で，境界 $\partial\Omega$ の点 ω における支持超平面を

$$\sum_i A_i(\omega)\theta^i - b(\omega) \geq 0 \tag{17.96}$$

と書こう（図 17.10）．Ω の境界は区分的に滑らかとするが，端点では，支持超平面が多数あるかもしれない．このときは，必要最低限のものだけを考えれば良い．

$$-\log\left\{\sum A_i(\omega)\theta^i - b(\omega)\right\} \tag{17.97}$$

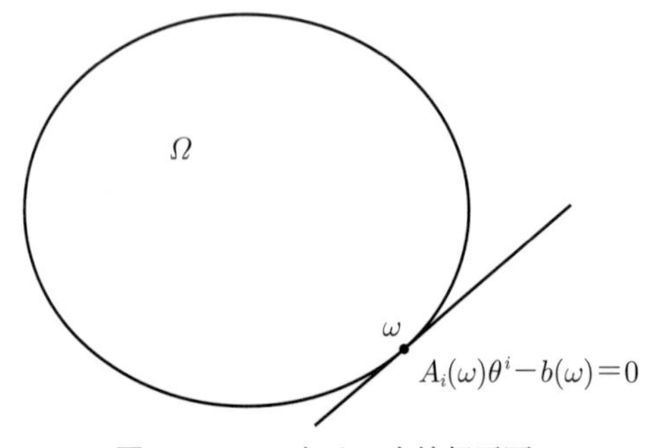

図 17.10　Ω とその支持超平面．

という関数を考えれば，これは明らかに境界点 ω で無限大に発散する．対数関数に限ることはなく，**自己整合条件**（self-concordant）[26] と呼ぶ条件を満たす関数 $\psi(\boldsymbol{\theta})$ で良いのだが，ここでは最も簡単な場合だけを考える．

$w(\omega)$ を正の関数としたとき（$w(\omega)=1$ としてもよい）

$$\psi(\boldsymbol{\theta}) = -\int_{\partial\Omega} w(\omega) \log\left\{\sum A_i(\omega)\theta^i - b(\omega)\right\} d\omega \tag{17.98}$$

という関数は，望みの条件を満たす凸関数である．

領域 Ω 上で，目的関数 $C(\boldsymbol{\theta})$ が与えられたときに，これを最小にする点 $\boldsymbol{\theta}^*$ を求めるのが，凸領域計画問題である．目的関数が線形で

$$C(\boldsymbol{\theta}) = \sum c_i\theta^i \tag{17.99}$$

と書ける場合が，線形目的関数の凸計画問題である．

例として線形計画法を考えよう．線形計画法は m 個の制限条件

$$\sum A_{\kappa i}\theta^i - b_\kappa \geq 0, \quad \kappa = 1, \cdots, m \tag{17.100}$$

の下で，関数 $C(\boldsymbol{\theta})$ を最小にする $\boldsymbol{\theta}^*$ を求める問題である．このとき，条件 (17.100) を満たす $\boldsymbol{\theta}$（これを許容解と呼ぶ）の集合 Ω は，凸多面体をなす．関連した障壁凸関数は

$$\psi(\boldsymbol{\theta}) = \sum_\kappa w_\kappa \log\left(\sum A_{\kappa i}\theta^i - b_\kappa\right) \tag{17.101}$$

と書ける．$w_\kappa > 0$ は何でもよく，$w_\kappa = 1$ としてよい．

17.5.2 凸領域が導く双対アファイン構造

境界で無限大に発散する滑らかな凸関数 $\psi(\boldsymbol{\theta})$ が，凸領域上に与えられたとしよう．我々は (17.98) を考えるが，もっと一般的なものでもよい．このとき，凸関数 $\psi(\boldsymbol{\theta})$ は，$\boldsymbol{\theta}$ をアファイン座標，その Legendre 変換

$$\boldsymbol{\eta} = \nabla\psi(\boldsymbol{\theta}) \tag{17.102}$$

を双対アファイン座標とする，双対平坦なリーマン空間を導く．リーマン計量は $\boldsymbol{\theta}$ 座標系で，

$$g_{ij}(\boldsymbol{\theta}) = \partial_i\partial_j\psi(\boldsymbol{\theta}) \tag{17.103}$$

で与えられる．双対座標系でも双対凸関数 $\psi^*(\boldsymbol{\eta})$ が存在し，その Hessian が双対座標 $\boldsymbol{\eta}$ でのリーマン計量であるが，これは (17.103) の逆行列になる．

双対アファイン座標とリーマン計量を (17.98) の場合に計算すると，

$$\eta_i = -\int \frac{w(\omega)A_i(\omega)}{\sum A_k(\omega)\theta^k - b(\omega)} d\omega, \tag{17.104}$$

$$g_{ij}(\boldsymbol{\theta}) = \int \frac{w(\omega)A_i(\omega)A_j(\omega)}{\left\{\sum A_k(\omega)\theta^k - b(\omega)\right\}^2} d\omega. \tag{17.105}$$

17.5.3 内点法：自然勾配最急降下法

線形計画問題を解く simplex 法は，凸領域の多面体の単点をたどりながら最適解に行き着く方法である．これに対して内点法は Ω の内部をたどりながら最適解に到達する方法である[24,25]．素朴な内点法は，現在の候補 $\boldsymbol{\theta}$ を，目的関数 $C(\boldsymbol{\theta})$ が最も減る方向に動かしていく最急降下法である．しかし，Ω はリーマン構造を持つので，関数 $C(\boldsymbol{\theta})$ の最急方向は自然勾配

$$\tilde{\nabla} C(\boldsymbol{\theta}) = G^{-1}(\boldsymbol{\theta}) \nabla C(\boldsymbol{\theta}) \tag{17.106}$$

で与えられる．線形目的関数の場合，$C(\boldsymbol{\theta})$ の勾配，$\boldsymbol{c} = (c_i), c_i = \nabla C(\boldsymbol{\theta})$ は共変ベクトルであって，$\boldsymbol{\theta}$ の変化方向を示す反変ベクトルではない．だから，最急降下法は，ε をステップサイズとして，

$$\Delta \boldsymbol{\theta} = -\varepsilon \tilde{\nabla} C(\boldsymbol{\theta}) = -\varepsilon G^{-1}(\boldsymbol{\theta}) \boldsymbol{c} \tag{17.107}$$

と書ける．

いま，連続パラメータ t を用いて，最急降下の方向をたどる解を $\boldsymbol{\theta}(t)$ と書くと，微分方程式で

$$\dot{\boldsymbol{\theta}}^t = -\varepsilon G(\boldsymbol{\theta})^{-1} \boldsymbol{c} \tag{17.108}$$

のように書ける．これを差分法で解くのが Karmarkar の与えたアファイン射影法である．この方法で，線形計画問題が多項式時間で解けることが知られている．

解の方程式を双対座標で表せば，(17.108) は

$$\dot{\boldsymbol{\eta}}(t) = -\varepsilon \boldsymbol{c} \tag{17.109}$$

となって解は，$\boldsymbol{c}_0$ を任意定数として

$$\boldsymbol{\eta}(t) = -\varepsilon t \boldsymbol{c} + \boldsymbol{c}_0 \tag{17.110}$$

で与えられる．これは双対座標で線形の曲線であるから双対測地線である．

実際に求めるのは，アファイン座標 $\boldsymbol{\theta}(t)$ である．$\boldsymbol{\theta}(t)$ を求めるのに，$\boldsymbol{\eta}$ を $\boldsymbol{\theta}$ に変換する計算は手数がかかる．したがって実際は，時間ステップを有限に刻んで微分方程式 (17.108) を差分方程式に直し数値的に解く．このために，問題を双対空間でも表現して，主—双対法としてニュートン法を用いて解く方法が一般的であるが[24)]，その詳細はここでは述べない．

17.5.4 障壁関数と中心軌道

見方を変えて，t をパラメータとして，次の関数

$$L(\boldsymbol{\theta}, t) = tC(\boldsymbol{\theta}) + \psi(\boldsymbol{\theta}) \tag{17.111}$$

を考える．これは，目的関数に障壁の効果を加えたもので，これを最小化する解は障壁を越えないから Ω の内部に留まる．この解は t の関数であるから $\boldsymbol{\theta}^*(t)$ のように書く．事実，解が障壁に近づけば $\psi(\boldsymbol{\theta})$ が大きくなるから，これで解は障壁を乗り越えない．また，t が無限大になれば，障壁の効果は無視できるので，$\boldsymbol{\theta}^*(t)$ は最適解に収束する．

(17.111) を $\boldsymbol{\theta}$ で微分して 0 とおくと，最適解は

$$\boldsymbol{\eta}^*(t) = \boldsymbol{\eta}\left\{\boldsymbol{\theta}^*(t)\right\} = -t\boldsymbol{c} \tag{17.112}$$

を満たす．$t = 0$ のときは $\boldsymbol{\eta}^*(0) = 0$ で，これを Ω の中心と呼ぶ．$\boldsymbol{\theta}^*(t)$ は Ω の中心を通り，最終的に最適解に向かう双対測地線であり，最適解 $\boldsymbol{\theta}^*$ に向かう解の一つである．これを中心軌道と呼ぶ．これは中心から出発する最急降下解になっている（図 17.11）．

解の軌道を求めるにあたって，差分を用いて計算を進めるが，差分のステップを大きく取れれば，最適解に至る計算の手間は少なくて済む．中心軌道がまっすぐであれば，一回の計算で大きな歩幅がとれるが，曲がっていれば，細かい刻みが必要である．そのときの曲がり具合をどう評価するかが問題である．アファイン座標 $\boldsymbol{\theta}$ で，この中心解軌道 $\boldsymbol{\theta}^*(t)$ の性質を調べてみると，解をある精度の下で得るに必要な手間は，中心曲線 $\boldsymbol{\theta}^*(t)$ の埋め込み曲率で評価できるという，大変面白い結果が得られている[30)]．

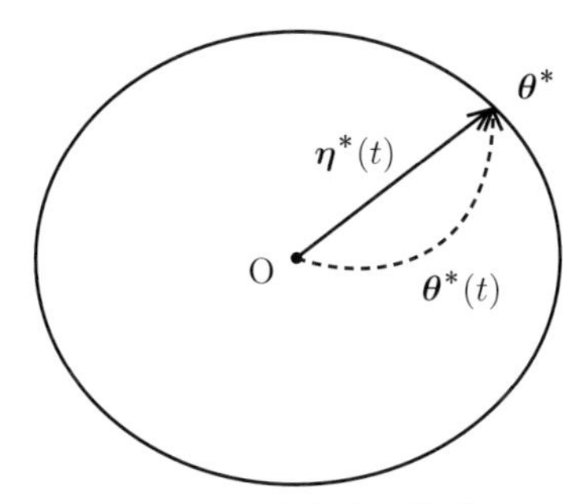

図 17.11　内点法の軌道.

17.5.5　半正定値計画問題

正定値行列 X のなす空間を考える．これは正のコーン（錐）をなす．ここに，線形の等式または不等式の制約条件，例えば A_κ を行列として，

$$\mathrm{tr}\,(A_\kappa X) - b_\kappa = 0, \quad \kappa = 1, \cdots, m \tag{17.113}$$

を考える．この制約を満たす領域は凸領域である．

ここで，定数行列 C を用いて目的関数を

$$C(X) = \mathrm{tr}(CX) \tag{17.114}$$

と置く．これを最小化する解 X を求める問題は半正定値計画問題と呼ばれ，制御その他の問題で多用されている．この問題も上記のように，情報幾何の立場から考えることができる．例えば，小原はいち早く，半正定値問題の情報幾何を展開している[29)]．

行列の空間で，正定値という領域に対応する障壁関数として

$$\psi(X) = -\log\det|X| \tag{17.115}$$

を用いることができる．ここから得られる双対アファイン座標は $-X^{-1}$ である．この幾何構造は，平均 0 の分散行列を X の多変量のガウス分布が作る確率分布族の幾何と同じものである．

終わりの一言

主成分分析は古くから研究が進んでいる．主成分の学習による獲得と，主成分の張る部分空間を得るための力学系の研究が進んだ．これは，ある評価関数の最小化の勾配流になる．それならば，最小成分については同じ評価関数で，その最大化の勾配流で良さそうである．それがうまくいかない．実は，これは行列の空間の中で，Stiefel 多様体のなす部分空間の安定性によるものである．私のところを訪問中の Fudan 大学の Chen 教授と共にこれを解決したときはうれしかった．

独立成分分析はポーランドからきた Cichocki 教授と取り組んだもので，私が東大を定年でやめて理研に移ってからの仕事である．60 歳を超えてもまだ研究はできると喜んだ．リーマン構造，とくに自然勾配を用いる方法を通して，Bell–Sejinowski の方法を幾何による手法で改良した．この分野で突破口を開いた Bell 氏は，初めて会ったときに，「君らの論文を読んで，悔しくて眠れなかった，どうしてあんな簡単なことを自分で考えつかなかったのだろうと」と述懐した．彼は私たちの方法を世界に宣伝してくれた．また，フランスの Cardoso 教授と昼食をとりながら話をして，セミパラメトリックモデルとして推定関数を用いる一般的な方法に行きついたのも楽しい思い出である．

独立成分分析は，相関ではなくて独立性をもとに信号を分解する新しい領域を招いた．それだけでなく，ここから非負行列分解やスパース信号解析が派生した．ここでは非負行列分解とスパース

解析を取り上げた．非負行列分解は，画像，パワースペクトラムなど，本質的に非負値であるデータを分解するのに適している．ここでは，独立性などを仮定することなく，変換の行列 A が求まる．一方，スパース解析は応用範囲の広い新しい技術である．これまでは不良設定の逆問題を解くのに，一般逆行列などが使われていた．しかし，多くの問題では，真の解はスパースかもしれない．そうでなくともスパースという制約を入れることで解が安定する．解をスパースにすることで，画像などの雑音除去を行うことも有効である[31]．

ここでは制約として L_1 を課して，スパース解を求めた．しかし $L_{1/2}$ などの制約の方が良い解が求まるという報告がある[32,33]．これは非凸問題となり，種々の面白い現象が見られるが，ここでは触れない．

凸計画法の情報幾何は興味ある話題であるが，詳しく述べることはできなかった．ゲーム理論との関連も割愛したが，興味ある話題といえる[34,35]．

参考文献

1) S. Amari, Neural Theory of Association and Concept-Formation, *Biological Cybernetics*, **26**, 175–185, 1977.
2) E. Oja, A simplified neuron model as a principal component analyzer, *J. Mathematical Biology*, **15**, 267–273, 1982.
3) E. Oja, Principal components, minor components, and linearneural networks, *Neural Networks*, **5**, 927–935, 1992.
4) L. Xu, Least mean square error recognition principle for self-organizing neural nets, *Neural Networks*, **6**, 627–648, 1993.
5) T.P. Chen, S. Amari and Q. Lin, A unified algorithm for principal and minor components extraction, *Neural Networks*, **11, 3**, 385–390, 1998.
6) R. Brockett, Dynamical systems that sort lists, diagonalize matrices, and solve linear programming problems, *Linear Algebra and its Applications*, **146**, 79–91, 1991.
7) A. Cichocki and S. Amari, *Adaptive Blind Signal and Image Processing*, John Wiley, 2002.
8) A. Hyvarinen, J. Karhunen and E. Oja, *Independent Component Analysis*, John Wiley, 2001.
9) A.J. Bell and T. Sejnowski, An information maximization approach to blind separation and blind deconvolution, *Neural Computation*, **7**, 1129–1159, 1995.
10) S. Amari, A. Cichocki and H. Yang, A new learning algorithm for blind signal separation. In *Advances in Neural Information Processing Systems* (eds. M. Mozer *et al.*), **8**, 757–763, 1996.
11) S. Amari, J-F. Cardoso, Blind Source Separation — Semiparametric Statistical Approach, *IEEE Transactions on Signal Processing*, **45, 11**, 2692–2700, 1997.
12) D.D. Lee and S. Seung, Algorithms for nonnegative matrix factorization, *Nature*, **401**, 788–791, 1999.
13) A. Cichocki, R. Zdunek, A.H. Phan and S. Amari, *Nonnegative Matrix and Tensor Factorizations*, John Wiley, 2009.
14) A. Bruckstein, D. Donoho, and M. Elad, From sparse solutions of systems of equations to sparse modeling of signals and images, *SIAM Review*, **51**, 34–81, 2009.
15) S.S. Chen, D.L. Donoho, and M.A. Saunders, Atomic decomposition by basis pursuit, *SIAM J. Sci. Comput.*, **vol.20**, pp.33–61, 1998.
16) M. Elad, *Sparse and Redundant Representations: From Theory to Applications in Signal and Image Processing*, Springer, 2010.
17) Y. Eldar and G. Kutyniok, *Compressed Sensing*, Cambridge University Press, 2012.
18) E. Candes, J. Romberg, T. Tao, Stable signal recovery from incomplete and inaccurate measurements, *Commun. Pure and Appl. Math.*, **59**, 1207–1223, 2006.
19) Y. Hirose and F. Komaki, An extension of least angle regression based on the information geometry of dually flat spaces, *J. Computational and Graphical Statistics*, **19**, pp.1007–1023, 2010.
20) S. Amari and M. Yukawa, Minkowskian gradient for sparse optimization, *IEEE J. of Selected Topics in Signal Processing*, **7**, 576–585, 2013.
21) M. Ishikawa, Structural learning with forgetting, *Neural Networks*, **9**, 509–521, 1996.
22) B. Efron, T. Hastie, I. Johnstone, and R. Tibshirani, Least angle regression, *Annals of Statistics*, **32**, pp.407–499, 2004.
23) R. Tibshirani, Regression shrinkage and selection via the lasso, *J. Royal Statistical Society, Series B*, **58**,

pp.267–288, 1996.
24) 小島政和，土屋隆，水野真治，矢部博，『内点法』，朝倉書店，2001.
25) Y. Nesterov and A. Nemirovskii, *Interior Point Polynomial Methods in Convex Programming: Theory and Algorithms*, SIAM Publications, 1993.
26) Y. Nesterov and M. Todd, On the Riemannian geometry defined by self-concordant barriers and interior-point methods, *Foundations of Computational Mathematics*, **2**, 333–361, 2002.
27) 田辺国士，土屋隆，「線形計画法の新しい幾何」，数理科学，**303**, 32–37, 1988.
28) K. Tanabe, Geometric method in nonlinear programming, *J. Optimization Theory and Applications*, **30**, 181–210, 1980.
29) A. Ohara, Information geometric analysis of an interior point method for semidefinite programming, O. Barndorff-Nielsen and E. Jensen eds, *Geometry in Present Day Science*, World Scientific, 49–74, 1999.
30) S. Kakihara, A. Ohara and T. Tsuchiya, Information geometry and interior-point algorithms in semidefinite programs and cone programs, *J. Optimization Theory and Applications*, **DOI 10**. 1007s/10597-012-0180-9, 2012.
31) A. Hyvarinen, Sparse code shrinkage: Denoising of non-Gaussian data by maximum likelihood estimation, *Neural Computation*, **11**, 1739–1768, 1999.
32) M. Yukawa and S. Amari, l_p-constrained least squares $(0 < p < 1)$ and its critical path, IEEE ISIT-2012.
33) Z. Xu, X. Chang, F. Xu, and H. Zhang, $L1/2$ regularization: A thresholding representation theory and a fast solver, *IEEE Trans. Neural Networks and Learning Systems*, **23**, pp.1013–1027, 2012.
34) P.D. Grunwald, A.P. Dawid, Game theory, maximum entropy, minimum discrepancy and robust Bayesian decision theory, *Annals of Statistics*, **32**, 1367–1433, 2004.
35) A.P. Dawid, The geometry of proper scoring rules, *Annals of Inst. Statist. Math.*, **59**, 77–93, 2007.

あとがき

私が情報の幾何学を夢見たのは，いまから半世紀以上も前，大学院の修士 1 年に入った 1958 年であった．統計学輪講で，Fisher 情報行列をリーマン計量とみる可能性を示唆され，ひそかに計算を行い，ガウス分布の空間が負の定曲率空間であることを見つけ，その美しさに打たれた．美しいものには意味があるはずである．しかし，この着想を活かすことはなかなかできなかった．

時が流れ，1970 年代も後半になって，神経回路網の数理に没頭していた私が，もう一度この問題に挑戦したくなった．公文雅之，長岡浩司両氏の協力を得て情報幾何の建設に熱中した．幸運なことに，竹内啓氏の助言，さらに英国の Cox 卿の熱烈な支持があって，この分野が国際的に認知され，多くの研究者の協力が得られた．このとき統計の微分幾何と呼ばずに，あえて情報幾何と命名したのがよかった．情報幾何は統計的推論の枠を超えて広く情報科学の方法論になることを予感したからである．

そのとおり，情報幾何はいまや多くの分野に広がりつつある．数学，物理学などの基礎分野はもとより，機械学習，信号処理，最適化，それに数理脳科学など，挙げればきりがない．情報幾何を主題とする国際会議も数多く開かれるようになった．これは多くの研究者のおかげである．

本書は，残念なことに，情報幾何に関するこうした多くの研究者の優れた業績にふれる余裕がなかった．私の手に余ったのである．このため，主題の選び方が限られ，文献の引用は私の目についた少数のものに留めざるを得なかった．この点を深くお詫びしたいと思う．また，当初の意図に反して，初心者にもわかりやすい入門にするつもりが，結構難しいものになってしまったのではないかと恐れている．紙数の関係もあり，式の細かい導出ができなかったが，自分で試みるのもよい勉強になるだろうし，式は正しいと信じて先に進んでも良い．式の意味が重要で，式自体はどうでもよい．

情報幾何はいまや私の手を離れて成長した．もっとしっかりした教科書がこれから現れるものと思う．私自身は，老境に入ったが，それでもディープ学習や数理脳科学などを情報幾何の目で調べる研究を今しばらくの間楽しみたい心境である．

索　引

欧字

ア

カ

サ

タ

ナ

ハ

マ

ヤ

ラ

著者略歴

甘利 俊一
あまり しゅんいち

1963年 東京大学大学院数物系研究科数理工学専攻
博士課程修了 工学博士
1963年 九州大学工学部助教授
1967年 東京大学工学部計数工学科助教授
1981年 東京大学工学部計数工学科教授
1994年 理化学研究所国際フロンティア研究システム情報
処理研究 グループディレクター
1997年 同脳科学総合研究センター グループディレクター
2003年 同センター長
2012年 文化功労者
2019年 文化勲章受章
現　在 帝京大学先端総合研究機構特任教授 理化学研究所
栄誉研究員 東京大学名誉教授
専　門 情報幾何学，数理脳科学
主要著訳書
『計算機科学入門』（共訳，サイエンス社）
『神経回路網モデルとコネクショニズム』（東京大学出版会）
『シリーズ脳科学』（監修，東京大学出版会）
『情報理論』（ちくま学芸文庫）（筑摩書房）
『神経回路網の数理—脳の情報処理様式』（産業図書）
『情報幾何の方法』（共著，岩波書店）
『深層学習と統計神経力学』（サイエンス社）
『めくるめく数理の世界—情報幾何学・人工知能・神経回路網
理論』（サイエンス社）
『Information Geometry and Its Applications』
(S. Amari, Springer, 2016)

SGC ライブラリ-154
新版 情報幾何学の新展開

2014年 8月25日 © 初版第1刷発行
2018年 9月10日 初版第3刷発行
2019年11月25日 © 新版第1刷発行
2025年 1月25日 新版第4刷発行

著　者 甘利 俊一　　発行者 森 平 敏 孝
印刷者 山 岡 影 光

発行所 **株式会社 サイエンス社**

〒151–0051 東京都渋谷区千駄ヶ谷1丁目3番25号
営業 ☎ (03) 5474–8500（代） 振替 00170–7–2387
編集 ☎ (03) 5474–8600（代）
FAX ☎ (03) 5474–8900　　表紙デザイン：長谷部貴志

印刷・製本 三美印刷 (株)

《検印省略》

ISBN978–4–7819–1463–3

PRINTED IN JAPAN

サイエンス社のホームページのご案内
https://www.saiensu.co.jp
ご意見・ご要望は
sk@saiensu.co.jp まで.

SGC ライブラリ-185：for Senior & Graduate Courses

深層学習と統計神経力学

甘利　俊一　著

定価 2420 円

驚くほどの速さで発展を続ける AI の中核技術である超多層の深層学習．その原理は未だよく理解されているとは言い難い．本書は，深層学習がうまく働く仕組みを統計神経力学の手法を用いて理論的に明らかにしたいと考えた著者の試みと成果を伝える．「数理科学」誌に連載された論説に，深層学習の仕組みと歴史をまとめた序章をはじめ，新たな章を加え一冊にまとめた待望の書．

サイエンス社

SGC ライブラリ-195：for Senior & Graduate Courses

測度距離空間の幾何学への招待

高次元および無限次元空間へのアプローチ

塩谷　隆　著

定価 3080 円

グロモフは測度の集中現象のアイディアをもとに測度距離空間の幾何学的な収束理論を展開した．これは従来の（測度付き）グロモフ–ハウスドルフ収束とは異なり，次元が無限大へ発散するような空間列を調べるのに非常に有効であり，無限次元空間の研究への幾何学的なアプローチを与える．本書では，このグロモフの理論を中心に，測度距離空間の幾何学を基礎から最先端に近いところまでを解説した．

サイエンス社

SGC ライブラリ-152：for Senior & Graduate Courses

粗幾何学入門

「粗い構造」で捉える非正曲率空間の幾何学と離散群

深谷　友宏　著

定価 2552 円

近年，多様体の範疇を超えた空間の幾何学が活発に研究されている．その一つである粗幾何学（coarse geometry）は，空間を遠くから眺めたときに見えて来る，粗い構造に着目した研究である．本書は，距離空間の基本的な知識をベースに，非正曲率空間の粗幾何学と粗バウム・コンヌ予想を主題とした解説書である．

サイエンス社

SGC ライブラリ- 191 : for Senior & Graduate Courses

量子多体物理と人工ニューラルネットワーク

野村悠祐・吉岡信行　共著

定価 2310 円

近年，データ科学が実験科学，理論科学，計算（シミュレーション）科学に続く第 4 の科学と言われるようになってきた．物理の分野においても，様々な文脈で機械学習の応用が進んでいる．本書では，量子多体系の解析，という観点に絞って，その基礎的内容から最新の研究の進展までを紹介する．

SGC ライブラリ-197：for Senior & Graduate Courses

重点解説 モンテカルロ法と準モンテカルロ法

鈴木航介・合田隆　共著

定価 2530 円

今日では，自然科学，工学全般，機械学習・深層学習を含む統計学，数理ファイナンス，グラフィックス，オペレーションズ・リサーチなど多様な分野でモンテカルロ法・準モンテカルロ法が使われている．本書では，モンテカルロ法・準モンテカルロ法を理解し，使えるようになることを目指す．

サイエンス社